微生物与植物来源的天然产物活性研究

李 平◎著

Study on the Activity of Natural Products Derived from Microorganisms and Plants

中国农业出版社
北 京

前 言

微生物、植物和动物产生的天然产物是临床药物的直接或间接来源。例如，青霉素的发现是微生物药物发展史上的一个标志性事件，引发了人们对从微生物（主要为陆生微生物）中寻找以高效抗生素为代表的活性化合物的探索。从1929年至20世纪末就有数百种来自微生物的天然抗生素被发现，与此同时，半合成抗生素的数量也逐渐增多。但是，陆生微生物资源不足的问题也逐渐呈现，海洋微生物因其独特的生存环境、新颖的次级代谢产物以及极度丰富的物种资源，成为人们关注的热点。

在我国传统医学的发展过程中，药用植物的应用历史悠久，发挥了举足轻重的作用。随着现代医学理论和技术的快速发展，人们对植物药理作用的研究更加深入，取得了巨大的进步，获得了大量高活性的天然化合物，如来自红豆杉的抗癌药紫杉醇、分离自黄花蒿的抗疟药青蒿素、提取于麻黄草的拟肾上腺素药麻黄碱等。在全世界范围内，药用植物资源非常丰富，仍具有极大的开发潜力。因此，在新药研发方面，微生物和植物都是极为重要的资源库，而且相关活性化合物的药理机制仍需要深入研究。

近年来，笔者对微生物来源的天然活性物质以及中药材的主要药效成分进行了较为深入的研究。针对来自黄海海域沉积层的海洋放线菌，笔者进行了生理活性检测，获得了一株拟诺卡氏菌属葱绿亚种MA03，该菌株具有极强的抑制黄曲霉和抗肿瘤活性。笔者利用LC-MS技术初步解析了MA03次级代谢产物的组成，发现其中可能存在春日霉素、Phaeochromycin G等活性化合物。此外，笔者分离了南方红豆杉的内生菌，获得了一株产红色素的考克氏菌HDSR，该红色素具有抗氧化活性，以及一株产抗补体活性物质的链霉菌HDSG。在中药材研究方面，笔者主要探讨了黄芩、柴胡、党参、黄芪和连翘的主要功效成分的生理活性。笔者分别在细胞水平和动物试验水平重点分析黄芩素增强肿瘤细胞顺铂敏感性、抗炎和缓解非酒精性脂肪肝病（non-alcoholic fatty liver disease，NAFLD）的作用，研究了其潜在的分子机制。在对NAFLD的研究中，笔者采用了高通量研究方法，对肠道菌群、肝脏转录组和代谢组进行了系统研究，然后通过多组学整合分析初步揭示了“肠-肝”轴在黄芩素缓解NAFLD中的作用，为后续探讨其药理机制奠定了基础。此外，笔者对柴胡皂苷和黄酮、党参多糖、黄芪多糖以及连翘黄酮的抗肿瘤、抗氧化、抗补体等活性进行了较为广泛的探讨。本书是笔者多年来在天然产物研究方面的工作总结，希望能够为该领域的研究者提供一定参考。

感谢山西省基础研究计划（自由探索类）青年项目（编号：202203021222292）、山西省高等学校科技创新计划项目（编号：2022L501）和晋中学院博士启动基金的支持。由于笔者水平有限，书中难免有不妥之处，欢迎读者批评指正。

著者

2023年9月

目　录

前言

第一章　概　　述

植物、动物、微生物等的代谢物是活性天然产物的主要来源。根据化学结构，天然产物可分为生物碱、黄酮、萜类、氨基酸、蛋白质、糖类等。自 20 世纪 40 年代青霉素用于临床以来，抗生素逐渐成为医药领域的研究和开发热点，微生物产生的次级代谢产物是各类抗生素的重要源泉。目前，大多数抗生素产生于陆生微生物，然而随着人们对抗生素不断的开发和挖掘，陆生微生物资源不足的问题逐渐显现，开拓新的抗生素资源成为迫切的需求。海洋是至今尚未得到充分开发，并且预计存在大量新型抗生素的巨大天然宝库，挖掘海洋微生物资源，可能在人类征服各类疾病的过程中发挥巨大作用。

据统计，目前 60%的临床药物直接或间接来自天然产物。天然产物已成为我国药物化学研究的重要对象，我国地域辽阔，各类具有药用价值的植物资源十分丰富，且中草药的应用历史悠久。从神农尝百草开始，各种陆生植物成为天然药物长期的主要来源，如从红豆杉中提取的天然抗癌药物紫杉醇、从黄花蒿中分离得到的抗疟药物青蒿素、从麻黄草中获得的拟肾上腺素药物麻黄碱等。对中药有效成分提取工艺的优化以及主要活性物质对各类疾病的药理作用和机制的研究，是推动中药现代化进程的重要驱动力。

第一节　海洋放线菌资源简介

海洋占据了地球表面积的 70%左右，其生物多样性是陆地生物所无法达到的。海洋微生物种类繁多，据统计多达 2 亿种，而且海洋特有的生境如高压、高盐、低营养、低光照，导致很多微生物通过产生一些次生代谢产物，来争夺环境中有限的营养并进行自我防御，因此海洋微生物产生结构新颖的天然化合物的可能性较大，并且这些天然化合物具备多种生理活性。同时，海洋微生物由于可通过发酵产生生物活性天然产物，属于可再生资源（Valliappan 等，2014），因而对海洋微生物资源的有效开发利用逐渐受到世界各国的重视。

放线菌门（Actinobacteria）是规模最大、种类最丰富的细菌门之一，是药物应用的新型次生代谢物的重要来源（Bosetti 等，2014）。随着科学技术的不断进步，对海洋放线菌尤其是深海放线菌资源的探索，扩大了人们对海洋放线菌多样性的认识。由于海洋放线菌所产生的生物活性物质具有独特的化学结构，这使得从其中获得新颖的生物活性物质成为可能。目前，大量研究表明，海洋放线菌的代谢产物在医药、农业、工业、环境保护等方面具有广泛的应用前景。

一、海洋放线菌的特征

放线菌（*Actinomycetes*）是一类革兰氏阳性原核生物，其基因组 DNA 通常具有高含量的 G+C 碱基，但后来也发现了一些基因组 G+C 碱基含量较低的放线菌菌株。放线菌在自然界普遍存在于土壤、大气、食品中，尤其土壤中放线菌的多样性最高。海洋作为地球最大的生态系统，也广泛分布着放线菌。海洋来源的放线菌种类多种多样，包括链霉菌属、小单孢菌属、游动放线菌属、红球菌属等。海洋放线菌并非海洋微生物种群的主要部分，但已证明其具有代谢多样性，并能产生多种生物结构新颖的活性物质，如抗生素，以及一些抗病毒、抗肿瘤和非抗生素物质，如各种酶抑制剂。由于从陆栖放线菌发酵产物中发现的新型生理活性物质越来越少，所以人们从 20 世纪 50 年代末便着手开发海洋放线菌，并取得了良好的成果。

放线菌的分生菌丝可构成其菌丝体结构，菌丝直径为 0.4～1.2 μm，而且多核、长度不同，可分为基内菌丝（substrate mycelium，即营养菌丝）和气生菌丝（aerial mycelium，即二级菌丝）。典型的放线菌基内菌丝发达，紧贴固体培养基表面并向培养基内部生长，是菌体摄取营养的主要方式。气生菌丝有波曲、螺旋、轮生等多种状态，并在发育到一定阶段时分化出形态各异的孢子链（spore chain），如直线形、弯曲形、螺旋形等。孢子链产生的孢子（spore）也形状多样，如球形、椭圆形、瓜子形等。

二、海洋放线菌代谢产物开发现状

近年来，大量研究报道许多分离自大型海洋生物的活性天然产物可能是由与之共生的海洋微生物所产生。其中，被研究最多的是与海绵共生的多种微生物，如寄生于海绵的一种微球菌能够产生二酮吡嗪。此外，也有研究者报道从其他无脊椎动物如海胆、海星、水母等分离到能够产生活性化合物的海洋放线菌。海洋放线菌是海洋微生物的重要资源菌属，其产生的生理活性多种多样，包括抗肿瘤、抗病毒、抗菌、降压、抗凝血等。海洋放线菌产生的活性化合物结构丰富多样、新颖独特，是陆生放线菌所不具备的。就目前的研究现状而言，海洋放线菌活性次级代谢产物可分为抗生素类、抗心血管疾病类、毒素类、酶类等。

近年来，随着菌株的分离和培养技术的进步，越来越多的海洋放线菌活性物质被发现。例如，马桂珍等（2014）从海洋放线菌菌株 BM－1 发酵液中分离得到了能够抗植物病原真菌的活性物质邻苯二甲酸二丁酯（DBP）；杨巍民等（2013）从海洋放线菌 Y－01117 中获得了活性化合物 0117B，该化合物对稻瘟病菌具有良好的抑制效果；吴春彦等（2014）从海洋链霉菌 7－145 中分离出了抗耐药菌和抗结核活性的化合物；伍国梁等（2013）发现海洋链霉菌新菌株 F1 能够产生对金黄色葡萄球菌、大肠杆菌、白色念珠菌均具有较强抑制效果的次级代谢产物；张荣柳等（2012）则证实海洋放线菌 H23－16 发酵液中存在对白色念珠菌具有较强抗性的活性成分。属于蒽醌类衍生物的多色霉素类似物 b－Indomycinone、d－Indomycinone 和 g－Indomycinone 是从海洋链霉菌中分离获得的，对枯草芽孢杆菌、大肠杆菌、金黄色葡萄球菌以及白色葡萄球菌都有较强的抑制作用（Tietze 等，2007）；大环内酯类化合物 Chalcomycin B 来自海洋链霉菌属（B7046），也能够有效抑制枯草杆菌和金黄色葡萄球菌，与红霉素的作用相当（Asolkar 等，2002）；芳香氨基酸类化合物 Lorneamides A 和 Lorneamides B 分离自海洋放线菌 MST－MA190，对枯草杆菌有强烈的抑制作用（Capon 等，2000）；分离自海洋链霉菌的蛋白类的次级代谢产物 SAP，能够显著抑制真菌生长（Woo 等，2003）；Greenstein 等（1994）则从海洋链霉菌 LL－31F508 发酵液中分离得到了生物碱 Bioxalomycins，该物质能够高效抑制革兰氏阳性菌的 DNA 合成，从而发挥抑菌作用；Chapan 等（2013）发现来自海洋放线菌 *Micronzonospora* 的生物碱类物质 Diazepinomicin 能够显著抑制细菌的生长；黄建峰等（2012）从海洋嗜碱放线菌获得的氨基糖苷类抗生素丁酰苷菌素具有新颖的化学结构；方金瑞等（1994）从海洋链霉菌 8510 分离得到了春日霉素类新型抗生素，该物质能够高效抑制铜绿假单胞菌、大肠杆菌和金黄色葡萄球菌，具有应用价值；Schumacher 等（2003）分离得到的 *Streptomyces* sp. BD21－2 能产生一种聚酯醚类化合物 Bonactin，该物质具有广谱的抗菌和抗真菌作用；Pusecker 等（1997）从 *Streptomyces* sp. B8251 中分离得到的吩嗪类生物碱 Phencomycin 具有显著的抗细菌和抗真菌活性。

除抗菌药物的开发外，抗肿瘤活性是海洋放线菌的另一个主要研究方向。20 世纪 80 年代东京大学研究者从海洋链霉菌发酵产物中发现 Halichomycin、Altemicidin、Aburatubolactum C 等抗癌抗生素（Lankapalli 等，2013）；Huang 等（2005）从海洋链霉菌 HTTA－F04129 发酵液中分离得到了一种新的多不饱和酸，该物质能有效抑制人卵巢癌细胞 A2780 的增殖；从 *Streptomyces nodosus* NPS007994 中分离得到了 Lajollamycin，该活性物质对肿瘤细胞 B16－F10 以及革兰氏阳性菌有抑制作用（Ko

等，2014）；Han 等（2005）从海洋放线菌 *Actinomadura* sp. 发酵液中分离得到的一种吲哚咔唑类生物碱 ZHD－0501，该化合物能显著抑制 A549 等多种肿瘤细胞的增殖，因而具有抗癌活性；Jeong 等（2006）从海洋链霉菌 KORDI－32 发酵液中得到一种新的吡啶类化合物 Streptokordin，该物质对 7 种人源肿瘤细胞具有显著的细胞毒性，但不具备抗菌作用；Charan 等（2004）从海洋放线菌 *Micromonospora* sp. 中分离获得的生物碱 Diazepinomicin，其不但对体外培养的肿瘤细胞具有极强的细胞毒性，而且对在体的小鼠神经胶质瘤、乳腺癌以及前列腺癌细胞有杀伤作用，该化合物目前已进入临床试验阶段；值得关注的是，从 *Streptomyces* sp. JP95 中分离得到的醌类化合物 Griseorhodin A 几乎能抑制所有人类肿瘤细胞的增殖，却不影响其邻近的正常细胞的生长（Li 等，2002）；从海洋放线菌 *Salinispora pacifica* CNS103 的发酵液中分离得到的化合物 Cyanosporasides A 对人结肠癌细胞株 HCT－116 具有明确的细胞毒性（Lane 等，2013）。目前已研制出的或是已经进入临床研究阶段的抗肿瘤药物有 Altemicidin、Halichomycinl、γ－Indomyeinone、Lagunapyrones A－C、Halichomycint、Thioeoraxine 等。

此外，部分海洋放线菌还具有抗病毒、抑制酶作用等生理活性。例如，Suthindhiran 等（2011）从海洋链霉菌 VITSDK1 中提取到的呋喃－2－乙酸酯，能够抑制诺达病毒在鱼类细胞中复制；江宏磊等（2012）从海洋链霉菌 FIM090041 中分离得到了 2 种能够抑制神经氨酸酶活性的吲哚生物碱化合物；彭飞等（2013）从海洋链孢囊菌 FIM09－1157 发酵液中也获得了神经氨酸酶抑制剂；Kobayashi 等（2014）从海洋链霉菌 OPMA00072 中分离出了一种新化合物 Bafilomycin L，其能够有效抑制动物细胞中胆固醇酯的合成，对 CHO 细胞和小鼠腹膜巨噬细胞的 IC_{50} 值分别为 0.83 nmol/L 和 6.1 nmol/L，是一种新型的胆固醇酯抑制剂。

第二节　植物内生菌资源简介

植物内生菌（endophyte）最早由德国科学家 De Bary 提出，主要指定植于植物器官内，但对宿主不产生直接和明显的负面影响的微生物，包括细菌、真菌和放线菌（Liu 等，2017）。内生菌和宿主植物之间的关系是一种涉及多物种的复杂关系，内生菌可能是宿主植物的潜在致病因素，也可能与宿主植物之间呈现互惠共生的关系（Tan 和 Zou，2001）。内生菌从宿主植物获得营养物质和生存环境，并且可以传播给宿主植物的下一代植株，同时宿主植物在与内生菌的相互作用中获得了耐旱性、抵抗病原体等能力（Mengistu，2020）。内生菌和宿主植物之间的相互作用涉及大量的初级和次级代谢物的交流，这些代谢产物可能具有潜在的药用活性（Mousa 和 Raizada，

2013)。据统计，全球现存超过30万种植物，其中大部分在我国都有分布，内生菌的类群因宿主而异，因此植物内生菌是一个具有高度多样性特征的生物资源库，不但能产生与寄主相同或相似的活性物质，而且有些还能产生与寄主植物成分不同、结构新颖、生物活性强的次级代谢产物，值得广泛而深入地开发。

目前，人们已从植物内生菌的次级代谢产物中分离得到了多种抗肿瘤活性成分。紫杉醇（taxol）是一种高效的天然抗肿瘤药物，分离自以太平洋紫杉树短叶红豆杉为代表的红豆杉属植物，但是由于该类植物生长缓慢，无法满足全球医药工业对紫杉醇的需求。Stierle等（1995）从短叶红豆杉树皮中发现了内生真菌 *Taxomyces andreanae*，该真菌能够产生结构完全相同的紫杉醇；Heinig等（2013）发现该菌株可能能够不依赖于其宿主植物独立合成紫杉醇。近年来，更多的产紫杉醇内生菌被发现，如Abdel - Fatah等（2021）发现从银杏中分离获得的青霉菌 *Penicillium polonicum* AUMC14487能够高效生产紫杉醇；*Pestaltiopsis microspora* 是分离自喜马拉雅紫杉（*Taxus wallachiana*）的内生真菌，在体外培养过程中可产生紫杉醇，可成为潜在的紫杉醇生产菌（Strobel等，1996）。据统计，目前大约有200个植物内生真菌菌株，属于40多个真菌属，可以产生紫杉醇（Kharwar等，2011）。然而，尚未有这些真菌菌株成功应用于医药工业的案例，其主要原因在于紫杉醇产量不稳定，且这些内生菌对宿主植物存在依赖性（Li等，1996；Yang等，2014）。长春新碱（vincristine）是从马达加斯加长春花（*Catharanthus roseus*）中分离出的一种具有广谱抗癌活性的次级代谢产物，其内生真菌 *Talaromyces radicus* 在改良的M2培养基中能够大量产生长春新碱（Palem等，2015）。细菌是植物内生微生物的另一大类群，尚未见文献报道能够产生紫杉醇、长春新碱及其衍生物的植物内生细菌，因此值得进一步挖掘能够产生抗癌活性化合物的细菌类群，为抗癌药物的大量工业生产提供新的可能。

植物内生菌的代谢产物可能还具有抗菌、抗氧化、免疫调节等活性。香堇菜（*Viola odorata*）是印度阿育吠陀和尤纳尼医学体系（Ayurvedic and Unani medicinal system）中的重要药用植物，具有抗炎、发汗、利尿、润肤剂、祛痰、解热、通便等功效。从其根部分离获得的细菌类群的发酵液大多具有抗氧化活性，其中8个细菌类群的发酵液对氧自由基的清除率达到50%～85%，因此具有开发为抗氧化剂的潜力（Salwan等，2023）。Wei等（2018）从云抗10号茶树分离得到若干株放线菌，这些菌株具有良好的抗菌活性，其中菌株 *Brevibacterium* sp. YXT131的发酵液粗提物能够降低小鼠血清中的促炎因子IL - 12/IL - 23p40和TNF - α，发挥免疫调节作用。分离自合欢叶片的内生真菌 *Penicillium brefeldianum*，其代谢产物能够明显降低卡拉胶诱导的炎症大鼠模型体内的NO、IL - 1β、IL - 6等促炎因子的释放水平，具有良好的抗炎功效（Saleh 等，2023）。Sipriyadi 等（2022）从药用植物黄古山龙（yellow-fruit moonseed，拉丁名 *Arcangelisia flava*）中分离出 29 个内生细菌类群，其中 4 个分离株 AKEBG21、AKEBG23、AKEBF25 和 AKEBG28 能够显著抑制大肠杆菌、金黄色葡萄球菌和铜绿假单胞菌等病原菌的生长。因此，植物内生菌是各种药理活性化合物的资源库，值得人们进行更为深入的研究和开发。

第三节　常见植物类中药活性研究现状

植物是药用天然产物的主要来源之一。目前，已开发出多种植物来源的药物，并广泛应用于临床，如青蒿素、吗啡、紫杉醇、丹参酮、苦参碱等，由于其药理作用广泛、药效显著，临床需求量极大，因此受到越来越多国内外学者的关注。

中药是中华民族的瑰宝，根据第四次全国中药资源普查数据，85%以上的中药来源于药用植物，中药资源是中医药传承和中药产业发展赖以生存的重要物质基础。中药活性成分是中药发挥药理作用的关键，大部分来源于栽培或野生药用植物的次生代谢产物主要包括萜类、生物碱、苯丙素类等，在植物的特定组织部位以及特定的生长阶段积累，受气候环境的影响较大，具有较强的时空特异性，与中药材的道地性息息相关，而且中药活性成分含量不稳定，结构类似物多，分离纯化的难度较大。随着新药开发及中药产业发展对单体活性成分的需求增大，中药资源正面临大宗常用资源短缺、珍稀濒危资源被破坏等诸多问题，此外，中药在机体内作用靶点多样，调控机制大多不明确，这些原因是中药现代化和国际化的主要阻力。国家“十四五”发展规划对中药资源开发利用提出了新要求，指出绿色可持续发展将是中药资源发展的方向。因此，改进兼顾提取率和生理活性的高效的活性成分提取工艺，以及深入而系统地研究中药活性成分的分子机制，是当前中药产业发展的关键。近年来，笔者以几种常见的植物类中药为切入点，针对其主要有效成分的提取方法和生物活性进行了较为广泛和深入的研究，如黄芩素、黄芩多糖、党参多糖、柴胡皂苷、柴胡黄酮等，希望能够为中药活性成分的研究和开发提供一定的参考。

一、多糖类

多糖（polysaccharide）是机体内重要的生物大分子，由 10 个或 10 个以上单糖分子通过不同类型的糖苷键连接而成，广泛分布于植物、动物和微生物中，是自然界中糖类的主要存在形式，具有生物活性多样、空间结构复杂等特点（Jing 等，2022）。中药多糖是中药材中的重要活性成分，具有多靶点、多途径、副作用小等特点，不同中药的多糖组成差异较大，其分子结构中常见有葡萄糖（Glu）、果糖（Fru）、半乳糖（Gal）、阿拉伯糖（Ara）、木糖（Xyl）、鼠李糖（Rha）、甘露糖（Man）、半乳糖醛酸（GalA）、葡萄糖醛酸（GluA）、岩藻糖（Fuc）、核糖（Rib）等单糖分子。越来越多的研究表明，部分中药多糖具有抗肿瘤、调节免疫、抗氧化等生物活性。而且，多糖的结构经过局部修饰，或者与其他药物联用后，其生物活性会大幅度提升，因此，多糖类药物具有很大的应用前景。

近年来，中药多糖在抗肿瘤药物的研究中表现出了多角度、多机制协同、避免肿瘤细胞耐药等优势，逐渐成为新药研发领域的热点。目前，中药多糖的抗肿瘤作用主要体现在抑制细胞增殖、诱导细胞凋亡、调节细胞自噬、调控细胞周期、影响细胞内氧自由基代谢平衡、抑制肿瘤细胞转移和侵袭、调控肿瘤微环境等方面。例如，熟地黄多糖可能通过 VEGF/Akt 信号通路抑制前列腺癌细胞 PC－3 的增殖（夏旭等，2021）；车前子多糖能够有效抑制乳腺癌细胞 MDA－MB－231 的增殖、迁移和侵袭（陈高等，2021）；丹参多糖能够有效降低人乳腺癌细胞系 Bcap－37 和人食管癌细胞系 Eca－109 的增殖能力（Jiang 等，2014），能够显著抑制肝癌细胞 H22 在裸鼠体内的成瘤能力（Liu 等，2013）；黄芪多糖与肿瘤疫苗联合使用，可以提高疗效，减少毒副作用，促进患者康复的预后（Wang 等，2022）。然而，与药理作用方面相比，对中药多糖结构的研究则较少，充分的化学结构分析和构象关系的阐明将有利于其在抗肿瘤研究中的进一步发展和应用。

现有的研究表明，中药多糖对免疫系统的调节作用主要通过其对巨噬细胞、NK 细胞、DC 细胞等免疫细胞的活化以及相关细胞因子的释放来实现。例如，侧柏叶多糖能促进巨噬细胞极化，增强促炎症因子 IL－6、TNF－α 和 IL－10 的释放（Ren 等，2019）；葛根多糖（Dong 等，2020）和刺五加多糖（Li 等，2019）均能有效活化巨噬细胞，增强其吞噬作用；芍药多糖除了能够刺激巨噬细胞生长，还能提升其 NO 的产生（Ma 等，2018）；人参多糖（Sun 等，2016）和地黄多糖（Xu 等，2017）能够明显提升小鼠体内 NK 细胞的比例，增强 NK 细胞毒性；枸杞多糖（Duan 等，2020）和马齿苋多糖（Jia 等，2021）可以诱导 DC 细胞成熟分化，激发机体免疫应答；黄精多糖可增加 $CD4^+/CD8^+$ T 细胞数量（Chen 等，2020）；白术多糖则能够促进 T 细胞和 B 细胞的增殖，从而增强小鼠的免疫力（Li 等。2018）。因此，中药多糖可通过增加各种免疫细胞的数量或提升多种促炎症因子的产生来调节机体免疫平衡。

大量研究表明，氧化应激损伤是诱发细胞凋亡的重要原因（Cojocaru 等，2023）。人体内的氧自由基在细胞内生物氧化过程中不断产生，机体内存在一种抗氧化系统，能够及时清除过剩的氧自由基，正常状态下活性氧（reactive oxygen species，ROS）水平处于动态平衡中，一旦平衡被破坏，过剩的氧自由基可能导致蛋白质变性，以及核酸、不饱和脂肪酸等生物大分子的结构破坏，引起细胞膜和各种细胞器的损伤，进而导致癌症、阿尔兹海默病、帕金森病等相关疾病的发生和迅速发展。近年来，对中药材活性成分（如皂苷、黄酮、生物碱、萜类、脂肪族化合物等）在抗氧化活性方面的研究得到了广泛的探讨。多糖是一种天然的大分子化合物，具有来源广、不良反应小、易提取、种类多等优势，因其在细胞内活性氧水平调控方面的独特特性而备受关注，具有良好的应用前景。然而，多糖结构更为复杂，目前，虽然已有针对多种中药材多糖抗氧化活性的报道，但主要是针对其体外抗氧化活性的探讨，缺乏系统性和深度。

除此之外，中药多糖可能还具有调节肠道微生物多样性、血糖、血脂等功能。有研究表明，多糖在体内吸收率较低，肠道微生物可将多糖分解为小分子供机体利用（周欣等，2019）。例如，马齿苋多糖能够显著增高溃疡性结肠炎模型小鼠肠道双歧杆菌和乳酸菌相对丰度，降低肠杆菌和肠球菌的相对丰度（冯澜等，2015）；在抗生素相关性腹泻模型小鼠中，在人参多糖的干预下，肠道乳酸菌、乳球菌和链球菌的丰度得到提升，拟杆菌属丰度被下调，人参多糖被大量分解为葡萄糖，并代谢为乙酸等短链脂肪酸，腹泻症状明显得到缓解（Li 等，2019）。中药多糖还能影响胰岛细胞功能、胆固醇的代谢等，达到降糖和降脂的功效。例如，南瓜多糖可能通过调节肠道菌群结构、促进脂肪酸代谢、降低血糖水平等途径改善Ⅱ型糖尿病模型大鼠的症状（Liu 等，2019）；在高脂饲料结合链脲佐菌素链（streptozocin，STZ）诱导的Ⅱ型糖尿病大鼠肠道中，茶多糖能够显著降低拟杆菌属的丰度，增加罗氏菌属、*Fluviicola* 菌属以及 *Victivallis* 菌属的丰度，进而达到降血糖、降血脂、改善胰岛素抵抗的功效（Li 等，2020）。因此，多糖作为中药材的主要活性成分，可能参与调控机体内多种生理过程，具有巨大的开发和应用潜力。

二、黄酮类

黄酮（flavonoids）属于多酚类化合物，是药用植物的主要次级代谢产物之一，广泛分布于黄芩、银杏、槐花、红花、益智仁、人参、黄芪等植物中。在植物细胞内，苯丙氨酸在苯丙氨酸解氨酶和肉桂酸 4-羟化酶作用下生产香豆酸，然后在香豆酰乙酰辅酶连接酶的催化下转化为香豆酰辅酶 A，再经查尔酮合酶作用，生产柚皮素查尔酮和松属素查尔酮，进而生产其他类型的黄酮类化合物，其中，查尔酮合酶是关键的限速酶（Liu 等，2021）。黄酮类化合物的基本结构为苷元，包含 2 个苯环和 1 个含氧吡喃环，根据其化学结构，可分为花青素、查尔酮、黄烷醇（儿茶素）、黄酮类、黄烷酮、黄酮醇、黄烷酚和异黄酮类等亚类（Conde 等，2020；Liu 等，2021）。仅在 2016—2022 年期间，人们就从各类植物中分离出 249 种新的黄酮类化合物，涉及抗肿瘤、抗细菌、抗炎、抗真菌、抗寄生虫、抗病毒、酶活性抑制等方面的活性（Umer 等，2022），在维持人类健康中发挥了重要作用。

在抗炎活性方面，目前，关于黄酮类化合物在神经系统疾病中的研究相对深入。在细胞水平、动物体内以及临床上的研究均表明，黄酮类化合物能够在多种神经系统疾病（如缺血性脑中风、阿尔兹海默病、帕金森病等）中调控相关信号通路（Martínez - Coria 等，2023）。例如，在常用于脑中风的氧-葡萄糖剥夺的细胞模型（oxygen glucose deprivation，OGD）中，黄芩苷可能通过抑制 TLR4/NF - κB 通路和下调小胶质细胞共培养系统中 STAT1 磷酸化水平来抑制促炎小胶质细胞极化（Ran 等，2021）；在局灶性脑缺血再灌注模型（MCAO/R）小鼠中，缺血 3 h 后，利用非瑟酮（fisetin）处理可显著减小脑组织梗死面积，降低小胶质细胞中 TNF - α 的产生以及白细胞和巨噬细胞的浸润（Gelderblom 等，2012）；芫花素抑制 MPP^+ 诱导的 SH - SY5Y 细胞 TLR4/MyD88/NLRP3 炎症小体通路的激活（Li 等，2021）。此外，双查尔酮可能作为治疗慢性炎症的潜在替代品（Pereira 等，2023）。

在抗肿瘤活性方面，大量研究表明，黄酮类化合物调节了细胞增殖、血管生成、细胞转移和侵袭、细胞凋亡、肿瘤细胞药物敏感性等。例如，木麻黄黄酮可能通过下调 PI3Kγ - p110 水平，干扰 PI3K/AKT/mTOR/p70S6K/ULK 信号通路，诱导人乳腺癌细胞 G2/M 期周期阻滞、细胞凋亡以及自噬（Zhang 等，2018）；芹菜素在细胞水平和小鼠体内均能通过直接靶向 SPOCK1 和 Snail - Slug 介导的上皮间质转化（epithelial to mesenchymal transition，EMT），抑制前列腺癌细胞的转移（Chien 等，2019）；木犀草素能够通过下调金属蛋白酶 MMP - 2 和 MMP - 9 水平，以及抑制 PI3K/AKt 信号通路活性，抑制人黑色素瘤细胞 A375 在体内和在裸鼠体内的转移和侵袭能力（Yao 等，2019）。此外，黄酮类化合物还可能影响肿瘤细胞的表观遗传学机制，发挥其抗肿瘤活性（Fatima 等，2019）。例如，microRNA 的表达（Samec 等，2019b）、组蛋白修饰（Samec 等，2019a）、DNA 甲基化（Jasek 等，2019）等。因此，黄酮类化合物在针对癌症高危人群或侵袭性癌症患者的预防和治疗中具有潜在应用前景。

综上所述，黄酮类化合物作为中药的主要活性成分之一，国内外学者对其结构和药理活性进行了广泛的研究，但关于黄酮与其他药物（如抗肿瘤药物）的协同作用研究相对较少。在作用机制方面，主要集中于一条或几条信号通路活性的研究，从机体整体的角度以及多器官相互关系的角度考虑较少，因此，在将来的研究中，我们有必要对此进行更为深入的探讨。

三、皂苷类

皂苷（saponin）主要由皂苷元与糖、糖醛酸等有机酸缩合而成，可分为三萜皂苷和甾体皂苷两类，广泛存在于黄芪、人参、柴胡、三七、知母、白头翁、黄精、山药、重楼、绞股蓝等中药材中。皂苷类成分是中药关键活性物质之一。现代药理研究表明，中药皂苷类成分具有抗炎、抗菌、抗病毒、抗衰老、降血脂、抗肿瘤、调节肠道菌群等活性，在糖尿病、神经系统疾病、肿瘤等疾病的药物研发和临床防治上具有巨大潜力，目前已有参麦注射液、血塞通注射液、地奥心血康胶囊、小柴胡颗粒、人参茎叶总皂苷片、七叶皂苷钠片等含有中药皂苷成分的药物。

目前，关于中药皂苷类化合物在抗肿瘤方面的研究较多，也较为深入。孙大鹏等（2015）发现，人参皂苷 Rg3 可能通过下调钙调蛋白 CaM 的表达，抑制 NF－κB 信号通路，促进胃癌细胞 BGC－823 的凋亡；徐明明等（2011）认为，柴胡皂苷 D 可通过调控凋亡抑制蛋白 survivin 的表达，抑制宫颈癌细胞 HeLa 的增殖；章英宏等（2015）证实，桔梗皂苷 D 可抑制乳腺癌细胞 MCF－7 和 MDA－MB－231 中 Bcl－2 表达，进而触发其 caspase－3 依赖的凋亡途径；陈美娟等（2015）的研究显示，麦冬皂苷 B 可通过抑制 Akt 的磷酸化和 MMP2/9 的表达，抑制肺癌细胞 A549 的黏附和转移；三萜皂苷 Afrocyclamin A 可能通过 PI3K/Akt/mTOR 途径诱导人前列腺癌细胞凋亡和自噬性细胞死亡（Sachan 等，2018）；在乳腺癌细胞中，重楼皂苷则可通过下调 P 糖蛋白（P－glycoprotein，P－gp）的表达水平，抑制其转运功能，从而诱导肿瘤细胞凋亡（Li 等，2014）。因此，中药皂苷成分种类繁多，对肿瘤细胞具有广泛的抑制作用，其药理机制极为复杂，涉及多个信号通路，需要更为深入的研究予以揭示。

在神经系统疾病的药物研发方面，中药皂苷类化合物可能通过影响机体内的炎症反应、ROS 平衡、细胞凋亡、细胞自噬等途径，在阿尔兹海默病、帕金森病等疾病中发挥治疗作用。例如，薯蓣皂素可有效缓解脂多糖诱导神经元细胞炎症反应，降低 TNF－α 和 iNOS 的表达，缓解中脑神经元细胞损伤（Lee 等，2022）；远志皂苷可能抑制神经元细胞的内吞作用，缓解突触退化，防止阿尔兹海默病模型小鼠记忆损伤（Kuboyama 等，2017），此外，远志-石菖蒲中的皂苷、β-细辛醚、丁香酚等成分可以改善阿尔兹海默病模型神经细胞钙失调，避免神经细胞损伤（杨丽等，2015）；天门冬皂苷则通过干扰泛素化蛋白降解体系，增强 *pdr－1*、*ubc－12*、*pink－1* 等基因的表达水平，降低神经细胞内 ROS 水平，缓解神经细胞损伤（Smita 等，2017）；黄芪甲苷可能激活 JAK2/STAT3 信号通路，抑制促炎症因子的产生，促进细胞自噬，缓解帕金森病模型小鼠多巴胺能神经元的丢失和行为障碍（Xia 等，2020）。因此，中药皂苷类化合物在神经系统疾病中具有显著的缓解作用，可作为新药研发的潜在目标。

另外，皂苷类成分口服生物利用度差，在肠道内滞留时间较长，通常经肠道微生物作用后才进入血液发挥其药理作用，而且皂苷成分可被部分肠道菌群代谢，同时菌群组成也发生了变化（Luo 等，2020）。例如，在非酒精性脂肪肝病模型小鼠中，绞股蓝总皂苷降低肠道中 *Firmicutes/Bacteroidetes* 菌属的相对丰度比，提高了 *Akkermansia* 和 *Fissicatena* 菌属的丰度，进而缓解了非酒精性脂肪肝病（NAFLD）症状（Huang 等，2019）；玉竹总皂苷可明显降低Ⅱ型糖尿病模型大鼠 *Bacteroidetes/Firmicutes* 菌属的相对丰度比，增加 *Veillonellaceae* 和 *Anaerovibrio* 的丰度，进而有效调节了血糖水平（Yan 等，2017）；薯蓣皂苷元可显著上调 C57BL/6 小鼠肠道菌群中乳酸菌属和 *Sutterella* 菌属的丰度，下调 *Bacteroides* 菌属的丰度，因此在黑色素瘤的 PD-1 抗体治疗中发挥了辅助作用（Dong 等，2018）。近年来，大量研究表明，肠道菌群在机体代谢中发挥了重要作用，被国内外学者看作一个庞大而复杂的隐形器官，目前关于中药皂苷成分与肠道菌群之间的相互关系尚需更多的研究予以阐明。

四、精油

精油是植物次级代谢产物中的挥发性脂溶性化合物，通常产生于植物的花、叶、根、树皮、果实、种子等部位。中药精油化学成分复杂，主要分为萜烯类、芳香族、脂肪族和含氮硫类 4 大类，大多呈无色或淡黄色，有香气，而且具有高渗透性、代谢快、毒性小等优点。大量研究表明，中药精油具有杀菌、抗氧化、抗炎等活性。例如，墨西哥藿香精油（Navarrete 等，2017）和 Lippia origanoides 精油（Menezes 等，2018）可显著抑制卡巴胆碱诱导的豚鼠离体气管模型的收缩；金缕梅精油可能通过减少中枢神经系统的疼痛感知，缓解非炎症性的骨骼肌肉疼痛（Melo 等，2020）；丹参醇龙脑酯可能通过上调血管内皮生长因子、血管内皮生长因子受体 2 和基质金属蛋白酶-9 的表达，影响 Akt/MAPK 通路，改善心肌缺血，防止心肌梗死等心血管疾病（Liao 等，2019）；桃金娘精油则能够显著降低皮肤痤疮分级指数、毛孔指数、红斑指数和微生物指数，改善皮肤状况（Kim 等，2018）；香芹酚（carvonol）和罗格列酮能够降低高脂饮食的小鼠血清中甘油三酯（TG）、总胆固醇（TC）、血磷脂以及游离脂肪酸水平，调控糖脂代谢和能量代谢，减轻细胞和组织损伤（Ezhumalai 等，2014），此外，香芹酚及其异构体百里酚还能够抑制气道上皮细胞对几丁质的炎症应答，增加机体对几丁质的耐受性（Khosravi 等，2016）；荆芥精油（主要含有荆芥内酯及石竹烯）可通过驱避防尘螨，有效避免其引起的哮喘（Khan 等，2012）；巴西 *Myrcia splendens* 叶子精油对肺癌细胞 THP-1、A549 和 B16-F10 具有较高的细胞毒性，能够有效降低 A549 细胞的集落形成能力和迁移能力，并诱导其凋亡（Montalvão 等，2023）；茉莉花精油能够显著抑制乳腺癌细胞 MDA-MB-231 和 MCF-7 生长，且在 SD 大鼠体内仍然具有明显的原位抑制效果（Lakshmi 等，

2023）；在中东地区，小叶蒿是一种治疗癌症的传统草药，其精油成分对HCT116、HepG2、A549和MCF-7细胞均有抑制活性，其中对MCF-7细胞的毒性最高，可抑制其迁移能力，诱导细胞周期S期阻滞和凋亡（Break等，2023）；肉桂精油作用于人转移性黑素瘤细胞系（M14），可抑制其增殖，扰动其细胞周期，提高细胞内ROS和Fe（Ⅱ）水平，诱导线粒体膜去极化（Cappelli等，2023）。总之，中药精油品种繁多，具有广泛的药用价值，但目前开发程度较低，针对其作用机制的研究也欠深入，尤其是中药复方的精油具有相当大的研究空间。

五、其他

除了上文所述的多糖、黄酮、皂苷、精油等成分外，中药材中还存在苯丙素类、生物碱类、醌类等成分。大量研究表明，中药材中不同的成分具有不同的生理活性。例如，补骨脂素（Kong等，2001）、阿魏酸（Xu等，2013）、姜黄素（Arora等，2011）等苯丙素类化合物对中枢神经系统具有调节活性，从而产生抗抑郁的药理作用。其中，姜黄素可能通过降低CD133、CD44、EpCAM和CD24的表达水平，有效逆转直肠癌细胞LoVo/CPT-11的伊利替康耐药性（Su等，2018）。甜菜碱（刘长虹等，2016）、胡椒碱（魏宁艳等，2012）、咖啡因（谢果，2010）等具有明显的抗抑郁作用。其中，甜菜碱还可能通过调节脂代谢，抑制脂肪的沉积，改善肥胖症、脂肪肝等疾病（Du等，2018；Yang等，2021）；胡椒碱是一类酰胺类生物碱，现有研究表明，胡椒碱具有抗炎、抗肿瘤、调节糖脂代谢、缓解神经系统和心血管系统疾病等作用（林思等，2022）；咖啡因可能通过抑制肠上皮细胞中的几丁质酶活性，缓解急性结肠炎（Lee等，2014），并且可能降低结肠癌的发生（Lu等，2022）。大黄酸是一类存在于芦荟、何首乌等中药材的醌类活性化合物，可能通过抑制细胞增殖、诱导细胞凋亡、调节免疫等分子途径，显著抑制肝癌、乳腺癌、肺癌、直肠癌等多种恶性肿瘤（Liu等，2021；Wei等，2022）。

综上所述，中药材含有多种具有不同生理活性的化学成分，在针对癌症、神经系统疾病、严重的炎症反应等方面的新药开发中具有巨大的开发价值和应用潜力。

第二章　海洋放线菌活性研究

第一节　海洋放线菌活性研究现状

一、海洋放线菌抗真菌活性研究进展

随着采样技术和微生物培养技术的发展，越来越多的海洋放线菌种属被发现，由于其生存于高压、高盐、低温等环境中，不同于陆地环境，所以从其次级代谢产物中发掘新的生物活性物质的可能性较高。

真菌感染是植物病害主要原因之一，严重影响了农作物的品质和产量。由于传统的化学杀菌剂存在破坏环境、产生耐药性以及残留的问题，寻找可替代的、安全有效的、环境友好的杀菌剂成为国内外学者研究的热点。近年来，放线菌一直是新型医用抗生素和农用抗生素的重要来源（Genilloud，2017），海洋放线菌是海洋微生物中活性物质的重要来源之一。例如，陶琳等（2018）从海洋弗氏链霉菌 *Streptomyces fradiae* HNM0089 中也获得了星形孢菌素，能显著抑制芒果炭疽病菌、水稻稻瘟病菌、香蕉枯萎病菌、薯蓣炭疽病菌和橡胶炭疽病菌；孙珊等（2016）发现分离自海南文昌海域的海洋放线菌 HNM0089 能有效拮抗芒果炭疽病菌（*Colletotrichum asianum*），提示其次级代谢物中含有某种抗真菌活性的化合物；程亮等（2017）从海洋放线菌 Y12－26 发酵液的正丁醇提取物中分离得到单体化合物 salicylamide、iturin A－2 和 daidzein－4′，7－di－α－L－rhamnoside，其中，salicylamide 对稻瘟病菌（*Pyricularia oryzae*）和黄瓜灰霉病菌（*Botrytis cinerea*）有显著抑制活性，iturin A－2 能抑制水稻纹枯病菌（*Rhizoctonia solani*），daidzein－4′，7－di－α－L－rhamnoside 则能抑制黄瓜灰霉病菌（*Botrytis cinerea*）；曹利等（2019）从我国黄海海域沉积物中筛选出的锈赤蜡黄链霉菌（*Streptomyces rubiginosohelvolus*）B11 可高效抑制黄曲霉（*Aspergillus flavus*）。

在医学领域，真菌感染通常会严重影响艾滋病患者、使用免疫抑制剂的患者、血液系统恶性肿瘤患者和器官移植患者的治疗效果，甚至危及生命，所以抗真菌治疗成为必要。然而，目前所使用的抗真菌药物副作用较大，导致其使用受限，因此寻找新

型的真菌抑制剂成为国内外学者研究的热点。例如，从印度洋分离得到的链霉菌属放线菌 *Streptomyces* sp. VITGAP240 和 *Streptomyces* sp. VITGAP241 可产生杂环类、多酮类、多肽类化合物，能有效抑制白色念珠菌（*Monilia albican*）（Pavan 等，2018）；Suresh 等（2020）从印度西南海岸河口沉积物中分离得到了链霉菌属放线菌 *Streptomyces* sp. ACT2，获得了 2 种活性化合物 bahamaolides 和 polyenepolyol，可有效抑制皮肤真菌 *Epidermophyton floccosum*、*Trichophyton mentagrophytes*、*Trichophyton rubrum* 和 *Microsporum canis*；来自海洋放线菌链霉菌的抗真菌多烯多元醇大环内酯 bahamaolides A 可显著抑制病原真菌 *Aspergillus fumigatus* HIC 6094、*Trichophyton rubrum* IFO 9185、*T. mentagrophytes* IFO 40996 和 *Candida albicans* ATCC 10231（Kim 等，2012）；Sato 等（2012）从海洋放线菌 *Actinoalloteichus* sp. NPS702 发酵液中分离出了 9 种新的大环内酯类化合物，在体外对病原真菌 *Trichophyton mentagrophytes* ATCC 9533 具有显著的抑制活性，MIC 值范围为 1～3 μg/mL。

综上所述，在农业领域和医药领域，海洋放线菌在寻找新型的真菌抗生素方面都具有巨大的开发潜能，从目前已报道的化合物来看，海洋放线菌产生的化合物具有独特的结构和生物活性，因此具有很高的研究价值，值得进一步关注。

二、海洋放线菌抗肿瘤活性研究现状

癌症是目前世界居民死亡的重要原因之一。近年来，虽然人们在癌症诊断和治疗方面取得了长足的进步，但是癌症的发病率和死亡率仍然处于上升趋势，预计到 2040 年，全球癌症发病率将增至 2 840 万例，尤其是肿瘤耐药性的出现为癌症的治疗带来了新的挑战，因此新颖的抗肿瘤药物的研发成为医药领域迫在眉睫的科学问题。大量研究表明，海洋是强效抗癌药物的重要来源，并且展现出独特的化学特征和作用机制。目前，在国际海洋药理学/药物领域权威网站（The Global Marine Pharmaceuticals Pipeline，www.marinepharmacology.org）上，已批准的 17 种海洋药物中，12 种为抗癌药物。海洋放线菌是海洋天然产物的重要来源，主要由链霉菌属、诺卡氏菌、红球菌、游动放线菌和小单胞菌属等组成，所产生的天然产物类型包括醌类（quinones）、大环内脂类（macrolides）、内酯环（macrocyclic actones）、生物碱类（alkaloids）、肽类物质（peptides）、二酮哌嗪类（actinoflavoside）、萜类（terpenoids）、吡喃酮苷等（Gallagher 等，2010）。

（一）链霉菌属

目前，已在陆生链霉菌属代谢物中开发了大量的抗生素，如四环素、链霉素、红霉素等，在海洋放线菌中，链霉菌也占据了举足轻重的地位。海洋链霉菌属主要来自于海洋沉积物，所产生的活性物质种类繁多，其中大量化合物具有抗肿瘤活性。

1. 大环内酯类化合物　是海洋链霉菌属产生的活性物质之一，由 12－16 碳内酯环和糖基共价结合而成（Li 等，2010）。例如，halichoblelide D 分离自红树林来源的链霉菌属，对人宫颈癌细胞 HeLa 和人乳腺癌细胞 MCF－7 具有显著的杀伤力，IC_{50} 值分别为 0.30 μmol/L 和 0.33 μmol/L（Han 等，2016）；21，22－enbafilomycin D 和 21，22－en－9－hydroxybafilomycin D 是从海藻来源的链霉菌属中获得的两种巴弗洛霉素，对人胶质瘤细胞 U251 和 C6 具有明显的细胞毒性（Zhang 等，2017）；沙漠霉素 G（desertomycin G）分离自海藻来源的链霉菌株，可有效抑制 MCF－7、人肺腺癌细胞 A549 和人结肠癌细胞 DLD－1 的增殖（Bra 等，2019）。

2. 生物碱类化合物　具有复杂的含氮环状结构。Chlorizidine A 及其酰化衍生物是来自海洋链霉菌的生物碱类化合物，对人结肠癌细胞 HCT－116 具有明显的细胞毒性，其 IC_{50} 值为 0.6～4.9 μmol/L（Alvarez－Mico 等，2013）；Zhou 等（2019）从海洋沉积物中分离的放线菌株获得了 15 种化合物，其中化合物 1～5、7～13 和 15 显示出显著的细胞毒活性；Zhang 等（2017）从海洋链霉菌中分离得到了 4 种新的生物碱类化合物以及 6 种已知类似物，对人宫颈癌细胞 HeLa 均表现出显著的细胞毒性，其中化合物 5（NADA）的效果最好，可抑制细胞增殖，诱导细胞周期阻滞和细胞凋亡；Han 等（2017）从链霉菌菌株 CHQ－64 中分离到 2 种新化合物香叶基吡咯 A 和 piericidin F，后者对人宫颈癌细胞 HeLa、急性早幼粒细胞 NB4 以及人肺腺癌细胞 A549 和 H1975 具有显著的细胞毒性，IC_{50} 值分别为 0.003、0.037、0.56、0.49 μmol/L。

3. 醌类化合物　通常具有不饱和的环二酮结构，可转变成该结构的化合物也属于该类别。从海洋链霉菌 EGY1 培养物的乙酸乙酯提取物中分离的 sharkquinone 对人胃腺癌细胞 AGS 具有显著的细胞毒性，IC_{50} 值低于 10 μmol/L，并能克服由 TRAIL 诱导的耐药性（Abdelfattah 等，2017）；Che 等（2016）从海绵共生的链霉菌菌株 HDN－10293 的培养物获得的化合物 naquihexcins A 和 naquihexcins B，以及类似物（-）－BE－52440A，其中 naquihexcins A 可显著抑制阿霉素耐药的人乳腺癌 MCF－7 细胞的增殖，（-）－BE－52440A 则能有效杀伤人白血病细胞 NB4 和 HL－60。

4. 角环素糖苷类化合物　是由糖基与一个含苯并蒽醌的四环骨架以碳碳键共价连接而成。例如，从海洋链霉菌中分离出的 marangucycline B 能够抑制人肺腺癌细胞 A549、人鼻咽癌细胞 CNE2、人肝癌细胞 HepG2 以及人乳腺癌细胞 MCF－7 的生长，IC_{50} 值范围为 0.24～0.56 μmol/L（Song 等，2015）；grincamycin H 对人外周血白血病细胞 Jurkat 的增殖有抑制效果，IC_{50} 值为 3.0 μmol/L（Zhu 等，2017）；grincamycin J 对人乳腺癌细胞 MDA－MB－435 和 MDA－MB－231、人肺癌细胞 NCI－

H460、人结肠癌细胞 HCT116 和人肝癌细胞 HepG2 均显示出细胞毒性，IC_{50} 值范围为 0.4～6.9 μmol/L（Lai 等，2018）。

除此之外，在海洋链霉菌及其培养物中分离出了肽类（peptides）、吲哚并咔唑（indolocarbazole）、萜类（terpenoids）和二酮哌嗪类（diketopiperazines）化合物，在抑制各种肿瘤细胞的生长或增强肿瘤细胞的药物敏感性方面展现出了一定的效果。

（二）稀有放线菌

除了链霉菌属外，研究者也从其他海洋放线菌菌株及其培养物中分离得到了具有抗肿瘤活性的化合物，涉及的菌属包括小单孢菌属（*Micromonospora*）、异壁放线菌菌属（*Actinoalloteichus*）、野野村氏菌属（*Nonomuraea*）、糖丝菌属（*Saccharothrix*）、假诺卡氏菌属（*Pseudonocardia*）、马杜拉放线菌属（*Actinomadura*）、拟诺卡氏菌属（*Nocardiopsis*）等。例如，从碳酸小单孢菌 LS276 的发酵液中分离的 tetrocarcin A 和 arisostatin A 对人非小细胞肺癌细胞 A549、人胃癌细胞 BGC823、人结肠癌细胞 HCT-116、人肝癌细胞 HepG2 和人胶质母细胞瘤多形细胞 U87MG 均表现出显著的抑制活性（Gong 等，2018）；Mei 等（2017）从坎塔布连海 2 000 m 深的沉积物中分离得到了异壁放线菌菌株 *Micromonospora matsumotoense* M-412，从其培养物中获得了 1 种结构新颖的天然产物 16-hydroxymaltophilin 以及 5 种已知化合物 dihydromaltophilin、4-deoxydihydromaltophilin、maltophilin、xanthobaccin C 和 FI-2，对人源肺腺癌细胞 A549、乳腺癌细胞 MCF-7、白血病细胞 Jurkat 和 K562、胰腺癌细胞 BXPC-3 和 PANC-1 以及结肠癌细胞 HCT-116 都存在细胞毒活性；Yang 等（2019）从日本佐贺米湾 800 m 深处采集的深海水中分离到 *Nonomurea* sp. AKA32 菌株，从中获得了 1 种新的香族聚酮 Akazamicin 和 2 种已知的化合物 actinofuranone C 和 N-formylanthranilic acid，对小鼠黑色素瘤细胞 B16 均存在细胞毒性，IC_{50} 值分别为 1.7、1.2、25 μmol/L；tetracenomycin X 是产自稀有放线菌属 *Saccharothrix* sp. 10-10 的一种芳香聚酮类抗生素（Liu 等，2018），在小鼠体内可能通过调控 Cyclin D1 信号通路，选择性抑制肺癌细胞的增殖，产生抗肿瘤的效果（Qiao 等，2019）。

综上所述，海洋放线菌的代谢物中可能存在高效的抗肿瘤化合物，目前的活性化合物大多来自沿海地区的海洋微生物，对于远深海区域的海洋微生物研究不足。同时，活性化合物主要是从海洋链霉菌中获得，而其他种属的放线菌所产活性物质相对研究较少，具有很好的开发前景，值得更深入的研究和探索。

第二节 海洋放线菌活性研究试验

一、试验材料与仪器

（一）菌种来源

本研究所用的 14 株海洋放线菌均分离自黄海海域沉积物。寄生曲霉突变株 NFRI－95（以下简称 N95）能够在菌丝体内稳定积累黄曲霉毒素合成过程中的红色中间产物 Norsolorinic acid（以下简称 NA），而最终不能合成黄曲霉毒素，该菌株由日本国家食品研究所的 Kimiko Yabe 博士提供。

（二）培养基及相关溶液的配制

1. 高氏一号培养基 可溶性淀粉 20 g，NaCl 0.5 g，K_2HPO_4 1.0 g，$FeSO_4$ 0.01 g，$MgSO_4 \cdot 7H_2O$ 0.5 g，KNO_3 1.0 g，蒸馏水 1 000 mL，pH 7.2～7.4。

2. GY 培养基 葡萄糖 20 g/L，酵母粉 5 g/L，蒸馏水 1 000 mL，pH 7.2～7.4。

3. 明胶液化培养基 蛋白胨 5.0 g，葡萄糖 20.0 g，明胶 200.0 g，蒸馏水 1 000 mL，pH 7.0。

4. 纤维素水解培养基 $MgSO_4$ 0.5 g，NaCl 0.5 g，K_2HPO_4 0.5 g，KNO_3 1.0 g，蒸馏水 1 000 mL，pH 7.2。滤纸条（5 cm×0.8 cm）。

5. 牛奶凝固与胨化培养基 牛奶（脱脂鲜牛奶）1 000 mL，$CaCO_3$ 0.02 g，120 ℃下间歇灭菌 3 次，每次 30 min。

6. 淀粉水解琼脂 可溶性淀粉 10.0 g，K_2HPO_4 0.3 g，$MgCO_3$ 1.0 g，NaCl 0.5 g，KNO_3 1.0 g，琼脂粉 15.0 g，蒸馏水 1 000 mL。

7. 3，5－二硝基水杨酸（DNS）**试剂** 将 2 mol/L NaOH 溶液 262 mL 和 6.3 g3，5－二硝基水杨酸，加到 370 g/L 酒石酸钾钠 500 mL 热溶液中，再分别加 5 g 亚硫酸钠和结晶酚，搅拌溶解后定容至 1 000 mL，棕色瓶中备用。

8. 50×TAE 缓冲液 Tris 碱 242 g，冰乙酸 57.1 mL，0.5 mol/L，EDTA（pH 8.0）100 mL，定容至 1 000 mL，使用时稀释 50 倍。

9. 1×TE 将 1 mol/L Tris・HCl（pH 8.0）1 mL 和 0.5 mol/L EDTA（pH 8.0）0.2 mL 混合，加去离子水至 100 mL。高温高压灭菌 20 min 后室温保存。

10. 1 mol/L Tris・HCl（pH 8.0） 称取 Tris 碱 6.06 g，加去离子水 40 mL 溶解，滴加浓 HCl 约 2.1 mL 并调 pH 至 8.0，定容至 50 mL。

11. 0.5 mol/L EDTA（pH 8.0） 称取 $Na_2EDTA \cdot 2H_2O$ 9.306 g，加去离子水

35 mL，剧烈搅拌，用约 1 g NaOH 调 pH 至 8.0，定容至 50 mL。

12. PBS 缓冲液（pH7.4） NaCl 8 g，KCl 0.2 g，Na_2HPO_4 3.63 g，KH_2PO_4 0.24 g，溶于 900 mL 双蒸水，调 pH 至 7.4，定容至 1 000 mL，灭菌后，4 ℃冰箱保存备用。

（三）试验试剂及仪器设备

1. 试验试剂 氯化钙、氯化钾、氯化铵、氯化锌、氢氧化钠、氯化钠、氯化铜、氯化亚铁、碳酸氢钠、磷酸氢二钾、磷酸二氢钾、柠檬酸钠、硫酸铵、硝酸铵、酒石酸钾钠、十二烷基磺酸钠、结晶酚、亚硫酸钠、浓盐酸、冰醋酸、磷酸氢二钠、硫酸镁、硫酸亚铁、碘化钾、甲醇、无水乙醇、氯仿、甘油、乙酸乙酯等均为国产分析纯试剂。

牛肉膏、蛋白胨、果糖、麦芽糖、蔗糖、葡萄糖、乳糖、可溶性淀粉、琼脂糖、酵母粉、琼脂、Tris 碱、SDS、EDTA、巯基乙醇、Tween80、明胶、羧甲基纤维素钠、3，5-二硝基水杨酸（DNS）、溴化乙锭（EB）、对二甲基氨基苯甲醛、甘露醇等试剂为进口或国产分析纯。

聚合酶链式反应（PCR）所用的 Taq 聚合酶和 dNTP 等试剂均购自宝生物工程（大连）有限公司。

2. 试验仪器 本试验所用的仪器设备如表 2-1 所示。

表 2-1 试验所用仪器设备

编号	仪器名称	型号	生产厂家
1	高速冷冻离心机	KDC-160HR	安徽中科中佳科学仪器公司
2	精密酸度计	PHS-3C	上海仪电科学仪器股份有限公司
3	恒温水浴锅	B-260	上海亚荣生化仪器厂
4	电热恒温培养箱	DRP-9 082	上海森信公司
5	全温振荡培养箱	HZQ-F160	哈东联电子技术公司
6	电热鼓风干燥箱	101 AB-3	黄骅市卸甲综合电器厂
7	立式压力蒸汽灭菌器	LDZX-50KBS	上海申安医疗器械厂
8	微型涡旋混合仪	XW-80A	上海沪西分析仪器厂
9	可见光光度计	722E	上海光谱仪器有限公司
10	电子天平	FA2004	上海舜宇恒平科学仪器公司
11	凝胶图像系统	SX-300	小源科技有限公司
12	核酸电泳仪	DYY-6B	北京六一仪器厂
13	PCR 仪	L96G	杭州朗基科学仪器有限公司

（续）

编号	仪器名称	型号	生产厂家
14	高速离心机	TDL-5	安亭科学仪器厂
15	超净工作台	SW-CJ-IB	安泰技术有限公司
16	紫外可见分光光度计	TU-1810	北京普析通用仪器有限公司
17	可见分光光度计	WFJ2000	上海尤尼柯仪器有限公司
18	倒置显微镜	XD-101	惠美仪器有限公司
19	调速多用振荡器	HY-2	金坛市科学仪器厂
20	低温冰箱	MDF-U5412	日本SANYO公司
21	酶标仪	Multiskan MK3	Thermo Scientific Focus
22	自动收集器	Frac-900	Amersham Pharmacia Biotech
23	高效液相色谱仪	210	瓦里安
24	液相色谱-质谱联用仪	LCQ Dcca XP Plus	Thermo Finnigan

二、抑黄曲霉毒素活性检测方法

采用Tip culture法（Yan等，2004）检测14株海洋放线菌发酵液或有机试剂粗提物对寄生曲霉菌丝体生长和黄曲霉毒素产生的抑制作用。

（一）海洋放线菌发酵液的处理

本试验利用海洋放线菌发酵上清液进行生理活性的初步分析，利用发酵上清液的有机试剂萃取物进行深入的生理活性分析和抑黄曲霉毒素有效成分的分离。

1. 无菌的海洋放线菌发酵上清液的制备 用接种环将海洋放线菌接种到100 mL高氏一号培养基上，在28 ℃、160 r/min条件下摇床培养10 d。将上述发酵液在4 ℃、10 000 r/min条件下离心，收集上清液。用0.22 μm过滤器将上清液过滤除菌，分装到1.5 mL离心管中，并保存到−20 ℃冰箱内。

2. 海洋放线菌发酵液粗提物的制备 将海洋放线菌发酵液离心后，收集上清液，然后用等体积的有机试剂（如乙酸乙酯、氯仿等）与上清液混合，剧烈振荡30 min，然后静置12 h，收集有机相，反复萃取3次，合并有机相。再通过减压蒸馏的方法，将萃取得到的所有有机相浓缩，37 ℃烘干后，称重，用甲醇或二甲基亚砜（DMSO）溶解，即为粗提物。

（二）Tip culture法检测海洋放线菌抑黄曲霉毒素活性

1. Tip culture法试验步骤 将称好重量的5 mL Tip装在套管中进行灭菌处理，然后用封口膜密封无菌 Tip 的下端，并将其放回套管中。向密封的无菌 Tip 中加入 700 μL 无菌的发酵上清液并按比例添加 GY 培养基成分。向上述发酵上清液中加入 5 μL N95 孢子悬液，用盖子盖好 Tip 上端，放入保持湿润的泡沫箱中，28 ℃静置培养 6 d。

培养结束后，去掉 Tip 下端的封口膜，1 000 r/min 离心 1 min，弃去培养液，然后对残留有菌丝体的 Tip 进行称重，并与空 Tip 的重量相减，得到菌丝体鲜重。将上述 Tip 放到空试管，加入 3 mL 萃取液（无水甲醇/1 mol/L NaOH=9/1，*V/V*），浸泡 2 h，萃取 NA，弃去 Tip，并将萃取液以 4 000 r/min 离心 5 min，收集上清液。然后，在 560 nm 处检测其吸光度。

2. 菌丝体抑制率和毒素抑制率的计算 按照如下公式计算菌丝体抑制率：

$$菌丝体抑制率 = (W_{CK} - W)/W_{CK} \times 100\%$$

式中，W_{CK}——对照培养基中生长的寄生曲霉菌丝体鲜重；

W——在放线菌的无菌上清液中生长的寄生曲霉菌丝体鲜重。

按照如下公式计算抑制 NA 积累的效率：

$$毒素抑制率 = (A_{CK} - A)/A_{CK} \times 100\%$$

式中，A_{CK}——对照培养基中生长的寄生曲霉菌丝体萃取液的吸光度；

A——在放线菌的无菌上清液中生长的寄生曲霉菌丝体萃取液的吸光度。

（三）平板对峙试验

每个海洋放线菌菌株取 10 μL 孢子悬液，4 个菌株一组，接种到高氏一号固体培养基上，接种点均匀分布在距离平板中心位置 2.5 cm 处，于 28 ℃下培养 4 d。然后，在平板的中心位置接种 10 μL 寄生曲霉 N95 孢子悬液，继续在 28 ℃下培养约 6 d，观察放线菌对寄生曲霉 N95 菌丝体生长和/或红色物质 NA 积累的影响。

（四）菌株 MA03 代谢产物抑制寄生曲霉侵染粮食试验

将菌株 MA03 发酵液的乙酸乙酯和氯仿粗提物分别添加到花生种子和大米中，分析其对寄生曲霉侵染花生和大米的抑制效果。

1. 花生和大米的储藏试验 具体试验步骤如下：

花生和大米处理。挑选种皮完好、形态饱满、大小相近的花生种子，无菌水浸泡，去皮，分瓣。挑选形态饱满、大小匀称的大米颗粒，无菌水浸泡。

将上述处理好的花生和大米依次进行如下处理：70%乙醇浸泡 1 min，2%次氯酸钠浸泡 3 min，70%乙醇浸泡 1 min，无菌水漂洗 5 次，直至无乙醇气味为止。将处理好的花生和大米分别装入无菌的 100 mL 三角瓶中，使每瓶内含物的重量为（5±0.5）g。

将菌株 MA03 发酵液的乙酸乙酯或氯仿粗提物以及双乙酸钠配制成终浓度分别

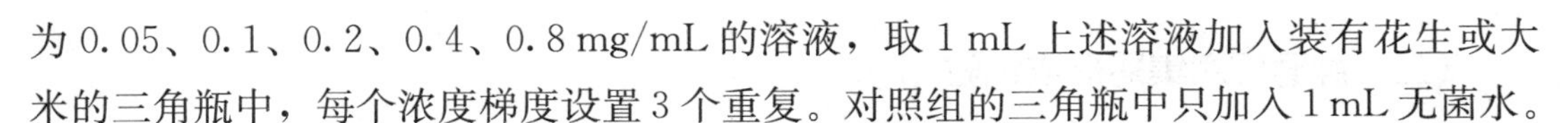

为0.05、0.1、0.2、0.4、0.8 mg/mL的溶液，取1 mL上述溶液加入装有花生或大米的三角瓶中，每个浓度梯度设置3个重复。对照组的三角瓶中只加入1 mL无菌水。

每个三角瓶接种0.4 mL寄生曲霉孢子悬液。在28 ℃恒温箱培养7 d。培养结束后，每瓶加入10 mL萃取液（无水甲醇/1mol/L NaOH=9/1，*V/V*），振荡40 min，收集萃取液，重复上述步骤2次，将收集的萃取液混合，定容到30 mL，然后10 000 r/min离心10 min，检测OD_{560}值。

2. 毒素抑制率的计算 按照如下公式计算毒素抑制率：

$$毒素抑制率=(A_{CK}-A)/A_{CK}\times100\%$$

式中，A_{CK}——对照组OD_{560}值；

A——试验组OD_{560}值。

三、抗肿瘤活性检测

本文涉及的所有细胞均来自ATCC库，培养基为DMEM或RPMI Medium 1640（Gibco），并添加10%胎牛血清和2 mmol/L-谷氨酰胺，于37 ℃、5%CO_2条件下孵箱培养。

（一）MTT法检测海洋放线菌抗肿瘤活性

本研究采用MTT法检测14株海洋放线菌发酵液或粗提物的抗肿瘤活性。MTT能够与活细胞线粒体中的琥珀酸脱氢酶反应生成不溶的蓝紫色结晶甲臜并在细胞中积累，二甲基亚砜（DMSO）能够溶解甲臜，溶液在570 nm处存在最大吸收峰，因此用酶标仪检测其吸光度，可间接反映活细胞数量。

1. MTT法具体试验步骤 将细胞接种到96孔板（1×10^4个/孔），37 ℃、5% CO_2条件下培养24 h。向96孔板中更换100 μL含有10%无菌发酵上清液或1%粗提物的培养基（100 μL/孔），继续在37 ℃、5%CO_2条件下培养24～72 h。以无菌的高氏一号培养基或DMSO为阴性对照，以顺铂为阳性对照。

培养结束后，向培养基中加入10 μL MTT溶液（5 mg/mL），继续在37 ℃、5% CO_2条件下培养4 h。弃去培养基，加入100 μL DMSO，振荡溶解10 min，然后用酶标仪测定其570 nm处的吸光度。

2. 肿瘤细胞抑制率的计算 放线菌发酵液或粗提物对肿瘤细胞的抑制率计算公式如下：

$$抑制率=(1-A/A_{CK})\times100\%$$

式中，A——用放线菌的无菌上清液或粗提物处理细胞的吸光度；

A_{CK}——阴性对照细胞的吸光度。

（二）肿瘤细胞集落形成试验

将大约 3×10^2 个细胞接种在 35 mm 培养皿中，于 37 ℃、5%CO_2 条件下培养 24 h。向培养皿中加入不同浓度的发酵液乙酸乙酯粗提物或顺铂，于 37 ℃、5%CO_2 条件下处理 1 h，然后弃去培养基，并用预热的 PBS 溶液轻柔冲洗 3 次，更换新鲜培养基，继续在 37 ℃、5%CO_2 条件下培养 10～14 d。培养结束后，弃去培养基，用无水甲醇固定 5 min，再用结晶紫对细胞进行染色观察。

四、海洋放线菌的分类鉴定及Ⅱ型 *PKS* 基因的扩增

（一）基于 16s rDNA 序列的分子生物学鉴定方法

1. 基因组 DNA 的提取与 16s rDNA 的扩增 用 CTAB 法提取海洋放线菌的基因组 DNA，然后扩增其 16s rDNA，引物序列如下：

正向引物 F8：5′- GAG AGT TTG ATC CTG GCT CAG - 3′

反向引物 R1492：5′- CGG CTA CCT TGT TAC GAC - 3′

PCR 反应体系见表 2 - 2。

表 2 - 2 PCR 反应体系（50 μL）

成分	体积（μL）
10×PCR buffer	5
2.5 mmol/L dNTPs	4
$MgCl_2$（25 μmol/L）	6
正向引物（10 μmol/L）	2
反向引物（10 μmol/L）	2
Taq DNA 聚合酶（5 U/μL）	2
基因组 DNA	1
双蒸水（ddH_2O）	28

PCR 扩增条件为：94 ℃预变性 5 min；94 ℃变性 1 min，55 ℃复性 1 min，72 ℃延伸 1.5 min，35 个循环；最后 72 ℃温育 10 min。

PCR 产物经 1%琼脂糖凝胶电泳检测，用胶回收试剂盒进行回收纯化。将纯化的 PCR 产物连接 T 载体，转化大肠杆菌 Top10 感受态细胞，涂布于含有 IPTG 和 X - gal 的 LB 固体平板培养基，在 37 ℃培养箱倒置培养过夜。随机挑选 10 个白色的菌落，进行 PCR 鉴定。选出阳性克隆，小量培养，提取质粒，然后进行 DNA 测序。

2. 基于 16s rDNA 的系统发育分析 将测序得到的序列运用 Blast 程序在 GenBank

数据库进行相似序列的搜索、同源性比对，获得与试验菌株同源性较高的菌株序列，运用软件 Mega5，采用邻接法（neighbor - joining method）构建系统进化发育树。并且利用 DNAMAN 软件计算得出各菌株与其余各菌株的相似性百分比。

（二）海洋放线菌Ⅱ型 *PKS* 基因的扩增

为了预测海洋放线菌代谢产生生理活性物质的潜力，本试验对菌株基因组 DNA 进行了功能基因Ⅱ型 *PKS* 的扩增。

1. 引物及反应条件 PCR 所用引物的序列如下：

正向引物 IIPF6：5′- TSG CST GCT TCG AYG CSA TC - 3′

反向引物 IIPR6：5′- TGG AAN CCG CCG AAB CCG CT - 3′

PCR 反应条件为：94 ℃预变性 5 min；94 ℃变性 40 s，60 ℃退火 1 min，72 ℃延伸 1 min，35 个循环；最后 72 ℃温育 10 min。

按照上述 16s rRNA 基因的测序方法，将 PCR 产物进行测序。

2. 序列及进化分析 将扩增出的 PKS 序列提交到 GenBank 数据库，然后利用 NCBI 在线软件 ORF Finder 分析开放阅读框，并翻译成氨基酸序列。根据推断出的氨基酸序列，运用 NCBI 的 Blastp 功能寻找到与之具有较高同源性菌种的 PKS 序列，利用 Mega5 软件进行多序列比较并构建系统进化树。同时，利用推断出的氨基酸序列在 DoBISCUIT 数据库中预测该菌株所产的生理活性物质的种类。

（三）菌株 MA03 的分类鉴定方法

1. 形态学特征观察 用接种环挑取菌株 MA03 在高氏一号平板上划线接种，划线不能交叉。将酒精浸泡的盖玻片在酒精灯上灼烧，待其降至室温后，沿与划线垂直的方向，大约与平板中培养基成 45°插入，每个平板插 3 个盖玻片。在 28 ℃恒温箱，将上述插片平板倒置培养约 7 d。培养结束后，用无菌镊子小心拔出盖玻片，擦去一面的培养物，将另一面朝下放在载玻片上，先低倍镜观察，然后用油镜观察，并进行拍照记录。

2. 生理生化特征鉴定 参照《伯杰氏系统细菌学手册》（第九版）以及东秀珠等（2001）编著的《常见细菌系统鉴定手册》中的试验方法，对菌株 MA03 进行生理生化鉴定。

五、色素的提取及稳定性分析

本试验对 2 株产色素的海洋放线菌 MA01 和 SHXF02 - 1 所产色素进行了提取，并初步探讨了其稳定性。

（一）色素的提取

1. 超声波法 将菌体烘干至恒重，研碎，准确称取1.0 g放入试管中，添加一定体积的乙醇，浸泡2 h后，进行超声提取，离心得黄色素浸提夜，浓缩得黄色素粗提物。

2. 溶剂法 取1.0 g研碎菌体放于试管中，加入相同体积乙醇等有机试剂，振荡，离心得黄色素浸提液，浓缩得黄色素粗提物。

（二）色素性质分析

本试验主要研究色素的最大吸收波长和溶解性及其对酸碱、温度、光照、氧化剂和还原剂、防腐剂以及不同金属离子的稳定性。

1. 最大吸收波长的测定 取色素的乙醇溶液，用TU-1810型紫外可见分光光度计进行光谱扫描，以无水乙醇为空白对照，选取扫描波长为200～700 nm，确定最大吸收波长。

2. 色素的pH稳定性 取黄色素粗提物，配制1%（*W/V*）的黄色素水溶液，平均分成若干份置于不同试管中，用HCl和NaOH溶液分别将其调节至不同的pH，静置处理2～3 h，观察颜色变化。然后测量最大吸收波长处的吸光度，分析酸碱对色素稳定性的影响。

3. 色素的光稳定性 取1%的色素溶液，置于紫外灯下照射，每隔一段时间测量样品OD值。取色素溶液，置于日光恒温箱中照射，每天的同一时间测量吸光度。

4. 色素的热稳定性 取适量的色素溶液，平均分成5份置于试管中，将试管分别置于20、40、60、80、100 ℃水浴中，每隔15 min测量OD值。

5. 色素的金属离子稳定性 取5 mL色素溶液于6支试管中，其中5支试管分别加入KCl、$CaCl_2$、NaCl、$MgCl_2$、$MnCl_2$，使得溶液的金属离子浓度为1 mol/L，第6支试管作为空白对照。静置8 h后测量其吸光度。

6. 色素的氧化剂和还原剂稳定性 取色素溶液各5 mL，分别加入20%的H_2O_2和Na_2SO_3溶液1、2、3、4、5 mL，用蒸馏水定容至10 mL。静置1 h，测量其OD值。

7. 色素的防腐剂稳定性 取色素溶液，分别加入0.5%、1%（*W/V*）的食盐和蔗糖，混合后静置1 h，检测其吸光度。

六、菌株MA03产抑AFT有效成分的分离

（一）菌株MA03抑AFT有效成分活性跟踪

本试验采用微孔板法对分离纯化过程中获得的不同组分进行抑黄曲霉毒素活性检

测，以期对分离纯化过程达到活性跟踪的目的。具体方法为：在96孔板中加入100 μL GY固体培养基，静置在超净台中。待其凝固后，向96孔板中加入分离纯化过程中不同组分，待有机试剂完全蒸发。向每个孔中加入2 μL寄生曲霉N95孢子悬液，28 ℃静置培养4 d，观察菌丝体生长情况和黄曲霉毒素前体红色物质NA的积累情况。

（二）菌株MA03抑AFT有效成分的分离

1. 硅胶柱层析分离 大量发酵菌株MA03，获得60 L发酵液，制备粗提物，然后采用硅胶柱层析的方式进行初步分离。采用湿法上样，用6种不同比例的石油醚和乙酸乙酯混合液进行洗脱，分别是7∶1、5∶1、3∶1、2∶1、1∶1和0.5∶1，按极性从小到大的顺序梯度洗脱，流速约3 mL/min，用自动收集器每管收集6 mL，用微孔板法对每管收集液进行活性检测，并将具有抑黄曲霉毒素活性的收集液混合，减压浓缩后置于−20 ℃保存备用。

2. 薄层层析检测 将上述浓缩后的活性收集液经TLC层析进一步分离纯化。根据预试验结果，选择石油醚和乙酸乙酯体积比为3∶1的混合液作为展开剂能使各斑点的迁移率差别最大，将分离的不同组分进行微孔板试验，检测抑黄曲霉毒素活性，将具有活性的组分经减压浓缩后保存于−20 ℃备用。

3. 高效液相色谱分析 取少量上述浓缩样品溶于无水甲醇后，经0.22 μm一次性过滤器过滤，利用分析型HPLC，以甲醇和水为流动相进行恒度洗脱和梯度洗脱。色谱柱规格为Pursuit XRs C18（250 mm×10 mm），UV检测器检测波长为254 nm，进样10 μL，以1 mL/min的流速洗脱1 h。

4. 质谱分析 本试验利用液相色谱-质谱联用（LC-MS）技术分析上述获得的具有抑黄曲霉毒素活性的分离部分。扫描范围是50～2 000（m/z），进样体积20 μL，正负离子同时二极管阵列200-600。将一级图谱在Xcalibur软件中进行分析，获得相对分子质量信息。

七、菌株MA03发酵液抗氧化活性检测

本试验利用相关试剂盒，检测菌株MA03的发酵上清液的抗氧化能力。

（一）总抗氧化活性检测

按照南京建成生物工程研究所总抗氧化能力（T-AOC）测定试剂盒说明书所述的方法，检测菌株MA03发酵上清液的总抗氧化能力。操作方法如表2-3所示。

表 2-3 菌株 MA03 总抗氧化能力检测（mL）

	测定管	对照管
试剂一	1.0	1.0
发酵上清液	0.1	
试剂二	2.0	2.0
试剂三应用液	0.5	0.5
	充分混匀，37 ℃水浴 30 min	
试剂四	0.1	0.1
发酵上清液		0.1

总抗氧化能力定义为：在 37 ℃条件下，每分钟每毫升发酵上清液使反应体系的 OD_{520} 值增加 0.01 为一个总抗氧化能力单位。计算公式为：

$$总抗氧化能力（单位/mL）=(OD_u-OD_c)/0.01/30\times N\times n$$

式中，OD_u——测定管吸光度；

OD_c——对照管吸光度；

N——反应体系稀释倍数（反应液总体积/取样量）；

n——样本测试前稀释倍数。

（二）羟自由基清除能力检测

按照南京建成生物工程研究所羟自由基测定试剂盒说明书所述的方法，检测 MA03 发酵上清液对羟自由基的清除能力，以 Vc 为阳性对照。操作方法如表 2-4 所示。

表 2-4 菌株 MA03 清除羟自由基的能力检测（mL）

	测定管	对照管
蒸馏水		0.2
底物应用液	0.2	0.2
发酵上清液	0.2	
试剂三应用液	0.4	0.4
	混匀，37 ℃水浴 1 min，立即加入显色剂终止反应	
显色剂	2.0	2.0

以水为空白，测定 OD_{550} 值，按如下公式计算羟自由基清除率：

$$清除率=(A_{CK}-A)/A_{CK}\times 100\%$$

式中，A_{CK}——对照管的 OD_{550} 值；

A——发酵上清液反应体系的 OD_{550} 值。

(三)超氧阴离子自由基清除能力检测

按照南京建成生物工程研究所抗超氧阴离子自由基测试盒说明书所述的方法,检测菌株 MA03 发酵上清液对超氧阴离子自由基的清除能力,以维生素 C 为阳性对照。操作方法如表 2-5 所示。

表 2-5 菌株 MA03 清除超氧阴离子自由基的能力检测(mL)

	测定管	对照管
试剂一	1.0	1.0
蒸馏水		0.05
发酵上清液	0.05	
试剂二	0.1	0.1
试剂三	0.1	0.1
试剂四	0.1	0.1
	涡旋混匀,37 ℃水浴 40 min	
显色剂	2.0	2.0

以水为空白,测定 OD_{550} 值,按照上文羟自由基清除率计算公式计算菌株 MA03 发酵上清液对超氧阴离子自由基的清除能力。

第三节 海洋放线菌的抗黄曲霉活性研究

一、黄曲霉毒素污染及防治

黄曲霉菌属于腐生真菌,在自然界中广泛分布,如寄生于粮食、食品和饲料中并产生黄曲霉毒素。曾出现过大规模的黄曲霉毒素中毒事件,如在 1960 年,英国南部地区在很短的时间内十万余只火鸡死亡,当时不知病因,被称为“火鸡 X 病”,在后来的研究中,人们发现火鸡饲料中的花生粉成分含有黄曲霉,从而导致火鸡患病,如果用此饲料喂养实验白鼠,则可导致肝癌的发生。在 1962 年,人们分离并鉴定出黄曲霉所产生的致癌物质,称之为黄曲霉毒素,自此之后,针对黄曲霉毒素的研究便广泛开展。世界卫生组织在 1993 年将其认定为一种天然致癌物。

(一)黄曲霉毒素的污染现状

在 1972 年、1973 年、1974 年和 1981 年,我国对食品中黄曲霉毒素 B1(AFB1)的含量进行了全国性的普查,结果显示黄曲霉毒素污染严重的地区是长江流域以及长江以南地区,而在北方地区则污染相对较轻;黄曲霉毒素污染严重的食品主要包括花生和玉米及其制品，而大米、小麦等的污染相对较轻。在1992年，有研究者对北京、河北、江苏等地的粮油食品中AFB1的含量进行调查，发现花生的污染率高达55%，而玉米的污染率为15%（低于国家标准）。马美蓉等（2011）对金华市的动物饲料原料及其配料中AFBl含量进行调查，检测结果表明，在青贮玉米、稻草、豆腐渣等原料中AFB1含量超过国家标准，被污染的原料占总量的15.63%。王静等（2012）发现水产饲料中AFB1含量与凡纳滨对虾肝胰脏受损程度呈正相关，直接导致凡纳滨对虾死亡率上升，而且在其肝胰脏也会积累AFB1，进而影响人类的身体健康。Xiong等（2013）在不同季节对长三角地区饲料中黄曲霉毒素M1（AFM1）的含量进行了调查，结果显示冬季的饲料中AFM1含量极显著高于其他季节。高秀芬等（2011）对来自全国多个省份的279份玉米样品中的4种黄曲霉毒素（AFB1、AFB2、AFGl和AFG2）含量进行了调查，结果显示AFB1的检出率（74.55%）和平均浓度（39.64 μg/kg）最高，而黄曲霉毒素的总检出率为75.63%，污染样品中毒素的平均浓度达到44.04 μg/kg，最高浓度达888.30 μg/kg，就黄曲霉毒素污染程度而言，南方地区明显高于北方地区。

在全世界范围内，黄曲霉毒素的污染区域主要在热带和亚热带的国家和地区，尤其是污染当地的花生和玉米及其制品。在20世纪70年代前后，有12个国家对本国粮食中黄曲霉毒素的含量进行了调查，结果显示花生的污染率为0.9%～50%，含毒量最低为25 ng/g，最高达25 000 ng/g，玉米的污染率为3.5%～73%，含毒量为5～400 ng/g，其中最高含毒量达12 500 ng/g（Biancardi等，2014）。Lombard（2014）对非洲20个国家和地区的15岁以下青少年和儿童血液以及孕妇的脐带血样本中黄曲霉毒素的含量进行了抽样调查，结果显示黄曲霉毒素在孕妇脐带血中的检出率为100%，平均浓度为40.4 pg/mg，而母亲血液中黄曲霉毒素的含量（平均为32.8 pg/mg）与食物中的含量呈正相关，在贝宁和多哥，黄曲霉毒素在血液中的最高浓度超过200 pg/mg。Bui-Klimke等（2014）对美国和伊朗所产的开心果中黄曲霉毒素的含量进行了调查，发现在2007年伊朗开心果中的黄曲霉毒素含量为54 ng/g，而美国开心果的黄曲霉毒素含量低于10 ng/g。Suárez-Bonnet等（2013）分别于2008年和2009年在墨西哥和西班牙收集了67份大米样品，并对其中所含的黄曲霉毒素进行了检测，结果显示西班牙大米样品中总黄曲霉毒素的平均含量为37.3 μg/kg，浓度范围为1.6～1 383 μg/kg，但是从其他国家进口的大米中黄曲霉毒素含量均较低，如从法国进口的大米含量为26.6 μg/kg，从巴基斯坦进口的大米含量为18.4 μg/kg；而墨西哥大米中黄曲霉毒素的含量为16.9 μg/kg，从美国进口的大米含量为14.4 μg/kg，从乌拉圭进口的大米含量为15.6 μg/kg。Copetti等（2014）则分析了可可中多种真菌及真菌毒素的污染现状，发现可可中产毒真菌的种类有增多趋势，尤其是某些能产生黄曲霉毒素的真菌是后期可可加工工艺中的重点清除对象。由此可见，黄曲霉毒素对粮食等食品的污染是一个国际性问题。

由于黄曲霉毒素的剧毒性，目前有超过120个国家对食品和饲料中黄曲霉毒素的含量进行了最高标准限定，并制定了相应法规。在20世纪90年代，我国也颁布了《防止黄曲霉毒素污染食品卫生管理办法》，其中要求婴幼儿食品中不得检出黄曲霉毒素，在粮食加工业，如果原料中含有高于标准的黄曲霉毒素，则必须在加工过程中将其去除，直至低于标准方可出售，否则将予以法律制裁。

（二）黄曲霉毒素污染的治理现状

目前，防治黄曲霉毒素污染的根本措施是防霉，即在收获粮食时，要及时丢弃霉变的部分，并及时晾晒，使粮食中含水量降至安全标准（一般粮食为14%，花生为8%）之下，以期抑制黄曲霉的生长繁殖。

此外，还可采用一些物理或化学方法去除黄曲霉毒素。例如，①去除霉粒法，即弃去霉变的、破损的或皱皮的花生、玉米、大米等粮食部分；②食盐爆锅法，即炒菜时先将适量食用油倒入锅内，加热直到有烟冒出，然后加适量食盐继续加热1 min，再开始炒菜，就可除去90%的黄曲霉毒素；③碾轧加工法，该法用于降低大米中黄曲霉毒素的含量；④紫外线照射去毒法，即利用黄曲霉毒素在紫外线照射下会分解的特性，达到去毒的目的（Razzaghi－Abyaneh等，2014）。

人们食用被黄曲霉毒素污染的食品可造成急性或慢性中毒、基因突变、癌症发生等，因此，在生产和生活中必须加强防治黄曲霉毒素，如去除寄生曲霉和黄曲霉生长条件，在粮食贮存过程中注意防霉，家庭烹调过程中注意防霉去毒等。

（三）黄曲霉毒素的生物防治

上文简述了食品脱毒的常规方法，主要是物理和化学途径，但是这些方法通常会对产品及食品质量造成不利影响，而且容易形成副产物及试剂残留，导致环境污染，影响人类和动物机体健康。此外，为了防治黄曲霉污染，有研究人员从品种改良的角度，对作物进行分子遗传学改造，并改进其种植、收获和储藏技术。但是，这种遗传改造通常费时且低效。近年来，愈来愈多的研究者探讨利用微生物或其代谢产物生产出的生物制剂来抑制黄曲霉生长和毒素产生，进而达到脱毒的目的。微生物防治技术条件温和，既能最大限度地保持粮食或食品的品质，又降低了环境污染。

能够抑制黄曲霉毒素产生或者降解黄曲霉毒素的微生物种类很多，如芽孢杆菌、乳酸菌、黑曲霉等，所涉及的种属遍布细菌、真菌、放线菌等。黄曲霉毒素B几乎是所有寄生曲霉都能合成的，其中约有一半的寄生曲霉还能合成黄曲霉毒素G。国外研究者曾经利用不产毒素的寄生曲霉菌株与产毒菌株竞争性侵染作物，达到降低黄曲霉毒素污染的目的（Wang 等，2013）。有研究表明，在田间接种适量的抗黄曲霉菌株孢子制剂可有效降低花生的黄曲霉毒素污染率，并且这种抑制效应在后续的种植过程中能继续保持。还有研究表明，少量的红串球菌可完全阻断黄曲霉毒素 B1 的合成（Kong 等，2012）。

有些微生物对黄曲霉毒素具有吸附作用，二者形成复合体，而且死菌体同样能发挥这种作用。张建梅等（2009）用嗜酸乳杆菌等微生物和铝硅酸盐混合制成脱霉剂，在 0.1%的浓度下就能有效吸附饲料中的黄曲霉毒素成分，用 0.2%的脱霉剂处理严重霉变的饲料，可大幅度降低黄曲霉毒素 B1 在家禽体内的残留，保证肉鸡等家禽的品质。在酵母细胞壁中存在的葡甘聚糖也能够强烈结合黄曲霉毒素，而且吸附速度快，对酸碱稳定性高，已被开发为有效的解毒剂。张妮娅等（2007）将葡甘聚糖与铝硅酸类矿物质混合制成的脱毒剂可有效吸附黄曲霉毒素，减少家禽对毒素的吸收，而且降低了黄曲霉毒素对家禽肝脏等器官的影响。此外，对黄曲霉毒素特异的酶也可制成添加剂，具有作用专一、高效的优势。例如，发光假蜜环菌含有黄曲霉毒素 B1 的分解酶，可用来降解饲料中的黄曲霉毒素（Cao 等，2011）。

二、海洋放线菌抑 AFT 菌株的筛选

笔者以 14 株来自黄海海域沉积物的海洋放线菌为研究材料，探讨了其在淡水和海水配制的培养基中的生长情况，并检测了其发酵上清液对黄曲霉和肿瘤细胞的抑制活性。

（一）海洋放线菌发酵上清液的抑 AFT 活性分析

前期研究发现，部分海洋放线菌具有抗禾谷镰刀菌（*Fusarium graminearum*）生理活性（Yan 等，2011）。禾谷镰刀菌是一种真菌，能侵染小麦、水稻等禾谷类作物的多个部位，并产生真菌毒素，引起植物病害。寄生曲霉是一种能够产生黄曲霉毒素的病害真菌。因此，笔者探讨了 14 株海洋放线菌对寄生曲霉菌丝体生长及黄曲霉毒素积累的影响。

为了筛选黄曲霉毒素生防菌株，分别用海水和淡水配制的高氏一号培养基培养上述菌株，28 ℃摇床培养 10 d 后，离心，取发酵上清液，过滤除菌后，采用 Tip culture 法，检测发酵液对寄生曲霉菌丝体生长和黄曲霉毒素积累的影响。

如图 2-1 所示，无论在淡水还是海水环境下，菌株 MA01 发酵液对寄生曲霉菌丝体生长和黄曲霉毒素产生的抑制率均达到了 90%；对于菌株 MA03 而言，海水环境使其对寄生曲霉菌丝体生长的抑制率从淡水环境下的约 85%下降至约 40%，但是

对抑制黄曲霉毒素产生效应没有显著影响（抑制率均超过了80%），而且在菌株MA10的试验中也观察到了类似现象；在淡水环境下，菌株MA05-2和MA09对寄生曲霉菌丝体生长也有所抑制（抑制率为50%左右），但是海水环境使其抑菌效果降至20%左右，而在抑制黄曲霉毒素积累方面，淡水环境有利于二者发挥作用（抑制率分别约为90%和60%），海水环境使其抑制率均低于10%；其他菌株则对寄生曲霉菌丝体和黄曲霉毒素的积累没有明显的抑制作用。综上所述，菌株MA03、MA10和MA01无论在海水还是淡水环境下均能产生抑制黄曲霉毒素产生的活性物质，而菌株MA05-2只在淡水环境下才会发挥该作用。

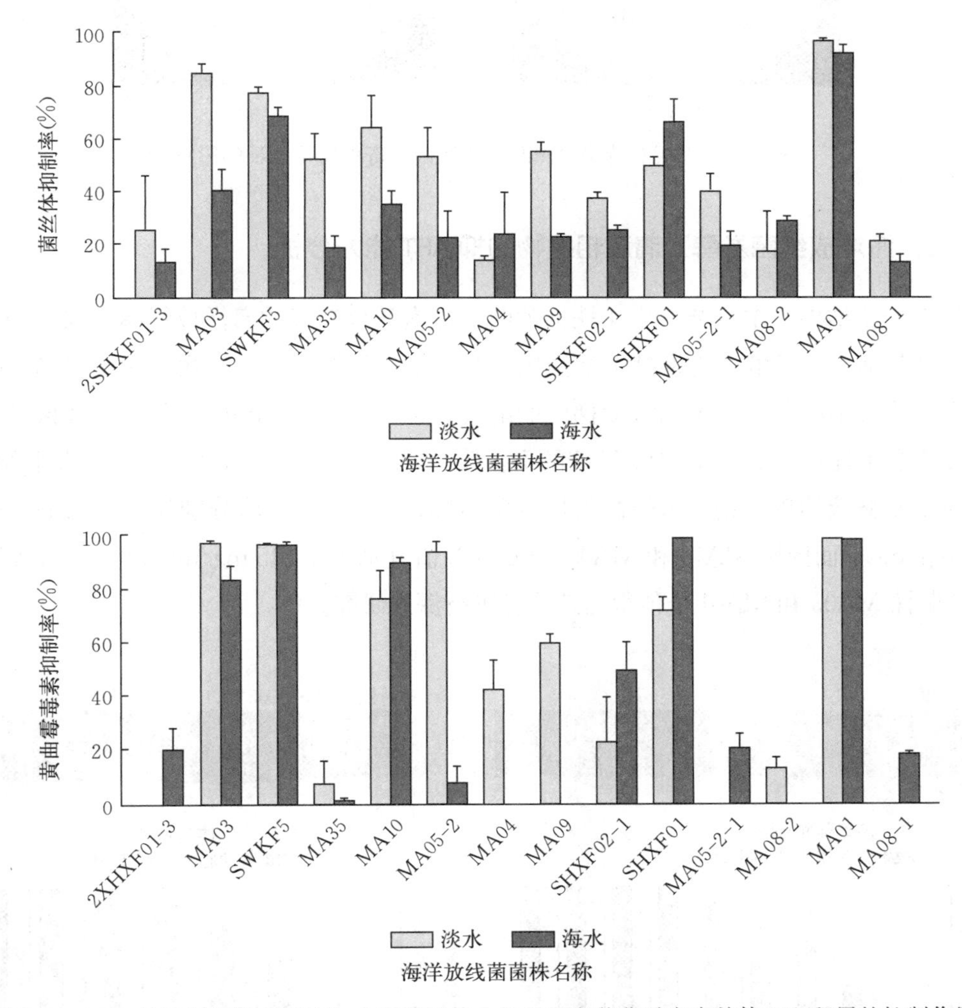

图2-1　14株海洋放线菌对寄生曲霉菌丝体生长及所产黄曲霉毒素前体NA积累的抑制作用

同时，本研究还进行了平板对峙试验，结果如图2-2（彩图1）所示，菌株MA03和MA01显著抑制寄生曲霉N95的生长，而菌株MA08-1和MA08-2在平板上对 N95 几乎没有抑制效果，该结果与前文 Tip culture 试验结果基本一致。因此，菌株 MA03 和 MA01 是后续试验的研究重点。

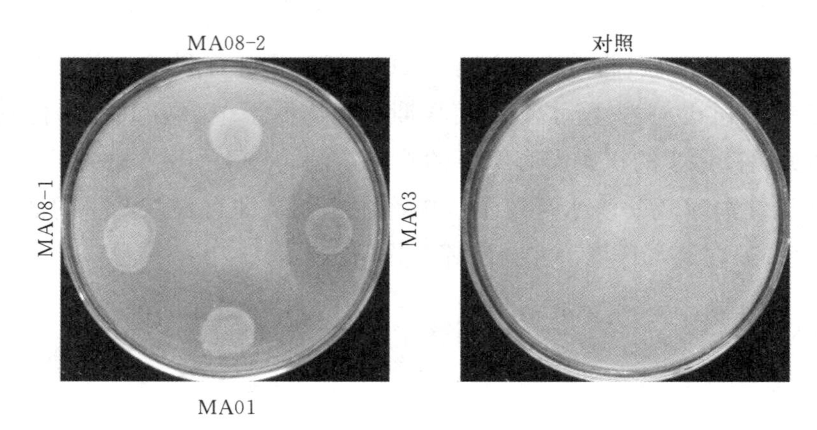

图 2-2 平板对峙法检测海洋放线菌对寄生曲霉生长的影响

（二）海洋放线菌发酵上清液粗提物的抑 AFT 能力分析

基于上述结果，本章节选出 4 株抑黄曲霉毒素效果较好的海洋放线菌，采用淡水高氏一号培养基进行发酵，将发酵上清液用乙酸乙酯进行等量萃取 3 次，减压蒸馏，得到粗提物，然后用甲醇配成不同浓度梯度的溶液，再采用 Tip culture 法得到上述菌株发酵液乙酸乙酯粗提物抑制寄生曲霉 N95 的 IC_{50}值。如图 2-3（彩图 2）所示，菌株 MA03 和 MA01 发酵液的粗提物具有较高的抗真菌活性，计算其 IC_{50}值分别为 0.275 mg/mL 和 0.106 mg/mL，而菌株 MA10 和 MA05-2 的 IC_{50}值分别为 1.345 mg/mL 和 1.362 mg/mL。因此，菌株 MA03 和 MA01 更值得后续试验进行深入研究。

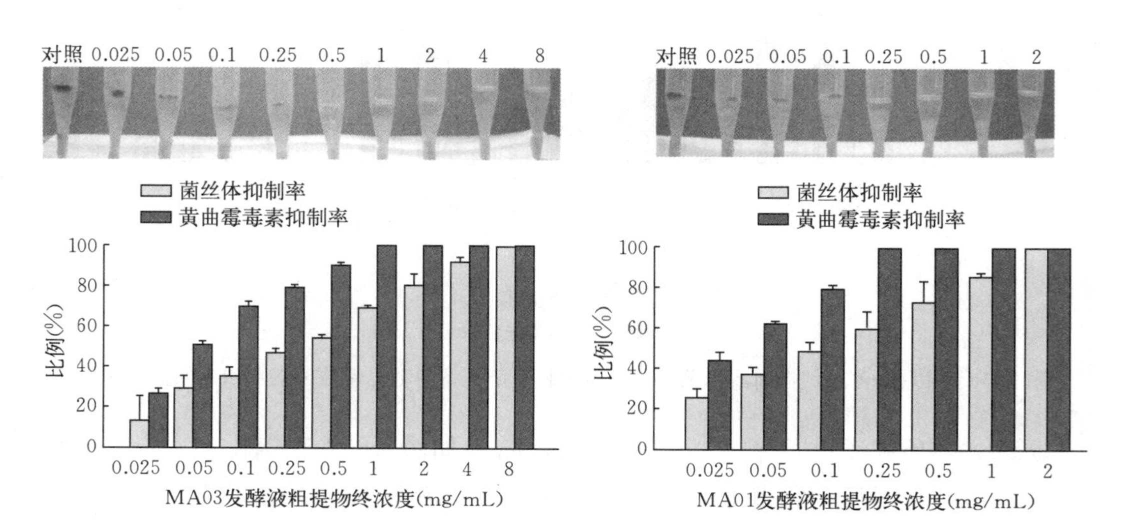

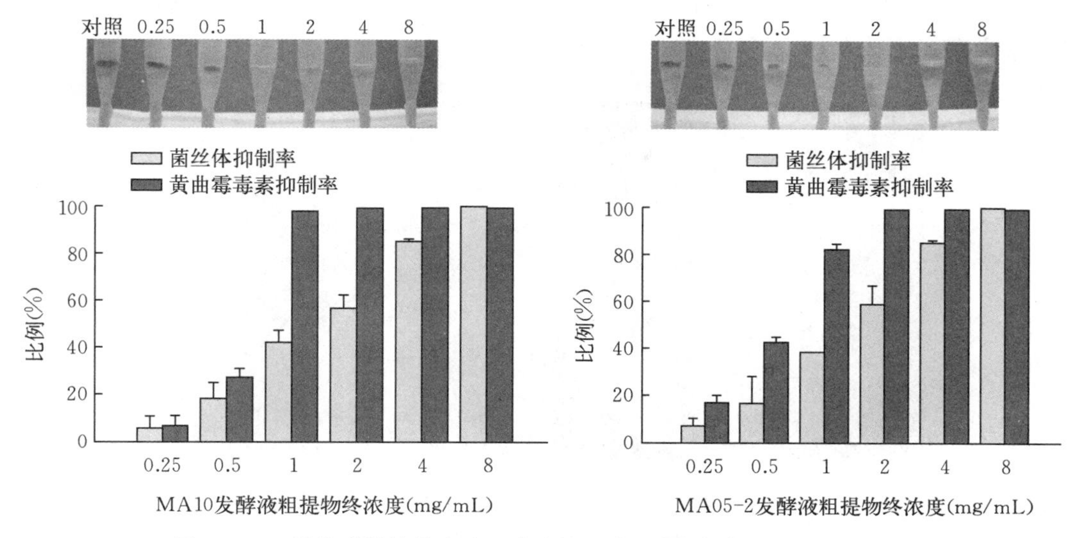

图 2-3　4 株海洋放线菌发酵上清液的乙酸乙酯粗提物的抑菌抑毒效果

（三）菌株 MA03 抑 AFT 有效成分分离及效能研究

海洋放线菌由于其独特的生长环境（高压、高盐、低温等）能够产生多种多样具有生理活性的次级代谢产物，这些物质通常结构新颖，具有陆生菌所不具备的特征。多年来，海洋放线菌来源的新活性化合物及其应用陆续被研究。例如，Das 等（2006）利用海洋链霉菌促进斑节对虾的生长；Kumar 等（2006）用含有海洋放线菌抗菌产物的饲料喂养凡纳滨对虾，有效抑制白点综合征病毒；刘晓英等（2000）利用海洋放线菌 MB-97 有效控制重迎茬大豆的减产损失，薛德林等（2003）则用由该菌株制成的生物制剂使大豆在连作中大幅增产；Lu 等（2014）从海洋拟诺卡氏菌 DN-15 获得了耐碱、耐热的菊粉酶；Zhou 等（2012）从海洋放线菌 *Lechevalieria* sp. HJ3 中获得了一种新的耐酸、耐碱、耐高温的木聚糖酶。

本章对筛选出的能显著抑制寄生曲霉及其所产黄曲霉毒素的海洋放线菌 MA03 进行研究，利用形态观察、生理生化特性鉴定和系统发育分析确定了菌株 MA03 的分类地位和种属关系。然后为了研究菌株 MA03 代谢产生的抑黄曲霉毒素有效成分，通过硅胶柱层析、薄层层析、高效液相色谱及质谱技术，对 MA03 中抑黄曲霉毒素有效成分进行了分离。

1. 菌株 MA03 的分类鉴定

（1）形态学特征观察　菌株 MA03 在高氏一号培养基上培养 7 d 后，菌落的形态特征如图 2-4（彩图 3）所示，菌落呈米白色，中心有突起，边缘规则。培养基内菌丝和气生菌丝都很丰富，营养菌丝呈淡黄色，气生菌丝呈黄白色。在光学显微镜下观察（图2－5），气生菌丝上生着长短不同的孢子丝，呈直线形串状，孢子近似圆形。培养基内菌丝通常较细，多分支。

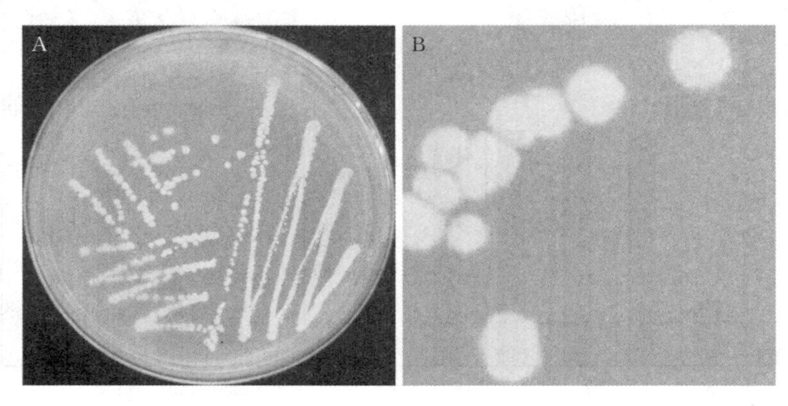

图2－4　菌株MA03在高氏一号培养基上的菌落形态

A. 高氏一号平板的全景图　B. 菌落的局部放大图

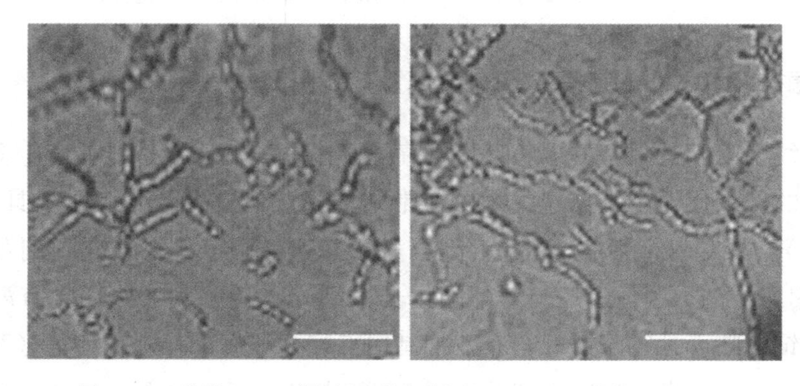

图2－5　菌株MA03的孢子形态特征（×1 000，标尺100 μm）

（2）生理生化特性鉴定　对菌株MA03进行了常规的生理生化试验，同时将与其相似度最高的标准菌株做比较，结果如表2－6所示。菌株MA03能利用果糖、乳糖、棉子糖、蔗糖作为唯一碳源，不能利用葡萄糖、木糖、苹果酸、甘露醇、糊精和麦芽糖作为唯一碳源。淀粉水解、明胶液化、纤维素分解、硝酸盐还原、尿素酶产生和柠檬酸盐利用均呈阳性。牛奶凝固和胨化、吲哚产生、酪蛋白水解、硫化氢试验呈阴性。

表2－6　菌株MA03的生理生化鉴定结果

特性	菌株MA03	特性	菌株MA03
葡萄糖	—	牛奶凝固	—
木糖	—	牛奶胨化	—
苹果酸	—	油脂	不生长
果糖	＋	柠檬酸盐利用	＋

（续）

特性	菌株 MA03	特性	菌株 MA03
甘露醇	—	吲哚产生	—
乳糖	+	接触酶试验	+
棉子糖	+	硫化氢试验	—
蔗糖	+	纤维素分解	+
糊精	—	尿素酶产生	+
麦芽糖	—	MR 试验	—
淀粉水解	+	VP 试验	—
明胶液化	+	酪蛋白水解	—
柠檬酸盐利用	+	硝酸盐还原	+

注：—表示阴性；+表示阳性。

（3）系统发育分析　采用通用引物 F8 和 R1492，通过 PCR 扩增，得到长度为 1 496 bp 的菌株 MA03 的 16s rDNA 基因序列，将其提交到 GenBank 数据库中，登录号为 KM067286，16s rDNA 基因序列如下：

```
1     GAGAGTTTGA TCCTGGCTCA GGACGAACGC TGGCGGCGTG CTTAACACAT GCAAGTCGAG
61    CGGTAAGGCC CTTCGGGGTA CACGAGCGGC GAACGGGTGA GTAACACGTG AGCAACCTGC
121   CCCTGACTCC GGGATAAGCG GTGGAAACGC CGTCTAATAC CGGATACGAC CCGCCACCTC
181   ATGGTGGAGG GTGGAAAGTT TTATCGGTCA GGGATGGGCT CGCGGCCTAT CAGCTTGTTG
241   GTGGGGTAAC GGCCTACCAA GGCGATTACG GGTAGCCGGC CTGAGAGGGC GACCGGCCAC
301   ACTGGGACTG AGACACGGCC CAGACTCCTG CGGGAGGCAG CAGTGGGGAA TATTGCACAA
361   TGGGCGAAAG CCTGATGCAG CGACGCCGCG TGGGGGATGA CGGCCTTCGG GTTGTAAACC
421   TCTTTTACCA CCAACGCAGG CTCCACGTTC TCGTGGAGTT GACGGTAGGT GGGGAATAAG
481   GACCGGCTAA CTACGTGCCA GCAGCCGCGG TAATACGTAG GGTCCGAGCG TTGTCCGGAA
541   TTATTGGGCG TAAAGAGCTC GTAGGCGGCA TGTCGCGTCT GCTGTGAAAG ACCGGGGCTT
601   AGCTCCGGTT CTGCAGTGGA TACGGGCATG CTAGAGGTAG GTAGGGGAAA CTGGAATTCC
661   TGGTGTAGCG GTGAAATGCG CAGATATCAG GAGGAACACC GGTGGCGAAG GCGGGTTTCT
721   GGGCCTTACC TGACGCTGAG GAGCGAAAGC ATGGGGAGCG AACAGGATTA GATACCCTGG
781   TAGTCCATGC CGTAAACGTT GGGCGCTAKG TGTGGGGACT TTCCACGGTT TCCGCGCCGT
841   AGCTAACGCA TTAAGCGCCC CGCCTGGGGA GTACGGCCGC AAGGCTAAAA CTCAAAGGAA
901   TTGACGGGGG CCCGCACAAG CGGCGGAGCA TGTTGCTTAA TTCGACGCAA CGCGARRAAC
961   CTTACCAAGG TTTGACATCA CCCGTGGACC TGTAGAGATA CAGGGTCATT TAGTTGGTGG
1021  GTGACAGGTG GTGCATGGCT GTCGTCAGCT CGTGTCGTGA GATGTTGGGT TAAGTCCCGC
1081  AACGAGCGCA ACCCTTGTTC CATGTTGCCA GCACGTAATG GTGGGGACTC ATGGGAGACT
1141  GCCGGGGTCA ACTCGGAGGA AGGTGGGGAC GACGTCAAGT CATCATGCCC CTTATGTCTT
1201  GGGCTGCAAA CATGCTACAA TGGCCGGTAC AATGGGCGTG CGATACCGTA AGGTGGAGCG
1261  AATCCCTTAA AGCCGGTCTC AGTTCGGATT GGGGTCTGCA ACTCGACCCC ATGAAGGTGG
```

1321 AGTCGCTAGT AATCGCGGAT CAGCAACGCC GCGGTGAATA CGTTCCCGGG CCTTGTACAC
1381 ACCGCCCGTC ACGTCATGAA AGTCGGCAAC ACCCGAAACT TGTGGCCTAA CCCTTCGGGG
1441 AGGGAATGAG TGAAGGTGGG GCTGGCGATT GGGACGAAGT CGTAACAAGG TAGCCG

将菌株 MA03 的 16s rDNA 序列在 NCBI 网站上进行 Blastn 比对，结果如图 2-6 所示，和 MA03 同源性高的菌株均为拟诺卡氏菌属。然后与数据库中已有的拟诺卡氏菌属标准菌株的 16s rDNA 序列进行比对，利用软件 MEGA5，选择参数 “Maximum Composite Likelihood”，计算序列之间的进化距离。

	1	2	3	4	5	6	7	8	9	10	11	12	13	14	15	16	17	18	19
1. MA03																			
2. nocardiopsis aegyptia SNG49T (AJ539401)	0.016																		
3. nocardiopsis alba ATCC BAA-2165T (CP003788)	0.014	0.014																	
4. nocardiopsis alba DSM 43377T (X97883)	0.012	0.013	0.001																
5. nocardiopsis arvandica HM7T (EU410477)	0.026	0.014	0.020	0.020															
6. nocardiopsis dassonvillei IMRU 509T (X97886)	0.020	0.013	0.015	0.014	0.017														
7. nocardiopsis dassonvillei subsp. albirubida DSM 40465T (X97882)	0.019	0.015	0.016	0.015	0.019	0.006													
8. nocardiopsis dassonvillei subsp. albirubida NBRC 13392T (AB368712)	0.019	0.015	0.016	0.015	0.019	0.006	0.000												
9. nocardiopsis exhalans ES10.1T (AY036000)	0.008	0.014	0.011	0.010	0.026	0.020	0.020	0.020											
10. nocardiopsis exhalans NBRC 100346T (AB368714)	0.008	0.015	0.012	0.010	0.027	0.021	0.020	0.020	0.000										
11. nocardiopsis ganjiahuensis HBUM 20038T (AY336513)	0.011	0.016	0.015	0.013	0.027	0.024	0.023	0.023	0.011	0.011									
12. nocardiopsis listeri DSM 40297T (X97887)	0.013	0.017	0.017	0.016	0.030	0.021	0.022	0.022	0.016	0.017	0.016								
13. nocardiopsis lucentensis DSM 44048T (X97888)	0.015	0.012	0.013	0.012	0.020	0.012	0.012	0.012	0.015	0.015	0.018	0.018							
14. nocardiopsis metallicus KBS6T (AJ420769)	0.008	0.014	0.015	0.014	0.026	0.022	0.022	0.022	0.006	0.006	0.008	0.015	0.018						
15. nocardiopsis prasina DSM 43845T (X97884)	0.001	0.015	0.012	0.011	0.025	0.018	0.017	0.017	0.006	0.006	0.009	0.012	0.014	0.006					
16. nocardiopsis synnemataformans IMMIB D-1215T (Y13593)	0.021	0.016	0.015	0.015	0.020	0.007	0.005	0.005	0.022	0.022	0.023	0.022	0.015	0.022	0.019				
17. nocardiopsis synnemataformans NBRC 102581T (AB368711)	0.020	0.015	0.014	0.015	0.019	0.006	0.004	0.004	0.021	0.022	0.023	0.022	0.015	0.021	0.019	0.001			
18. nocardiopsis terrae YIM 90022T (DQ387958)	0.015	0.018	0.015	0.014	0.022	0.024	0.022	0.022	0.011	0.012	0.016	0.018	0.017	0.016	0.013	0.027	0.026		
19. nocardiopsis valliformis HBUM 20028T (AY336503)	0.008	0.016	0.011	0.011	0.028	0.022	0.021	0.021	0.001	0.001	0.012	0.018	0.016	0.006	0.007	0.021	0.021	0.013	

图 2-6 菌株 MA03 与拟诺卡氏属标准菌株的序列进化距离矩阵图

通过采用邻接法（neighbour-joining method）、最小演化法（minimal evolution method）和最大似然法（maximum likelihood method）对菌株 MA03 和拟诺卡氏菌属标准菌株构建进化树，三种方法得到的进化树拓扑结构几乎相同（图 2-7 至图 2-9）。菌株 MA03 与 *Nocardiopsis prasina* DSM 43845 的亲缘关系最近，利用 DNAMAN 软

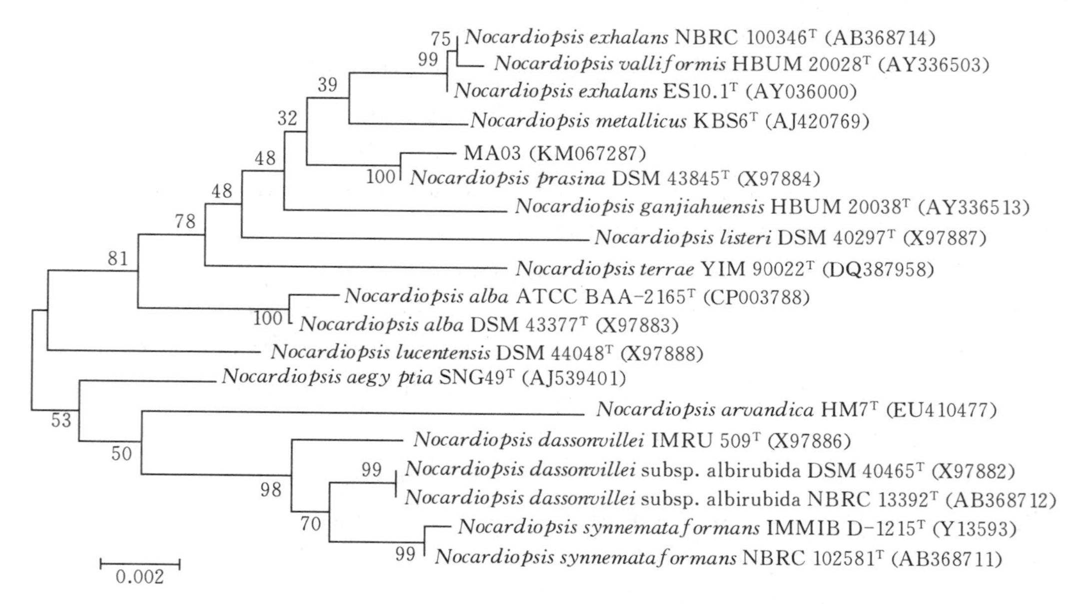

图 2-7 邻接法构建的菌株 MA03 与相关标准菌株的 16s rDNA 系统进化树

件进行相似性比对，16s rDNA 序列相似度达到 99%，在邻接法进化树和最小演化法进化树里结点处 Bootstrap 值为 100%，在最大似然法进化树里结点处 Bootstrap 值为 97%。结合菌株 MA03 的形态学特征与生理生化特性，将具有黄曲霉毒素抑制作用的海洋放线菌 MA03 鉴定为白色拟诺卡氏菌葱绿亚种（*Nocardiopsis prasina*）。

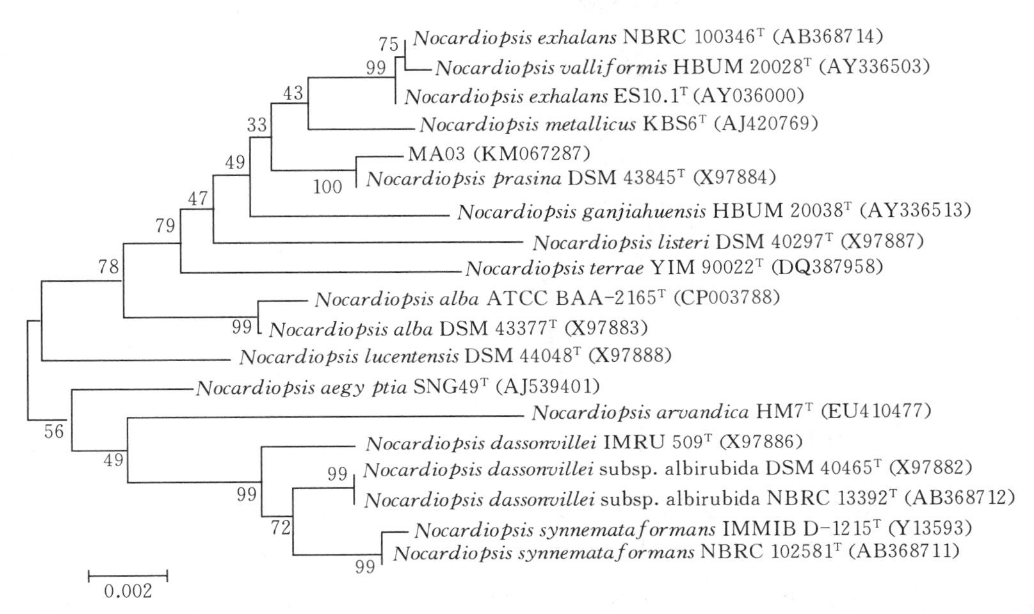

图 2-8 最小演化法构建的菌株 MA03 与相关标准菌株的 16s rDNA 系统进化树

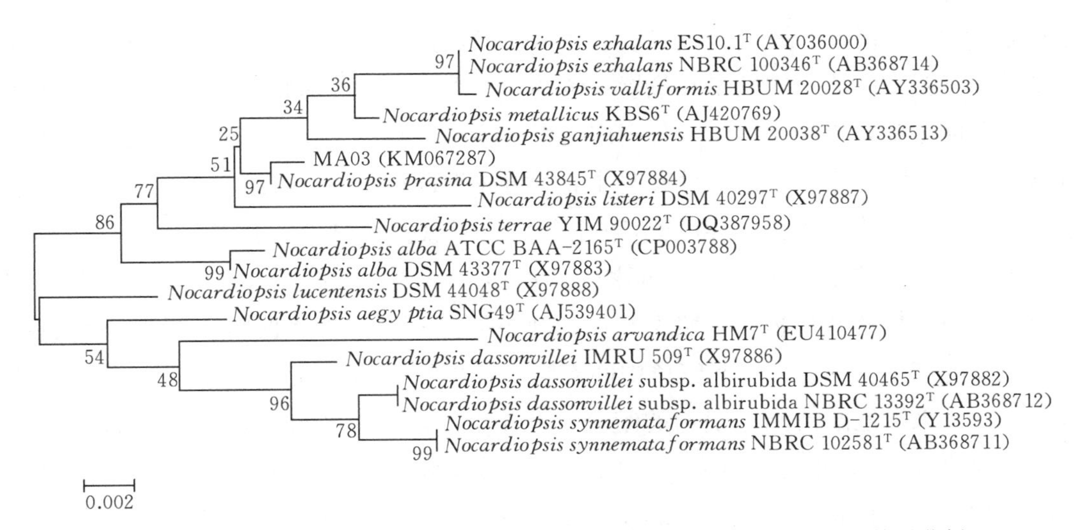

图 2-9 最大似然法构建的菌株 MA03 与相关标准菌株的 16s rDNA 系统进化树

2. 菌株 MA03 抑黄曲霉毒素有效成分的分离 菌株 MA03 发酵液抑黄曲霉毒素有效成分分离的具体步骤和洗脱体系如图 2-10 所示，在整个分离流程中，以寄生曲霉突变株 N95 作为指示菌用于活性跟踪，获得了 5 个活性组分。首先，将获得的60 L

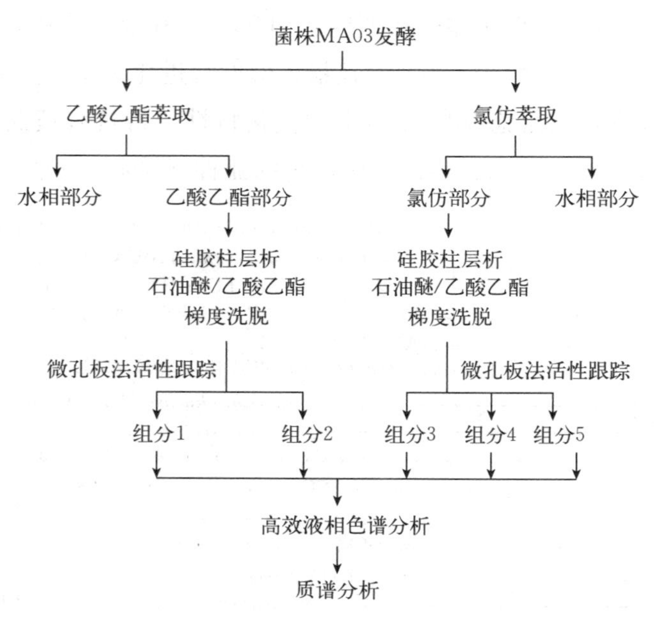

图 2-10　菌株 MA03 发酵液抑黄曲霉毒素有效成分分离流程

菌株 MA03 发酵上清液分为两部分，分别用等体积的乙酸乙酯和氯仿对其进行 3 次萃取，然后在 40 ℃下对萃取液进行减压蒸馏，获得浓缩的粗提物。用 100%的乙酸乙酯溶解乙酸乙酯粗提物，用 100%二氯甲烷溶解氯仿粗提物，按照湿法上样的方式分别加入硅胶柱中，然后依次用比例为 7∶1、5∶1、3∶1、2∶1、1∶1 和 0.5∶1 的石油醚/乙酸乙酯混合液进行梯度洗脱。将洗脱液进行薄层层析分析，在 254 nm 波长的紫外线下观察，将斑点数量和位置一致的收集管合并，然后将上述合并的收集液进行减压蒸馏浓缩，得到干物质，分别用纯甲醇溶解。利用微孔板法对其进行抑黄曲霉毒素活性检测，其中 5 个组分具有明显的抑黄曲霉毒素的活性，组分 1 和组分 2 来自乙酸乙酯的萃取物，组分 3、组分 4 和组分 5 属于氯仿萃取物。上述 5 个活性组分的微孔板试验检测结果如图 2-11（彩图 4）所示，对照组中不加入任何药物或只添加纯甲醇，与不加任何药物的对照组相比，纯甲醇并不影响寄生曲霉 N95 菌丝体的生长、孢子的产生（见正面）和红色中间产物 NA 的积累（见反面），但是 5 个活性组分中无论是来自乙酸乙酯粗提物的组分 1 和组分 2，还是来自氯仿粗提物的组分 3、组分 4 和组分 5，均能显著抑制寄生曲霉 N95 菌丝体的生长和孢子的产生，以及红色中间产物 NA 的积累。以上结果表明，菌株 MA03 所产生的抑制黄曲霉毒素的有效成分存在于上述 5 个组分中。

(1) 对活性组分的 HPLC 分析　本试验高效液相色谱（HPLC）分析中使用的色谱柱为 Pursuit XRs C18（250 mm×4.6 mm）反相色谱柱，组分 1 至组分 5 的洗脱体系均采用甲醇/水体系，洗脱液流速均为 1 mL/min，紫外线检测波长均为 254 nm。

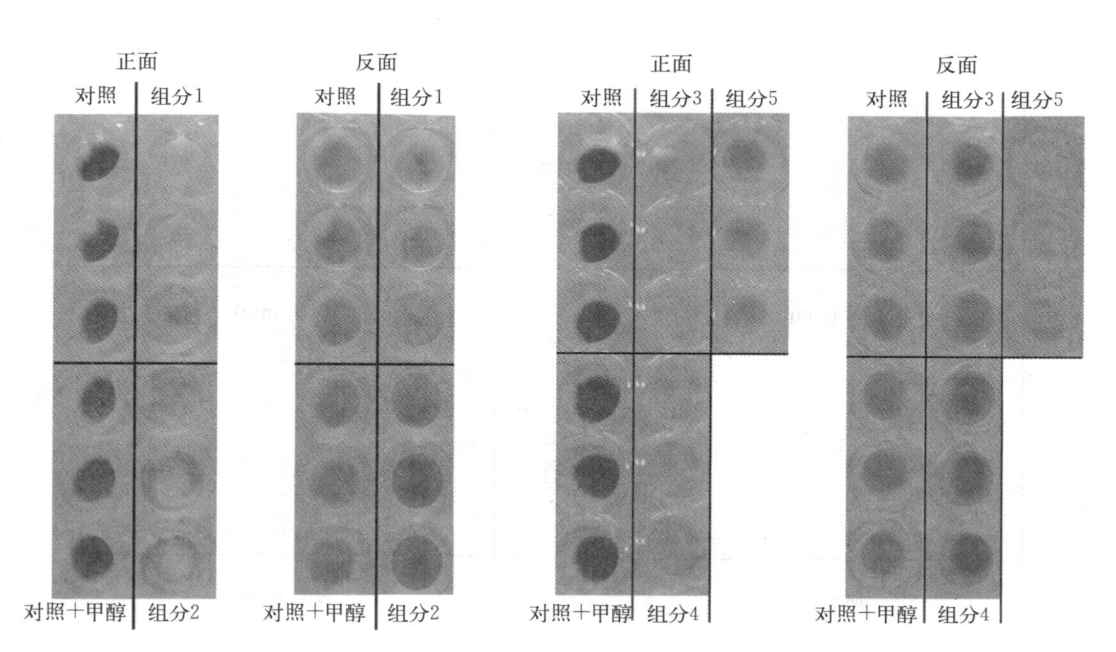

图 2－11　菌株 MA03 发酵液粗提物分离纯化所得组分的活性检测

组分 1 分别考察了甲醇/水恒度洗脱（V/V，6/4）以及流动相为甲醇/水梯度洗脱（V/V，1/9～10/0，40 min）时的分离效果，组分 1 使用以上各流动相洗脱得到的高效液相色谱图如图 2－12 中 A 和 B 所示。组分 2 分别采用了流动相为甲醇/水（V/V，7/3）和（V/V，10/0）进行洗脱，组分 2 使用以上各流动相洗脱得到的高效液相色谱图如图 2－12C、D 所示。组分 3 分别采用了流动相为甲醇/水（V/V，7/3）恒度洗脱以及甲醇/水（V/V，8/2～10/0，60 min）梯度洗脱时的分离效果，如图 2－12E、F 所示。组分 4 采用了流动相甲醇/水梯度洗脱（V/V，6/4），得到的高效液相色谱图如图 2－12G 所示。组分 5 采用了流动相为甲醇/水（V/V，10/0）洗脱时的分离效果，如图 2－12H 所示。组分 1 至组分 5 的高效液相色谱分析显示，获得的色谱峰峰形对称度较好。将组分 1 至组分 5 进行 LC－MS 检测分析。

（2）对活性组分的质谱分析　通过 HPLC 分析，发现上述 5 个活性组分中可能存在不止一种化合物。为进一步分析其中的化合物种类，本试验利用 LC－MS 对其进行了分析，扣除空白对照背景信号后，将所得质核比（m/z）值换算为相对分子质量，然后，经过查阅文献，重点考察来自放线菌尤其是拟诺卡氏菌属或诺卡氏菌属的次级代谢产物，获得了与上述相对分子质量相同的化合物。

用乙酸乙酯萃取的组分 1 获得了 5 个特异峰（图 2－13），相对分子质量分别为 200、209、217、379 和 809，经过查阅相关文献，初步确定为 1－十三醇（1－Tridecanol）、手霉素（SW－B）、Phaeochromycin G、春日霉素（Kasugamycin）和烬

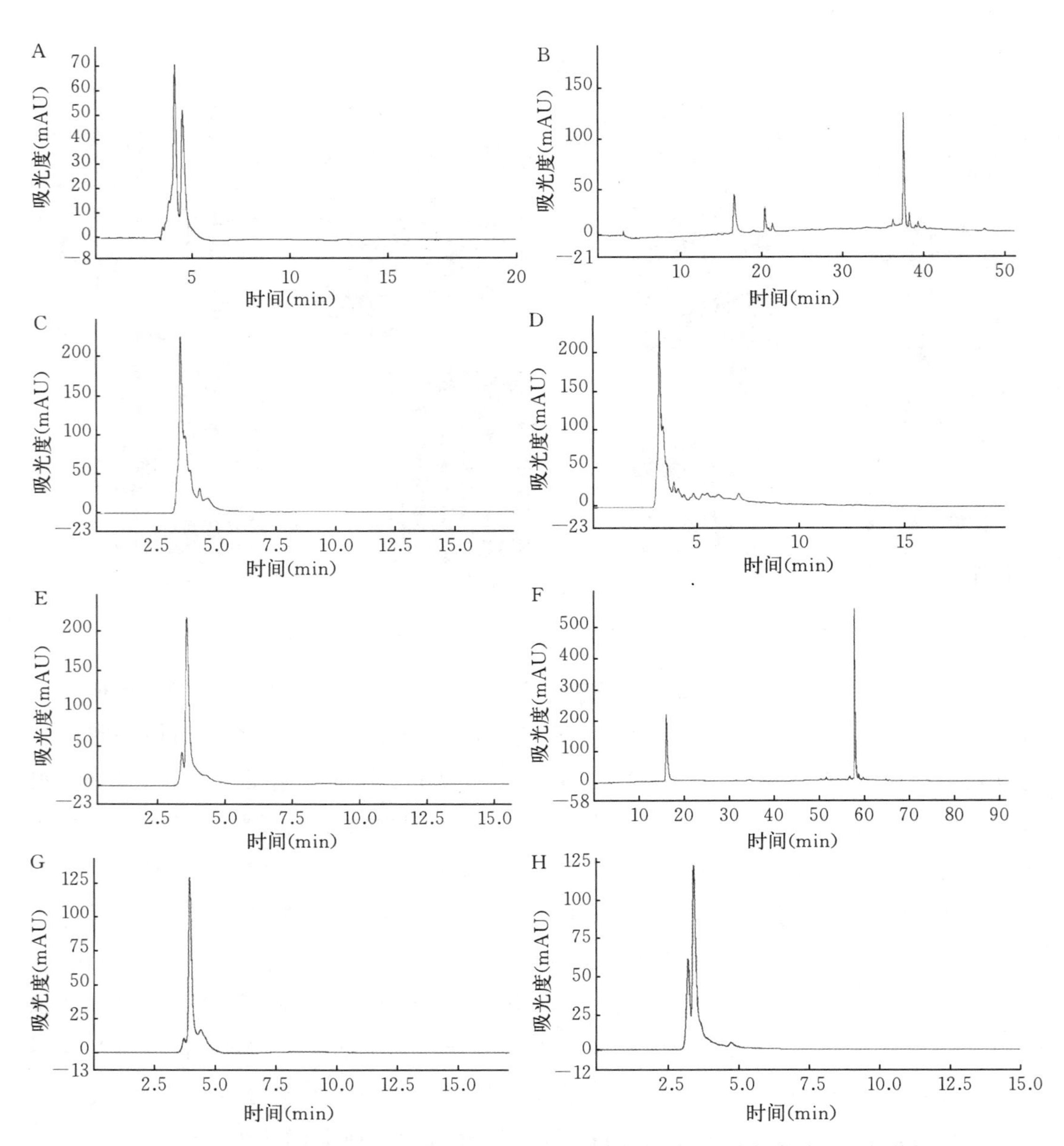

图 2-12 菌株 MA03 发酵上清液粗提物抑黄曲霉毒素活性组分的高效液相色谱分析

A. 利用甲醇/水（*V*/*V*，6/4）对乙酸乙酯萃取组分 1 进行恒度洗脱

B. 利用甲醇/水（*V*/*V*，1/9～10/0，40 min）对组分 1 进行梯度洗脱

C. 利用甲醇/水（*V*/*V*，7/3）对乙酸乙酯萃取组分 2 进行恒度洗脱

D. 利用甲醇/水（*V*/*V*，10/0）对乙酸乙酯萃取组分 2 进行恒度洗脱

E. 利用甲醇/水（*V*/*V*，7/3）对氯仿萃取组分 3 进行恒度洗脱

F. 利用甲醇/水（*V*/*V*，2/8～10/0，60 min）对氯仿萃取组分 3 进行梯度洗脱

G. 利用甲醇/水（*V*/*V*，6/4）对乙酸乙酯萃取组分 4 进行恒度洗脱

H. 利用甲醇/水（*V*/*V*，10/0）对氯仿萃取组分 5 进行恒度洗脱

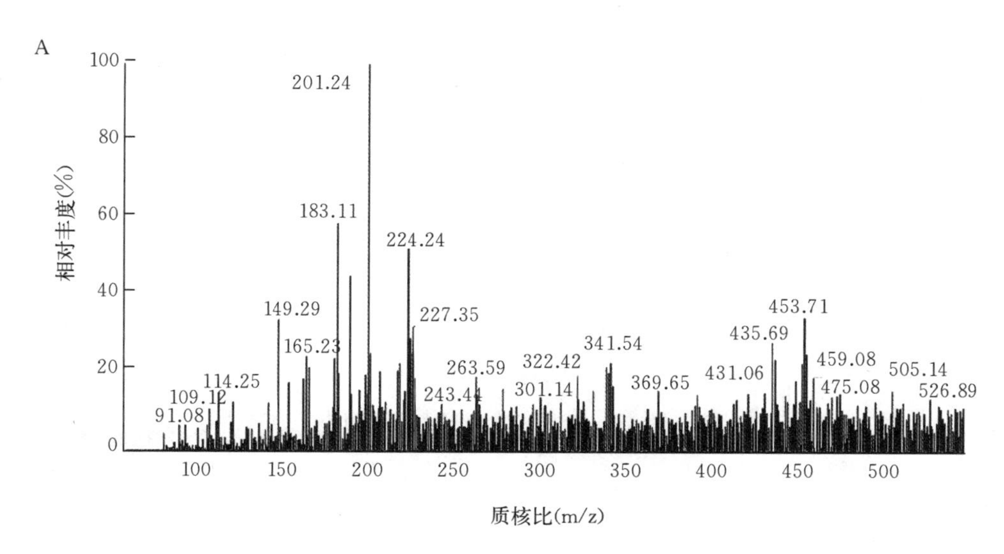
A
相对丰度(%)
质核比(m/z)
201.24
183.11
224.24
149.29
227.35
165.23
453.71
435.69
341.54
459.08
322.42
263.59
505.14
114.25
431.06
369.65
475.08
109.12
301.14
243.44
526.89
91.08

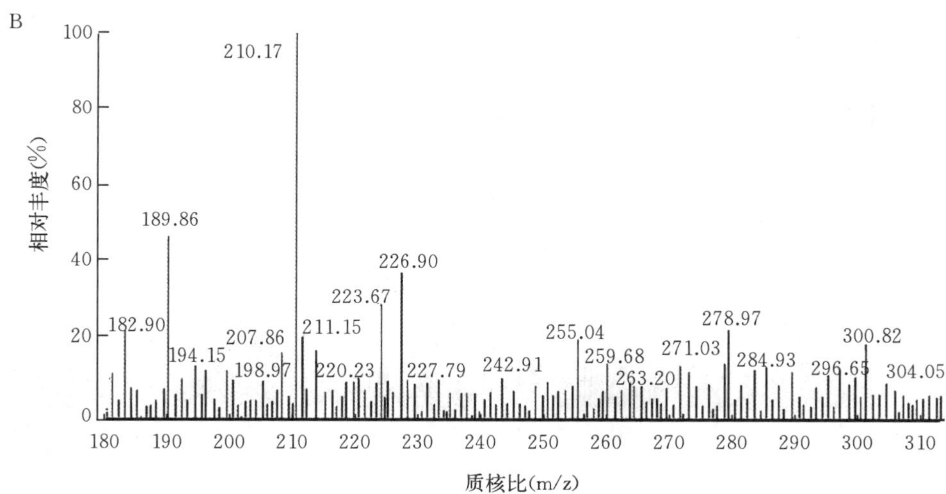
B
相对丰度(%)
质核比(m/z)
210.17
189.86
226.90
223.67
278.97
182.90
211.15
207.86
255.04
300.82
194.15
259.68
271.03
284.93
198.97
220.23
227.79
242.91
263.20
296.65
304.05

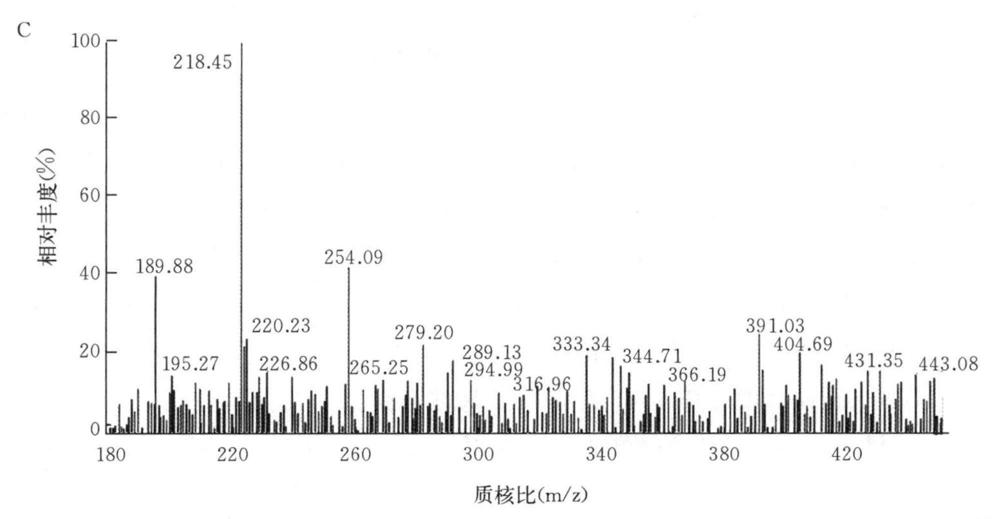
C
相对丰度(%)
质核比(m/z)
218.45
189.88
254.09
220.23
391.03
279.20
333.34
404.69
195.27
226.86
265.25
289.13
294.99
344.71
431.35
443.08
366.19
316.96

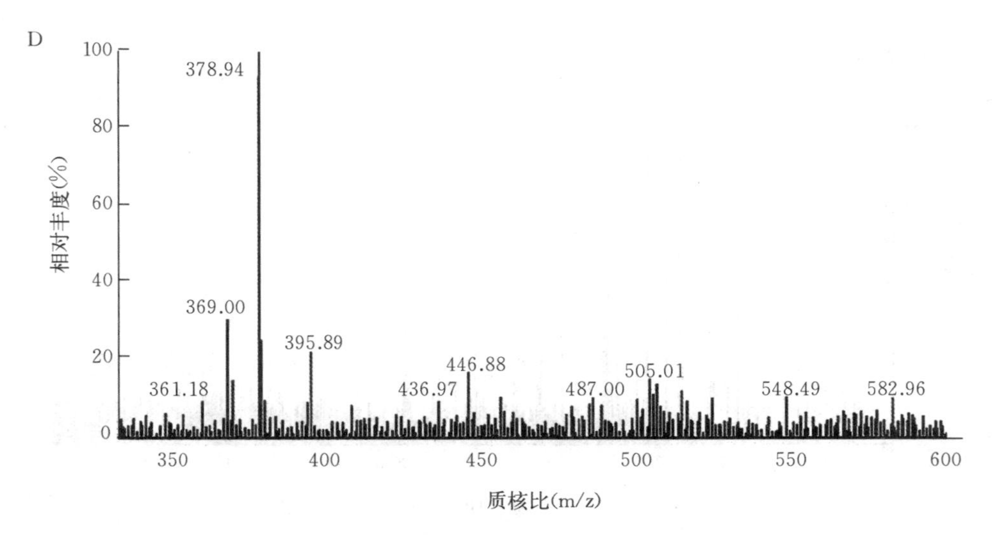

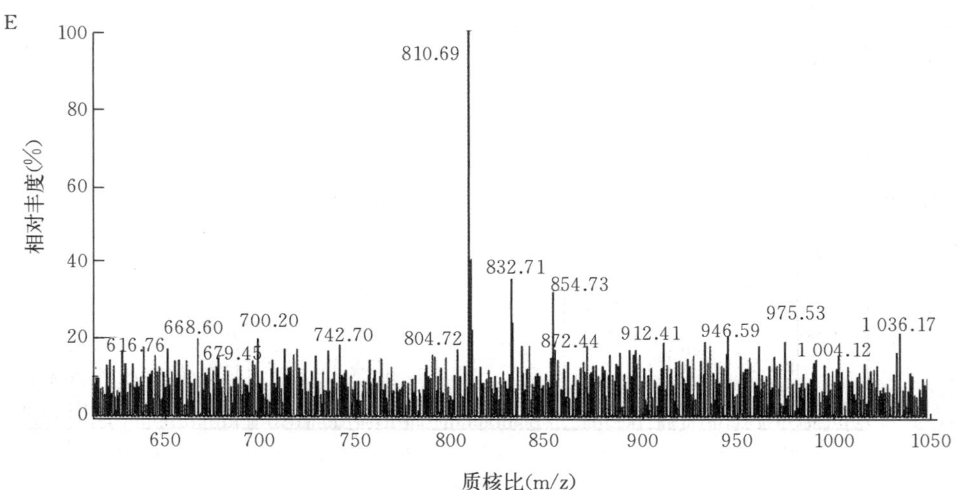

图 2-13　乙酸乙酯萃取的具有抑黄曲霉毒素活性的组分 1 的质谱分析结果

A. 1-十三醇特异峰　B. 手霉素特异峰　C. Phaeochromycin G 特异峰　D. 春日霉素特异峰　E. 烬灰红霉素特异峰

灰红霉素（Cinerubin）。其中，1-Tridecanol 属于醇类，Pavithra 等（2009）从具有抗菌活性的香精油中发现了该抗生素；Hwang 等（1996）发现手霉素类抗生素 SW-B 对辣椒疫霉（*Phytophthora capsici*）、稻瘟菌（*Magnaporthe grisea*）、黄瓜黑星病菌（*Cladosporium cucumerinum*）和链格孢菌（*Alternaria mali*）具有强烈的抗真菌活性，但是对细菌却没有作用；聚酮类抗生素 Phaeochromycin G 来自海洋链霉菌属，对宫颈癌细胞 HeLa 细胞具有一定的细胞毒性，因而有望开发为抗肿瘤新药（Li 等，2008）；Kasugamycin 发现于 1965 年，属氨基糖苷类抗生素，具有高效的抗真菌和抗细菌活性（Huang 等，2010）；蒽环类抗生素 Cinerubin 则也由 PKS 催化生成，研究表明其具有抗肿瘤和抗菌活性（Johnson 等，1976）。

在乙酸乙酯萃取的组分 2 中发现的化合物其相对分子质量为 508，初步鉴定可能为Ⅱ型 PKS 酶的产物灰紫红菌素 A（Griseorhodin A），如图 2－14 所示，该化合物具有抗细菌和抑制人类端粒酶活性的能力，因而具有一定的细胞毒性（Li 等，2002；Yunt 等，2009）。

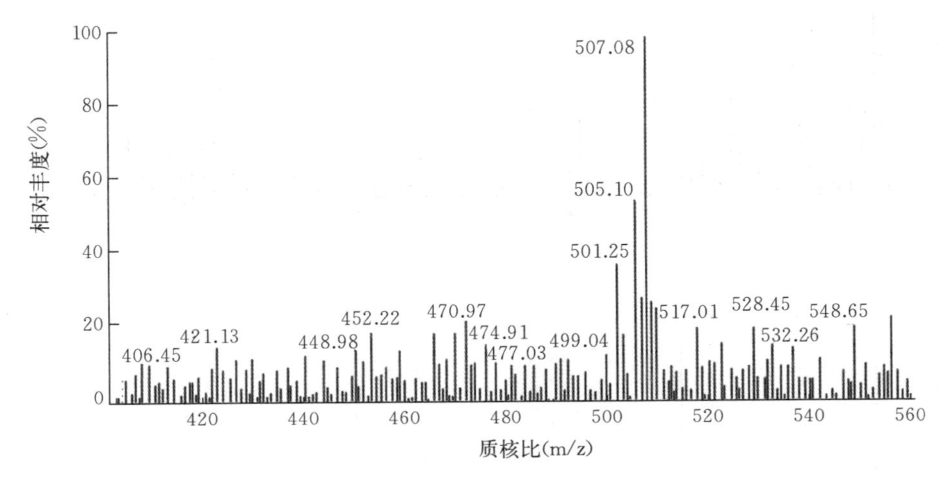

图 2－14 乙酸乙酯萃取的具有抑黄曲霉毒素活性的组分 2 的质谱分析结果

在氯仿萃取的组分 3 中，共发现了 4 个特异峰（图 2－15），初步鉴定可能为 Cylopentadecanone（4－methyl）、Nocarasin C、Daryamide C 和 Brasiliquinone B。其中，Cylopentadecanone（4－methyl）的生理活性未知；而 Tsuda 等（1999）从海洋诺卡氏菌中发现了 Nocarasin A、Nocarasin B 和 Nocarasin C，三者具有较强的细胞毒活性和抗菌活性，Asolkar 等（2006）则从海洋链霉菌 CNQ－085 中分离获得了 Daryamide A、Daryamide B 和 Daryamide C，三者均为聚酮类化合物，而且对人结肠癌细胞 HCT－116 具有较弱的细胞毒性，并能在一定程度上抑制真菌 *Candida albicans* 生长；Nemoto 等（1997）从海洋诺卡氏菌属中获得的 Brasiliquinone B 具有较强抗肿瘤和抗菌活性。

在氯仿萃取的组分 4 中，则只发现了 1 个特异峰，初步鉴定可能为氨基糖苷类抗生素春日霉素（Kasugamycin）（图 2－16），而在乙酸乙酯萃取的组分 1 中也发现了该化合物，表明海洋放线菌 MA03 产 Kasugamycin 的可能性极大。

在氯仿萃取的组分 5 中，我们发现了 2 个特异峰，初步鉴定可能为聚酮类化合物 Phaeochromycin G 和甲基鼠李素（Rhamnazin）（图 2－17），前者在乙酸乙酯萃取的组分 1 中也曾被发现，因此海洋放线菌 MA03 产 Phaeochromycin G 的可能性也是极大的。此外，研究表明 Rhamnazin 具有较强的抗氧化能力（Pande 等，2001a；Pande 等，2001b），提示海洋放线菌可能还具有抗氧化的生理活性。

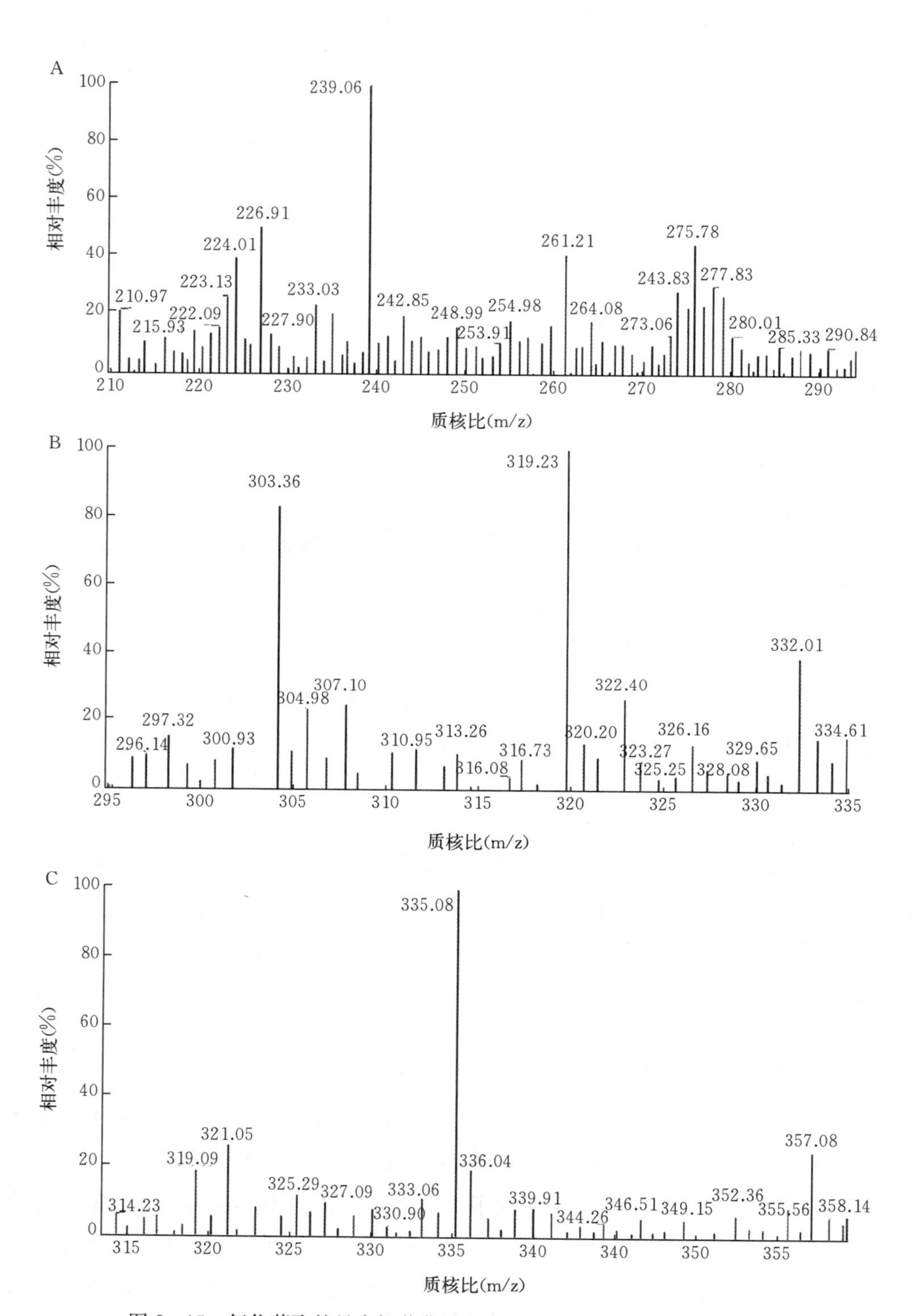

图 2-15 氯仿萃取的具有抑黄曲霉毒素活性的组分 3 的质谱分析结果

A. Cylopentadecanone（4-methyl）特异峰 B. Nocarasin C 和 Daryamide C 特异峰 C. Brasiliquinone B 特异峰

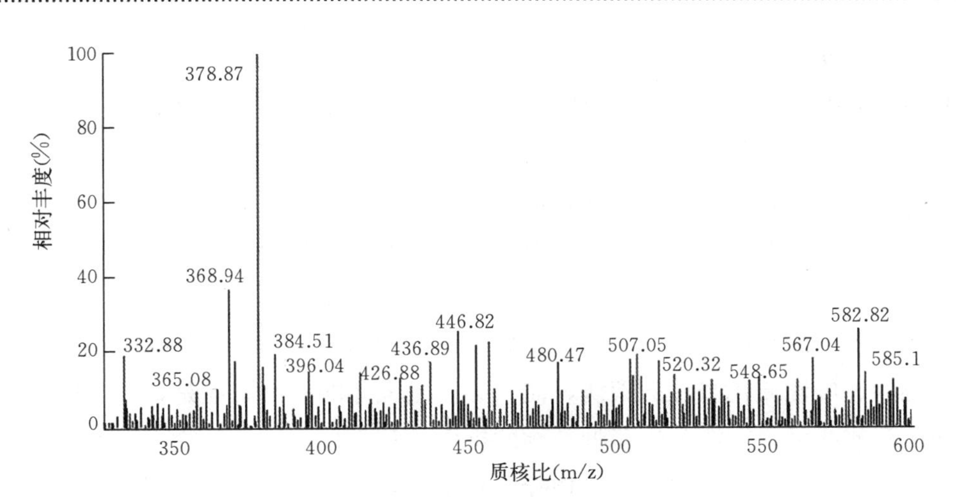

图 2-16 氯仿萃取的具有抑黄曲霉毒素活性的组分 4 的质谱分析结果

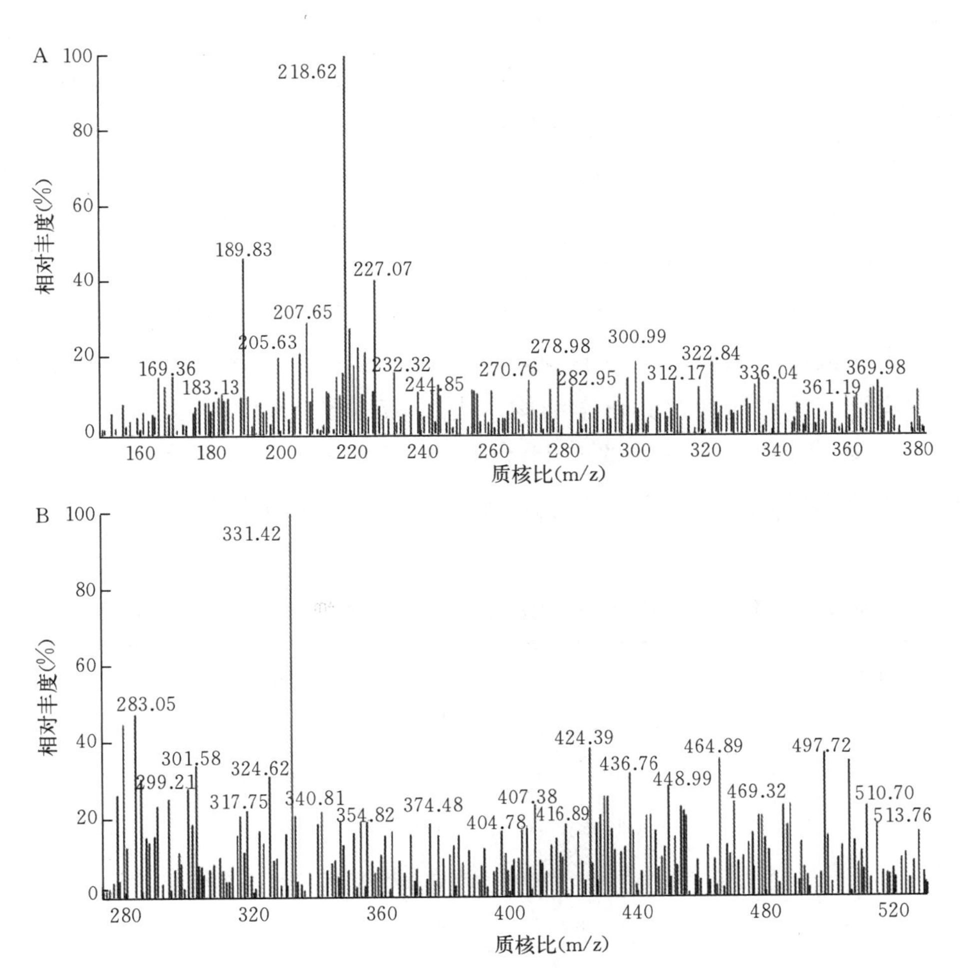

图 2-17 氯仿萃取的具有抑黄曲霉毒素活性的组分 5 的质谱分析结果

A. Phaeochromycin G 特异峰 B. Rhamnazin 特异峰

本试验证实海洋放线菌 MA03 基因组中含有Ⅱ型 *PKS* 基因，而经过本章节的分离纯化以及质谱鉴定分析，发现海洋放线菌 MA03 的发酵上清液中可能的确存在多种由 *PKS* 参与合成的具有生理活性的化合物，表明 *PKS* 基因在菌株 MA03 中发挥了其催化生物合成相关产物的作用，而且这些产物具有抗肿瘤、抗细菌、抗真菌等活性，因此也从分子机制角度阐述了 MA03 发酵液具有强烈的抗黄曲霉毒素和抗肿瘤的活性。

拟诺卡氏菌属是诺卡氏菌科的一个属。诺卡氏菌通常作为一种病原菌而存在，可以引起急性、慢性或化脓性的疾病，尤其会侵犯人体的肺部。但是，诺卡氏菌是一类重要的稀有放线菌，能够产生多种新颖的抗生素和其他生理活性物质。而且，诺卡氏菌具有高效的新陈代谢能力，在生物降解和生物转化中发挥重要作用。近年来，关于诺卡氏菌的报道愈来愈多，但是其在新陈代谢过程中产生多种多样次级代谢产物的分子机制仍然远未阐明。关于海洋拟诺卡氏菌活性发酵产物的研究虽偶见报道，但是其所产活性化合物的多样性还远未完全呈现出来，因此具有非常广阔的研究前景。本试验以海洋拟诺卡氏菌 MA03 所产的抑制寄生曲霉菌丝体生长和黄曲霉毒素产生的活性化合物为研究目标，经过有机试剂萃取、硅胶柱层析和薄层层析色谱进行分离和纯化，由于代谢产物种类极其复杂，虽然最终并未得到单体化合物，但是经高效液相色谱和质谱分析（图 2－13 至图 2－17），获得了多个质核比的特异峰，证实所得的活性分离组分中的化合物种类相对较多，同时根据已知的关于海洋放线菌尤其是诺卡氏菌和拟诺卡氏菌所产天然产物的报道，初步确定了菌株 MA03 发酵液中可能含有的化合物类型、生理活性及其化学结构（表 2－7、图 2－18）。以上结果表明，海洋拟诺卡氏菌 MA03 是一株能够产生多种生理活性化合物的海洋放线菌，在实际生产中应用范围较广，尤其是在生物防治领域，其开发价值较大，因此值得深入研究。

表 2－7　质谱分析菌株 MA03 发酵液各分离组分中抑黄曲霉毒素有效成分

萃取试剂	组分	相对分子质量	化合物名称	化合物类型	生理活性	参考文献
乙酸乙酯	1	200	1－Tridecanol	醇类	抗菌	（Pavithra 等，2009）
		209	SW－B	手霉素类	抗真菌	（Hwang 等，1996）
		217	Phaeochromycin G	聚酮类	弱抗肿瘤	（Li 等，2008）
		379	Kasugamycin	氨基糖苷类	抗真菌、抗细菌	（Huang 等，2010）
		809	Cinerubin	蒽环类	抗肿瘤、抗菌	（Johnson 等，1976）
	2	508	Griseorhodin A	Ⅱ型 PKS 产物	抗菌、 人端粒酶抑制剂	（Li 等，2002； Yunt 等，2009）

（续）

萃取试剂	组分	相对分子质量	化合物名称	化合物类型	生理活性	参考文献
氯仿	3	238	Cylopentadecanone，4 - methyl	酮类	未知	—
		302	Nocarasin C	苯衍生物	抗肿瘤、抗菌	（Tsuda 等，1999）
		318	Daryamide C	聚酮类	抗肿瘤、抗真菌	（Asolkar 等，2006）
		336	Brasiliquinone B	苯并蒽类	抗菌、抗肿瘤	（Nemoto 等，1997）
	4	379	Kasugamycin	氨基糖苷类	抗真菌、抗细菌	（Huang 等，2010）
	5	217	Phaeochromycin G	聚酮类	弱抗肿瘤	（Li 等，2008）
		330	Rhamnazin	聚酮类	抗氧化	（Pande 等，2001a；Pande，2001b）

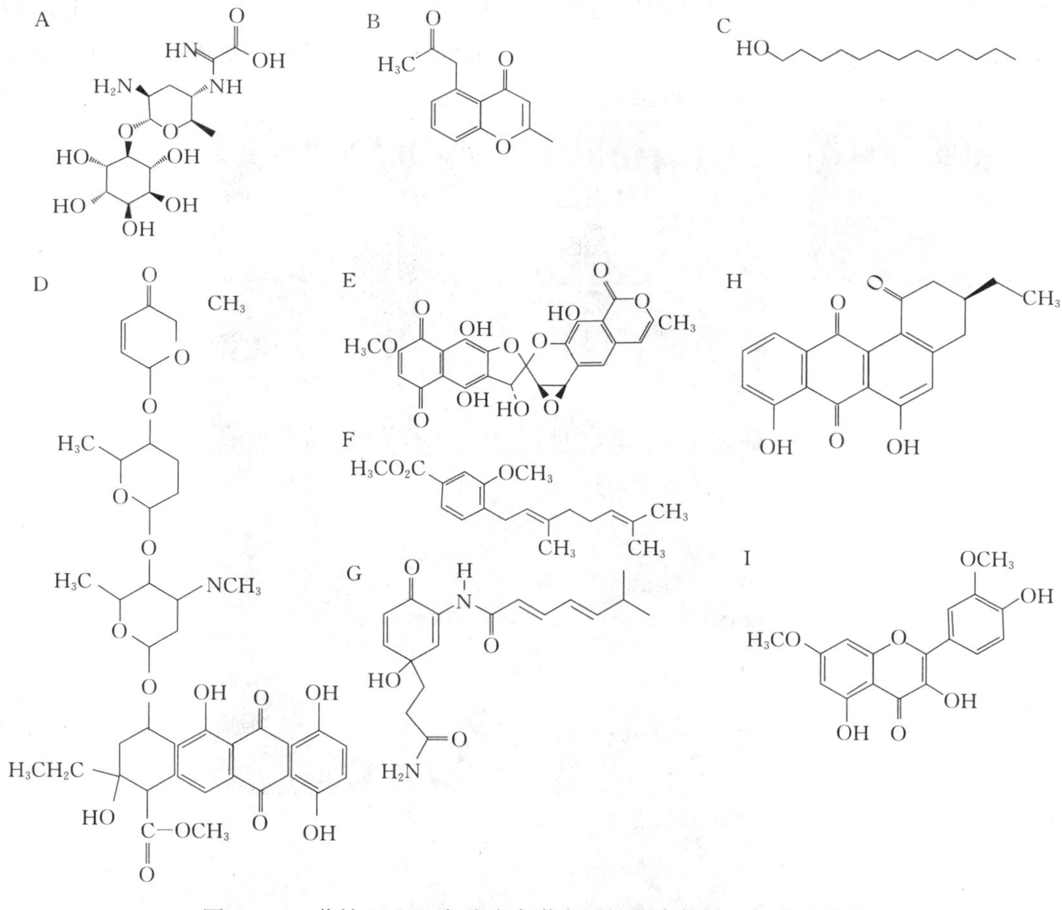

图 2 - 18　菌株 MA03 发酵液中潜在活性化合物的已知化学结构

A. Kasugamycin　B. Phaeochromycin G　C. 1 - Tridecanol　D. Cinerubin　E. Griseorhodin A　F. Nocarasin C　G. Daryamide C　H. Brasiliquinone B　I. Rhamnazin

3. 菌株MA03发酵产物抑制寄生曲霉对粮食侵染的效能分析 在粮食储藏、运输等过程中，真菌毒素是主要的污染物之一（胡东青等，2011）。据联合国粮食及农业组织统计，全世界有25%的谷物等粮食因受到真菌毒素的污染，而不得不丢弃。在真菌毒素中，黄曲霉毒素是目前毒性最强的一类，还是一种强致癌物（丁小霞等，2011）。在各国的粮食安全标准中，黄曲霉毒素均是受到严格控制的。在黄曲霉毒素防治手段中，生物防治方法因其低毒高效的优势而具有广阔的应用前景，主要以微生物和植物及其所产的活性代谢产物为研究对象。前文所述的试验结果表明，海洋放线菌MA03代谢产物具有强烈的抑制寄生曲霉生长及黄曲霉毒素合成的生理活性，因此，在此基础上，本章节研究了MA03发酵液有机试剂粗提物在抑制寄生曲霉侵染花生和大米中的作用，试图为该菌株在粮食储藏、运输等过程中防治黄曲霉毒素污染的应用提供依据。

（1）对花生侵染的效能分析 将乙酸乙酯提取物、氯仿提取物以及双乙酸钠以0.05、0.1、0.2、0.4、0.8 mg/mL的终浓度分别加入处理好的花生中，然后接种寄生曲霉 *A. parasiticus* N95孢子，培养7 d后，观察花生表面的N95生长情况。如图2-19（彩图5）

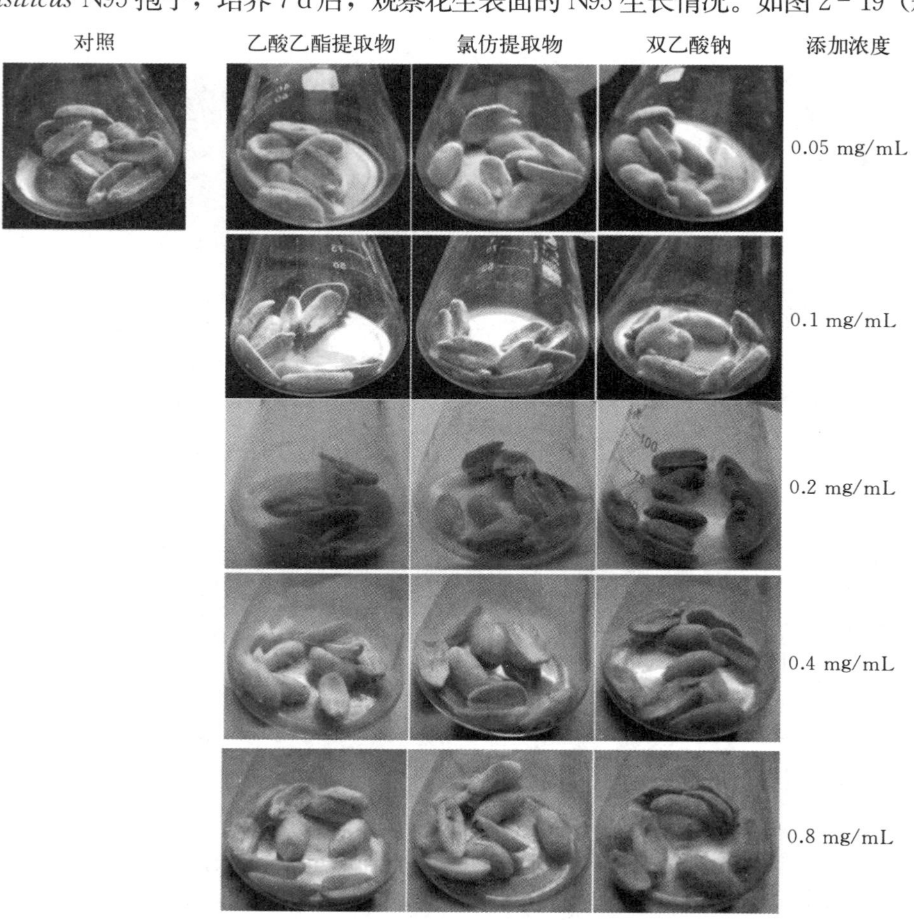

图2-19 花生储藏试验

所示，未加入提取物和双乙酸钠、只加水的对照组在培养结束后，花生表面生长了明显的 N95 菌丝体和大量孢子，并且积累了大量 NA 物质。在试验组中，在低浓度（0.05 mg/mL）下，乙酸乙酯提取物、氯仿提取物和双乙酸钠已经发挥了抑制寄生曲霉生长的作用。达到浓度为 0.2 mg/mL 时，与添加双乙酸钠的试验组相比，添加乙酸乙酯或氯仿提取物的花生表面的 N95 菌丝体、孢子数量和积累的 NA 量明显较少，但是，与对照组花生相比，三个试验组花生表面 N95 菌丝体、孢子数量和 NA 积累量均明显少于对照组。

为了证实上述结果，本试验进一步对花生表面的 NA 进行充分萃取，然后测定 OD_{560} 值，对 NA 积累量进行分析，并计算毒素抑制率。结果如表 2-8 所示，总体而言，菌株 MA03 发酵液粗提物和双乙酸钠的毒素抑制率与其添加量呈正相关。在每一个浓度梯度下，乙酸乙酯和氯仿的提取物的抑毒效果均强于双乙酸钠的抑毒效果。其中，在 0.4 mg/mL 浓度时，乙酸乙酯和氯仿的提取物所发挥的抑毒效果（毒素抑制率分别为 85.98%和 82.43%）已经高于双乙酸钠在 0.8 mg/mL 浓度下的抑毒效果（毒素抑制率为 76.66%）。

表 2-8　寄生曲霉侵染花生 NA 积累的抑制率

项目	浓度（mg/mL）	OD_{560} 值	毒素抑制率（%）
乙酸乙酯提取物	0.05	2.263±0.247	16.28
	0.1	1.782±0.211	34.07
	0.2	0.780±0.125	71.14
	0.4	0.379±0.031	85.98
	0.8	0.165±0.038	93.90
氯仿提取物	0.05	2.353±0.131	12.94
	0.1	1.812±0.147	32.96
	0.2	0.910±0.091	66.33
	0.4	0.475±0.078	82.43
	0.8	0.217±0.041	91.97
双乙酸钠	0.05	2.514±0.087	6.99
	0.1	2.027±0.125	25.01
	0.2	1.566±0.196	42.06
	0.4	1.135±0.126	58.01
	0.8	0.631±0.085	76.66
对照	—	2.703±0.168	—

注：—表示无数据，下同。

（2）对大米侵染的效能分析　本试验还检测了菌株 MA03 发酵液粗提物对寄生

曲霉侵染大米的影响。如图 2-20（彩图 6）所示，在培养结束后，未加入提取物和双乙酸钠的对照组大米表面生长了明显的 N95 菌丝体和大量孢子，并且积累了大量 NA 物质。在试验组中，在低浓度（0.05 mg/mL）下，乙酸乙酯提取物和氯仿提取物能抑制寄生曲霉的生长，但是双乙酸钠几乎没有抑制效果。随着药物浓度的增大，三者对寄生曲霉的抑制作用也逐渐增强。当浓度达到 0.8 mg/mL 时，乙酸乙酯和氯仿的提取物几乎能完全抑制寄生曲霉的生长，而双乙酸钠处理的大米中仍有少量寄生曲霉菌丝体的生长和红色 NA 物质的积累。

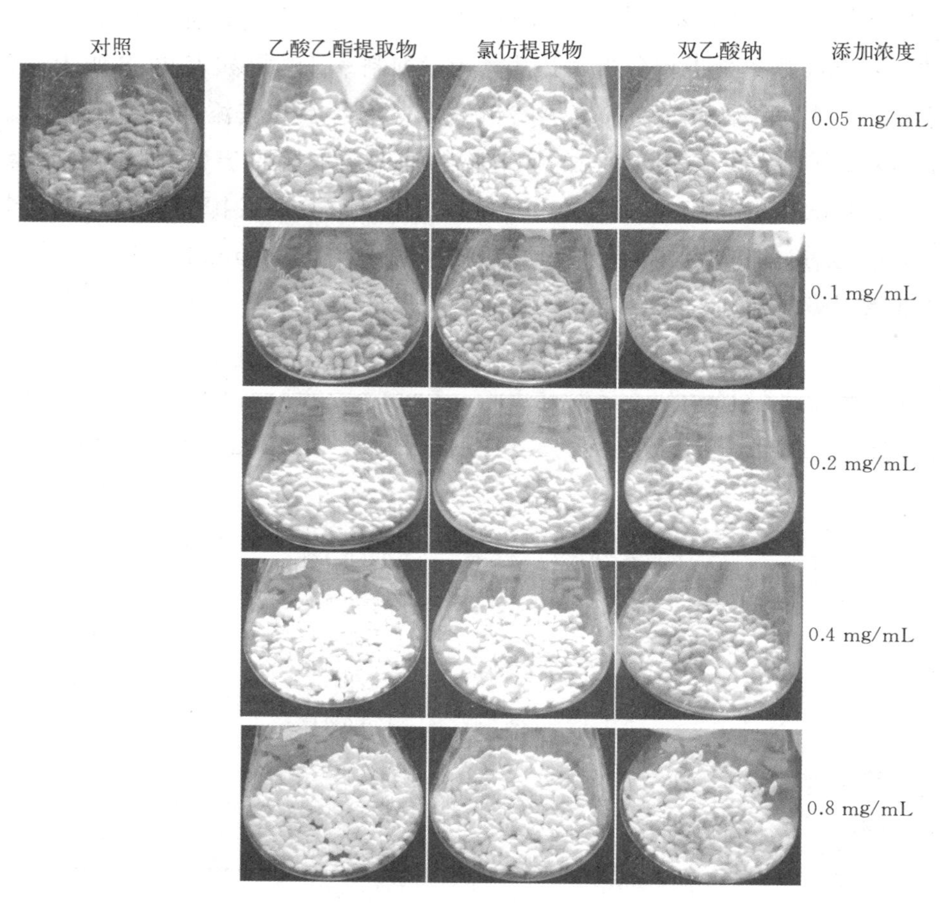

图 2-20　大米储藏试验

对大米上积累的 NA 进行萃取和测定，结果如表 2-9 所示，与花生侵染试验结果类似，在各浓度梯度下，菌株 MA03 的乙酸乙酯和氯仿提取物的抑毒效果都要强于双乙酸钠的抑毒效果；而且，在 0.4 mg/mL 浓度时，乙酸乙酯和氯仿的提取物所发挥的抑毒效果（毒素抑制率分别为 90.76%和 84.64%）与双乙酸钠在 0.8 mg/mL 浓度下的抑毒效果（毒素抑制率为 87.31%）相近；而在 0.8 mg/mL 浓度下，乙酸乙酯和氯仿提取物几乎能完全抑制寄生曲霉对大米的侵染。

表 2-9　寄生曲霉侵染大米 NA 积累的抑制率

项目	浓度（mg/mL）	OD_{560}值	毒素抑制率（%）
乙酸乙酯提取物	0.05	2.115±0.196	13.14
	0.1	1.911±0.149	21.51
	0.2	1.096±0.129	54.99
	0.4	0.225±0.44	90.76
	0.8	0.013±0.004	99.47
氯仿提取物	0.05	2.024±0.119	16.88
	0.1	1.856±0.063	23.78
	0.2	1.207±0.193	50.43
	0.4	0.374±0.028	84.64
	0.8	0.025±0.013	98.97
双乙酸钠	0.05	2.277±0.026	2.38
	0.1	2.178±0.181	10.55
	0.2	1.839±0.076	24.48
	0.4	1.176±0.115	51.70
	0.8	0.309±0.022	87.31
对照	—	2.435±0.062	—

以上结果表明，在粮食储藏中防治黄曲霉毒素的污染方面，海洋放线菌 MA03 所产生的活性产物能有效发挥其抑毒作用，而且防治效果强于目前在粮食储藏中的常用防霉剂双乙酸钠，因此该菌株在实际生产中具有很高的应用价值。

第四节　海洋放线菌的抗肿瘤活性研究

在本章节中，仍然以淡水和海水两种高氏一号培养基培养前文所述 14 株海洋放线菌，通过 MTT 法检测其发酵液对人宫颈癌细胞 HeLa、肺癌细胞 A549 和肾癌细胞 Caki-1 细胞增殖的抑制效果。然后，选择合适的有机试剂对抗肿瘤效果较好的菌株发酵上清液进行萃取，获得活性物质的粗提物，利用 DMSO 配制成不同浓度的溶液，检测其抗肿瘤效果，并计算 IC_{50}值。通过本章节的试验，进一步为后续活性成分的分离纯化试验做好准备。

一、发酵上清液抗肿瘤活性分析

对发酵液的预处理与前文所述的方式相同，即先对发酵液进行离心，去除菌丝体，然后过滤达到无菌状态。肿瘤细胞培养液中加入终浓度为 10%（V/V）的上述无菌发酵液，培养适当时间之后，通过 MTT 法检测细胞活力。

如图 2－21 所示，14 株海洋放线菌中，淡水培养的菌株对人肾癌细胞 Caki－1 抑制率超过 50%的有 2SHXF01－3（77.04%）、MA03（94.19%）、MA35（81.24%）、MA05－2（70.36%）、MA05－2－1（63.98%）、MA01（80.17%）、MA08－1（72.51%）。海水培养的菌株对 Caki－1 细胞抑制率超过 50%的有 2SHXF01－3（71.82%）、MA35（80.47%）、MA01（55.56%）。其中，淡水培养的 MA03 菌株对 Caki－1 细胞的抑制率达到 94.19%，在 14 个菌株中最高。

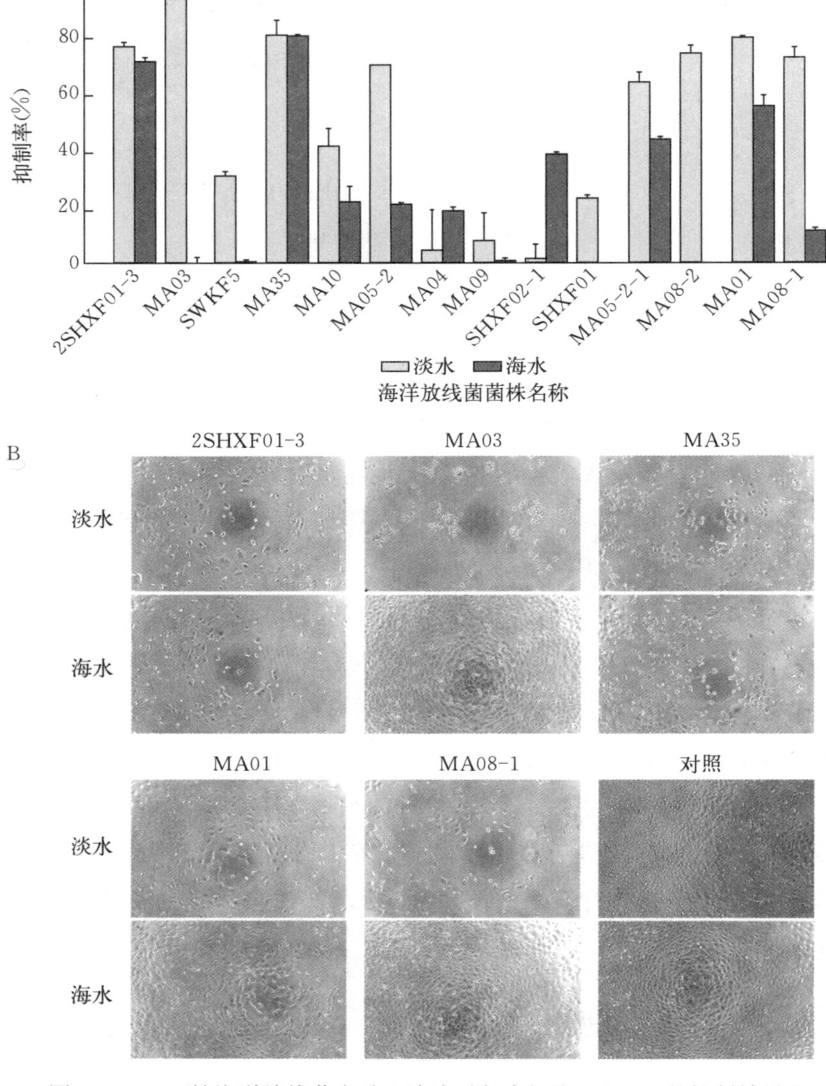

图 2－21　14 株海洋放线菌发酵上清液对肾癌细胞 Caki－1 的抑制效果

A. 对 Caki－1 细胞生长的抑制效果　B. 对 Caki－1 细胞形态的影响

对于人肺癌细胞 A549 而言，淡水培养的 14 种海洋放线菌菌株对其抑制率超过 50%的有 2SHXF01-3（63.17%）、MA03（91.04%）、MA35（53.79%）、MA05-2（51.93%）、MA01（72.85%）、MA08-1（73.01%）。海水培养的菌株对肿瘤细胞 A549 的抑制率均没有超过 50%。其中，淡水培养的 MA03 菌株对 A549 细胞抑制率达到 91.40%，细胞大量死亡，在 14 个菌株中最高（图 2-22）。

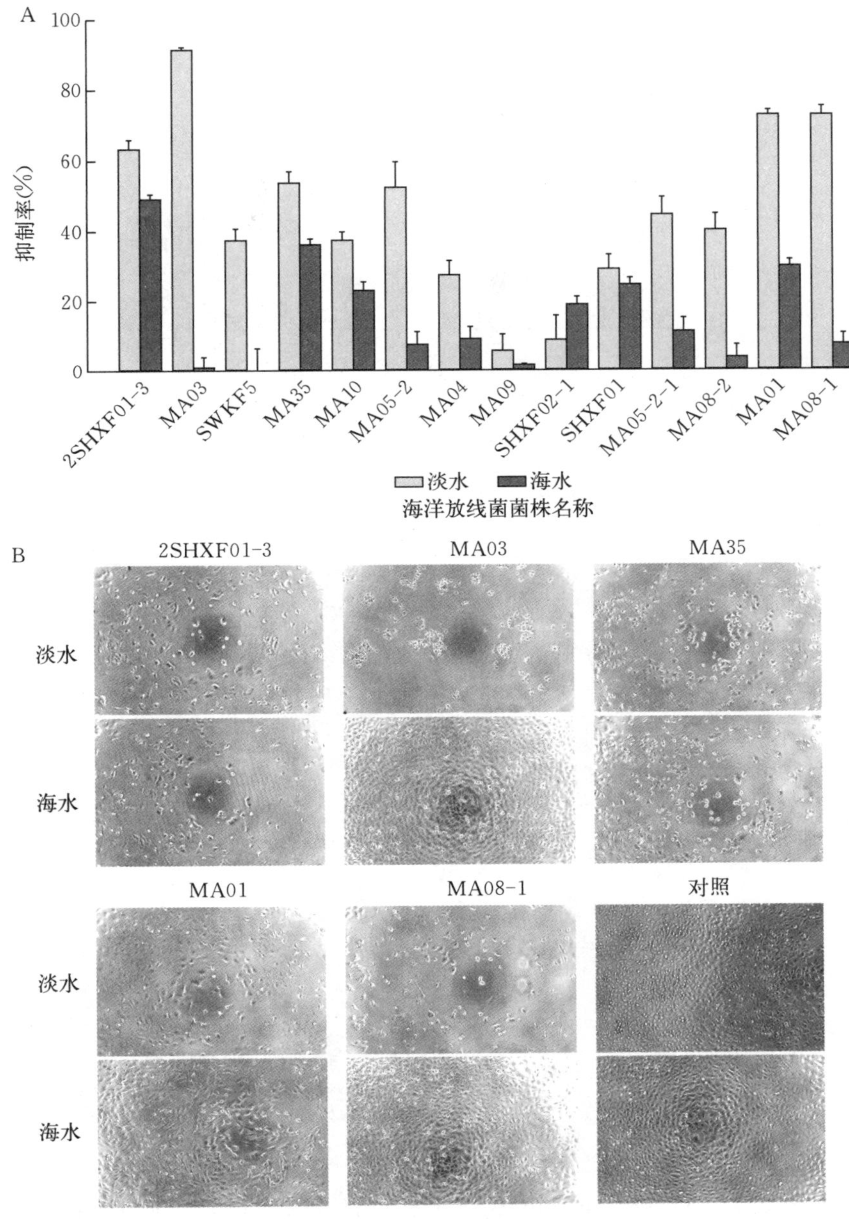

图 2-22 14 株海洋放线菌发酵上清液对肺癌细胞 A549 的抑制效果

A. 对 A549 细胞生长的抑制效果 B. 对 A549 细胞形态的影响

如图 2－23 所示，淡水培养的菌株对人宫颈癌细胞 HeLa 抑制率超过 50%的有 2SHXF01－3（77.50%）、MA03（94.32%）、MA35（55.10%）、MA05－2（74.66%）、MA01（51.47%）、MA08－1（77.24%）。海水培养的菌株对肿瘤细胞 HeLa 抑制率超过 50%的有 2SHXF01－3（92.96%）、MA35（91.14%）。其中，淡水培养的 MA03 菌株对 HeLa 细胞的抑制率达到 94.32%，细胞大量死亡，仍然是 14 个菌株中效果最强者。

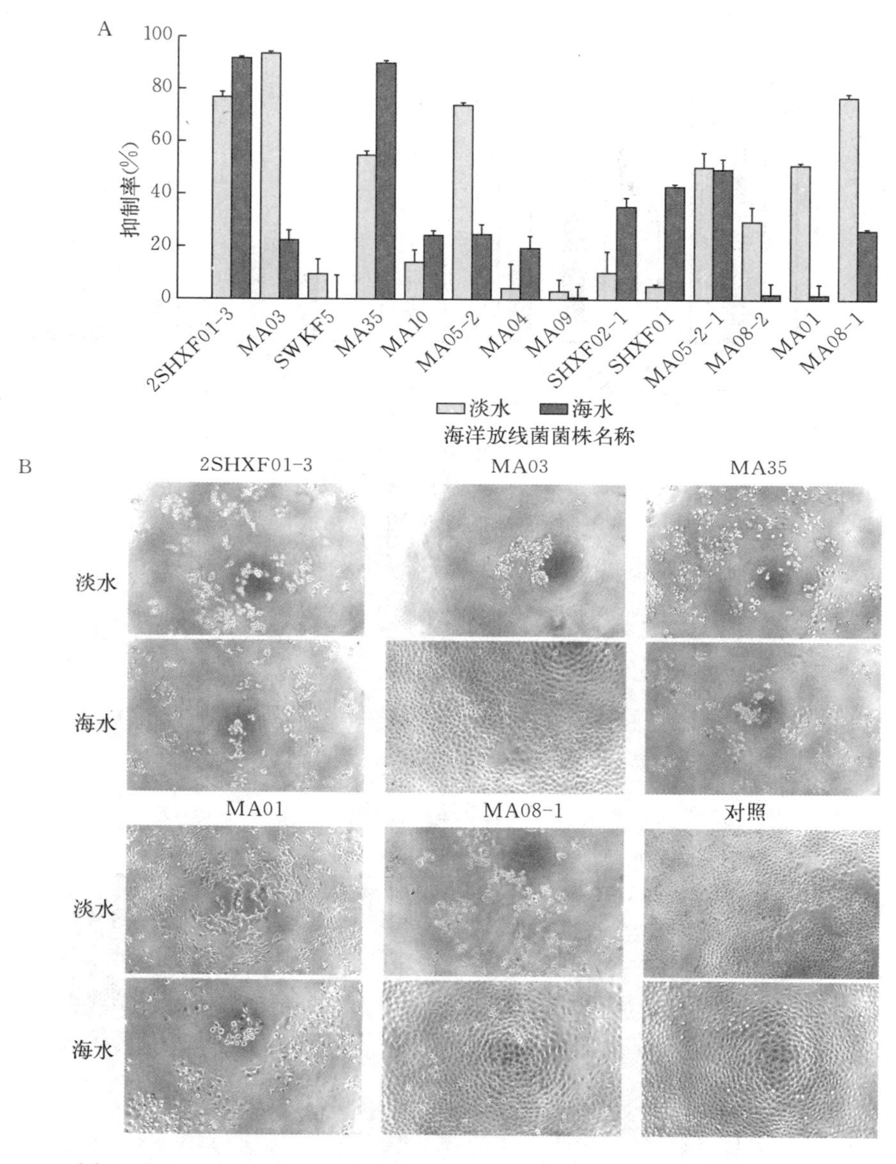

图 2－23　14 株海洋放线菌发酵上清液对宫颈癌细胞 HeLa 的抑制效果

A. 对 HeLa 细胞生长的抑制效果　B. 对 HeLa 细胞形态的影响

从上述对3种肿瘤细胞系的细胞毒活性结果可以看出，对于菌株MA03、MA01和MA08－1，淡水培养的发酵液抗肿瘤活性比海水培养的强，其中MA03菌株的淡水培养的发酵液抗肿瘤活性最强，而其海水培养的发酵液活性很弱；菌株2SHXF01－3和MA35的淡水和海水培养的发酵液活性接近。因此，菌株MA03可能产生了对肿瘤细胞具有广谱抑制效果的物质，在后续试验中，值得对其进行重点研究。

二、发酵上清液粗提物的抗肿瘤活性分析

本试验以MA03为研究对象，利用不同的有机试剂萃取其发酵液，试图寻找合适的有机试剂以有效地获得发酵液中的活性成分。为此，本试验用石油醚、氯仿、乙酸乙酯和正丁醇对菌株MA03的发酵液进行连续萃取，然后以氯仿和乙酸乙酯对发酵液进行分别萃取，最后通过MTT法检测上述各萃取物对肺癌细胞A549的抑制效果。

如图2－24所示，氯仿能够有效萃取出发酵液中的抗肿瘤活性物质，但是由于乙酸乙酯和氯仿的极性相近，因此有必要对二者的单独萃取效果进行比较。如图2－25所示，乙酸乙酯和氯仿都能萃取出菌株MA03发酵液中的抗肿瘤物质，但是乙酸乙酯比氯仿更为低毒，因此，在后续的试验中，选择乙酸乙酯作为萃取剂。

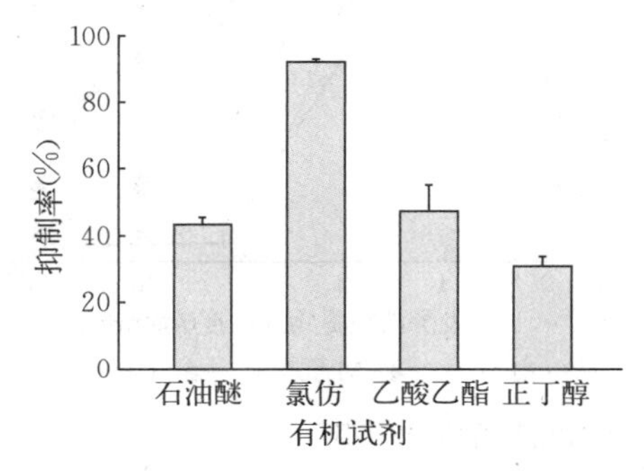

图2－24　菌株MA03发酵液的顺序萃取物对肿瘤细胞的抑制效果

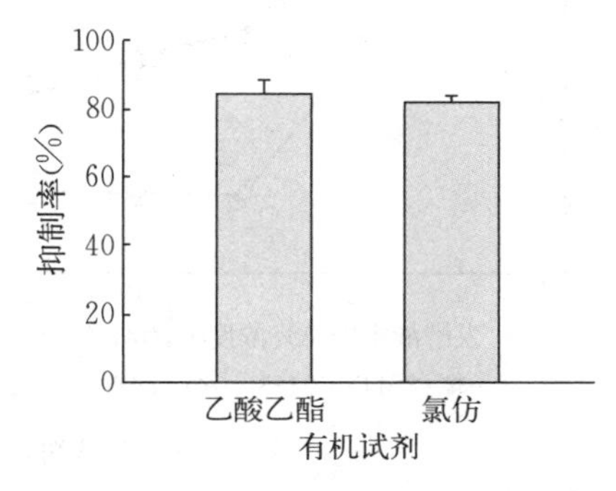

图2－25　菌株MA03发酵液的单独萃取物对肿瘤细胞的抑制效果

根据初筛结果，除了MA03外，另外再选择4个抗肿瘤效果较好的菌株，将其发酵上清液进行乙酸乙酯萃取，减压浓缩，得到粗提物，利用DMSO配制成不同浓度的溶液，用MTT法检测抗肿瘤效果（图2－26），并计算IC_{50}值。如表2－10所示，MA03对4种肿瘤细胞（宫颈癌细胞HeLa、肺腺癌细胞A549、肾癌细胞Caki－1和肝癌细胞HepG2）均有较高的细胞毒活性（IC_{50}值HeLa为2.89 μg/mL、A549为1.98 μg/mL、Caki－1为3.03 μg/mL、HepG2为2.60 μg/mL），其IC_{50}值均低于商品化的顺铂（DDP）对相应肿瘤细胞的IC_{50}值（HeLa为10.73 μg/mL、A549为

6.79 μg/mL、Caki-1 为 14.95 μg/mL、HepG2 为 15.59 μg/mL），该结果表明，MA03 所产生的抗肿瘤物质活性极高，值得进一步研究。至于其他 4 个菌株的粗提取物，在浓度达到 20 μg/mL 时仍不能诱导半数 A549 细胞的死亡，因此抗肿瘤物质产量或活性远低于菌株 MA03。以上数据也证实了初筛结果的可靠性。

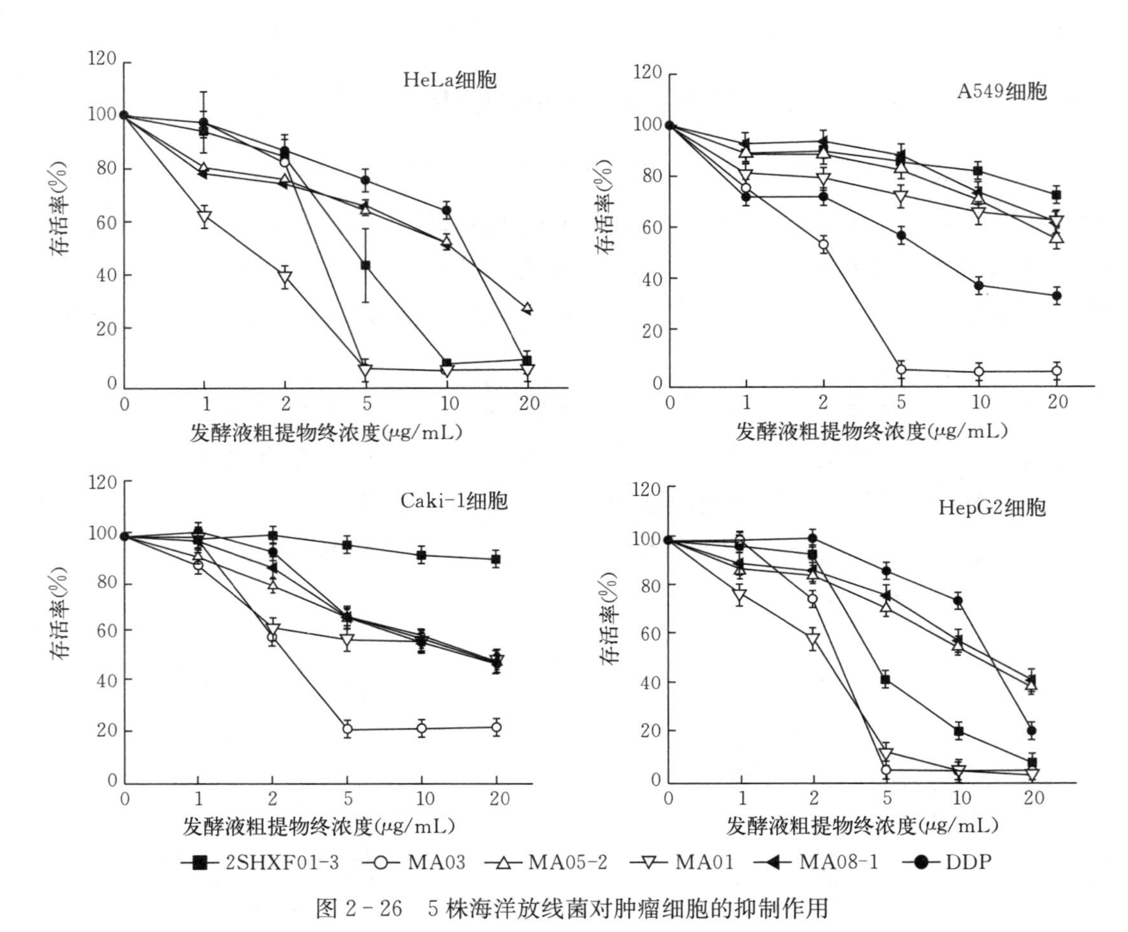

图 2-26　5 株海洋放线菌对肿瘤细胞的抑制作用

表 2-10　抗肿瘤 IC_{50} 值

菌株	不同肿瘤细胞的 IC_{50} 值（μg/mL）			
	HeLa	A549	Caki-1	HepG2
2SHXF01-3	4.42	—	—	4.80
MA03	2.89	1.98	3.03	2.60
MA05-2	9.30	—	16.27	12.97
MA01	1.48	—	16.74	2.19
MA08-1	9.23	—	16.29	14.74
DDP	10.73	6.79	14.95	15.59

为了进一步证实菌株MA03对肿瘤细胞的抑制效应，以HeLa细胞为材料，通过细胞集落形成试验，检测了菌株MA03、2SHXF01－3以及MA01发酵液粗提物对肿瘤细胞集落形成的影响。如图2－27所示，与未经处理的对照细胞相比，3个菌株的粗提物浓度为0.5 μg/mL时，对肿瘤细胞集落的形成均发挥了较强的抑制作用，其中经MA03粗提物处理的细胞集落形成数量明显最少。对细胞集落进行统计，结果如图2－27和表2－11所示，与未经处理的对照细胞相比，菌株MA03和2SHXF01－3的粗提物浓度为0.5 μg/mL时，均显著抑制细胞集落的形成，而MA01粗提物和DDP的抑制效果较差；在1 μg/mL时，3个菌株的粗提物以及DDP均能显著抑制肿瘤细胞集落的形成。以上结果表明，菌株MA03产生了强烈抗肿瘤活性的产物，尤其是在低浓度下的作用效果强于同浓度下商品化药物DDP，因此在后续研究中，该菌株的次级代谢产物值得继续分析和研究。

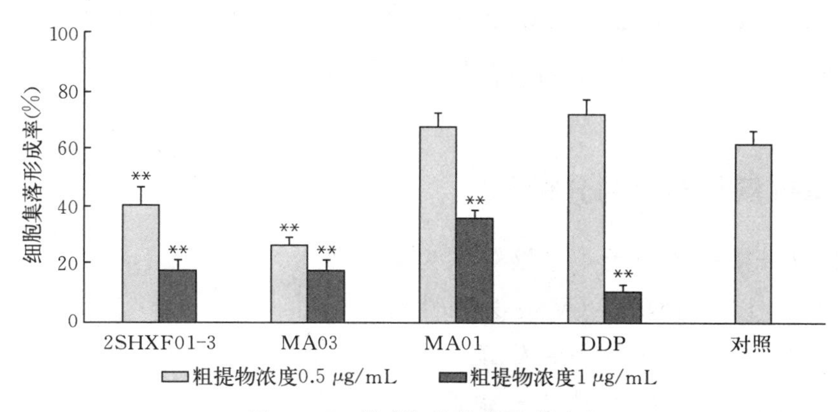

图2－27 肿瘤细胞集落形成试验

注：**代表 $P<0.01$

表2－11 不同菌株发酵液乙酸乙酯粗提物对肿瘤细胞集落形成的抑制作用

菌株	粗提物浓度（μg/mL）	细胞集落数（个）	P值
2SHXF01－3	0.5	122.33±18.18	0.006 5**
	1	55.33±10.12	0.000 1**
MA03	0.5	80.33±8.50	0.000 1**
	1	56.00±6.56	0.000 1**
MA01	0.5	203.33±15.04	0.171 7
	1	109.33±7.77	0.000 5**
DDP	0.5	216.00±14.18	0.051 2
	1	32.33±7.51	<0.000 1**
对照	—	185.67±10.60	

注：“**”代表 $P<0.01$；“*”代表 $0.01<P<0.05$。

第五节　海洋放线菌 MA03 的抗氧化活性研究

内源性和外源性氧化自由基均会对人和动物细胞造成损伤，从而诱发多种疾病（如癌症、动脉粥样硬化、糖尿病、高血压等）并加速机体衰老进程。多年来，为了减轻由于氧自由基所导致的机体损伤，寻找有效的抗氧化剂和自由基清除剂成为研究的热点。近年来，微生物成为潜在的抗氧化剂的重要来源，如傅玉鸿等（2014）从 4 株海洋放线菌中发现了具有高效清除 DPPH 自由基的化合物，并初步研究了对上述菌株进行微囊化包埋的制备工艺；姜俊杰等（2012）发现北极放线菌 T－2－3 所产生的胞外多糖具有较强的抗氧化作用。前文中质谱分析结果表明，海洋放线菌 MA03 可能合成了具有抗氧化作用的化合物 Rhamnazin，为了证实该结果并充分研究该菌株次级代谢产物可能具备的其他生理活性，本章节首次探讨了该菌株发酵上清液的总抗氧化能力、羟自由基清除能力和超氧自由基清除能力，以期充分发掘其应用价值。

一、总抗氧化能力的分析

本试验以未接种的高氏一号培养基为阴性对照（CK），以维生素 C（Vc）为阳性对照，利用试剂盒检测菌株 MA03 发酵上清液的总抗氧化能力。结果如图 2－28 所示，MA03 发酵上清液的总抗氧化能力为（2.43±0.14）U/mL，显著高于未接种的高氏一号培养基的总抗氧化能力[（0.24±0.01）U/mL]，虽然比阳性对照 2 mg/mL Vc 溶液的总抗氧化能力低，但是仍然表明海洋放线菌 MA03 在生长发酵过程中产生的代谢产物具有较强的抗氧化能力。

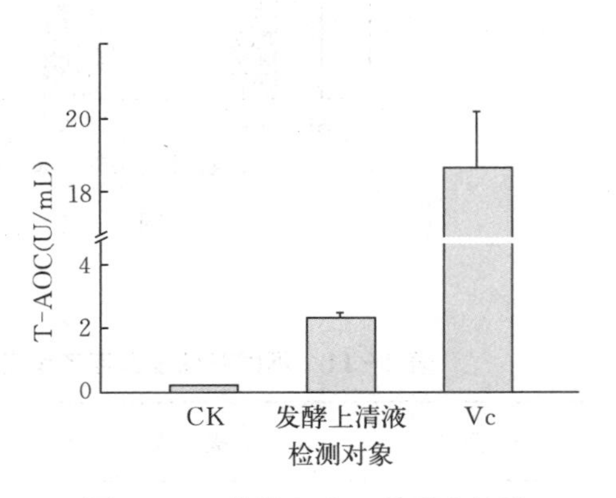

图 2－28　菌株 MA03 发酵上清液总抗氧化能力

二、羟自由基清除能力的检测

分别将未接种的高氏一号培养基、菌株 MA03 发酵上清液以及 1 mg/mL 的 Vc 水溶液按照 2 倍、5 倍、10 倍、20 倍和 50 倍进行梯度稀释，然后检测各浓度下的羟自由基清除能力。如图 2－29 所示，稀释 5 倍后的 MA03 发酵上清液仍然具有与阳性对照（0.2 mg/mL Vc 溶液）相当的羟自由基清除能力，稀释 10 倍后，MA03 发酵上清液和羟自由基清除能力仍然能达到80%左右。随着稀释倍数的增大，菌株MA03发酵上清液的羟自由基清除能力逐渐减弱，但是其在稀释20倍后仍然达到约40%的清除率，直到稀释50倍后，其清除能力才接近消失。以上结果表明，菌株MA03在生长发酵过程中产生了具有清除羟自由基的物质，并释放到了细胞外。

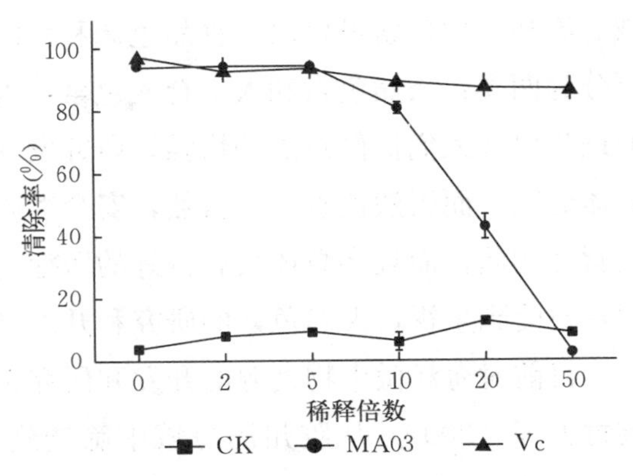

图2-29　菌株MA03发酵上清液羟自由基清除能力

三、超氧自由基清除能力的检测

利用未接种的高氏一号培养基、菌株MA03发酵上清液以及1 mg/mL Vc水溶液的梯度稀释液，检测各浓度下的超氧自由基清除能力。结果如图2-30所示，未经稀释的菌株MA03发酵上清液对超氧自由基的清除率能达到70%左右，随着稀释倍数的增大，其清除能力逐渐减弱。稀释10倍后，MA03发酵上清液的超氧自由基清除率为30%左右，其抗超氧自由基能力与0.1 mg/mL的Vc溶液相当。作为阴性对照的不同浓度的高氏一号培养基对超氧自由基的清除能力几乎都低于20%。以上结果表明，海洋放线菌MA03在生长发酵过程中产生了能够清除超氧自由基的代谢产物，并分泌到了细胞外。

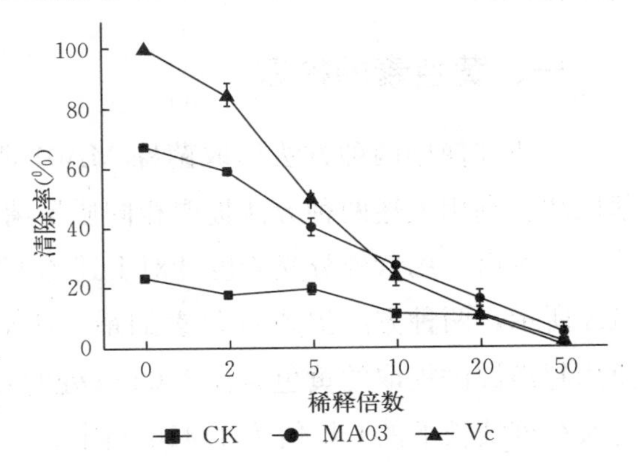

图2-30　菌株MA03发酵上清液超氧阴离子自由基清除能力

上述研究结果表明，海洋放线菌MA03的发酵上清液具有较强的抗氧化作用，从侧面证实了分离纯化试验和质谱分析的结果，即该菌株的确产生了化合物Rhamnazin。本研究开发了菌株MA03除抑黄曲霉毒素和抗肿瘤之外的其他生理活性，表明MA03是一个能产生多种生理活性产物的菌株，具有广阔的应用前景，因此值得对其进行更为深入的研究。

第六节　海洋放线菌MA01产生的黄色素研究

色素广泛应用于糕点、饮料、酒类等食品工业以及化妆品、医药、印染等化工领域。添加食用色素可以改善食品色调和色泽，增加人们的食欲和购买欲。色素目前主要分为两类：天然色素和人工合成色素。人工合成色素曾被广泛使用，但是随着医学的进步以及人们保健意识的增强，研究发现人工合成色素具有不同程度的毒性，危害人体健康，而天然色素源于自然，安全性高、无毒、无副作用，不仅能给人体提供某些营养物质，而且多数还具有良好的医疗与保健功能，如抗氧化活性。因此，天然色素日益受到重视，天然色素的研究和开发已成为必然趋势。

目前对海洋微生物资源的开发和研究越来越受到国内外的重视（魏力等，2007）。侯竹美等（2007）从胶州湾海域中筛选到一株产蓝色素海洋链霉菌（*Streptomyces* sp.）；Maskey 等（2003）从海洋放线菌（*Pseudonocardia* sp. B6273）中提取到了 2 种 phenazostatin D 类的黄色素化合物；Solano 等（1997）发现了一种能以 L 型酪氨酸为原料合成黑色素的海单胞菌属 MMB-1。在本研究涉及的海洋放线菌中，有 2 株能够产生明显的色素，因此，本章节对二者的色素成分进行了提取并初步探讨了色素的理化性质。

一、黄色素的提取

本研究使用两种方法提取菌株 MA01 所产生的黄色素，即超声波法和有机溶剂萃取法。利用上述两种方法提取相同质量菌体中的黄色素，再用相同体积的乙醇将其溶解。然后，用紫外分光光度计对上述乙醇溶解样品进行全波段扫描，结果如图 2-31A 所示，两种方法提取黄色素的最大吸收峰处的波长相同，都是 300 nm。但是，使用超声波法提取的黄色素在 300 nm 处的 OD 值为 5.000，而有机溶剂萃取提取的黄色素在该波长下的 OD 值为 1.416（图 2-31B）。因此，有机溶剂萃取法提取得到的黄色素 OD 值更小，而在肉眼可见范围内，超声波法提取的黄色素颜色更深。以上结果表明，采用超声波法提取黄色素效果更好。

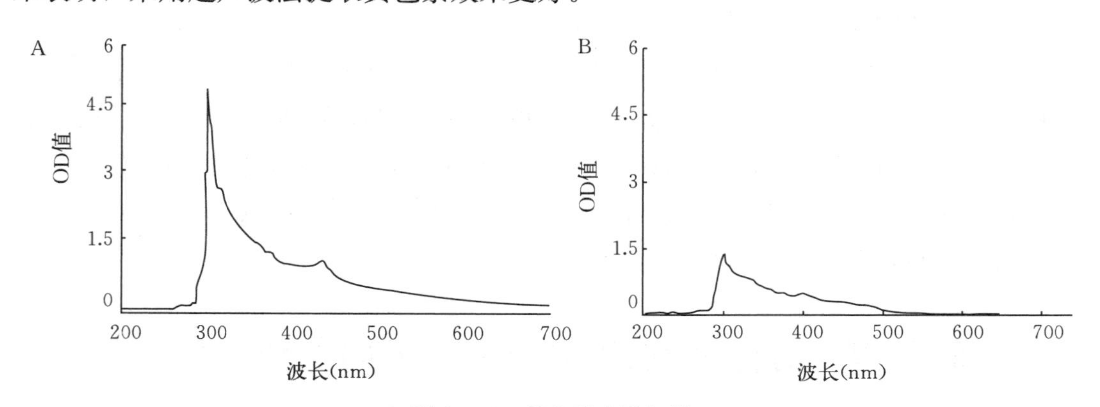

图 2-31　黄色素光谱扫描

A. 超声波法提取黄色素的光谱扫描　B. 有机溶剂萃取法提取黄色素的光谱扫描

二、黄色素的溶解性分析

将等量的菌体浸泡于多种有机试剂 3 h 后，观察发现，该黄色素在极性不同的有机溶剂中的溶解度存在明显的差异，如表 2－12 所示。石油醚、乙酸乙酯、三氯甲烷等极性较小的溶剂浸泡菌体后，所得溶液几乎不呈现黄色，因此该黄色素在其中的溶解度极小；而正丁醇、乙醇、甲醇等极性较大的溶剂中浸泡菌体所得溶液黄色明显较深，说明该黄色素易溶于极性较大的有机溶剂，而且易溶于水，说明该黄色素属于水溶性色素。

表 2－12　黄色素的溶解情况

项目	石油醚	乙酸乙酯	二氯甲烷	三氯甲烷	正丁醇	甲醇	乙醇	纯水
溶解情况	不溶	微溶	不溶	不溶	溶解	易溶	易溶	易溶

三、pH 对黄色素稳定性的影响

由表 2－13 中 OD 值及黄色素颜色的变化可以看出，在强酸性条件下（pH＝2～3），该黄色素在 300 nm 波长下的吸光度明显降低，颜色变淡；pH 在 4～7 的酸性及中性范围内，黄色素溶液 OD_{300} 值基本保持一致，并且只比对照液略小；在碱性条件下（pH＞8）该黄色素也较为稳定。结果表明，该黄色素在极酸环境下不稳定，而在弱酸性、中性及碱性环境下较为稳定。因此，该黄色素的酸碱稳定性良好，适合在弱酸性、中性和碱性环境中保存并应用。

表 2－13　pH 对黄色素稳定性的影响

项目	对照	pH												
		2	3	4	5	6	7	8	9	10	11	12	13	14
OD_{300}值	1.414	0.708	0.901	1.232	1.250	1.271	1.295	1.413	1.391	1.350	1.330	1.344	1.349	1.368
颜色	明黄色	淡黄色	淡黄色	黄色	黄色	黄色	黄色	明黄色	明黄色	黄色	黄色	黄色	黄色	黄色

四、光照对黄色素稳定性的影响

首先，本研究检测了紫外线照射对该黄色素稳定性的影响，如图 2－32 所示，将黄色素溶液置于紫外线照射下，随着时间延长至 120 min，与照射 0 min 相比，其 OD_{300}值没有发生明显变化，肉眼观察颜色无明显改变。因此，紫外线对该黄色素的稳定性几乎无影响。

然后，本研究检测了可见光对该黄色素稳定性的影响，如图 2－33 所示，色素对日光灯照射是比较稳定的。该黄色素溶液未经日光灯照射时的 OD_{300}值是 0.976，在日光灯下连续照射 10 d 后，其 OD_{300}值为 0.933，吸光度没有发生显著改变，颜色深浅也无明显变化，因此该黄色素在短时间内保存无须避光。

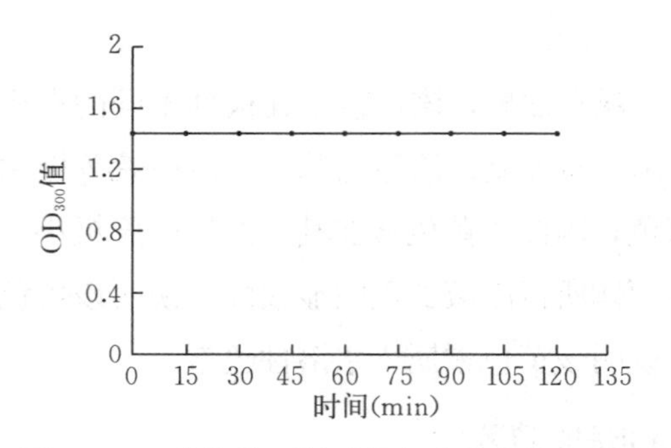

图 2-32 紫外线照射对黄色素稳定性的影响

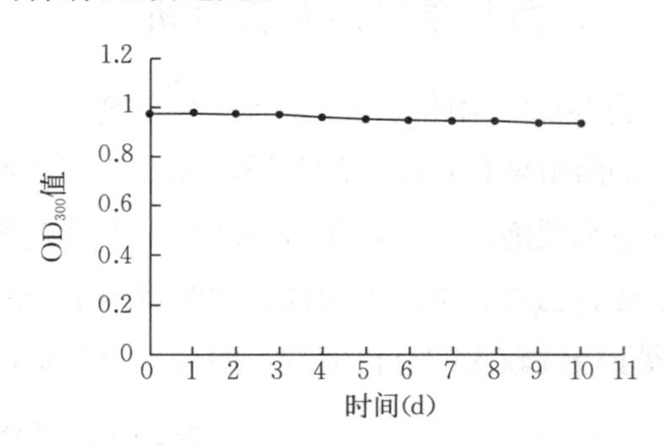

图 2-33 日光照射对黄色素稳定性的影响

五、温度对黄色素稳定性的影响

根据在不同温度下，该黄色素溶液在不同时间的 OD_{300} 值的变化，绘制变化曲线，如图 2-34 所示，黄色素溶液在 20 ℃、40 ℃以及 60 ℃下处理 2 h 后，其 OD_{300} 值没有发生显著变化，颜色也未出现肉眼可察觉的改变，因此该黄色素在以上温度下损失很小，稳定性很好；而当处理温度升至 80 ℃和 100 ℃时，随着处理时间的延长，其 OD_{300} 值有所降低，其中 100 ℃处理时，OD_{300} 值由 0.923 降到 0.692，下降约 25%，肉眼观察黄色素少许褪色。总体来说，该黄色素的热稳定较好，能应用于热加工的食品。

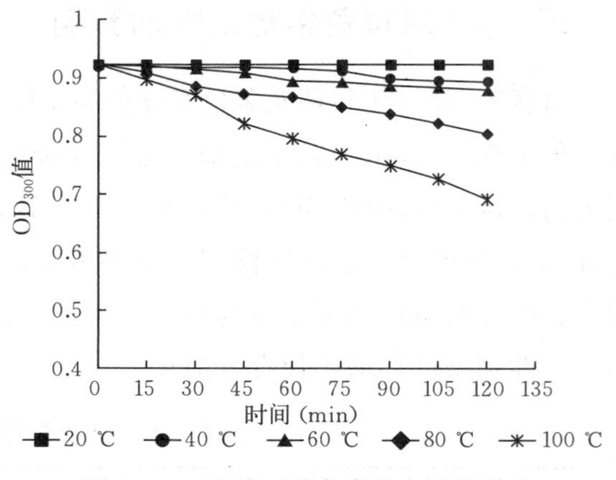

图 2-34 温度对黄色素稳定性的影响

六、金属离子对黄色素稳定性的影响

为了研究金属离子对该黄色素稳定性的影响，本试验选取了生活或工业中常见的 5 种金属离子对 0.8%的黄色素溶液进行了处理，添加不同金属离子后黄色素溶液的吸光度变化如图 2-35 所示。与对照组相比，K^+、Na^+、Mg^{2+} 对该黄色素有微弱的破坏作用，Mn^{2+} 对黄色素的稳定性基本

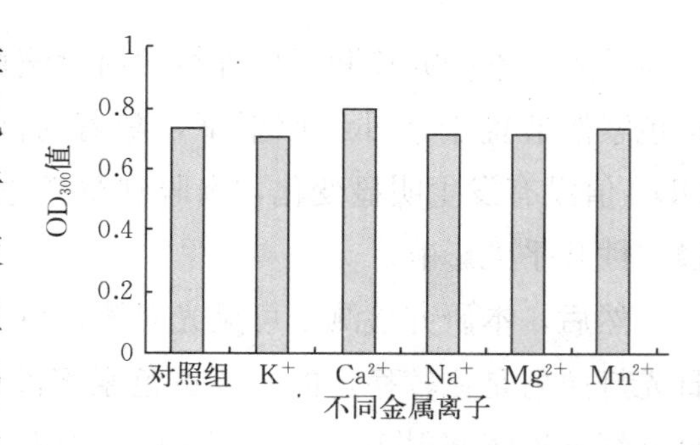

图 2-35 金属离子对黄色素稳定性的影响

没有影响，Ca^{2+}对该黄色素有一定的增色作用，其OD_{300}值有所上升。所以，该黄色素对于常见金属离子具有良好的稳定性。

七、氧化剂和还原剂对黄色素稳定性的影响

利用常见的氧化剂和还原剂对1%的黄色素溶液进行处理，由表2-14可知，与对照组相比，氧化剂H_2O_2的加入对黄色素的影响较大，随着加入量的增加OD_{300}值不断减小，眼观颜色逐渐消退，当加至5 mL H_2O_2时，其OD_{300}值接近于0，溶液几乎为无色。还原剂Na_2SO_3的加入对黄色素稳定性也存在一定的影响，随着其浓度的增加OD_{300}值也呈现减小的趋势，当Na_2SO_3加入量达到5 mL时，OD_{300}值为0.769，肉眼观察溶液颜色，虽有所褪色，但是仍然呈现较深的黄色。因此，该黄色素对氧化剂不稳定，但对还原剂较为稳定。

表2-14　氧化剂和还原剂对黄色素稳定性的影响

加入物质	不同加入量下的OD_{300}值					
	对照组	1mL	2mL	3mL	4mL	5mL
H_2O_2	0.968	0.718	0.424	0.251	0.126	0.017
Na_2SO_3	0.968	0.900	0.872	0.838	0.801	0.769

八、防腐剂对黄色素稳定性的影响

根据添加不同浓度的防腐剂食盐和蔗糖后，黄色素溶液在300 nm处的吸光度变化如图2-36所示，与对照组相比，分别添加0.5%和1%的防腐剂蔗糖和食盐后，该黄色素溶液OD_{300}值没有发生显著改变，肉眼观察，其溶液颜色深度也未出现明显变化。因此，该黄色素的稳定性受以上两种防腐剂的影响很小，并且不受其浓度的影响，表明该黄色素可与防腐剂混合使用。

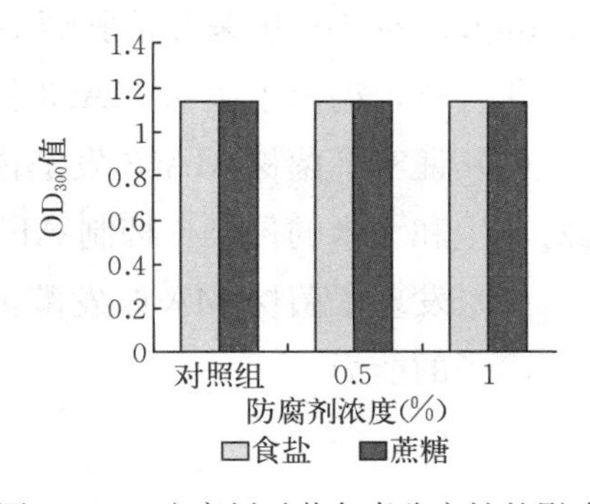

图2-36　防腐剂对黄色素稳定性的影响

第七节　海洋放线菌活性研究结论

在全国范围内，每年由于黄曲霉毒素（AFT）污染造成了大量粮食在储藏和运输过程中的损失。笔者以海洋放线菌为材料，筛选出高产抑AFT活性物质的菌株MA03，对其形态特征、生理生化特性以及系统发育特征进行分析，并对其有效成分

进行初步的分离鉴定。此外，笔者还检测了菌株 MA03 发酵产物的抗肿瘤和抗氧化活性。通过上述研究，获得了以下结论：

（1）筛选出了产抑 AFT 有效成分的菌株 MA03。获得了 1 株能够产生稳定性较好的黄色素的菌株 MA01。筛选出了 5 株抗肿瘤活性较高的菌株 MA03、2SHXF03－1、MA05－2、MA01 和 MA08－1，其中菌株 MA03 发酵液粗提物抑制 4 个受试肿瘤细胞系的 IC_{50} 值分别为：2.89 μg/mL（HeLa）、1.98 μg/mL（A549）、3.03 μg/mL（Caki－1）和 2.60 μg/mL（HepG2），作用效果明显强于商品化的抗肿瘤药物顺铂。

（2）将抑 AFT 和抗肿瘤活性较高的 10 个菌株分别聚类为链霉菌属（8 株）和拟诺卡氏菌属（2 株），其中 7 个菌株（包括 MA03）扩增获得了Ⅱ型 *PKS* 基因。通过形态特征、生理生化特性以及系统发育特征分析，将菌株 MA03 鉴定为白色拟诺卡氏菌葱绿亚种（*Nocardiopsis prasina*）。

（3）通过有机试剂萃取、硅胶柱层析、薄层层析、高效液相色谱和质谱分析，结合微孔板试验进行抑黄曲霉毒素活性跟踪，初步对海洋拟诺卡氏菌 MA03 发酵液进行分离鉴定，发现其中可能存在春日霉素（Kasugamycin，抗真菌和抗细菌活性）、Phaeochromycin G（抗肿瘤活性）、1－十三醇（1－Tridecanol，抗菌活性）、手霉素（SW－B，抗真菌活性）、烬灰红霉素（Cinerubin，抗肿瘤和抗菌活性）、紫红菌素 A（Griseorhodin A，抗菌活性）、Cylopentadecanone（4－methyl）（活性未知）、Nocarasin C（抗肿瘤和抗菌活性）、Daryamide C（抗肿瘤和抗真菌活性）、Brasiliquinone B（抗菌和抗肿瘤活性）和甲基鼠李素（Rhamnazin，抗氧化活性）等活性化合物，揭示了菌株 MA03 具有抑黄曲霉毒素、抗肿瘤等活性的物质基础。

（4）证实了菌株 MA03 发酵液的乙酸乙酯和氯仿粗提物能够有效地抑制寄生曲霉对花生和大米的侵染，抑制 AFT 的产生，其效果明显强于常用防霉剂双乙酸钠。

（5）发现了菌株 MA03 发酵液具有较强的总抗氧化能力以及清除羟自由基和超氧阴离子的能力。

第三章　南方红豆杉内生菌活性研究

第一节　南方红豆杉内生菌研究现状

南方红豆杉（*Taxus chinensis* var. mairei Cheng et L. K）是常绿乔木，为我国一级濒危保护植物，主要分布于我国陕西、河南、江西、广西、福建等地（叶健等，2021），山西是南方红豆杉在我国自然分布的最北界，主要位于太行山南段以及中条山东端区域，海拔 750～1 000 m 的湿润山坡及水流旁（茹文明等，2006）。南方红豆杉能够产生重要的抗癌成分紫杉醇，是世界公认的天然珍稀抗癌植物（Han 等，2022）。

植物内生菌是定植于健康植物体内且不引发宿主植物明显感染症状的微生物类群，主要有细菌、真菌、放线菌等（Mishra 等，2022）。在与宿主植物的长期协同进化过程中，由于植物细胞内次级代谢产物合成相关的基因发生水平转移（Janso 等，2010），部分内生菌具备了产生与宿主植物相同或相似的化合物的能力。Li 等（2015）从南方红豆杉根部分离了一株内生真菌 IRB54，该真菌能够产生 10 - DABⅢ（10 -脱乙酰基浆果赤霉素Ⅲ），可作为生产半合成紫杉醇的替代资源；兰琴英等（2014）从南方红豆杉中分离了 2 株内生细菌 TB02（肠杆菌属，*Enterobacter*）和 TB03（蜡样芽孢杆菌属，*Bacillus cereus*），发现二者的发酵液对 5 种植物病原真菌（*Alternaria alternate* GH、*A. tenuissima* SC、*Phyllosticta cycadina* ST、*Sclerotium rolfsii* DC 和 *A. tenuissima* HJ）都有较强的抑制活性；罗红丽等（2014）从南方红豆杉茎叶中分离得到 6 株内生放线菌，其中 1 株能够拮抗耐药金黄色葡萄球菌；*Penicillium janthinellum* MPT - 25 是从南方红豆杉中分离的内生真菌，从其发酵液中分离出了 8 种未知的新化合物和 3 种已知化合物，其中 2 种化合物对草莓黑斑病菌（*Alternaria fragriae*）具有一定的抑制活性（Wang 等，2022）。Fidan 等（2019）从红豆杉中分离并鉴定了一株内生假单胞菌，通过发酵可大量产生天然抗氧化剂玉米黄质二葡糖苷，具有很好的开发前景。因此，分离南方红豆杉内生菌并从中获得各类天然活性化合物具有很高的潜在价值，值得进一步研究。

第二节　南方红豆杉内生菌活性研究试验

一、试验试剂

1. 牛肉膏蛋白胨培养基

牛肉膏	3 g
蛋白胨	10 g
NaCl	5 g
蒸馏水	1 000 mL
pH	7.4～7.6

2. LB 培养基

胰蛋白胨	10 g
酵母提取物	5 g
NaCl	10 g
琼脂粉	20 g
蒸馏水	1 000 mL

3. 高氏一号培养基

可溶性淀粉	20 g
NaCl	0.5 g
K_2HPO_4	1.0 g
$FeSO_4$	0.01 g
$MgSO_4 \cdot 7H_2O$	0.5 g
KNO_3	1.0 g
蒸馏水	1 000 mL
pH	7.2～7.4

本研究所用的琼脂糖、RNA 酶和溶菌酶购自上海索莱宝生物科技有限公司；10× PCR Buffer、LA - Taq 酶和 dNTP mixture 购自大连 Takara 公司。除此之外，$HgCl_2$、NaOH、碘化钾、碘、EDTA、Tris、SDS、无水乙醇、丙三醇、氯仿、异戊醇、异丙醇等试剂均为分析纯。

二、试验仪器与设备

DYCP - 31DN 型电泳仪（北京六一生物科技有限公司）、ZWYR - 2102C 恒温培养振荡器（上海智诚分析仪器制造有限公司）、STARTER 3100 实验室 pH 计（奥豪斯仪器有限公司)、BPX-82 电热恒温培养箱（上海博讯实业有限公司医疗设备厂)、BJ-2CD 双人单面垂直洁净工作台（上海博讯实业有限公司客户服务部)、SQP 电子天平（北京赛多利斯科学仪器有限公司)、AllegraX-30 离心机（北京贝克曼库尔特商贸有限公司)、G1541-立式自动压力蒸汽灭菌器（厦门智辉仪器有限公司)、C1000 梯度梯度 PCR 仪 [伯乐生命医学产品（上海）有限公司]、ImageQuant LAS 500 imager 凝胶成像仪（美国 GE 公司）等。

三、试验方法

（一）南方红豆杉内生菌的分离纯化

取新鲜的南方红豆杉样本，用自来水冲洗，然后在超净工作台用无菌水漂洗 2 次（5 min/次)，在 75%的乙醇中浸泡 1 min，用无菌水清洗 3 次，然后在 0.1% $HgCl_2$ 溶液中浸泡 5 min，用无菌水漂洗 3 次，用无菌滤纸吸取多余水分。将最后一次的漂洗液接种于牛肉膏蛋白胨平板上，以检测表面消毒效果。分别采用组织块法和组织匀浆法分离红豆杉内生菌。

1. 组织块法　用无菌解剖刀将样本切成 0.5 cm×0.5 cm 的小块，以新创面和培养基直接接触接种于分离培养基中，每皿 5～6 块。

2. 组织匀浆法　取无菌处理的南方红豆杉样本 3 g，在无菌研钵中加入 20 mL 无菌水，充分研磨，静置 15 min，取上清液 100 μL 涂布于平板培养基。

每组进行 3 次重复试验，置于 28 ℃培养箱培养 3～5 d，待平板上长出菌落后，及时挑取并转接于新的平板培养基，经过多次划线培养以进行筛选和纯化，得到单菌落，并保存菌种。

（二）基因组 DNA 的提取及琼脂糖凝胶电泳

（1）取适量的菌体装入 1.5 mL 的 EP 管中。

（2）在 EP 管中加入 250 μL 的 TE 缓冲液，反复吹打，悬浮菌体。

（3）加入 20 μL 的 10%的 SDS 溶液，缓慢使其混匀。

（4）依次加入 10 μL 浓度为 20 mg/mL 的溶菌酶和 10 μL 的 RNA 酶，在 37 ℃条件下水浴 1 h。

（5）依次加入 80 μL 的 5mol/L NaCl 和 50 μL CTAB/NaCl 溶液，并慢慢混匀，在 65 ℃条件下水浴 10 min。

（6）加入 500 μL 的苯酚：氯仿：异戊醇（25：24：1）溶液，缓慢混匀后，在 4 ℃下 12 000 r/min 离心 5 min，然后吸取上清液。重复此步骤 2～3 次直至界面无明显变性蛋白质，合并上清液。

(7) 向上清液中加入 500 μL 的氯仿：异戊醇（24：1）溶液，并缓慢混合，在 4 ℃下 12 000 r/min 离心 5 min，收集上清液。

(8) 加入等体积的异丙醇，慢慢颠倒使其混合，在－20 ℃的条件下静置 20 min 之后，在 4 ℃下 12 000 r/min 离心 5 min，收集沉淀即为 DNA。

(9) 在沉淀中加入 70%乙醇进行漂洗，缓慢混匀，之后 12 000 r/min 离心 2 min，弃去上清液。重复此步骤 2 次后，将管中残余乙醇完全挥发，再加入 30 μL 的 TE 缓冲液，将其放入 4 ℃冰箱中过夜溶解，最后放入－20 ℃保存备用。

利用 0.8%琼脂糖凝胶对所提取的 DNA 进行电泳检测。

（三）16S rRNA 基因的 PCR 扩增

按照第二章第二节“四、海洋放线菌的分类鉴定及Ⅱ型 *PKS* 基因的扩增”中“1. 基因组 DNA 的提取与 16S rDNA 的扩增”中的方法进行扩增和测序。

（四）经典途径抗补体活性（CH_{50}）测定

先用 1×巴比妥酸溶液（1×BBS 溶液）将豚鼠血清（补体）稀释 10 倍，然后继续稀释成 20、40、80、160、320、640、1 280 倍共 7 个浓度的溶液。试验分为补体组和全溶血组，按照表 3－1，补体组依次准确加入 1×BBS 溶液、补体、溶血素和 2%绵羊红细胞，轻柔混匀；全溶血组则依次加入蒸馏水和 2%绵羊红细胞，轻柔混匀。然后，将补体组和全溶血组均置于 37 ℃孵育 30 min，4 ℃下 5 000 r/min 离心 10 min 后，每个反应体系吸取 200 μL 上清液置于 96 孔板中，利用酶标仪测定 405 nm 处的吸光度（OD_{405}）。以全溶血组的 OD_{405} 值为标准，计算绵羊红细胞溶血率，公式如下：

$$溶血率=补体组\ OD_{405}/全溶血组\ OD_{405}\times 100\%$$

选择溶血率接近 100%的最低补体浓度为临界浓度。补体组中每个浓度梯度以及全溶血组均做 3 个重复。

表 3－1　经典途径补体临界浓度的确定（mL）

组别	1×BBS	蒸馏水	补体	溶血素（1：1 000）	红细胞（2%）
补体组	0.3	—	0.1	0.1	0.1
溶血素组	—	0.5	—	—	0.1

用 1×BBS 溶液稀释发酵上清液，然后按照 2、4、8、16、32、64、128 倍的比例对进行梯度稀释。然后，设置试验组共 7 个浓度梯度，对应 7 个对照组，以及 1 个临界点浓度的补体组，每组设置 3 个重复。按照表 3－2 加入各试剂后，测定 OD_{405}

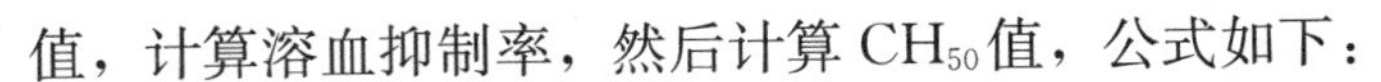

值，计算溶血抑制率，然后计算 CH_{50} 值，公式如下：

$$溶血抑制率=1-(补体组\ OD_{405}-对照组\ OD_{405})/补体组\ OD_{405}\times 100\%$$

表 3-2 补体经典途径溶血试验（mL）

组别	1×BBS	补体	样本	溶血素（1∶1 000）	红细胞（2%）
试验组	0.2	0.1	0.1	0.1	0.1
对照组	0.5	—	0.1	—	—
补体组	0.3	0.1	—	0.1	0.1

（五）色素提取及性质测定

1. 色素的提取 将发酵液离心，收集菌体，液氮速冻后充分研磨，加入一定体积的无水乙醇，充分振荡混匀后，置于 4 ℃浸泡 6 h 之后，离心收集上清液。重复此步骤，直到菌体无明显颜色。合并上清液，置于 40 ℃恒温干燥，即获得色素粗提物。

2. 色素性质测定 将所获取的色素溶解后，利用紫外可见分光光度计进行全波长扫描，测定最大吸收波长。

将色素溶液分别置于 20、40、60、80、100 ℃恒温水浴锅中避光保温 10、20、30、40、50、60、80 min，迅速冷却至常温后，观察颜色变化并测定其在最大吸收波长处的吸光度，检测色素对温度的稳定性。

用 1 mol/mL NaOH 溶液和 1 mol/mL 盐酸溶液将色素溶液 pH 分别调节为 2、4、6、8、10、12、14，室温避光静置 1 h，观察颜色变化并测定其在最大吸收波长处的吸光度，检测色素对酸碱的稳定性。

对色素溶液进行日光照射处理，分别放置 1、2、3、4、5、6、7、8 d，观察颜色变化并测定其在最大吸收波长处的吸光度，检测色素对光照的稳定性。

（六）DPPH 自由基清除能力检测

用乙醇配制 0.05 mg/mL DPPH 溶液。取 0.1 mL 色素溶液于 96 孔板中，每孔加入 0.1 mL 的 DPPH 溶液，混匀后避光静置 30 min，在酶标仪测定 OD_{517} 值（OD1）。取 0.1 mL 色素溶液与 0.1 mL 无水乙醇混匀，避光静置 30 min，测定 OD_{517} 值（OD2）。取 0.1 mL DPPH 溶液与 0.1 mL 无水乙醇混匀，避光静置 30 min，测定 OD_{517} 值（OD3）。按照如下公式计算 DPPH 自由基清除率：

$$清除率=[1-(OD1-OD2)/OD3]\times 100\%$$

（七）统计学分析

利用 Graphpad 5.0 软件对两组数据进行 t 检验，计算 P 值，$P<0.05$ 表示差异

显著，$P<0.01$ 表示差异极显著。

第三节　南方红豆杉产红色素内生菌株的筛选及色素抗氧化活性研究

一、产红色素内生菌的鉴定

在内生菌的分离及纯化过程中，获得了一株菌落为红色的南方红豆杉内生菌株，命名为HDSR，其菌落形态如图3-1（彩图7）所示，菌落呈圆形，红色，凸起，表面光滑，不透明，且边缘整齐。

将菌株HDSR的rRNA基因序列在NCBI数据库进行比对，选取同源性高的序列，利用Mega 7.0软件构建系统发育树（图3-2），聚类结果表明该菌株为考克氏菌属（*Kocuria*）。

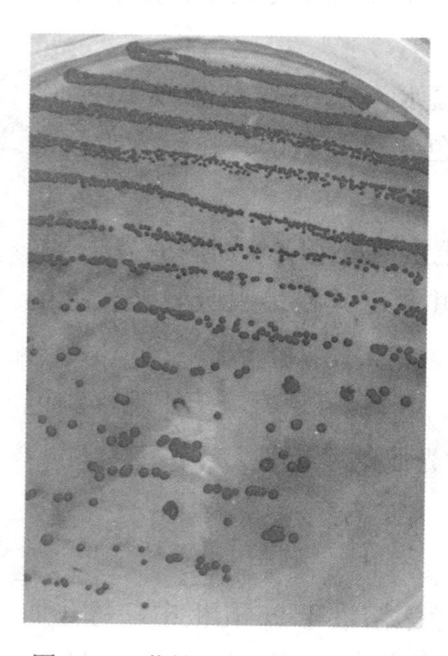

图3-1　菌株HDSR的菌落形态

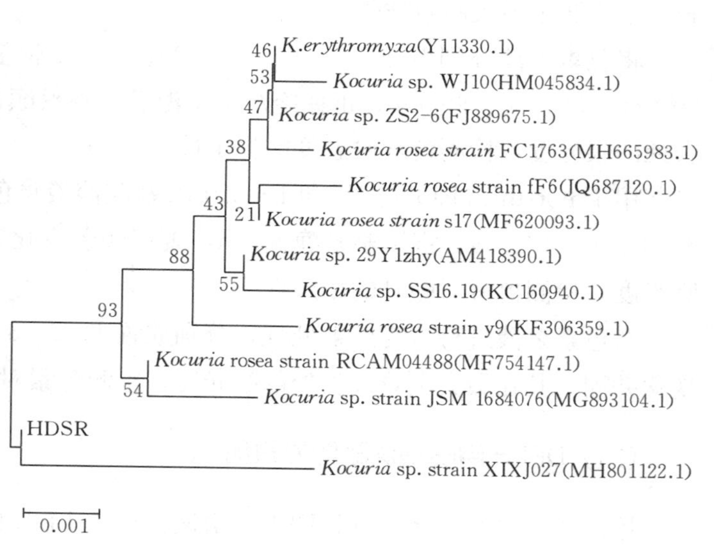

图3-2　菌株HDSR的系统发育树

二、红色素的理化性质分析

收集菌株HDSR菌体，提取其红色素，烘干后备用。通过试验发现，该红色素易溶于甲醇，可溶于水，在后续的性质及活性试验中，均使用红色素水溶液。

在190～900 nm的波段中对该红色素进行光谱扫描，所得结果如图3-3所示，其最大吸收峰在304 nm处，所以在后续关于其性质鉴定的试验中，检测指标均为

OD_{304}值。

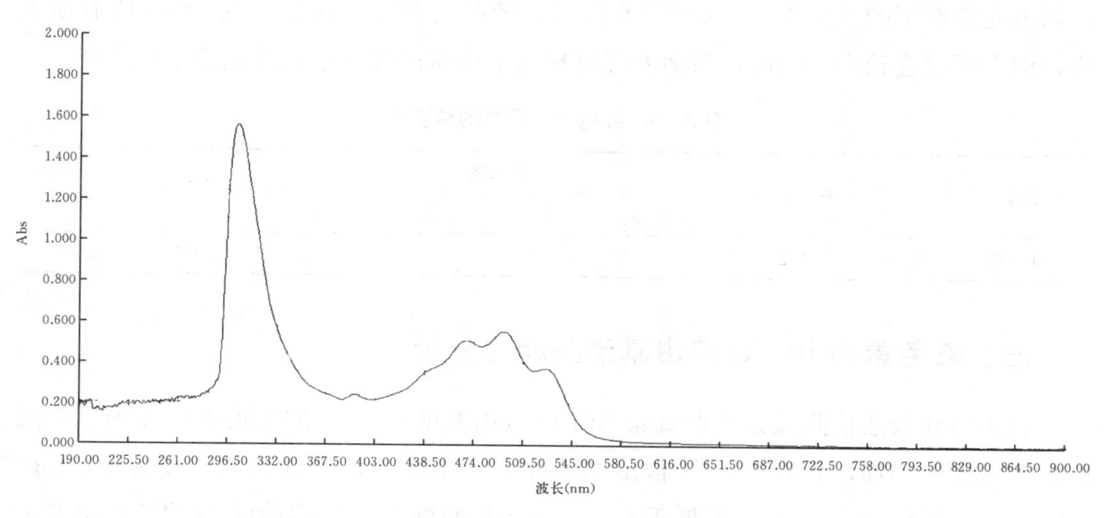

图 3-3　红色素的光谱扫描

利用不同的温度处理红色素，在不同时间点测定OD_{304}值，评估红色素的热稳定性。如表 3-3 所示，在 100 ℃时，随着处理时间延长，OD_{304}值逐渐减小；在 80 ℃时，该色素较稳定，但在 40 min 后稳定性有所下降；在 60 ℃（包括 60 ℃）以下，其吸光度变化不大。因此，该南方红豆杉内生菌所产红色素对 60 ℃以下温度的稳定性较好，但是不耐高温。

表 3-3　红色素对温度的稳定性（OD_{304}值）

温度（℃）	处理时间（min）							
	0	10	20	30	40	50	60	80
20	1.218	1.224	1.221	1.229	1.223	1.227	1.221	1.222
40	1.218	1.217	1.217	1.216	1.211	1.208	1.207	1.201
60	1.218	1.217	1.212	1.205	1.203	1.193	1.180	1.177
80	1.218	1.216	1.215	1.211	1.202	1.161	1.094	0.873
100	1.218	1.207	1.140	0.995	0.737	0.719	0.665	0.535

如表 3-4 所示，此红色素在酸性条件下吸光度变化较大，而在碱性环境中其吸光度基本不变。因此，该红色素对酸不稳定，对碱稳定。

表 3-4　红色素对酸碱的稳定性（OD_{304}值）

对照	pH						
	2.0	4.0	6.0	8.0	10.0	12.0	14.0
1.218	0.424	0.604	1.207	1.217	1.218	1.215	1.208

将该红色素置于可见光下，连续处理8 d，每天同一时间测定OD_{304}值，评估色素在可见光照射下的稳定性。如表3-5所示，随照射时间的延长，其OD_{304}值有所下降，但下降幅度较小。因此，该南方红豆杉内生菌所产红色素对日光稳定性较好。

表3-5　红色素对日光的稳定性

项目	处理天数（d）							
	1	2	3	4	5	6	7	8
OD_{304}值	1.218	1.215	1.203	1.192	1.163	1.145	1.071	0.953

三、红色素的DPPH自由基清除能力分析

利用微孔板法检测该红色素清除DPPH自由基的能力，结果如图3-4所示，随红色素浓度的增加，其对DPPH自由基清除率逐渐增大，当红色素浓度为100 mg/mL时，清除率为44.75%，略低于0.10 mg/mL的维生素C溶液的DPPH自由基清除能力。因此，该红色素具有一定的抗氧化活性。

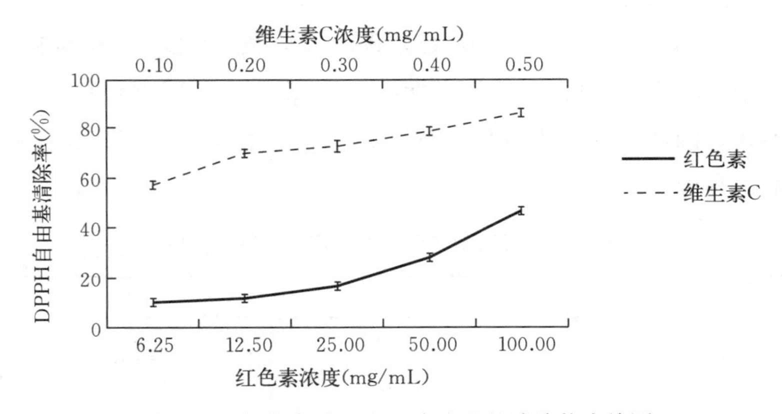

图3-4　红色素对DPPH自由基的清除能力检测

第四节　南方红豆杉内生菌HDSG的抗补体活性研究

一、菌株HDSG的鉴定

对菌株HDSG进行形态观察（图3-5、彩图8），可见该菌菌落呈浅灰色，圆形，疏松、多孔，不透明，表面干燥粗糙。

将菌株HDSG的16s rRNA基因序列测序结果在NCBI数据库进行比对，选取相似度较高的序列，利用Mega7.0软件构建系统发育树（图3-6），聚类结果表明该菌株为链霉菌属（*Streptomyces*）。

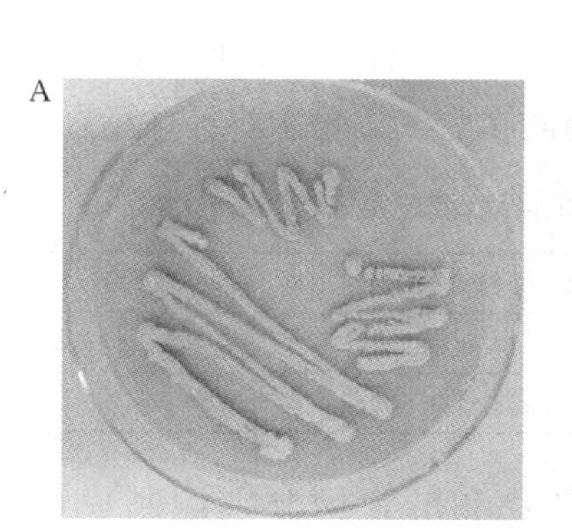

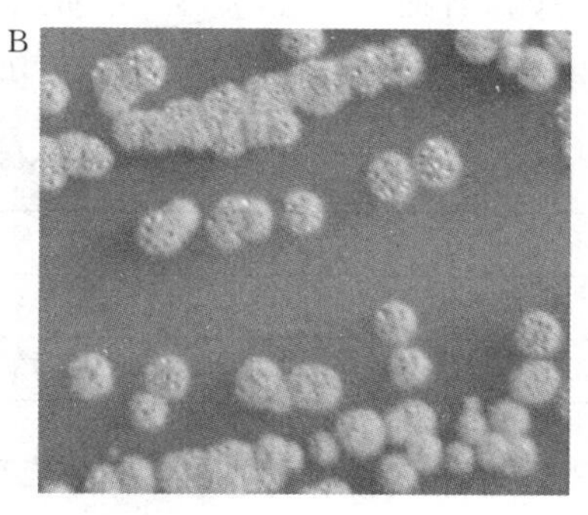

图 3-5　菌株 HDSG 菌落形态观察

A. 平板划线培养　B. 单菌落的形态

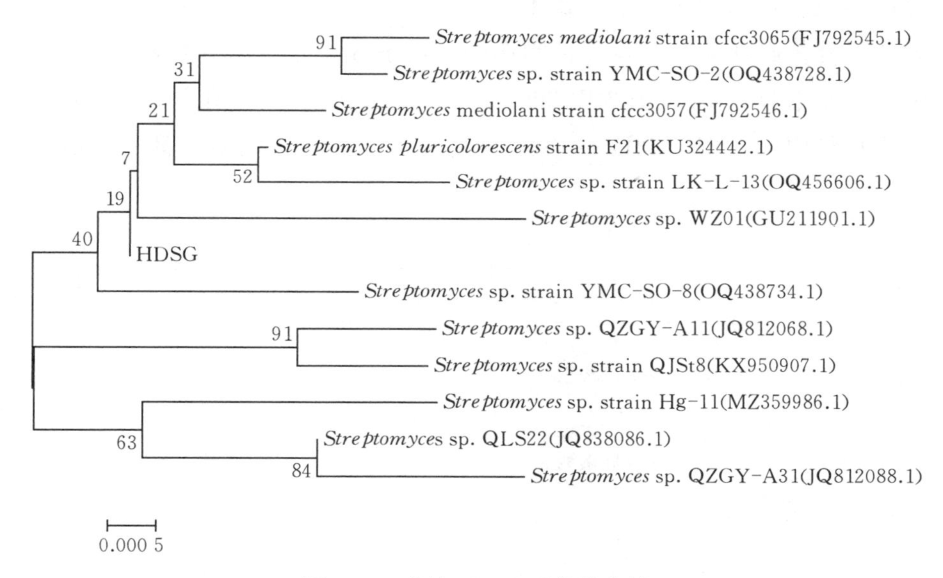

图 3-6　菌株 HDSG 系统发育树

二、菌株 HDSG 发酵液萃取物的抗补体活性分析

利用乙酸乙酯、氯仿和正丁醇分别萃取菌株 HDSG 的发酵液，收集有机相，经减压浓缩以及干燥后，得到固体提取物，配制成溶液后，通过溶血反应试验，检测不同有机溶剂萃取物的抗补体活性。

由于红细胞在发生轻微溶血和接近完全溶血时，补体量的变化不能使溶血程度有显著改变，即溶血对补体量的变化不敏感。为检测菌株 HDSG 发酵液萃取物对补体反应的影响，在进行后续试验之前，需确定合适的补体浓度。将不同稀释倍数的豚鼠血清（补体）分别与 2%绵羊红细胞以及稀释 1 000 倍的绵羊红细胞溶血素混合，测

定 OD_{405} 值，计算溶血率。如表 3－6 所示，当补体稀释 2 倍时，溶血率为 95.13％；当补体稀释 4 倍时，溶血率为 63.76％，因此在后续试验中将补体稀释 2 倍后使用。

表 3－6　补体临界浓度测定

项目	稀释倍数						
	1	2	4	8	16	32	64
溶血率（％）	97.67±1.31	95.13±1.02	63.76±0.75	39.21±0.66	24.48±0.80	21.37±1.030	19.47±0.90

用 1×BBS 溶液将不同有机溶剂萃取物和肝素钠分别配制成 2.5 mg/mL 和 0.25 mg/mL的溶液，然后继续用 1×BBS 溶液将二者按照 2 倍、4 倍、8 倍和 16 倍进行梯度稀释，以肝素钠为阳性对照，通过绵羊红细胞溶血试验，检测不同有机溶剂萃取物对补体经典途径的影响。结果如图 3－7 所示，菌株 HDSG 发酵液的乙酸乙酯和氯仿萃取物对补体经典途径都具有抑制作用，正丁醇萃取物则不影响补体反应。经计算，乙酸乙酯萃取物的 CH_{50} 值为 1.266 mg/mL，肝素钠 CH_{50} 值为 0.054 mg/mL。因此，南方红豆杉内生链霉菌 HDSG 发酵液具有一定抗补体活性，其有效成分可被乙酸乙酯萃取。

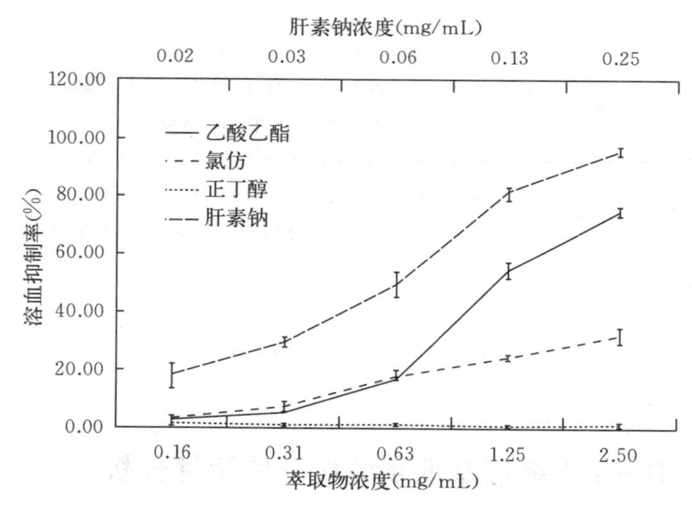

图 3－7　菌株 HDSG 发酵液萃取物抗补体活性检测

第五节　南方红豆杉内生菌活性研究结论

南方红豆杉是一种能够产生重要活性化合物（如抗癌物质紫杉醇）的一级濒危植物。笔者通过多次划线培养获得了南方红豆杉内生菌株 HDSR 和 HDSG，对二者进行进一步的研究，得到如下结论：

（1）菌株 HDSR 为考克氏菌属（*Kocuria*），HDSG 为链霉菌属（*Streptomyces*）。

（2）菌株 HDSR 能够产生红色素。利用乙醇提取其红色素，分析其理化性质，发现该红色素的最大吸光度在 304 nm 波长处，溶于甲醇和水，热稳定性良好，但不耐高温，对酸不稳定，但是具有良好的光照稳定性，而且具有清除 DPPH 自由基的能力。

（3）菌株 HDSG 发酵液的乙酸乙酯和氯仿提取物具有良好的抗补体活性（乙酸乙酯>氯仿）。

第四章　黄芩有效成分活性研究

第一节　中药黄芩的生理活性研究现状

黄芩是我国传统的道地药材，已有2 000多年的应用历史，最早记载于《神农本草经》，又名山茶根、黄金茶，是唇形科草本植物黄芩（*Scutellaria baicalensis* Georgi）的干燥根。黄芩产于我国山西、内蒙古、河北、陕西、山东、黑龙江等地，以根入药，能够泻火解毒，清热燥湿，安胎止血（郑勇凤等，2016），临床上主治胸闷呕吐，上呼吸道感染、湿热黄疸、肺热咳嗽、目赤等症（王雅芳等，2015）。在《伤寒杂病论》中记载多个用于治疗风寒、头疼、腹泻等症的复方汤剂中均含有黄芩，如干姜黄芩黄连人参汤、葛根黄芩黄连汤、黄芩加半夏生姜汤、小柴胡汤等。《全国中成药产品目录》的统计结果显示，70%的中成药都含有黄芩成分。因此，在中医药领域，中药黄芩发挥了非常重要的作用。

目前，已从黄芩中分离出132种化合物（主要来自根部），包括黄酮类、萜类、酚类、酰胺、苯乙醇苷类、多糖、挥发油等化学成分（郑敏敏等，2023）。大量研究表明，黄酮类化合物是黄芩的主要生物活性成分，黄芩素和汉黄芩素含量最高（Qiao等，2016；Wang等，2018）。黄芩素（baicalein，BAI），其化学名称为5，6，7-三羟基-2-苯基-4H-1-苯并吡喃-4-酮。大量研究表明，黄芩素具有多种药理活性，如抗炎、抗肿瘤、抗氧化、护肝、保护神经等（Pu等，2012；郑敏敏等，2023），对糖尿病、心血管疾病、细菌感染、恶性肿瘤等疾病具有明显的缓解作用（Bie等，2017）。在一项基于小鼠巨噬细胞RAW264.7的研究表明，黄芩素可能通过调控JAK/STATs通路抑制促炎症因子NO、IL-1β、IL-6和TNF-α的释放（Qi等，2013）。在内皮细胞和血管平滑肌细胞中，黄芩素能够有效降低血管紧张素Ⅱ（Ang Ⅱ）或氧化型低密度脂蛋白（ox-LDL）刺激后这些细胞释放的IL-6、TNF-α、PAI-1和MMP-9水平，其可能的作用机制为通过AMPK/Mfn-2轴，抑制MAPKs/NF-κB通路活性（Zhang等，2021）。近年来，有研究表明，黄芩素可作为一种膳食补充剂，减少肝脏组织中脂肪的积累。例如，Zhu等（2020）以高脂饲料喂养的 C57BL/6 J 小鼠和用游离脂肪酸刺激的 HepG2 细胞为材料，黄芩素能够有效降低 ALT 和 AST 的活性，通过 mTOR 信号通路调控溶酶体 ATP 酶组装，改善高脂饲料引发的溶酶体膜渗透性，进而改善非酒精性脂肪肝病（nonalcoholic fatty liver disease，NAFLD）的相关生化指标。另外，黄芩素可能通过激活 AMPK 通路和抑制 SREBP1 裂解，减少肝脏脂肪堆积，同时降低 TC 和低密度脂蛋白胆固醇（LDL－C）的产生，增加高密度脂蛋白胆固醇（HDL－C）水平，从而改善 NAFLD 相关生化指标（Sun 等，2010）。由此可见，黄芩素具有明显的抗炎和改善 NAFLD 症状的作用，但是所涉及的分子机制复杂多样，目前的研究尚不能完全揭示其作用机制。

植物多糖是重要的生物大分子，参与多种生命活动，具有多种药理活性，如抗肿瘤、抗病毒、抗氧化、降血糖、抗衰老等，是近年来国内外的研究热点。对于黄芩多糖（scutellaria baicalensis polysaccharides，SBP）的研究起步较晚，主要是关于 SBP 提取的研究，而对其活性和功能研究较少。张文等（2004）用 85%的乙醇加热回流提取 SBP，苯酚-硫酸法测定多糖含量，测得 SBP 含量为 5.388%，平均回收率为 98.8%。梁英等（2009）用水作提取试剂，应用二次回归正交旋转组合设计对 SBP 提取进行工艺优化，得出在最优条件下 SBP 提取率是 4.92%。张道广等（2005）考察了 SBP 对猪生殖和呼吸系统综合征病毒在传代细胞系 MARC－145 细胞中增殖的影响，研究结果显示，SBP 具有细胞水平抑制病毒增殖的作用。何雯娟等（2014）研究发现，SBP 对肉仔鸡法氏囊指数有显著影响，能够显著提高肉仔鸡免疫球蛋白水平。李国峰等（2014）研究了 SBP 的体内抗氧化活性，发现 SBP 能使衰老模型小鼠脑、肝中的丙二醛（malondialdehyde，MDA）有不同程度的下降；超氧化物歧化酶（superoxide dismutase，SOD）和还原型谷胱甘肽（reduced glutathione，GSH）有不同程度的升高。但是，目前尚未有文献报道 SBP 对肿瘤的作用。近年来，笔者对黄芩素抗炎、抗 NAFLD 和抗肿瘤的作用机制，以及黄芩多糖的提取工艺和抗肿瘤活性进行了一定的研究。

第二节　黄芩有效成分活性研究试验

一、试验试剂

黄芩素（$C_{15}H_{10}O_5$，HPLC>98%）购自 Sigma－Aldrich 公司（美国）；importazole（IPZ）（HPLC>98%）和来自大肠杆菌 0111：B4 的脂多糖（LPS）均购自 Sigma－Aldrich 公司（美国）；针对 importin β1（Impβ1）、NF－κB p65、p62、Akt、p－Akt、IKK β、IκB α、p－IκB α 和 Nrf2 的抗体购自 Abcam 公司（美国），针对 GAPDH、actin 和组蛋白 H3 的抗体购自 Santa Cruz 公司（美国），针对 LC3 A/B、Keap1 和

MDR1 的抗体购自 Cell Signaling Technology（美国）。

总胆固醇（total cholesterol，TC）测定试剂盒、甘油三酯（triglyceride，TG）测定试剂盒、低密度脂蛋白胆固醇（low - density lipoprotein cholesterol，LDL - C）测定试剂盒、高密度脂蛋白胆固醇（HDL - C）测定试剂盒、谷丙转氨酶（alanine aminotransferase，ALT）测试盒、谷草转氨酶（glutamic oxaloacetic transaminase，GOT/AST）测试盒、胰岛素（insulin）测试盒等 ELISA 试剂盒购自南京建成生物工程研究所；High Capacity cDNA Reverse Transcription Kit 购自美国 Applied Biosystems 公司，SYBR@Premix Ex Taq™（Perfect Real Time）购自宝生物工程（大连）有限公司。

人胃癌细胞系 MGC - 803、SGC - 7901 和 HGC - 27 以及小鼠巨噬细胞 Ana - 1 和 RAW264.7 均购自中国科学院上海细胞库。其中，RAW264.7 培养于 DMEM 培养基（GIBCO，美国），其他细胞均培养于 RPMI - 1640 培养基（GIBCO，美国）。细胞培养基中均补充了 10%胎牛血清（GIBCO，美国）、100 U/mL 青霉素和 100 μg/mL 链霉素，所有细胞在含有 5%CO_2 的 37 ℃培养箱中培养。利用 Lipofectamine 3000 试剂盒将特异的 siRNA 片段瞬时转染到 RAW264.7 细胞，敲低 Importin β1 的表达，siRNA 序列为：siImpβ1 5′- r（GAG UUG CAG CUG GUC UAC AAA UUA A）- 3′（Lin 等，2009）。

二、试验方法

（一）MTT 试验

参照第二章第二节中“三、抗肿瘤活性检测”部分的方法进行。

（二）细胞侵袭试验

利用 Transwell 小室（Millipore，美国）进行该试验。将 SGC - 7901 和 SGC - 7901/DDP 细胞用黄芩素和/或 DDP 处理 48 h，接种在反面涂布了 Matrigel 的 Transwell 小室内。培养 12 h 后，用棉签擦净小室内部的细胞，用甲醇固定穿过膜的细胞，并用 0.1%结晶紫染色 10 min。在光学显微镜下拍照，并使用 Image Pro Plus 6.0 软件在 5 个随机视野中计数。

（三）细胞平板集落形成试验

参照第二章第二节中“三、抗肿瘤活性检测”部分的方法进行。

（四）流式细胞术分析

使用 KeyGEN BioTECH Annexin V - FITC 凋亡检测试剂盒（KeyGEN，中国）进行凋亡检测。用黄芩素或/和 DDP 处理细胞 48 h 后，用 Annexin V - FITC 和 PI 双染色后，通过流式细胞仪分析 SGC - 7901 和 SGC - 7901/DDP 细胞的凋亡情况。

（五）激光共聚焦显微镜观察

将细胞接种在无菌盖玻片上，培养 24 h，使用 Lipofetamine 2000（Invitrogen，美国）转染 GFP - LC3 质粒，培养 24 h 后，用 4%多聚甲醛固定细胞，利用 PBS - T 洗涤 3 次后，DAPI 对细胞核进行染色，再利用 PBS - T 洗涤 3 次，然后封片，通过激光共聚焦显微镜观察。

（六）促炎症因子水平检测

将细胞（2×10^5 个/皿）接种在 Φ35 mm 培养皿，培养过夜，分别用 5、10、25、50 μmol/L 的黄芩素处理细胞，然后用 LPS（100 ng/mL）刺激细胞 16 h。然后，利用 ELISA 试剂盒（南京建成生物工程研究所，中国）检测培养上清液中 TNF - α、IL - 6 和 MCP - 1 的水平，使用 Griess 试剂（上海碧云天生物技术有限公司，中国）检测上清液中的 NO 含量。

（七）细胞核和细胞质蛋白的提取

利用试剂盒（上海碧云天生物技术有限公司，中国），使用缓冲液 A 获得细胞质提取物，并使用缓冲液 C 制备核蛋白。使用 BCA 蛋白质浓度测定试剂盒（北京索莱宝科技有限公司，中国）测定蛋白质浓度。将所获得的细胞质和细胞核部分在液氮中快速冷冻后，储存在−80 ℃冰箱备用。

（八）免疫共沉淀和蛋白质印迹

利用 700 μL 含有蛋白酶抑制剂和磷酸酶抑制剂的 IP 缓冲液裂解约 1×10^7 个细胞，在冰上孵育 30 min，然后在 4 ℃、12 000 *g* 条件下离心 20 min，收集上清液。用 BCA 蛋白质浓度测定试剂盒（北京索莱宝科技有限公司，中国）测定上清液中的蛋白质浓度厚，吸取 10%的上清液作为 Input。向剩下的上清液中加入 5 μg 一抗或兔 IgG（rIgG），在 4 ℃下旋转孵育 24 h，然后，加入偶联蛋白 A 的珠子（BD，美国），继续在 4 ℃下旋转孵育 1 h，在 4 ℃、1 200 *g* 条件下离心 1 min，弃去上清液，加入 IP 缓冲液，上下颠倒，洗涤珠子，在 4 ℃、1 200 *g* 条件下离心 1 min，弃去上清液。依此重复 4 次。向珠子中加入 2×蛋白上样缓冲液，100 ℃加热 5 min，使蛋白变性，冷却后离心，收集上清液。

利用 Western blot 对蛋白样品进行检测。步骤如下：收集汇合率为 80%左右的细胞，弃去培养液，用冰预冷的 PBS 溶液漂洗 1 次，加入适量 RIPA 裂解液（含蛋白酶抑制剂和磷酸酶抑制剂），水平放于冰上 30 min，用细胞刮刀刮下细胞，置于 1.5 mL 离心管中，在 4 ℃下 12 000 r/min 离心 20 min，收集上清液。利用 Bradford 法测蛋白质浓度。经 SDS-PAGE 电泳、转膜、脱脂奶粉封闭、一抗 4 ℃摇床孵育过夜、PBS-T 溶液漂洗、二抗常温摇床孵育 1 h、PBS-T 溶液漂洗，然后利用 ECL 试剂盒显色，将 PVDF 膜置于成像系统拍照。

（九）非酒精性脂肪肝病模型小鼠的建立及药物处理

50 只健康雄性 C57BL/6N 小鼠（15～20 g，4 周龄）购自北京维通利华实验动物技术有限公司。所有动物试验均由山西医科大学科学研究伦理审查委员会批准。将小鼠随机分为 5 组（$n=10$）：对照组（C，灌胃等体积无菌生理盐水）、模型组（M，灌胃等体积无菌生理盐水）、阳性组［P，灌胃水飞蓟宾 200 mg/(kg·d)］、高剂量黄芩素组［H，灌胃黄芩素 200 mg/(kg·d)］和低剂量黄芩素组［L，灌胃黄芩素 100 mg/(kg·d)］。C 组食用正常饲料，其他各组小鼠食用高脂饲料（high fat diet，HFD）（Research Diets，D12492），每周测量体重。每次灌胃 12 h 后，测定血糖，并利用 ELISA 试剂盒检测血浆胰岛素水平。

小鼠饲养 5 周后，通过颈椎脱臼法处死小鼠，收集血液，在 4 ℃下 1 500 g 离心 10 min，取血清，储存于－20 ℃冰箱备用。用于总 RNA 提取和代谢组学分析的肝脏组织，以及用于肠道菌群分析的肠道内容物在经液氮速冻后，保存于－80 ℃冰箱；用于组织病理学分析的肝脏组织则迅速浸泡于 4%中性甲醛溶液中。

（十）组织病理学分析

用石蜡包埋甲醛固定的肝组织，将其切成 4 μm 厚的切片，用苏木精-伊红（H&E）染色。用光学显微镜观察染色的肝组织切片，根据文献报道的方法（Kleiner 等，2005），统计 NAFLD 活性评分（NAS），评估肝脂肪变性、小叶炎症和肝细胞气球样变水平。脂肪变性评分为 0～3 分：0 分（<5%）、1 分（5%～33%）、2 分（33%～66%）或 3 分（>66%）。小叶炎症评分为 0～3 分：0 分（无病灶），1 分（每个 20 倍视野中少于 2 个病灶），2 分（每个 20 倍视野中 2～4 个病灶）或 3 分（每个 20 倍视野中多于 4 个病灶）。肝细胞气球样变评分为 0～2 分：0 分（无）、1 分（轻度、少数）或 2 分（中度、多数）。

（十一）转录组分析

利用TRIzol试剂提取小鼠肝脏组织总RNA，并通过琼脂糖凝胶电泳、Nanodrop微量分光光度计和Agilent 2100生物分析仪检测RNA质量并定量。利用寡核苷酸（dT）磁珠富集具有Poly A结构的RNA，然后采用NEBNext® Ultra™ RNA试剂盒制备RNA序列文库，并通过Agilent 2100生物分析仪评估文库质量。通过Illumina HiSeq平台对文库进行测序，然后从原始测序数据中除去包含poly-N、接头序列以及低质量的reads，获得clean reads。利用Hisat2 v2.0.5软件将上述clean reads与参考基因组进行比对，将原始数据进行标准化，校正测序深度。利用DESeq2 R软件包（1.16.1）进行基因差异表达分析，通过Benjamini和Hochberg方法调整P值，控制错误发现率。符合$|\log_2(\text{fold change})|>0$和$P-adj<0.05$的基因被认为是差异表达，通过重假设检验校正获得FDR值，利用clusterProfiler R软件包对差异基因进行GO和KEGG聚类分析。

（十二）实时定量PCR

利用逆转录试剂盒以总RNA为模板合成cDNA，然后在StepOne Real-Time PCR system进行实时定量PCR，所用的引物如表4-1所示。相对表达水平以平均值±标准差（SD）表示。利用GraphPad Prism 5.0软件进行统计学分析，并进行t检验分析，$P<0.05$表示具有统计学意义。

表4-1　本章节所涉及的引物序列

基因名称		引物序列
小鼠 *TNF-α*	F	5′-CAACGCCCTCCTGGCCAACG-3′
	R	5′-TCGGGGCAGCCTTGTCCCTT-3′
小鼠 *IL-6*	F	5′-TGTGCAATGGCAATTCTGAT-3′
	R	5′-CTCTGAAGGACTCTGGCTTTG-3′
小鼠 *MCP-1*	F	5′-ACCGGGAGGTGGTGAGGGTC-3′
	R	5′-TGAGCCTACGGGATCTGAAAGACG-3′
小鼠 *iNOS*	F	5′-GGAGCGAGTTGTGGATTGTC-3′
	R	5′-GTGAGGGCTTGGCTGAGTGAG-3′
小鼠 *GAPDH*	F	5′-AGGTCGGTGTGAACGGATTTG-3′
	R	5′-TGTAGACCATGTAGTTGAGGTCA-3′
人 *LC3*	F	5′-AAACGCATTTGCCATCACA-3′
	R	5′-GGACCTTCAGCAGTTTACAGTCAG-3′

（续）

基因名称		引物序列
人 *Beclin*	F	5′- GATGGTGTCTCTCGCAGATTC - 3′
	R	5′- CTGTGCATTCCTCACAGAGTG - 3′
人 *GAPDH*	F	5′- AACAGCCTCAAGATCATCAGC - 3′
	R	5′- GGATGATGTTCTGGAGAGCC - 3′

注：F 表示正向引物，R 表示反向引物。

（十三）代谢组学分析

取 100 mg 肝脏组织，用液氮研磨后，置于干净的 1.5 mL 离心管，加入 500 μL 预冷的含有 80%甲醇和 0.1%甲酸的水溶液，充分涡旋后重悬样品，置于冰上孵育 5 min，然后在 4 ℃下 15 000 r/min 离心 10 min，收集上清液。取一定量的上清液，用质谱级水稀释至甲醇含量为 60%，经 0.22 μm 过滤器过滤后，在 4 ℃下 15 000 r/min 离心 10 min，收集滤液。利用 Vanquish UHPLC 系统（Thermo Fisher，美国）和 Orbitrap Q Exactive 系列质谱仪（Thermo Fisher，美国）对样品进行分析。从每个试验样本中取等体积样本混匀作为 QC 样本。Blank 样本为含 0.1%甲酸的 60%甲醇水溶液代替试验样本，前处理过程与试验样本相同。

本研究所采用的色谱柱为 Hyperil Gold column（C18），柱温 40 ℃，流速 0.2 mL/min。正模式下，流动相 A 为 0.1%甲酸，流动相 B 为甲醇；负模式下，流动相 A 为 5 mmol/L醋酸铵（pH9.0），流动相 B 为甲醇。质谱扫描范围为 70～1 050（m/z），ESI 源的设置为喷雾电压为 3.2 kV，Sheath gas flow rate 为 35arb，Aux Gasflow rate 为 10arb，毛细管温度为 320 ℃。极性为 positive 和 negative，MS/MS 二级扫描为 data - dependent scans。

将下机数据（.raw）文件导入 CD 搜库软件中，进行保留时间、质荷比等参数进行简单筛选，然后对不同样品根据保留时间偏差 0.2 min 和质量偏差 5 ppm（ppm 表示百万分之一）进行峰对齐，使鉴定更准确，随后根据设置的质量偏差 5 ppm、信号强度偏差 30%、信噪比 3、最小信号强度 100 000、加和离子等信息进行峰提取，同时对峰面积进行定量，再整合目标离子，然后通过分子离子峰和碎片离子进行分子式的预测并与 mzCloud 和 Chemspider 数据库进行比对，用 blank 样本去除背景离子，并对定量结果进行归一化，最后得到数据的鉴定和定量结果。

基于 KEGG、HMDB 和 Lipidmaps 数据库，对代谢物进行注释，利用 mtaX 软件进行主成分分析（PCA）和偏最小二乘判别分析（PLS - DA）（Wen 等，2017），基于单变量分析（t 检验），计算 P 值。VIP>1、P 值<0.05 的代谢物和倍数变化≥2

或 FC≤0.5 被认为是差异代谢物，并绘制火山图，然后对差异累积代谢物（differential accumulated metabolites，DAMs）进行分层聚类和 KEGG 代谢途径分析。

（十四）肠道菌群分析

采用 CTAB/SDS 方法对肠道内容物中的基因组 DNA 进行提取，之后利用琼脂糖凝胶电泳检测 DNA 的纯度和浓度，取适量的样本 DNA 于离心管中，使用无菌水稀释样本至 1ng/μL。以稀释后的基因组 DNA 为模板，根据测序区域的选择，使用带 Barcode 的特异引物，Phusion® High - Fidelity PCR Master Mix with GC Buffer（New England Biolabs，美国），和高效高保真酶进行 PCR，确保扩增效率和准确性。引物对应 16s rRNA 基因 V3～V4 区域。PCR 产物使用 2%浓度的琼脂糖凝胶进行电泳检测；根据 PCR 产物浓度进行等量混样，充分混匀后使用 1×TAE 浓度 2%的琼脂糖胶电泳纯化 PCR 产物，回收目标条带，利用 GeneJET 胶回收试剂盒（Thermo Scientific，美国）回收产物。使用 Ion Plus Fragment Library Kit 48 rxns 建库试剂盒（Thermo Fisher，美国）进行文库的构建，构建好的文库经过 Qubit 定量和文库检测合格后，利用 Ion S5™XL 平台（Thermo Fisher，美国）进行测序。

利用 Cutadapt（V1.9.1，http://cutadapt.readthedocs.io/en/stable/）（ABhauer 等，2015）剪切 reads 中的低质量部分，截去 Barcode 和引物序列，通过（https://github.com/torognes/vsearch/）（Martin 等，2011）与物种注释数据库进行比对，去除其中的嵌合体序列（Rognes 等，2016），得到最终的有效数据（clean reads）。

利用 Uparse 软件（Uparse v7.0.1001，http://www.drive5.com/uparse/）（Haas 等，2011）对所有样品的 clean reads 进行聚类，默认以 97%的一致性（identity）将序列聚类成为 OTUs（operational taxonomic units），筛选出 OTUs 中出现频数最高的序列作为 OTUs 的代表序列。用 Mothur 方法与 SILVA132（http://www.arb - silva.de/）（Edgar 等，2013）的 SSUrRNA 数据库（Wang 等，2007）进行物种注释分析（设定阈值为 0.8～1），分别在 kingdom（界）、phylum（门）、class（纲）、order（目）、family（科）、genus（属）和 species（种）水平上统计各样本的群落组成。使用 MUSCLE（Version 3.8.31，http://www.drive5.com/muscle/）（Quast 等，2013）软件进行多序列比对，得到所有 OTUs 序列的系统发育关系。最后，以样品中数据量最少的为标准进行均一化处理。在此基础上，使用 Qiime 软件（Version 1.9.1）计算 ACE、Chao1、Shannon 和 Simpson 指数，使用 R 软件（Version 2.15.3）绘制稀有曲线等，并使用 R 软件进行 α 多样性指数组间差异分析。

用 Qiime 软件（Version 1.9.1）计算 Unifrac 距离、构建非加权组平均法

(unweighted pair - group method arithmetic means，UPGMA）样本聚类树。使用 R 软件（Version 2.15.3）绘制主坐标分析图（principal coordinate analysis，PCoA）和非度量多维尺度分析（non - metric multidimensional scaling，NMDS）图。PCoA 分析使用 R 软件的加权基因共表达网络分析（weighted correlation network analysis，WGCNA）、stats 和 ggplot2 软件包，NMDS 分析使用 R 软件的 vegan 软件包。使用 R 软件进行 β 多样性指数组间差异分析，分别进行有参数检验和非参数检验。线性判别分析效应大小（linear discriminant analysis effect size，LEfSe）分析使用 LEfSe 软件，默认设置线性判别分析（linear discriminant analysis，LDA）评分的筛选值为 4。Metastats 分析使用 R 软件在各分类水平下，做组间的置换检验，得到 *P* 值，然后利用 Benjamini - Hochberg 错误发现率（false discovery rate，FDR）方法对于 *P* 值进行修正，得到 Q 值（Edgar 等，2004）。Anosim、MRPP 和 Adonis 分析分别使用 R vegan 包的 anosim 函数、mrpp 函数和 adonis 函数、AMOVA 分析使用 mothur 软件 amova 函数。组间差异显著的物种分析利用 R 软件做组间 t 检验并作图。通过提取 KEGG 数据库原核全基因组 16s rRNA 基因序列，并使用 BLASTN 算法（BLAST Bitscore>1 500）将其与 SILVA SSU Ref NR 数据库对齐，并将 UProC 和 PAUDA 注释的 KEGG 数据库的原核全基因组功能信息映射到 SILVA 数据库以实现 SILVA 功能注释。

（十五）多组学数据联合分析

采用 Pearson 统计方法分析前 100 个差异表达基因（differential expressed gene，DEG）和前 50 个 DAM 之间的相关性，并计算相关系数 R^2 和 *P* 值；使用 Pearson 统计方法来分析 Top20 差异菌群和前 10 个 DAM 之间的相关性，相关系数 rho（$|rho| \geq 0.8$）和 *P* 值（$P \leq 0.05$）。红色表示负相关，蓝色表示正相关。椭圆的平坦度表示相关性的绝对值。

第三节　黄芩素缓解小鼠非酒精性脂肪肝病的机制研究

非酒精性脂肪肝病（nonalcoholic fatty liver disease，NAFLD）是世界范围内最常见的慢性肝脏疾病之一。现代研究表明，NAFLD 患者通常伴有肥胖、糖尿病、高血压、血脂异常等并发症（Ryoo 等，2014；Katsiki 等，2016；Majumdar 等，2021）。在 2009—2019 年期间，大多数亚洲国家与 NAFLD 相关的肝脏并发症发生率逐年增加。在 2019 年，全球共 170 000 例发病病例和 168 959 例死亡病例，其中 48.3%的发病病例和 46.2%的死亡病例出现在亚洲（Golabi 等，2021）。Lambertz 等

(2017) 的研究表明长期摄入果糖导致的肠道生态失调可能导致 NAFLD 的发生。过量的膳食脂肪可能会诱导非酯化脂肪酸的积累，进而导致潜在的脂毒素（Ferramosca 等，2014）。由于肠道微生物的代谢物等相关成分能够通过门静脉直接进入肝脏，因此肠道微生物群的紊乱可能导致包括 NAFLD 在内的肝脏疾病（Tokuhara，2021）。目前，肠道微生物群已被证明可调节多种生理过程，如膳食纤维的消化、单糖的吸收、胰高血糖素样肽-1 的分泌、胆汁酸产生的抑制和炎症（Doulberis 等，2012）。摄入过量的糖和脂类可能引发 NAFLD，肠道微生物则可能成为潜在的治疗靶点，缓解此类 NAFLD 的发生（Gkolfakis 等，2015）。

某些天然化合物，如咖啡（及其组分）、委陵菜酸、芦荟苷和水飞蓟宾，能够有效缓解 NAFLD 症状，呈现明显的保护作用。例如，水飞蓟宾具有抗炎、抗增殖、免疫调节、抗胆固醇血症等肝脏保护特性，因此被广泛应用于各种肝脏疾病的治疗（Salvoza 等，2022）。笔者证实黄芩素能够有效改善高脂饲料诱发的小鼠 NAFLD，通过整合分析肝脏转录组和代谢组数据以及肠道微生物群落结构数据，以期系统地揭示黄芩素改善 NAFLD 的分子机制。

一、黄芩素对高脂饲料诱导的小鼠 NAFLD 的肝保护作用

为了探讨黄芩素对 NAFLD 的治疗作用，测定了小鼠的体重、肝脏重量和附睾脂肪垫重量。各组小鼠的初始体重没有显著差异。与对照组（以正常基础饮食喂养）相比，连续 5 周以高脂肪饮食喂养的小鼠（M 组）的体重明显增加（$P<0.01$）（图 4-1 A）。与 M 组相比，水飞蓟宾（P 组）或黄芩素（L 组和 H 组）的施用明显降低了体重（$P<0.01$）。此外，与对照小鼠相比，NAFLD 小鼠（M 组）的肝脏重量和附睾脂肪垫重量分别增加了 3.4 倍和 4.9 倍（$P<0.01$），水飞蓟宾（P 组）或黄芩素（L 组和 H 组）的治疗可以极大地降低 HFD 诱导的肝脏重量及附睾脂肪垫重量的增加（图 4-1B 和 C）。

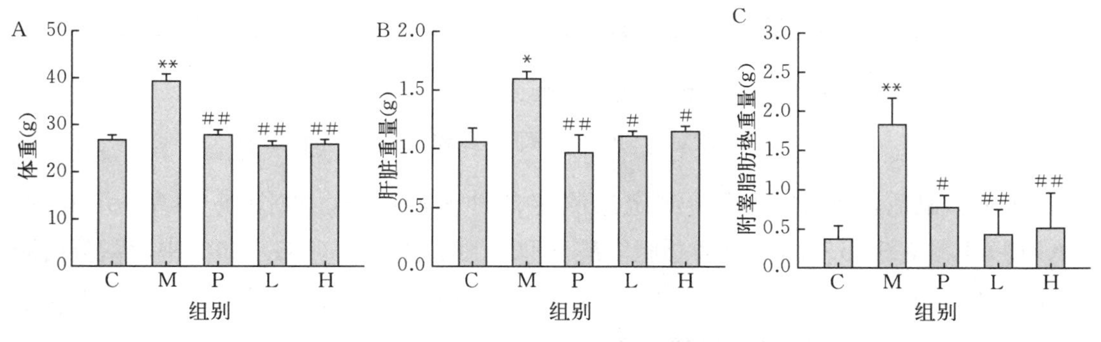

图 4-1　黄芩素治疗对 NAFLD 小鼠体重、肝脏重量和附睾脂肪垫的影响

注：*表示 $P<0.05$，**表示 $P<0.01$，与 C 组比较；#表示 $P<0.05$，##表示 $P<0.01$，与 M 组比较；下同

肝组织病理学检查显示，NAFLD小鼠肝细胞膨胀，出现脂肪积累，水飞蓟宾和黄芩素治疗的小鼠肝脏中的情况有所改善（图4-2、彩图9）。与C组相比，M组小鼠的肝组织脂肪变性、肝细胞膨胀、肝小叶炎症和NAS评分更高，表明NAFLD模型已成功建立。与M组相比，P组的得分显著下降，而L组和H组的得分更低（图4-3）。

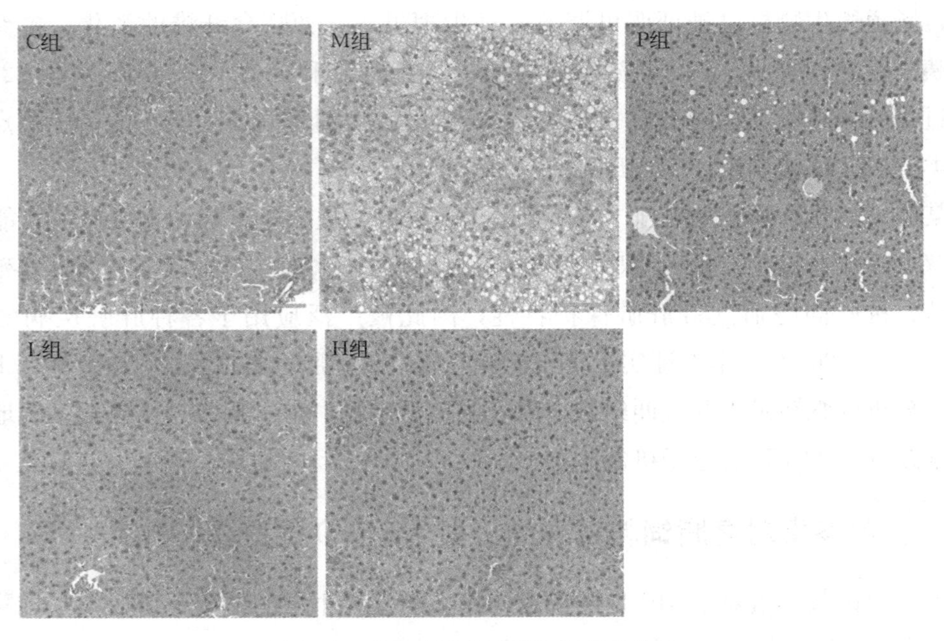

图4-2　各组小鼠肝脏组织病理学分析

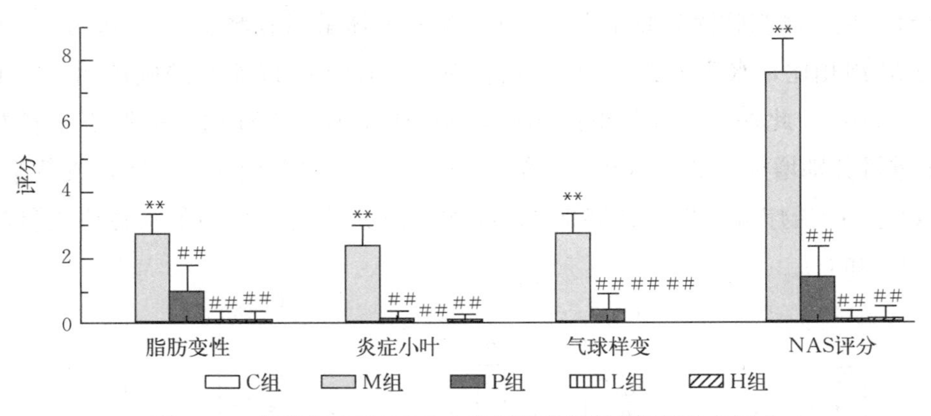

图4-3　黄芩素对NAFLD小鼠肝脏组织病理学评分的影响

处死小鼠后，通过ELISA测定法测定几种血液因子。如图4-4A～F所示，NAFLD小鼠表现出较高的血清总胆固醇（TC）、甘油三酯（TG）和低密度脂蛋白胆固醇（LDL-C）水平，以及较高的丙氨酸氨基转移酶（ALT）和天冬氨酸转氨酶（AST）活性，而较低的血清高密度脂蛋白胆固醇（HDL-C）水平，表明NAFLD模型小鼠脂代谢出现紊乱。水飞蓟宾（P组）或黄芩素（L组和H组）治疗后，血清

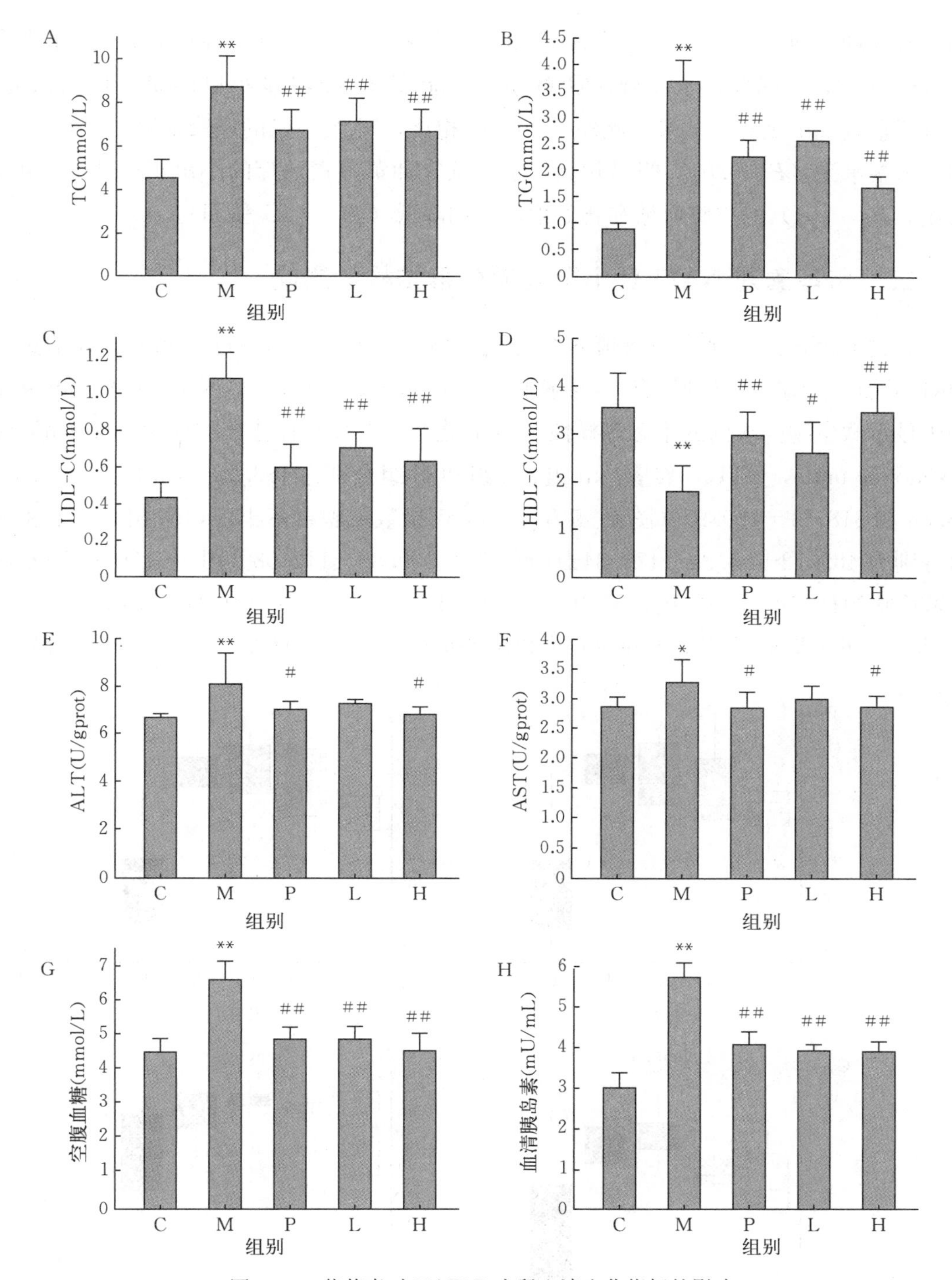

图 4-4 黄芩素对 NAFLD 小鼠血清生化指标的影响

A. 对血清总胆固醇的影响 B. 对血清总甘油三酯的影响 C. 对血清低密度脂蛋白胆固醇的影响 D. 对血清高密度脂蛋白胆固醇的影响 E. 对血清丙氨酸氨基转移酶活性的影响 F. 对血清天冬氨酸转氨酶活性的影响 G. 对空腹血糖的影响 H. 对空腹血清胰岛素的影响

注：数据表示为平均值±标准差（n=10）

TC、TG和LDL-C水平，以及ALT和AST活性均显著降低，而HDL-C水平升高（$P<0.01$）。因此，水飞蓟宾和黄芩素都能改善NAFLD小鼠的脂质代谢紊乱，而黄芩素表现出更好的效果。此外，与C组相比，M组小鼠的空腹血糖（$P<0.01$）和胰岛素水平（$P<0.01$）明显较高，水飞蓟宾和黄芩素治疗的小鼠（P组、L组和H组，$P<0.01$）的空腹血糖和胰岛素水平均降低（图4-4G和H）。

二、黄芩素对NAFLD小鼠肠道菌群结构的影响

通过IonS5^{TM}XL平台对肠道内容物微生物16S rRNA基因进行测序，评估黄芩素对小鼠肠道菌群结构的影响。α多样性指数包括ACE、Chao1、Shannon和Simpson，用于显示微生物群落内的生态多样性。ACE指数主要反映操作分类单元（operational taxonomic units，OTU）数量，M组、L组和H组分别为483.12±78.15、473.83±98.86和318.11±109.97（图4-5 A）；Chao1指数反映群落丰度，M组、L组和H组分别为489.72±85.24、474.84±102.03和309.88±112.08（图4-11B）；Shannon指数反映物种丰度和均匀度，M组、L组和H组分别为5.63±0.24、5.75±0.55和4.71±1.06（图4-5C）；Simpson指数反映群落均匀性，M组、L组和H组分别为

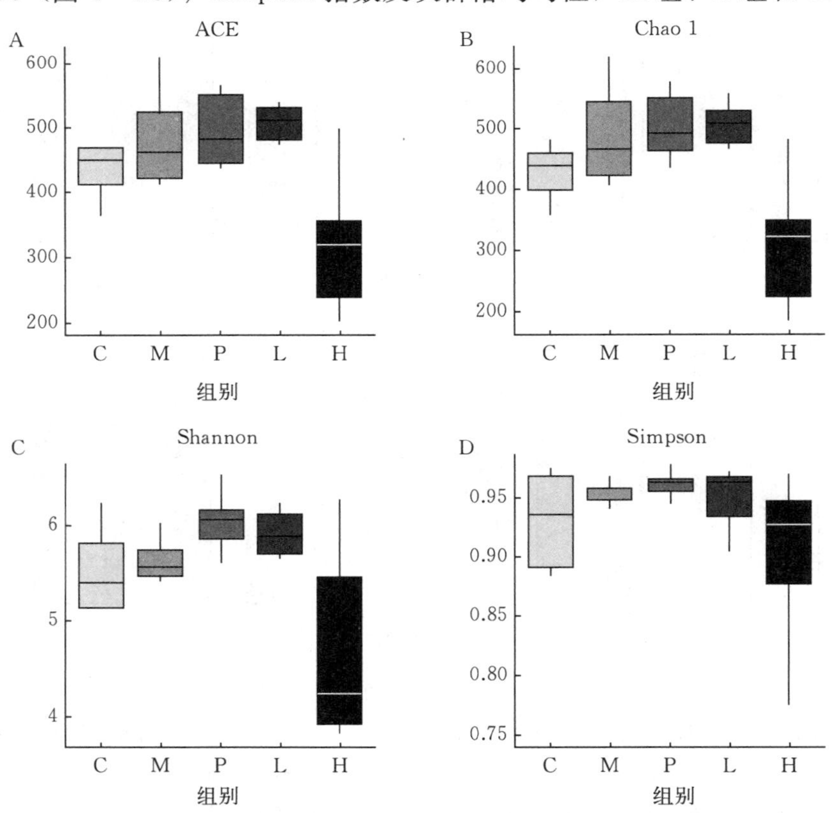

图4-5　黄芩素对NAFLD小鼠肠道菌群α多样性的影响

0.95±0.01、0.95±0.03 和 0.89±0.07（图 4-5D、彩图 10）。上述结果表明，灌胃黄芩素在一定程度上降低了 NAFLD 小鼠肠道菌群多样性。

β多样性分析用于分析肠道菌群的整个群落结构。通过非度量多维尺度分析（non-metric multidimensional scaling，NMDS），如图 4-6A 所示，Stress 值为 0.119，小于 0.2，说明分析结果具有很好的解释意义，沿着 MDS2 轴的方向，M 组

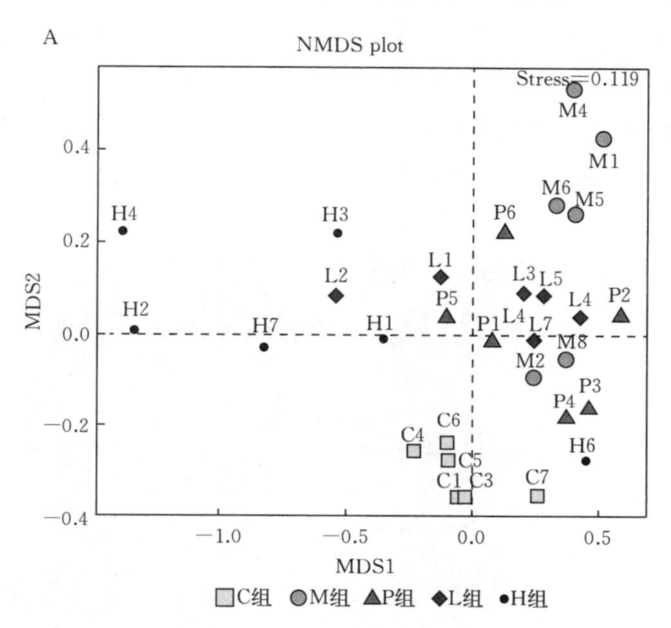

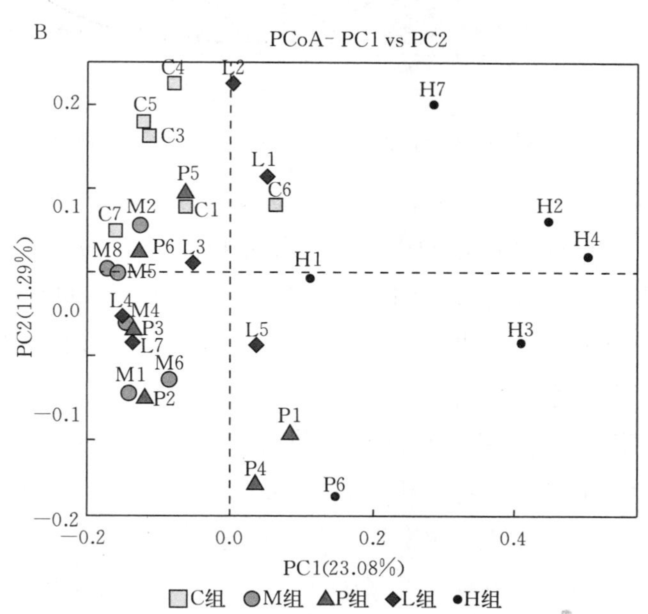

图 4-6　黄芩素对 NAFLD 小鼠肠道菌群 β 多样性的影响

A. NMDS 分析　B. PCoA 分析

和C组明显分离；黄芩素治疗组（L组和H组）和水飞蓟宾治疗组（P组）向C组靠近，远离M组，其中H组与M组明显分离。此外，主坐标分析（principal coordinate analysis，PCoA）结果显示（图4-6B、彩图11），PC1和PC2分别占整体分析数据的23.08%和11.29%，在纵轴（PC2）方向，M组与C组明显分离，L组、H组和P组与M组出现分离，其中H组与M组完全分离。上述结果表明，NAFLD小鼠肠道菌群结构发生了显著改变，灌胃黄芩素重塑了NAFLD小鼠的肠道菌的生态结构。与这些结果一致，非加权组平均法（unweighted pair - group method arithmetic means，UPGMA）表明C组、M组、P组、L组和H组之间出现了显著的分离（图4-7、彩图12），证实黄芩素重塑了NAFLD小鼠肠道菌群结构。

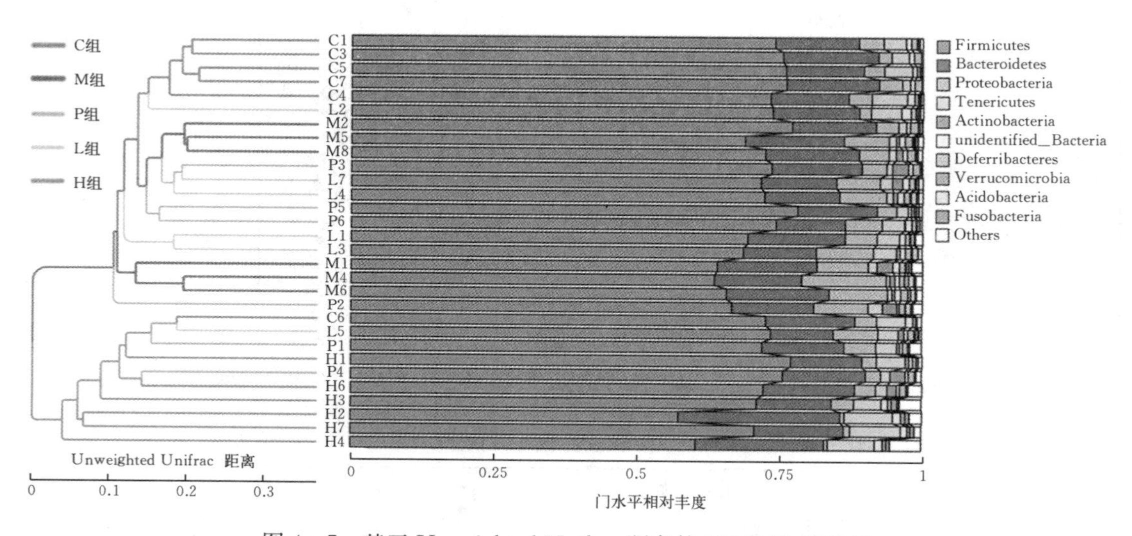

图4-7 基于Unweighted Unifrac距离的UPGMA聚类树

为了研究在黄芩素处理中发生变化的优势菌群，研究者通过线性判别分析（LDA）效应大小（LEfSe）方法（图4-8、彩图13；图4-9、彩图14），分析了各组的菌群在属水平（图4-10、彩图15）的相对丰度，以及不同组中丰度显著不同的肠道菌类群。在不同分类水平上对黄芩素处理组和NAFLD模型组进行比较（图4-8），对应于5个系统发育水平（门、纲、目、科和属）的连续圆圈表明，在M组小鼠肠道富集的微生物属于脱铁杆菌科（Deferribacteraceae）、脱铁杆菌目（Deferribacterales）、未确定的脱铁杆菌纲（unidentified _ Deferribacteres）和消化球菌科（Peptococcaceae）。在H组中富集的微生物属于拟杆菌科（Bacteroidaceae）、乳杆菌科（Lactobacillaceae）、乳杆菌目（Lactobacillales）和杆菌纲（Bacilli）。在P组中，消化链球菌科（Peptostreptococcaceae）比较丰富。LEfSe的柱形图对此进行了展示（图4-9）。

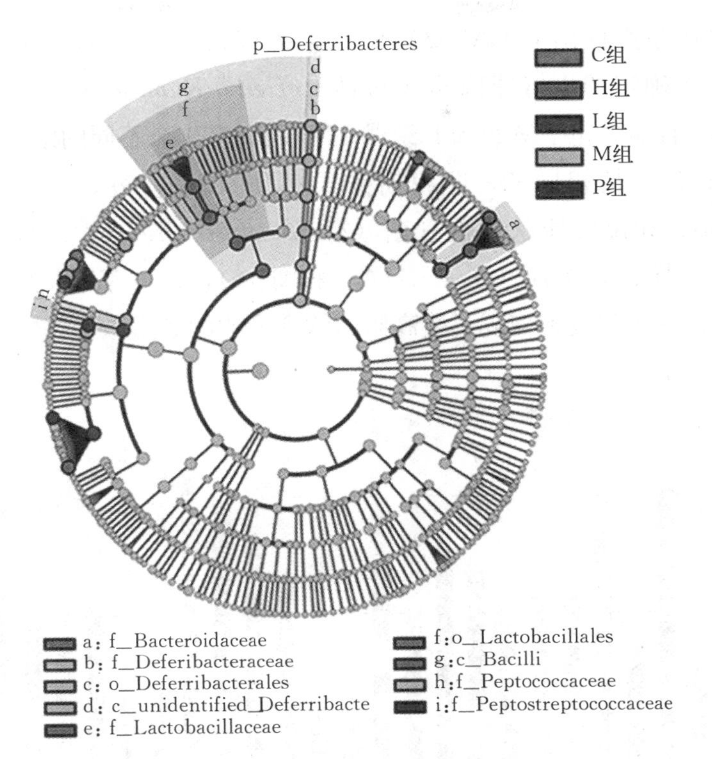

图 4-8　基于 LEfSe 的进化分支图

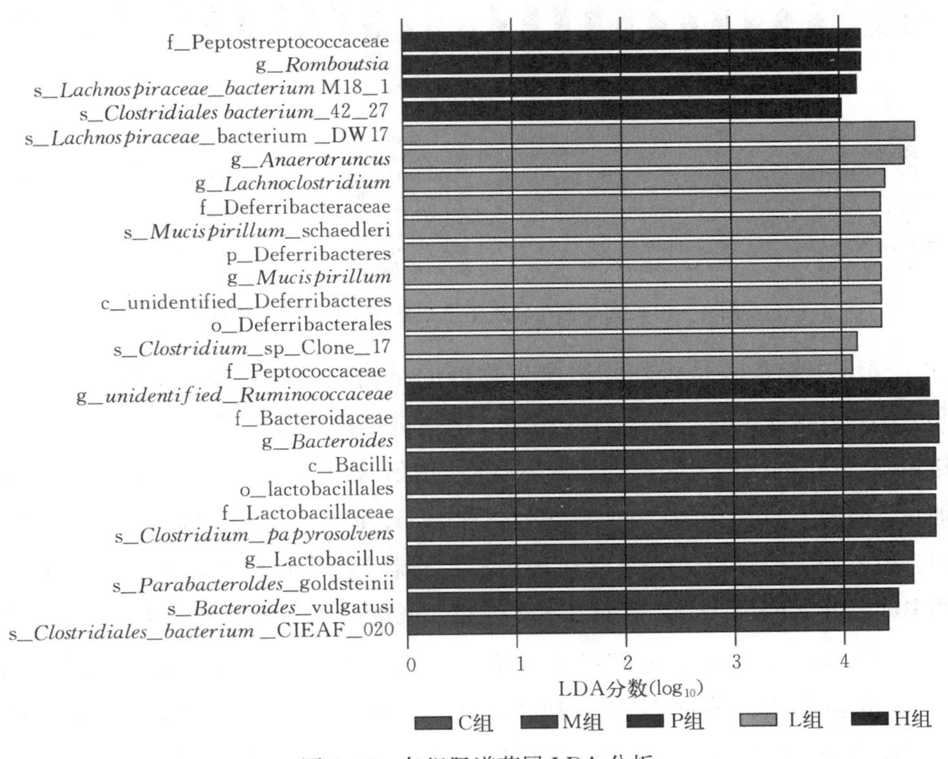

图 4-9　各组肠道菌属 LDA 分析

此外，索状芽孢杆菌 CIEAF020 属（*Clostridiales _ bacterium _* CIEAF _ 020）富集于C组，未确定的瘤胃球菌属（*unidentified _ Ruminococcaceae*）富集于L组（图4-9）。值得注意的是，M组和L组或H组之间有4个不同的细菌属（图4-11B、C和D），其中3个是相同的，即牧斯皮氏菌属（*Mucispirillum*）、厌氧棍状菌属（*Anaerotruncus*）和拉氏梭状芽孢杆菌（*Lachnoclostridium*）。而且，与C组相比，M组中的这3个属显著增加（图4-11A、彩图16），在黄芩素治疗后则显著减少。因此，黄芩素在一定程度上恢复了受高脂肪饮食影响的肠道微生物群。

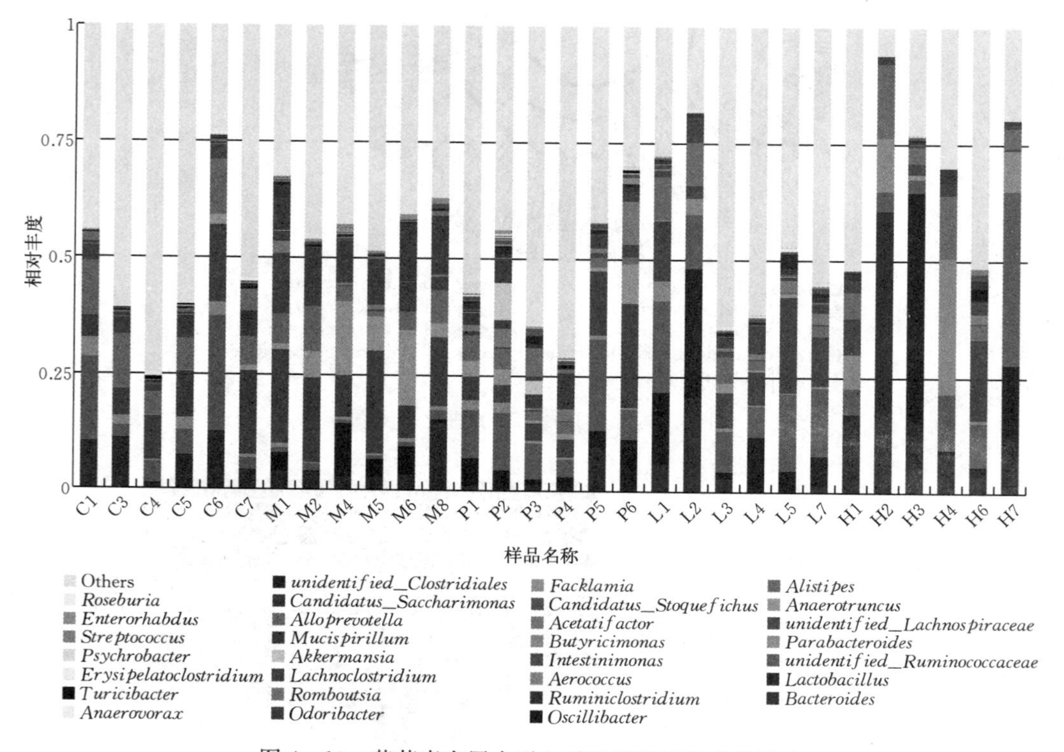

图4-10　黄芩素在属水平上对肠道菌群组成的影响

为了揭示功能基因是否随肠道微生物群的结构而变化，基于KEGG聚类，采用Tax4fun方法预测各组的差异菌属的功能。根据数据库中样品的功能注释和丰度信息，选择排名前35位的代谢途径，即3级KEGG途径，建立热图（图4-12、彩图17）。

通过t检验，M组中10条独特途径（K01955、K03088、K00936、K01153、K03046、K02004、K02003、K09687、K02470和K02337）的丰度高于C组（表4-2），而其余25条途径的丰度较低（$P<0.05$）。然而，水飞蓟宾、低浓度和高浓度黄芩素可恢复5条途径（K02004、K01153、K02337、K03046和K07497）的丰度（表4-3），而水飞蓟宾或低浓度黄芩素可恢复12条途径（包括K03088、K03763、K03737、K04759、K06147、K02529、K03798、K02657、K02026、K02027、K02025和K03406）的丰度（表4-4）。

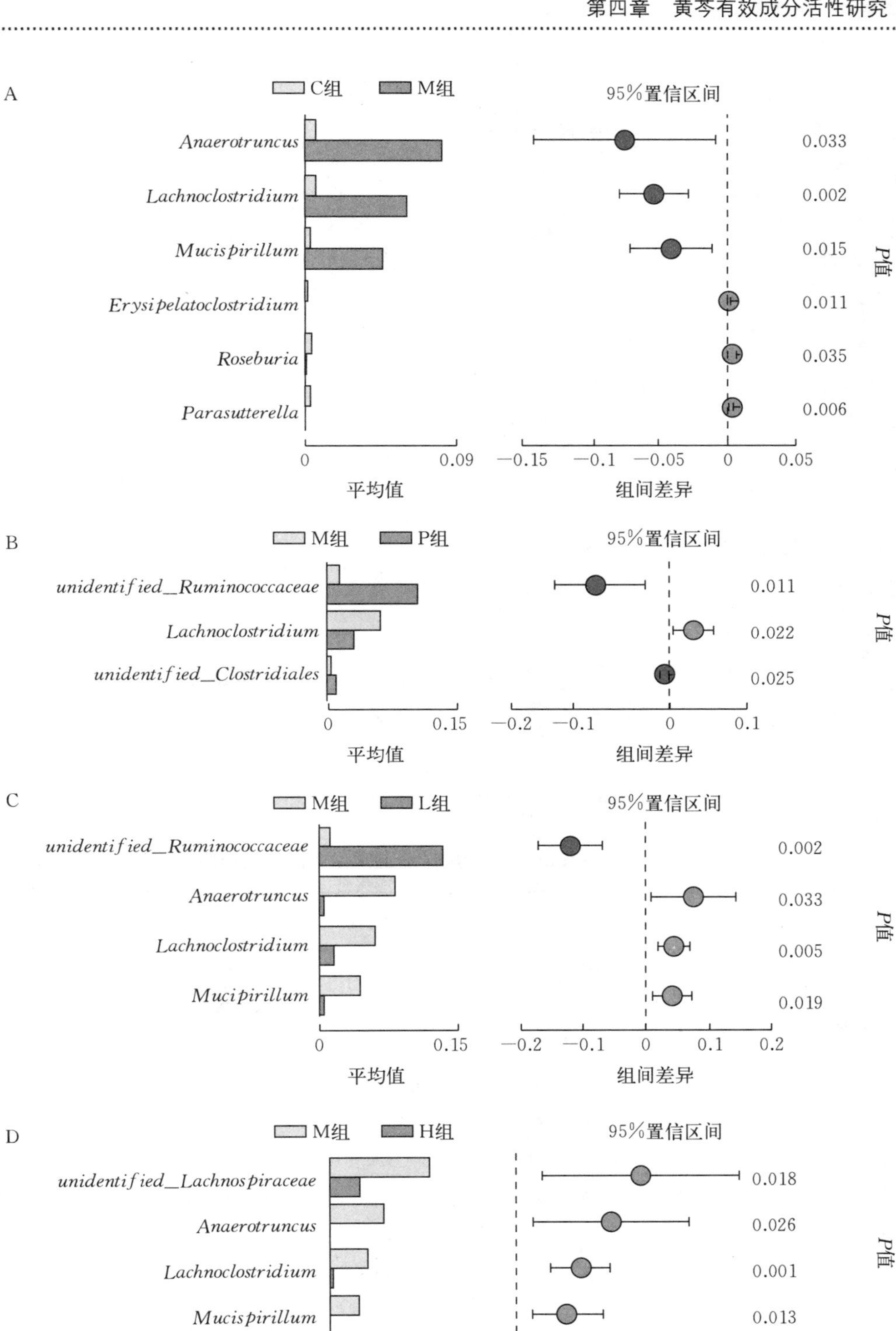

图 4－11　对不同组别间的差异菌群的 STAMP 分析

A. C 组和 M 组的比较　B. P 组和 M 组的比较　C. L 组和 M 组的比较　D. H 组和 M 组的比较

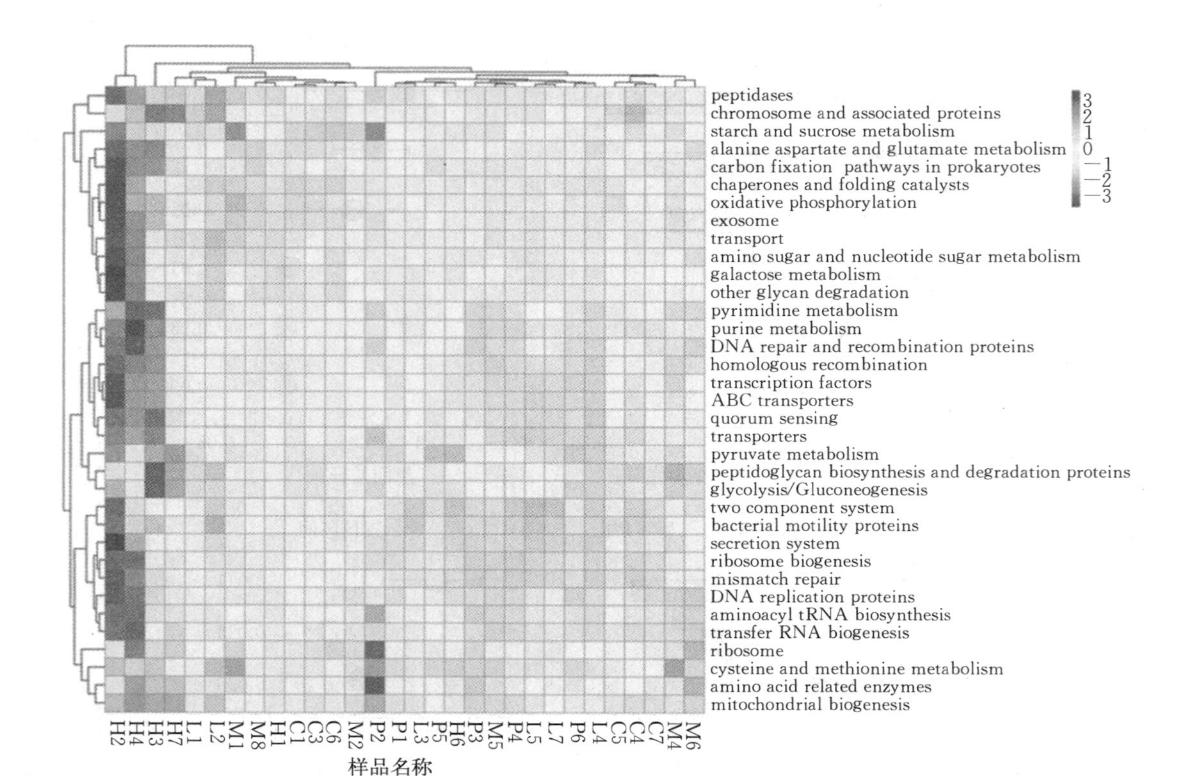

图 4-12 Tax4Fun 功能注释聚类热图

表 4-2 Tax4fun 方法预测在 M 组中发生改变的通路

途径	功能注释
K01955	氨甲酰磷酸合成酶大亚基（carbamoyl-phosphate synthase large subunit）
K03088	RNA 聚合酶 σ-70 因子，ECF 亚家族 （RNA polymerase sigma-70 factor，ECF subfamily）
K00936	双组分信号系统，传感器组氨酸激酶 Pdtas （two-component system，sensor histidine kinase PdtaS）
K01153	Ⅰ型限制性内切酶，R 亚基（type Ⅰ restriction enzyme，R subunit）
K03046	脱氧核糖核酸聚合酶 β′亚基（DNA-directed RNA polymerase subunit beta′）
K02004	ABC 转运系统渗透酶蛋白 （putative ABC transport system permease protein）
K02003	ABC 转运系统 ATP 结合蛋白 （putative ABC transport system ATP-binding protein）
K09687	抗生素转运系统 ATP 结合蛋白（antibiotic transport system ATP-binding protein）
K02470	DNA 旋转酶亚基 B（DNA gyrase subunit B）
K02337	DNA 聚合酶Ⅲα 亚基（DNA polymerase Ⅲ subunit alpha）

表 4-3　Tax4fun 方法预测在 P 组、L 组和 H 组中均发生改变的通路

途径	功能注释
K02004	ABC 转运系统渗透酶蛋白 (putative ABC transport system permease protein)
K01153	Ⅰ型限制性内切酶，R 亚基（type Ⅰ restriction enzyme，R subunit）
K02337	DNA 聚合酶Ⅲα 亚基（DNA polymerase Ⅲ subunit alpha）
K03046	脱氧核糖核酸聚合酶 β′亚基（DNA-directed RNA polymerase subunit beta′）
K07497	转座酶（putative transposase）

表 4-4　Tax4fun 方法预测在 P 组和 L 组中均发生改变的通路

途径	功能注释
K03088	RNA 聚合酶 σ-70 因子，ECF 亚家族 (RNA polymerase sigma-70 factor，ECF subfamily)
K03763	DNA 聚合酶Ⅲ亚单位 α，革兰氏阳性型 (DNA polymerase Ⅲ subunit alpha，Gram-positive type)
K03737	丙酮酸铁氧还蛋白/黄氧还蛋白氧化还原酶 (pyruvate-ferredoxin/flavodoxin oxidoreductase)
K04759	亚铁转运蛋白 B（ferrous iron transport protein B）
K06147	ATP 结合盒，B 亚家族，细菌（ATP-binding cassette，subfamily B，bacterial）
K02529	LacI 家族转录调控因子（LacI family transcriptional regulator）
K03798	细胞分裂蛋白酶 FtsH（cell division protease FtsH）
K02657	抽搐运动双组分系统响应调节因子 (twitching motility two-component system response regulator PilG)
K02026	多糖转运系统渗透酶蛋白（multiple sugar transport system permease protein）
K02027	多糖转运系统底物结合蛋白 (multiple sugar transport system substrate-binding protein)
K02025	多糖转运系统渗透酶蛋白（multiple sugar transport system permease protein）
K03406	甲基接受趋化蛋白（methyl-accepting chemotaxis protein）

三、黄芩素对 NAFLD 小鼠肝脏转录组的影响

为了探讨黄芩素影响 NAFLD 小鼠脂类代谢的药理机制，将各组小鼠肝脏组织进行高通量转录组测序，并对测序数据进行生物信息学分析，筛选各组之间的差异表达基因（differential expressed genes，DEGs）。利用热图显示各组样本之间的差异基因及其相对表达水平（图 4-13、彩图 18），结果显示 M 组和 C 组之间的基因表达差异

明显，经黄芩素或水飞蓟宾治疗后，表达谱出现显著改变。韦恩图显示了三个比较组之间共同基因的数量（图 4-14、彩图 19），低剂量和高剂量黄芩素所影响的转录本中，L 组和 M 组比较组以及 H 组和 M 组比较组中，有 640 个 DEG 重叠，其中 278 个 DEG 受黄芩素正调控，362 个 DEG 受到黄芩素负调控。因此，这 640 个 DEG 可能在黄芩素治疗 NAFLD 的过程中发挥重要作用。值得注意的是，其中 476 个 DEG 在水飞蓟宾治疗下也显示出一致的变化，表明这些基因可能是水飞蓟宾和黄芩素在缓解 NAFLD 症状方面的共同关键基因。

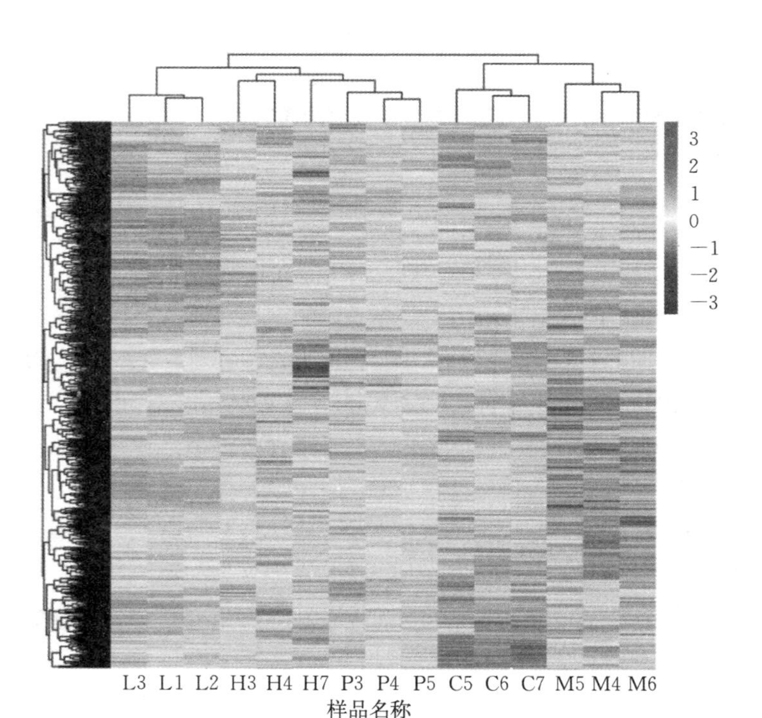

图 4-13　热图显示黄芩素对 NAFLD 小鼠肝脏转录组的影响

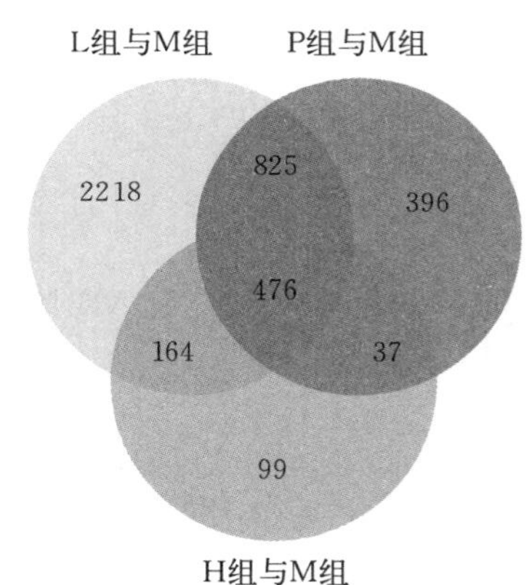

图 4-14　韦恩图显示三个比较组中重叠的 DEG

以 $|\log_2(\text{fold change})| \geq 1$ 和 $P_{adj} < 0.05$ 为标准，利用火山图显示各比较组内的 DEG，如图 4-7（彩图 20）所示，与 C 组相比，M 组有 1 912 个 DEG，其中 1 079 个被上调，833 个被下调（图 4-15A）。水飞蓟宾治疗后，发现 1 734 个 DEG，包括 764 个上调和 970 个下调（图 4-15B），其中 214 个转录物恢复到了 C 组中的表达水平。与 M 组相比，L 组中 1 916 个 DEG 被上调，1 767 个 DEG 被下调（图 4-15C），其中 46 个转录物的表达水平与 C 组相当。此外，H 组与 M 组的比较显示有 350 个 DEG 上调和 426 个 DEG 下调（图 4-15D），其中 21 个 DEG 的表达恢复到 C 组水平。

为了进一步研究 DEG 的特性，研究者使用 GO（gene ontology）和 KEGG

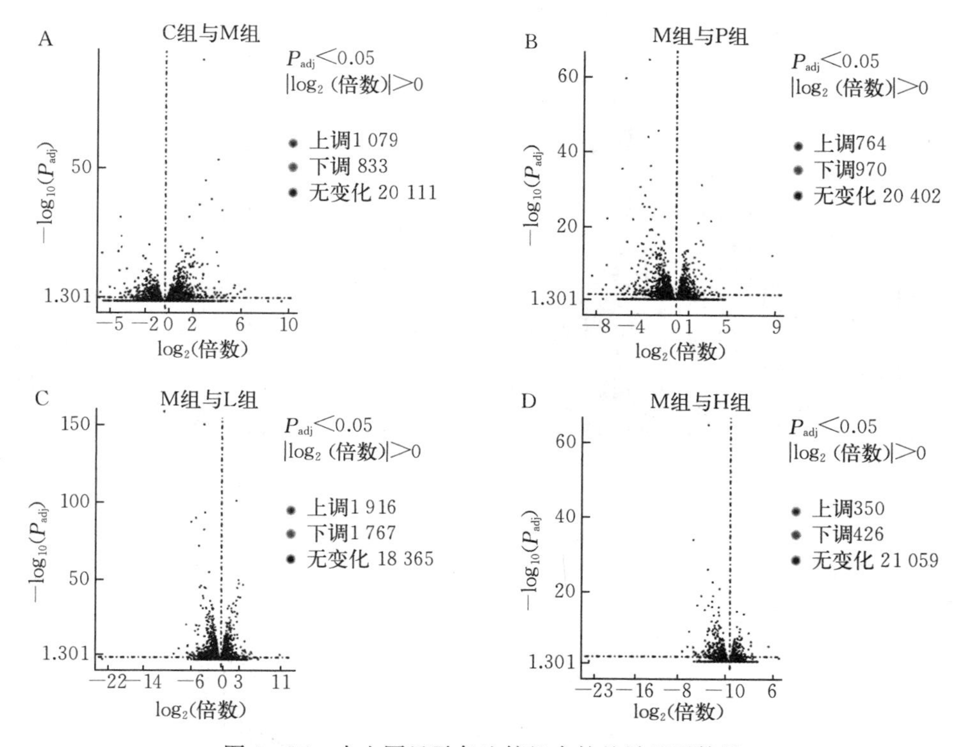

图 4-15　火山图显示各比较组内的差异基因数量

(kyoto encyclopedia of genes and genomes) 数据库对其进行了富集分析。如图 4-16（彩图 21）所示，将各比较组的DEG在GO数据库进行比对，以 $P_{adj}<0.05$ 作为显著性富集的阈值，按照生物过程（biological process，BP）、细胞成分（cellular component，CC）和分子功能（molecular function，MF）三个方面进行聚类分析，与C组比较，M组中的DEG参与血管生成、细胞运动、细胞外基质组织等相关的BP；在CC聚类中，DEGs的编码产物主要分布在核糖体、细胞外基质、胞质部分、基底膜等区域；在MF聚类中，DEGs编码产物主要与核糖体结构成分、结构分子活性、糖胺聚糖结合、生长因子结合、肝素结合、硫化合物结合、细胞外基质结合、血小板衍生生长因子结合、钙离子结合以及细胞黏附分子结合有关。与M组相比，在P组、L组和H组中，大多数BP、CC和MF出现重叠，涉及333个通路。

KEGG通路聚类分析结果显示，黄芩素调控的DEG主要与类固醇生物合成（steroid biosynthesis）、脂肪酸降解（fatty acid degradation）、过氧化物酶体增殖物激活受体信号通路［peroxisome proliferators - activated receptor（PPAR）signaling pathway］、过氧化物酶体（peroxisome）、色氨酸代谢（tryptophan metabolism）、三磷酸腺苷结合盒转运蛋白（ABC transporters）、丙酸代谢（propanoate metabolism）、缬氨酸、亮氨酸和异亮氨酸降解（valine，leucine and isoleucine degradation）、2-氧

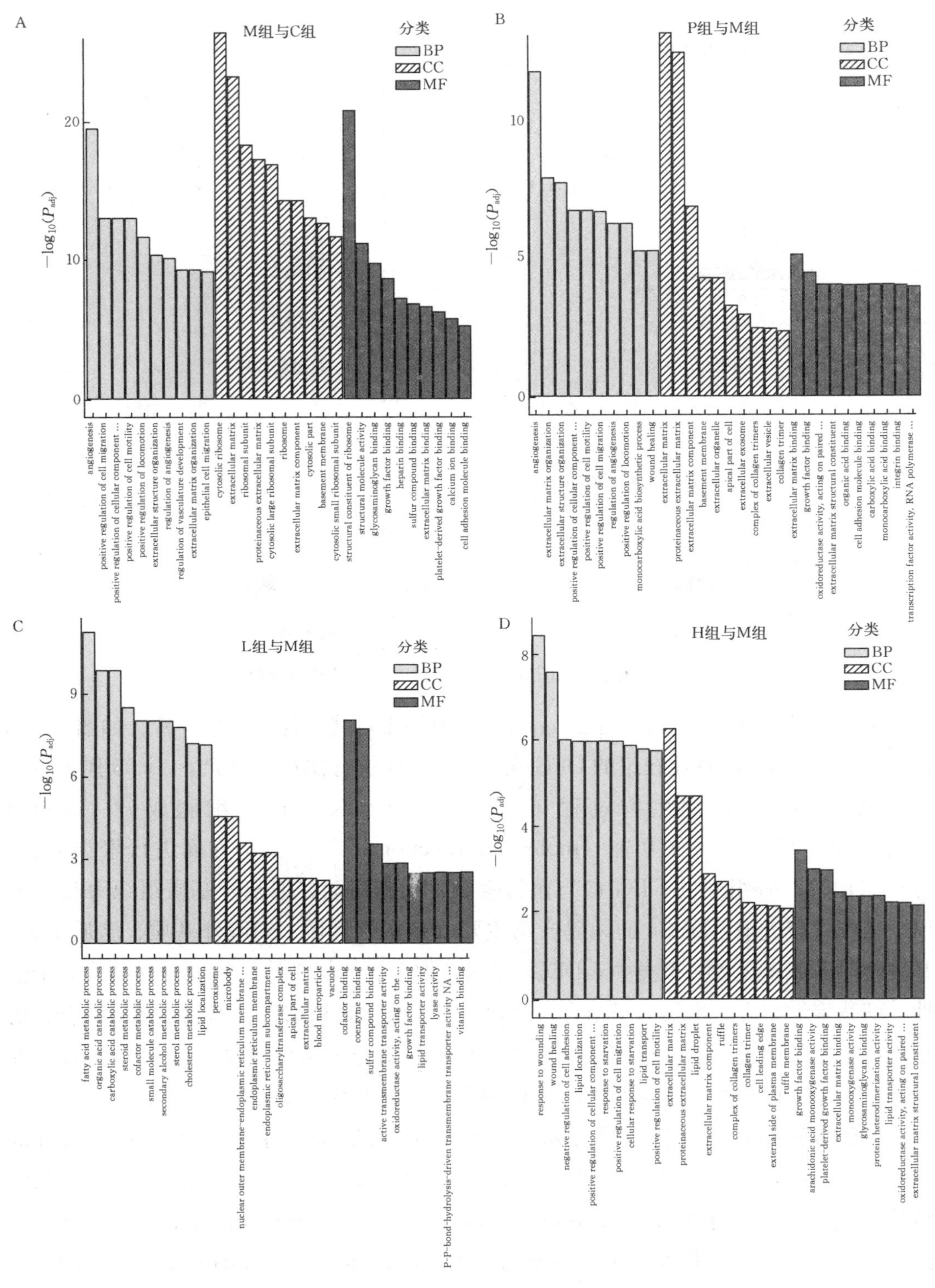

图 4－16　对 DEG 的 GO 聚类分析

A. C 组和 M 组的比较　B. P 组和 M 组的比较　C. L 组和 M 组的比较　D. H 组和 M 组的比较

代羧酸代谢（2－oxocarboxylic acid metabolism）、脂肪酸代谢（fatty acid metabolism）、补体和凝血级联反应（complement and coagulation cascades）、细胞外基质（extracellular matrix，ECM）受体相互作用（ECM receptor interactions）、蛋白质消化和吸收（protein digestion and absorption）等密切相关（图4－17、彩图22）。

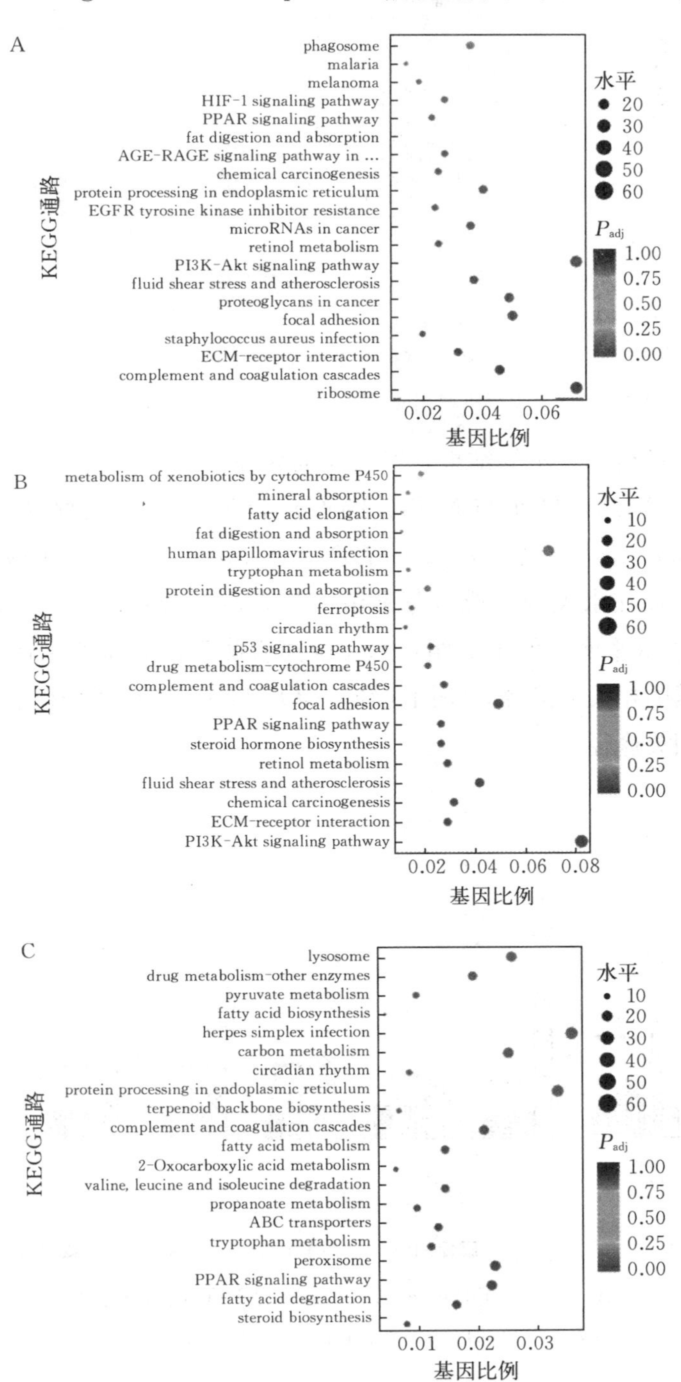

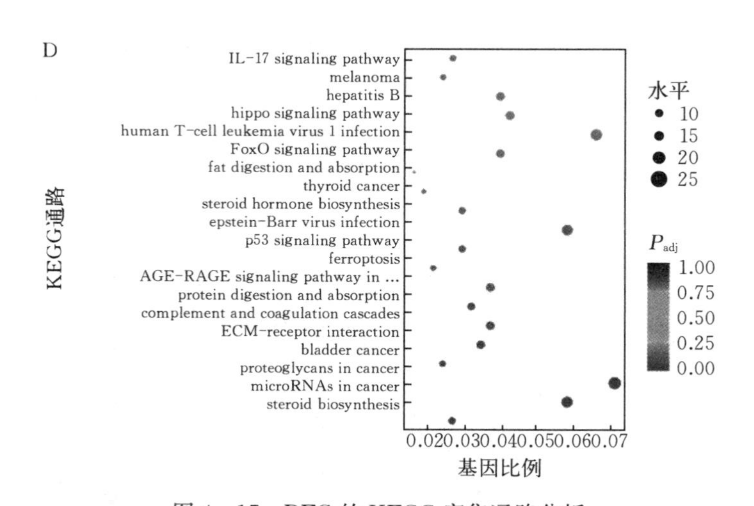

图 4-17　DEG 的 KEGG 富集通路分析

A. C 组和 M 组的比较　B. P 组和 M 组的比较　C. L 组和 M 组的比较　D. H 组和 M 组的比较

为了验证转录组学分析的结果，通过实时定量 PCR 检测来自三个比较组（P 组与 M 组、L 组与 M 组、H 组与 M 组）的重叠 DEG 的表达情况（图 4-18）。M 组 *Apoa4*、*Pla2g12a*、*Elovl7*、*Slc27a4*、*Hilpda*、*Fabp4* 和 *Vldlr* 的表达均显著增加，明显高于 C 组，而在水飞蓟宾或黄芩素组中其表达显著降低。另外，M 组中 *Gpld1* 和 *Apom* mRNA 水平明显低于 C 组，水飞蓟宾或黄芩素提高了二者的表达。表 4-5 列出了与这些基因相关的途径。基因注释、GO 和 KEGG 途径分析表明，黄芩素显著影响脂质代谢相关途径。

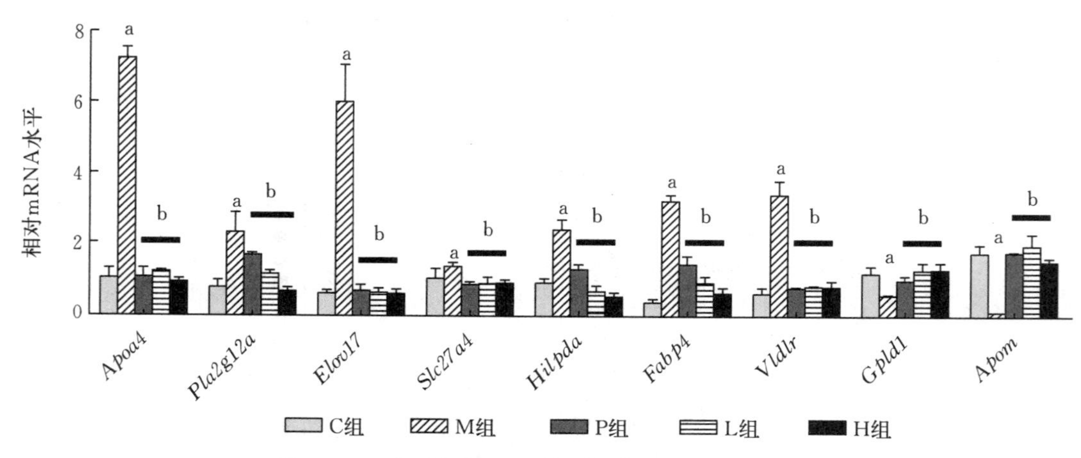

图 4-18　实时定量 PCR 检测部分 DEG 的表达水平

注：a 表示 $P<0.01$，与 C 组比较；b 表示 $P<0.01$，与 M 组相比

表 4-5 实时定量 PCR 检测的基因相关信息

基因 ID	基因名称	通路	引物序列
ENSMUSG00000032080	*Apoa4*	脂肪的消化和吸收；维生素的消化和吸收；胆固醇代谢；脂质与动脉粥样硬化	F：5′- GCATCTAGCCCAGGAAACTG - 3′ R：5′- ATGTATGGGGTCAGCTGGAG - 3′（Trujillo - Viera 等，2021）
ENSMUSG00000027999	*Pla2g12a*	甘油磷脂代谢；醚脂代谢；花生四烯酸代谢；亚油酸代谢；α-亚麻酸代谢；代谢途径；Ras 信号通路；血管平滑肌收缩；胰腺分泌；脂肪的消化和吸收	F：5′- TGAGCTCTAGGAATGACGGGTTTAA - 3′ R：5′- TAGAAGATGGAAAACGGGGATGAG - 3′ （Nicolaou 等，2017）
ENSMUSG00000021696	*Elovl7*	脂肪酸伸长；不饱和脂肪酸的生物合成；代谢途径；脂肪酸代谢	F：5′- GTTTGGGAACATTCCATGCC - 3′ R：5′- ACTGGCTTATGTGGATGGCG - 3′ （Tanno 等，2017）
ENSMUSG00000059316	*Slc27a4*	PPAR 信号通路；胰岛素抵抗；脂肪消化吸收	F：5′- ACTGTTCTCCAAGCTAGTGCT - 3′ R：5′- GATGAAGACCCGGATGAAACG - 3′（Li 等，2021）
ENSMUSG00000043421	*Hilpda*	代谢；脂质代谢；脂质颗粒组织	F：5′- TCGTGCAGGATCTAGCAGCAG - 3′ R：5′- GCCCAGCACATAGAGGTTCA - 3′（van Dierendonck 等，2020）
ENSMUSG00000062515	*Fabp4*	PPAR 信号通路；脂肪细胞脂解的调控	F：5′- GGGGCCAGGCTTCTATTCC - 3′ R：5′- GGAGCTGGGTTAGGTATGGG - 3′（Ren 等，2022）
ENSMUSG00000024924	*Vldlr*	小分子的运输；脂蛋白代谢；血浆脂蛋白清除；VLDL 清除；VLDLR 内化和降解；发育生物学；轴突导向；缫丝蛋白信号通路；神经系统发育；脊髓小脑共济失调；脂质与动脉粥样硬化	F：5′- TGACGCAGACTGTTCAGACC - 3′ R：5′- GCCGTGGATACAGCTACCAT - 3′（Oshio 等，2021）
ENSMUSG00000021340	*Gpld1*	基磷脂酰肌醇—锚定分子生物合成；代谢途径	F：5′- TCG AGA GAA CTA CCC TCT GCC - 3′ R：5′- GGA ACC CTT GTT CAA TAC CCA G - 3′（Masuda 等，2019）
ENSMUSG00000024391	*Apom*	代谢；维生素和辅助因子的代谢；脂溶性维生素代谢；维甲酸代谢和转运；视觉光转导；感觉知觉	F：5′- GTGCCCCGGAAGTGGACATACC - 3′ R：5′- AGCGGGCAGGCCTCTTGATTC - 3′（Izquierdo 等，2022）

四、黄芩素对 NAFLD 小鼠肝脏代谢组的影响

为了研究黄芩素对 NAFLD 小鼠代谢谱的影响，采用 LC-MS 分析各组肝组织提取物。在正离子模式下，875 种代谢物的数据用于偏最小二乘判别分析（partial ieast squares discriminant analysis，PLS-DA），如图 4-19A（彩图 23）所示，M 组和 C 组可以在 x 轴方向上清楚地分开。模型质量由参数 R2Y 和 Q2Y 确定（R2Y=0.99，Q2Y=0.94）。此外，在负离子模式下，PLS-DA 得分图也显示 M 组和 C 组之间的明显分离（R2Y=1.0 和 Q2Y=0.95）（图 4-19B）。类似地，在 M 组和 P 组、L 组或 H 组之间也观察到显著的分离（图 4-20A、图 4-21A 和图 4-22A）（彩图 24 至彩图 26）。在负离子模式下，PLS-DA 评分图也显示 M 组和治疗组（P 组、L 组和 H 组）之间有明显的

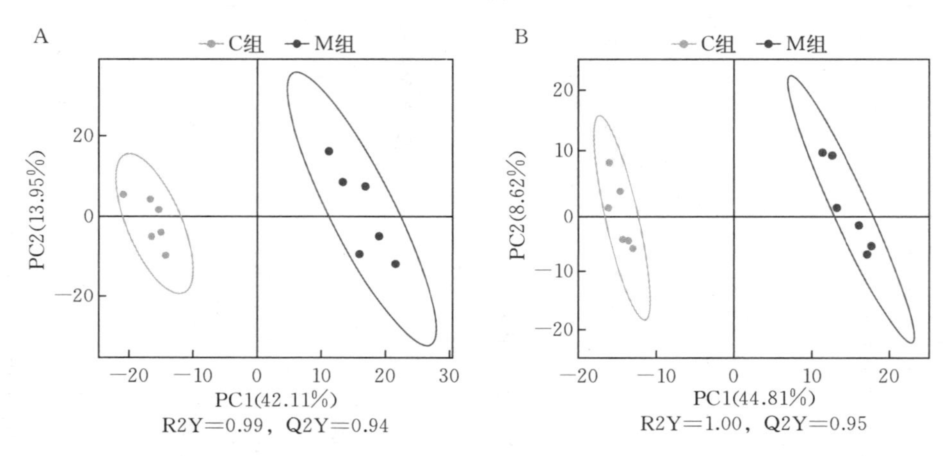

图 4-19　基于 PLS-DA 法分析 C 组和 M 组的分离情况

A. 正离子模式　B. 负离子模式

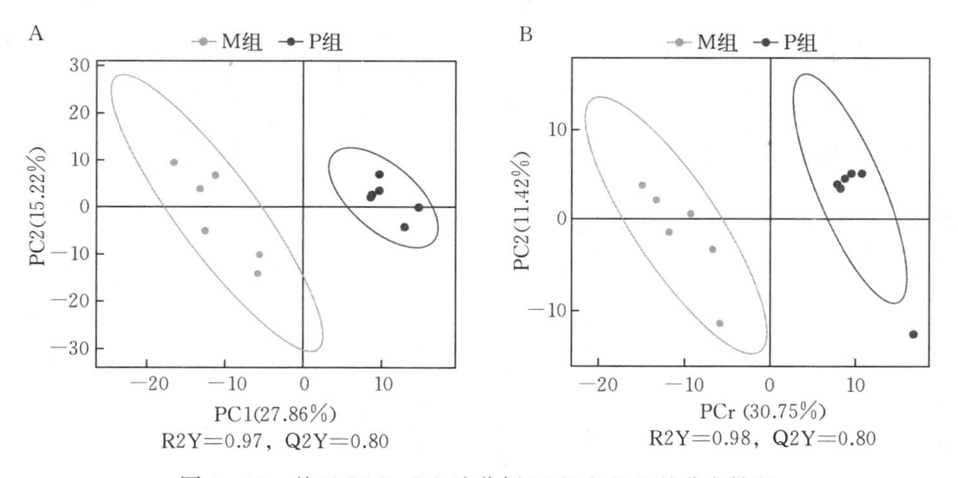

图 4-20　基于 PLS-DA 法分析 M 组和 P 组的分离情况

A. 正离子模式　B. 负离子模式

分离（图 4 - 20B、图 4 - 21B 和图 4 - 22B）。因此，模型组（M 组）和对照组（C 组），以及治疗组（P 组、L 组和 H 组）和模型组（M 组）之间差异明显。

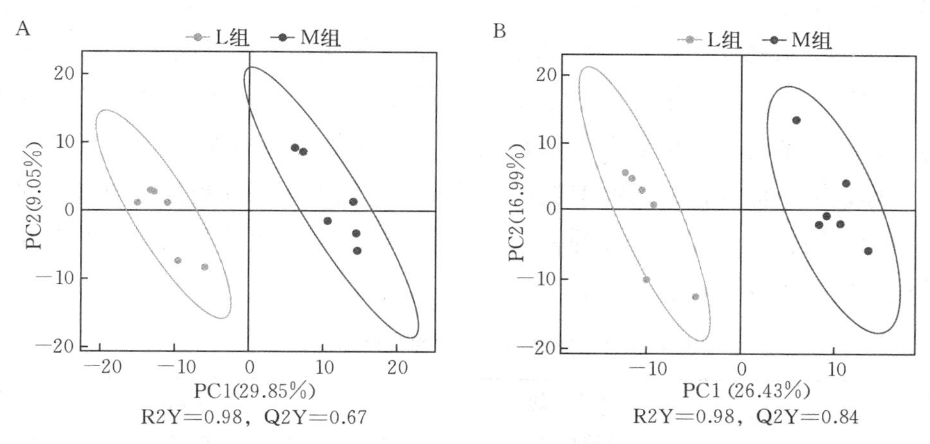

图 4 - 21　基于 PLS - DA 法分析 M 组和 L 组的分离情况

A. 正离子模式　B. 负离子模式

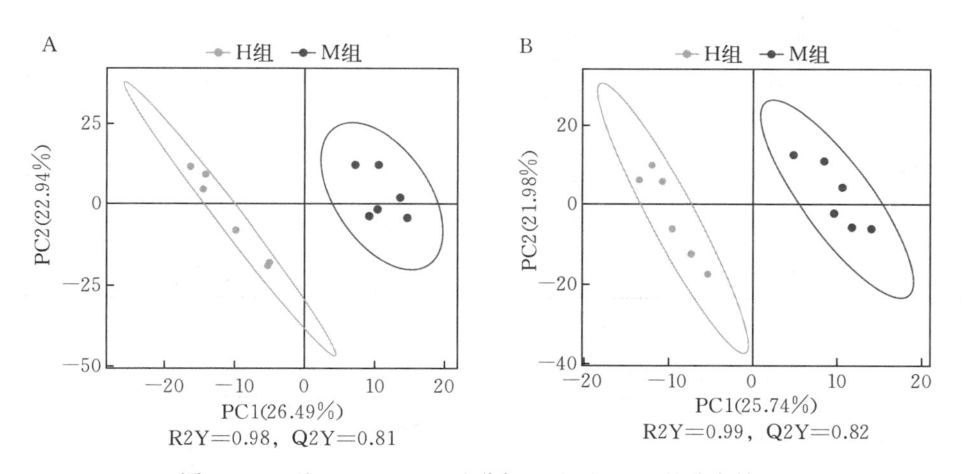

图 4 - 22　基于 PLS - DA 法分析 M 组和 H 组的分离情况

A. 正离子模式　B. 负离子模式

根据以下标准鉴定显著差异代谢物：VIP>1，倍数变化>1.5 和 FDR<0.05。在正离子模式下，与 C 组相比较，在 M 组中鉴定出 148 个差异表达的代谢物（表 4 - 6）。其中，Urobilinogen、13 - Deoxytedanolide、8 - Azaadenosine、UROBILIN、Patidegib、p - Hydroxyketorolac、Bicyclomycin、S -［(1Z) - N - Hydroxy - 5 - (methylsulfanyl) pentanimidoyl］cysteine、Perflubron、Meptin 等 44 种代谢物在 M 组中上调，而其余化合物在 M 组中下调（图 4 - 23A、彩图 27）。在正离子模式下，与 M 组相比，P 组、L 组和 H 组分别有 88、77、58 个代谢物上调，36、45、47 个代谢物下调（图 4 - 24A、

图 4－25A 和图 4－26A）（彩图 28 至彩图 30）。在负离子模式下，各比较组均鉴定出 720 个代谢物（表 4－3）。与 C 组比较，在 M 组中共鉴定出 140 个差异代谢物，其中 82 个代谢物上调、58 个代谢物下调（图 4－23B）；与 M 组比较，P 组、L 组和 H 组分别有 43、54、48 个代谢物上调，89、57、53 个代谢物下调（图 4－24B、图 4－25B 和图 4－26B）。对获得的各组差异代谢物进行层次聚类分析，得出各比较组内差异代谢物的表达模式情况，结果如图 4－27 至图 4－30（彩图 31 至彩图 34）所示，横坐标为样品名称，纵坐标为代谢物的聚类，聚类枝越短代表相似性越高。通过横向比较可以看出组间代谢物含量聚类情况的关系。上述结果表明，用黄芩素治疗使 NAFLD 小鼠肝脏代谢情况出现了显著改变。

表 4－6　各比较组内的差异代谢物统计（个）

比较组	离子模式	鉴定出的代谢物数量	差异代谢物数量	上调代谢物数量	下调代谢物数量
M 组与 C 组	正离子	875	148	44	104
P 组与 M 组	正离子	875	124	88	36
L 组与 M 组	正离子	875	122	77	45
H 组与 M 组	正离子	875	105	58	47
M 组与 C 组	负离子	720	140	82	58
P 组与 M 组	负离子	720	132	43	89
L 组与 M 组	负离子	720	111	54	57
H 组与 M 组	负离子	720	101	48	53

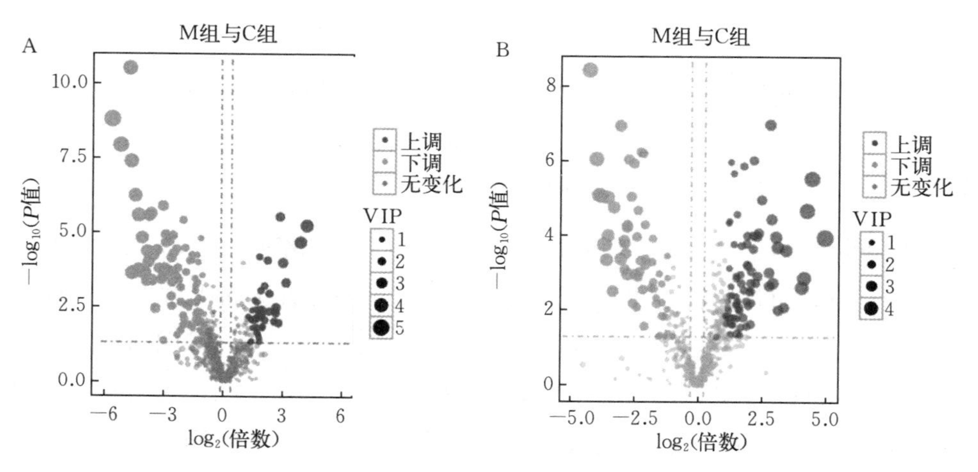

图 4－23　C 组和 M 组差异代谢物火山图

A. 正离子模式　B. 负离子模式

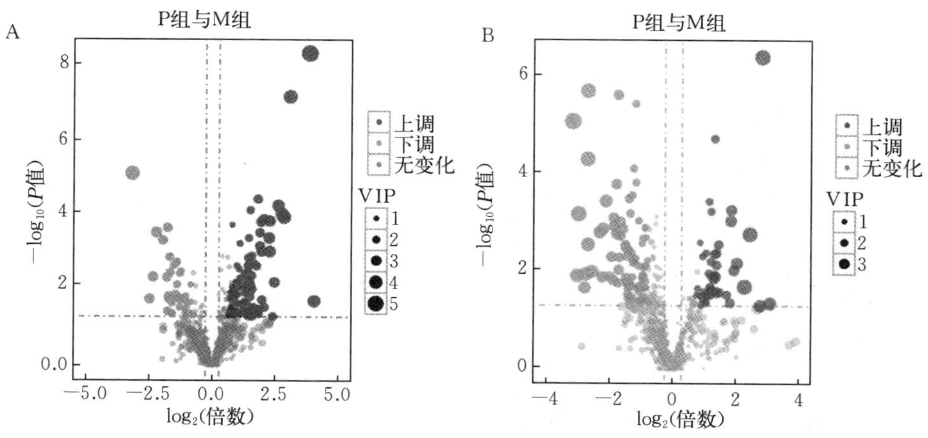

图 4-24　M组和P组差异代谢物火山图

A. 正离子模式　B. 负离子模式

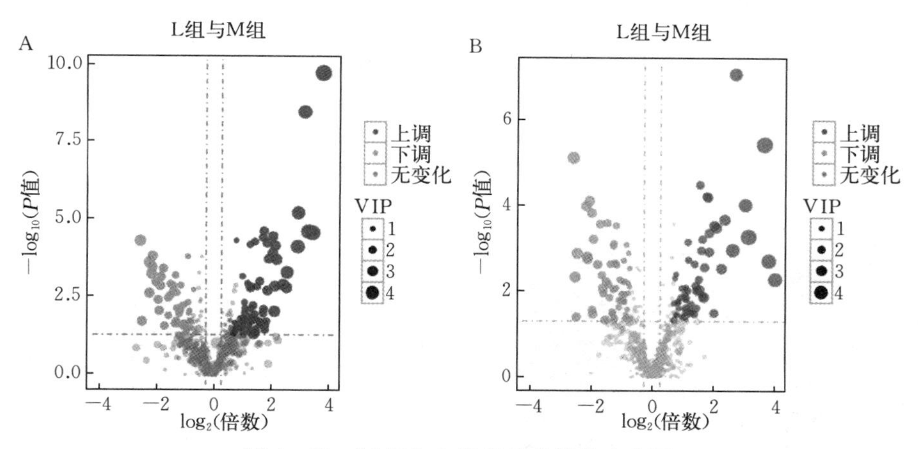

图 4-25　M组和L组差异代谢物火山图

A. 正离子模式　B. 负离子模式

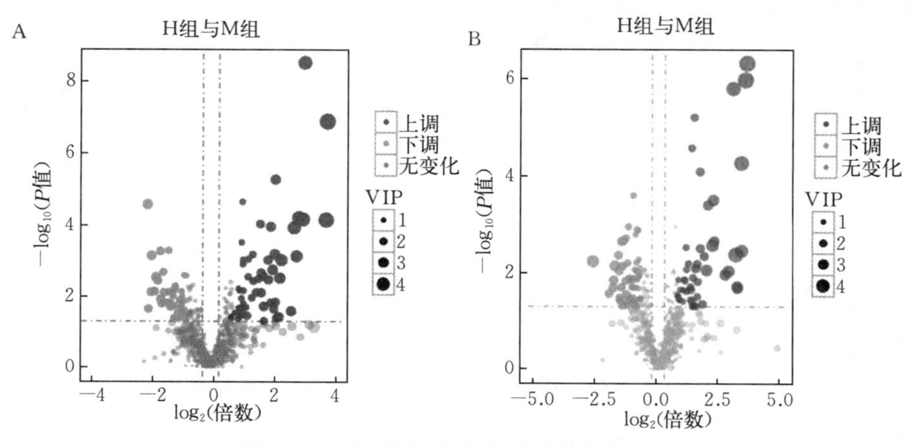

图 4-26　M组和H组差异代谢物火山图

A. 正离子模式　B. 负离子模式

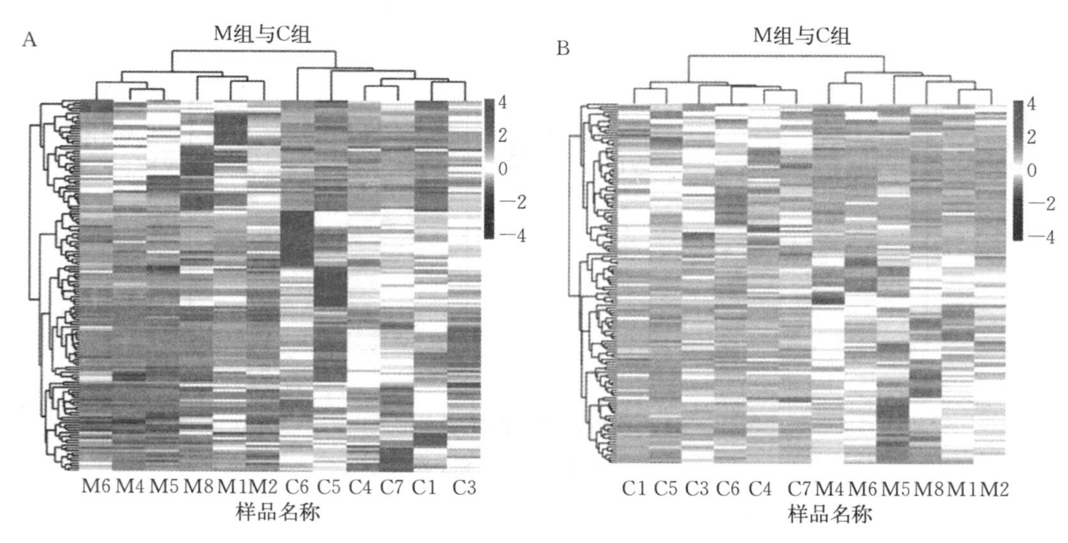

图 4-27 C 组和 M 组差异代谢物热图

A. 正离子模式 B. 负离子模式

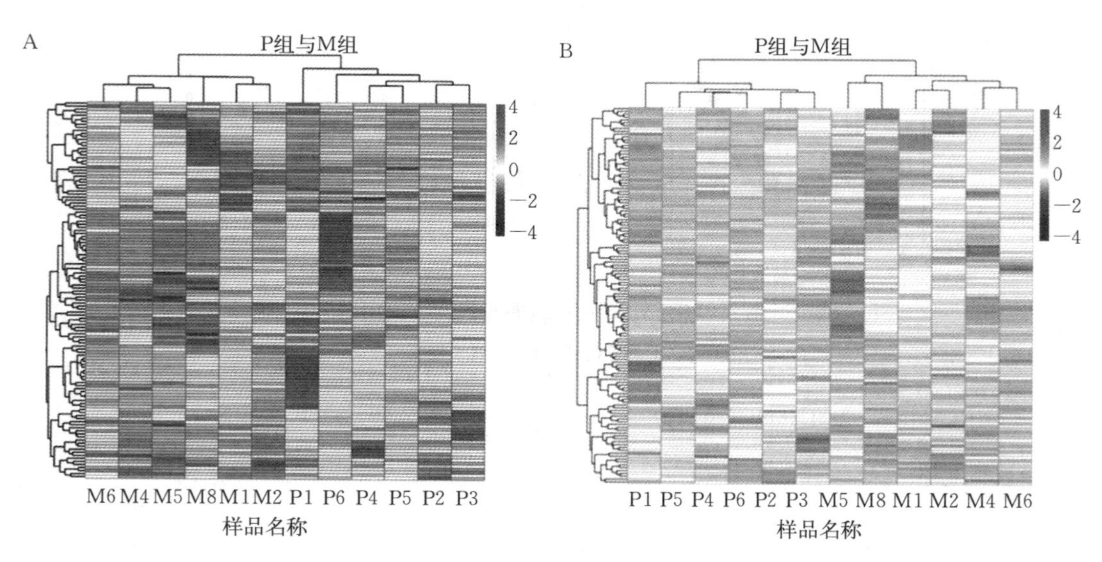

图 4-28 P 组和 M 组差异代谢物热图

A. 正离子模式 B. 负离子模式

为了明确黄芩素调控的 NAFLD 小鼠肝脏代谢物所涉及的代谢途径，将各比较组的差异代谢物在 KEGG 数据库进行比对聚类。与 C 组相比较，在正离子模式下，M 组中的差异代谢物主要富集于 11 条代谢途径（图 4-31A、彩图 35），在负离子模式下，则主要富集于 13 条代谢通路（图 4-31B），其中，初级胆汁酸生物合成（primary bile acid biosynthesis，$P=3.98\times10^{-2}$）和 α-亚麻酸代谢（alpha-

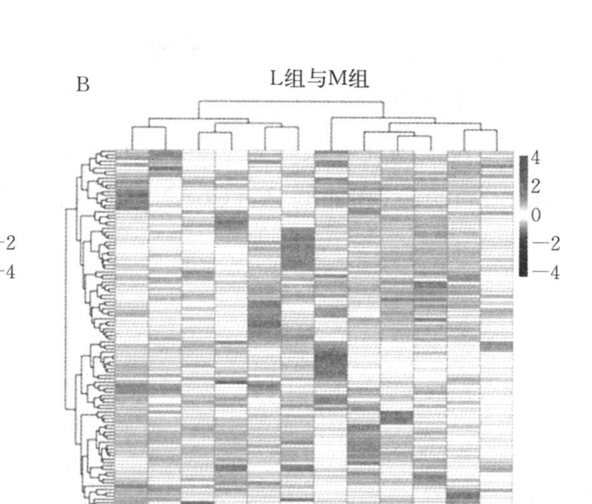

图 4-29　L 组和 M 组差异代谢物热图

A. 正离子模式　B. 负离子模式

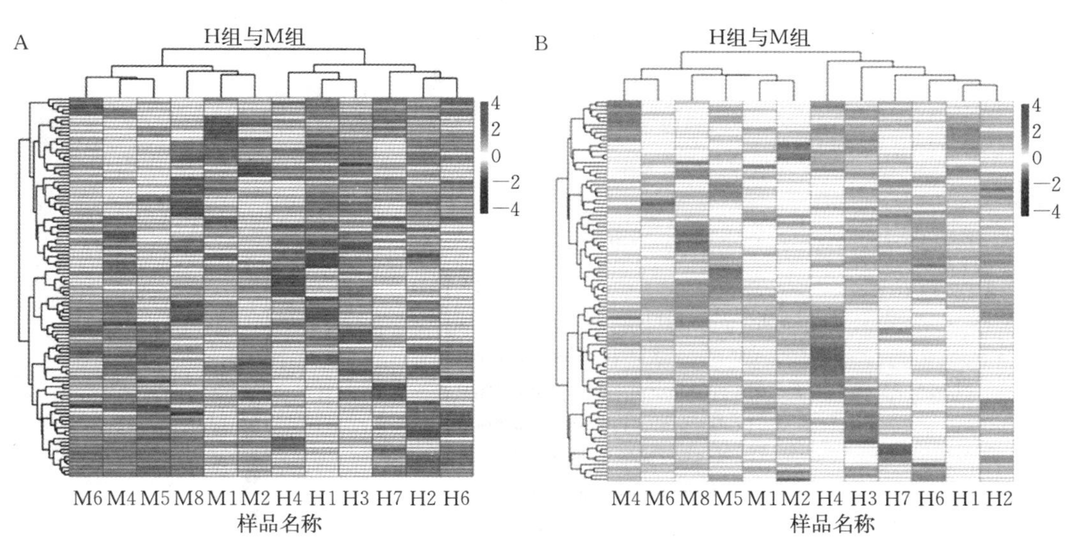

图 4-30　H 组和 M 组差异代谢物热图

A. 正离子模式　B. 负离子模式

Linolenic acid metabolism，$P=3.98\times10^{-2}$）最为显著。经水飞蓟宾（$P=5.73\times10^{-2}$）或黄芩素（$P=3.21\times10^{-2}$）治疗后，上述两个代谢通路均得以恢复到 C 组中的水平（图 4-32 至图 4-34）（彩图 36 至彩图 38）。此外，水飞蓟宾（$P=5.73\times10^{-2}$）和低剂量的黄芩素（$P=3.21\times10^{-2}$）均调控了 2-氧代羧酸代谢（2-Oxocarboxylic acid metabolism）（图 4-32、图 4-33）。高剂量的黄芩素影响了 2-氧代羧酸代谢（$P=1.91\times$

10^{-2}，正离子模式）、泛酸（pantothenate）和辅酶 A（CoA）的生物合成（$P=2.41\times10^{-2}$，负离子模式）以及胆汁分泌（bile secretion，$P=4.96\times10^{-2}$，负离子模式）（图 4-34）。因此，黄芩素可能主要调节了 α-亚麻酸代谢、2-氧代羧酸代谢、泛酸（pantothenate）和辅酶 A（CoA）的生物合成以及胆汁分泌。

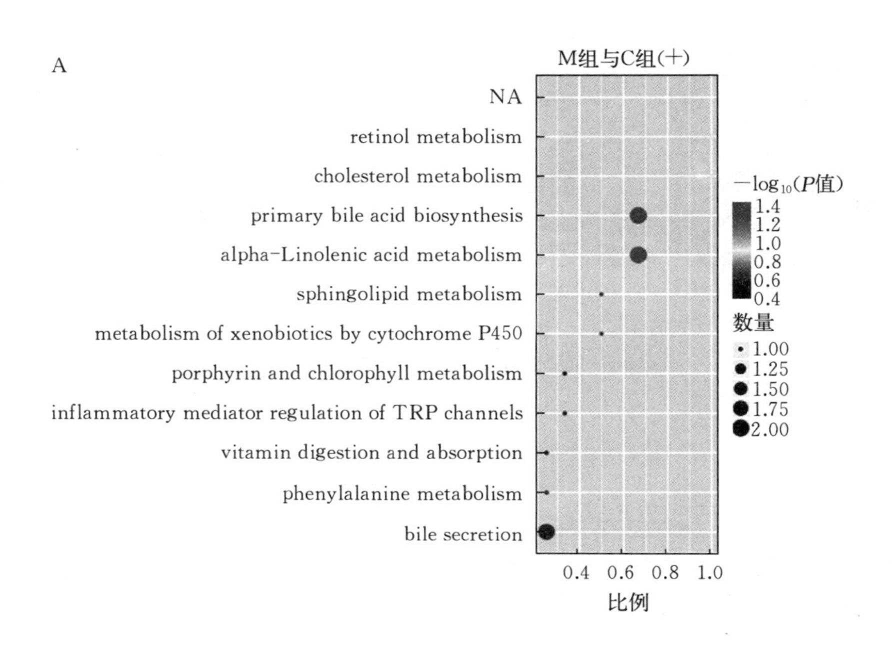

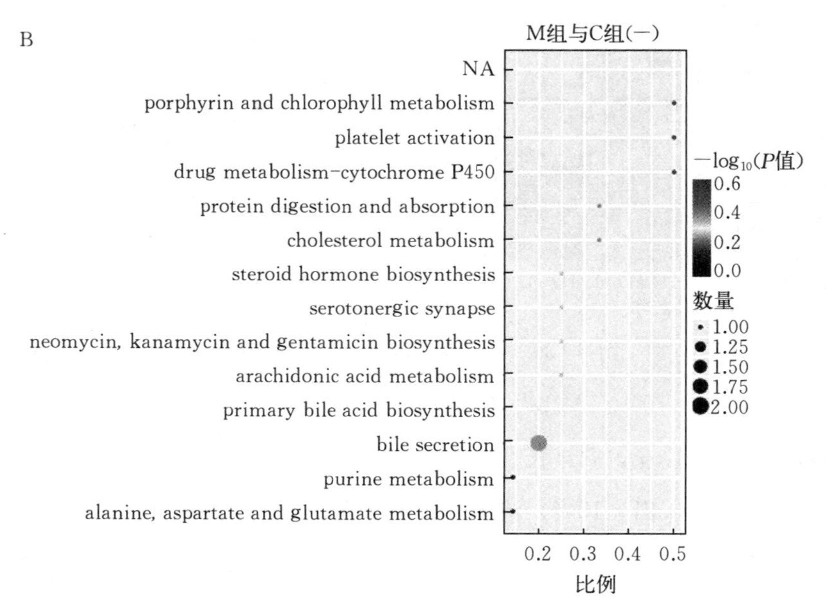

图 4-31　C 组和 M 组差异代谢物的 KEGG 通路聚类分析

A. 正离子模式　B. 负离子模式

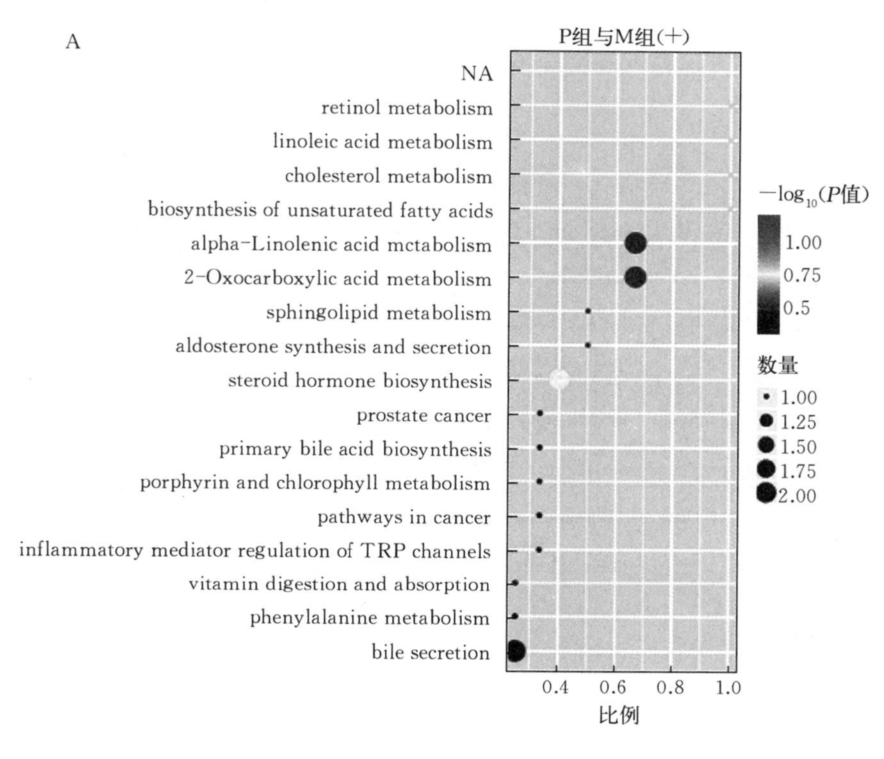

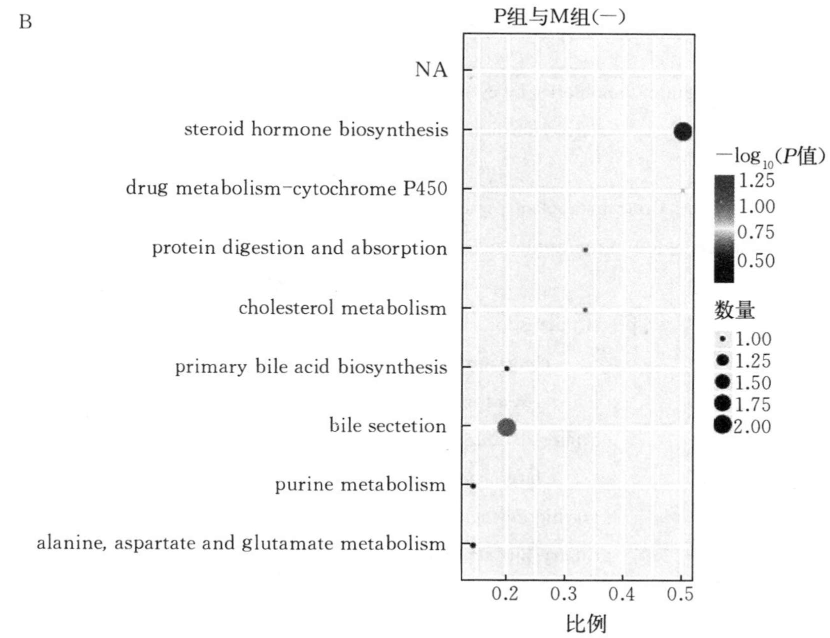

图 4-32　P 组和 M 组差异代谢物的 KEGG 通路聚类分析

A. 正离子模式　B. 负离子模式

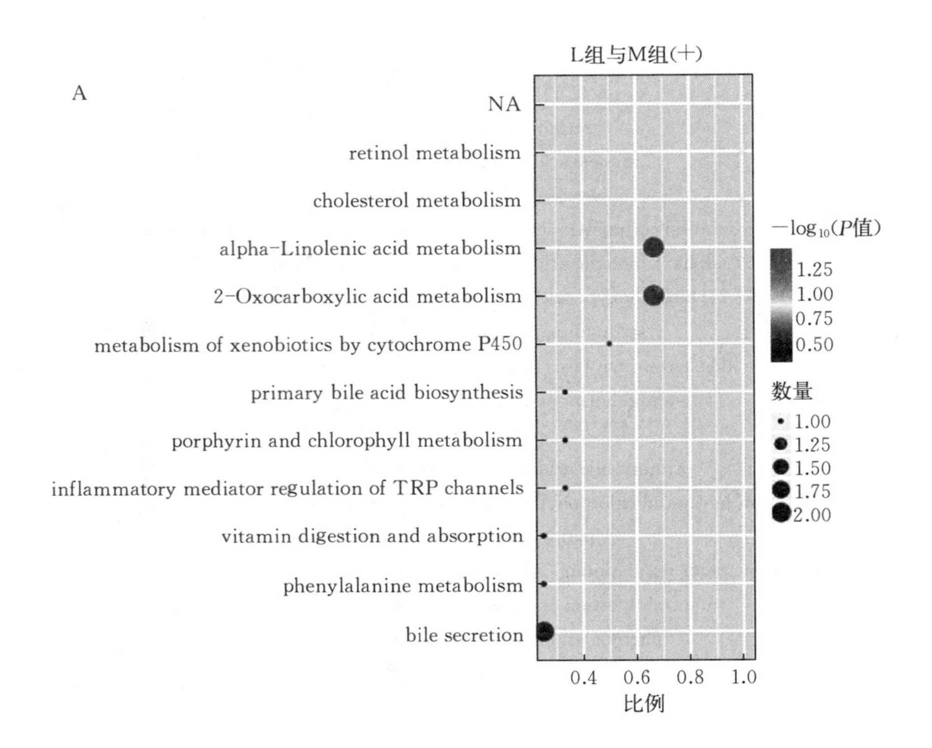

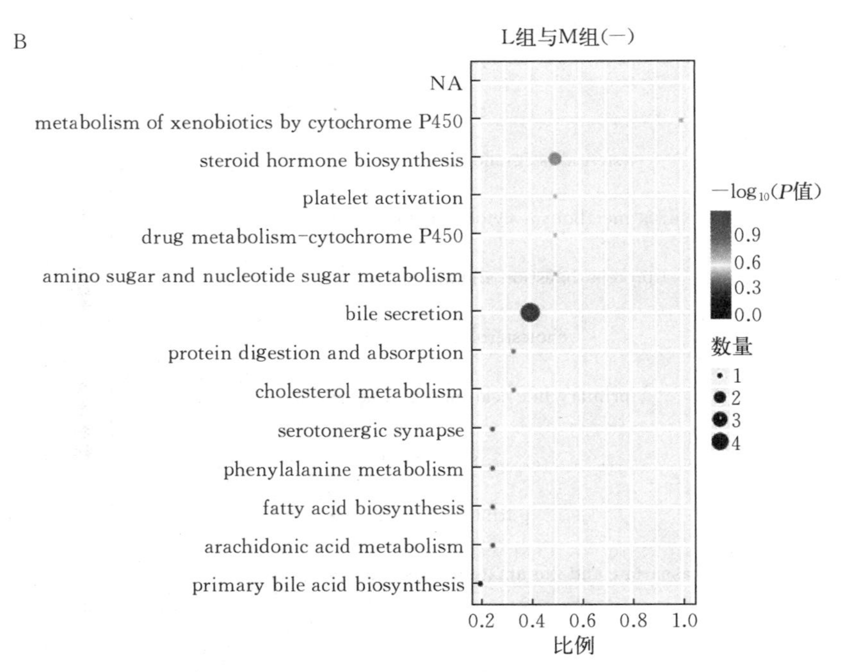

图 4-33 L组和M组差异代谢物的 KEGG 通路聚类分析

A. 正离子模式 B. 负离子模式

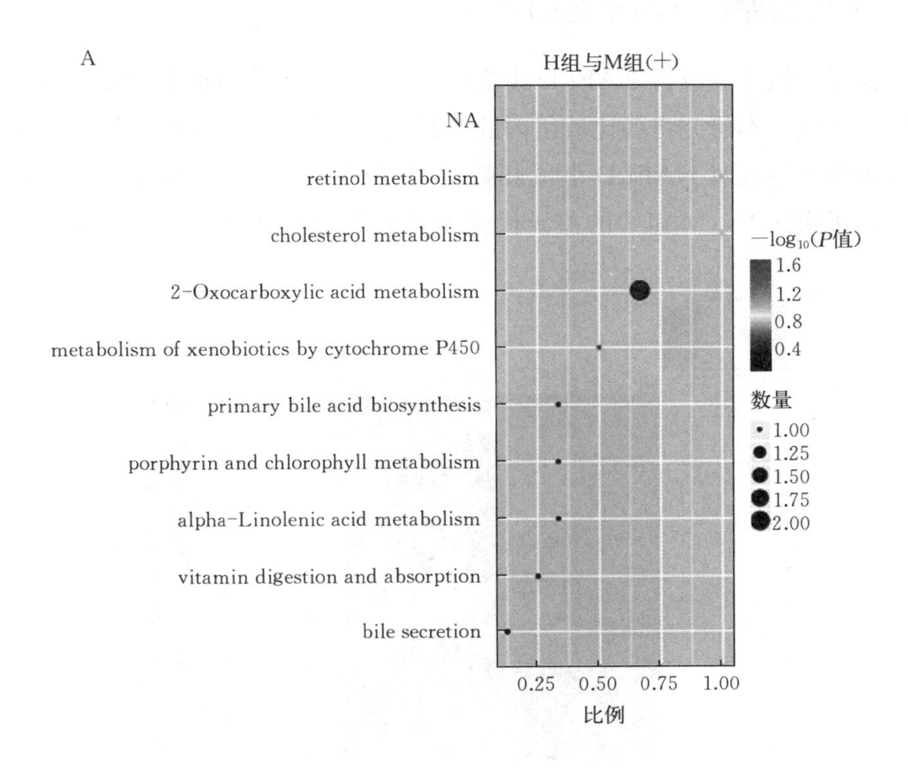

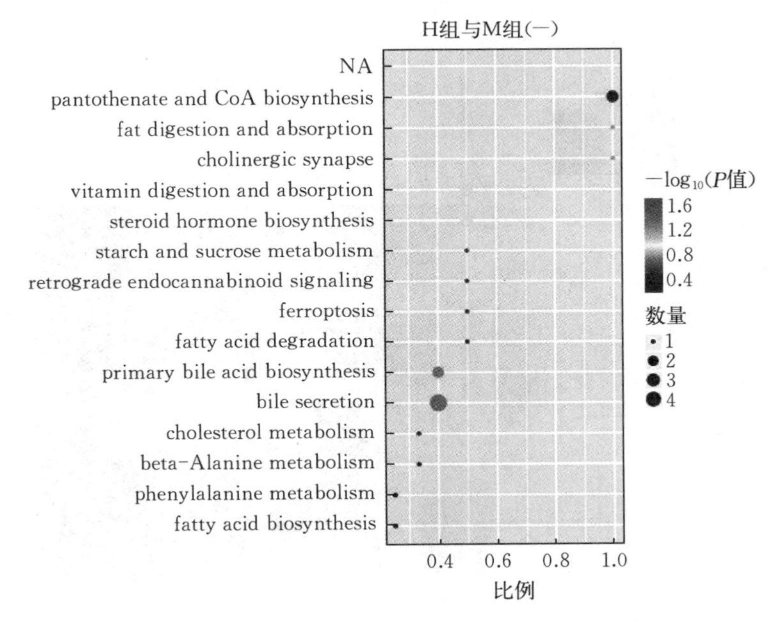

图 4-34　H 组和 M 组差异代谢物的 KEGG 通路聚类分析

A. 正离子模式　B. 负离子模式

五、肝脏代谢组和转录组的联合分析

为了探索在黄芩素改善 NAFLD 小鼠肝脏功能的过程中肝脏代谢途径与肝脏基因表达之间的关联，本研究将各比较组内的肝脏组织 DEG 和差异代谢物进行联合聚类分析，以阐明黄芩素对 NAFLD 小鼠肝脏转录组和代谢组的整体影响。与 C 组相比较，在正离子模式下，M 组中的差异代谢物和 DEG 相关性如图 4－35A 所示，对差

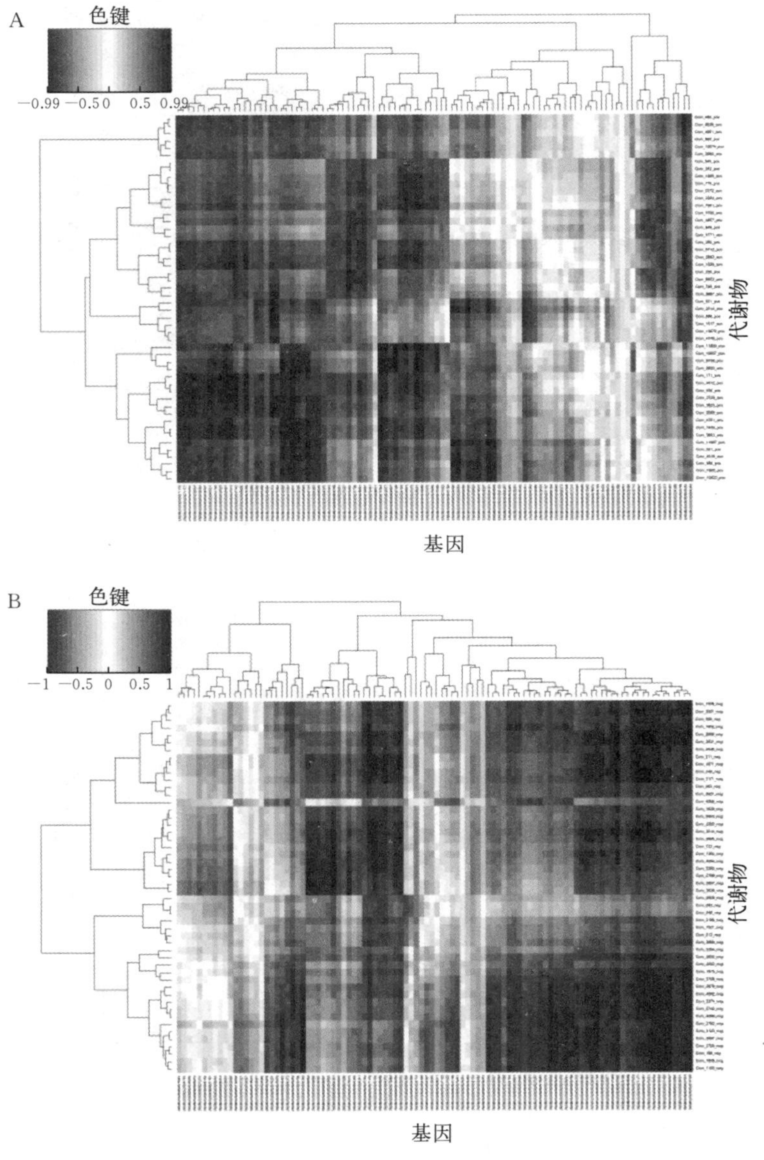

图 4－35　C 组和 M 组转录组和代谢组联合分析热图

A. 正离子模式　B. 负离子模式

异代谢物和 DEG 进行 KEGG 富集，获得 11 条显著聚类的通路，如初级胆汁酸生物合成、α-亚油酸代谢、视黄醇代谢、胆固醇代谢等（图 4-36A）；在负离子分析模式下，M 组中差异代谢物和 DEG 相关性如图 4-35B 所示，获得 12 条显著聚类的通路，包括卟啉代谢、血小板活化、药物代谢-细胞色素 P450、蛋白质消化和吸收、胆固醇代谢、类固醇激素生物合成等（图 4-36B）。在正离子模式下，与 M 相比较，P 组、L 组和 H 组中的 DEG 和差异代谢物的相关性如图 4-37A、图 4-39A 和图 4-41A 所示，经 KEGG 通路富集后，分别获得 17（图 4-38A）、11（图 4-40A）和 8（图 4-42A）条显著聚类的通路；在负离子分析模式下，与 M 组相比较，P 组、L 组和 H 组中的 DEG 和差异代谢物的相关性如图 4-37B、图 4-39B 和图 4-41B 所示，分别获得 8（图 4-38B）、13（图 4-40B）和 13（图 4-42B）条显著聚类的通路（彩图 39 至彩图 46）。其中，类固醇激素生物合成、胆固醇代谢、初级胆汁酸生物合成、胆汁分泌和药物代谢-细胞色素 P450 可能在黄芩素和水飞蓟宾改善 NAFLD 症状的过程中均发

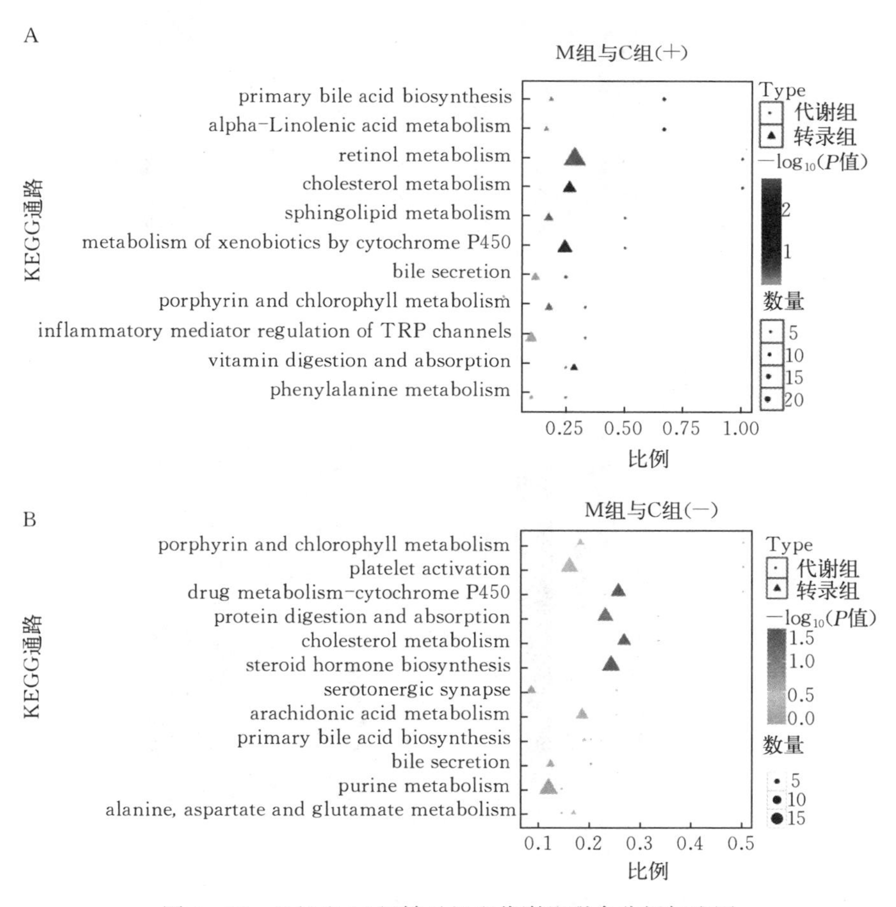

图 4-36　C 组和 M 组转录组和代谢组联合分析气泡图

A. 正离子模式　B. 负离子模式

挥重要作用。此外，低浓度黄芩素影响的2条代谢途径（包括蛋白质消化和吸收、血小板活化），在M组中也发生了改变。低剂量和高剂量的黄芩素都会影响脂肪酸的生物合成。除此之外，高剂量的黄芩素还调节一些不同的途径，如脂肪酸降解、脂肪消化和吸收、泛酸和辅酶A生物合成、维生素消化和吸收、β-丙氨酸代谢、铁死亡、淀粉和蔗糖代谢、胆碱能突触、退行内源性大麻素信号传导。

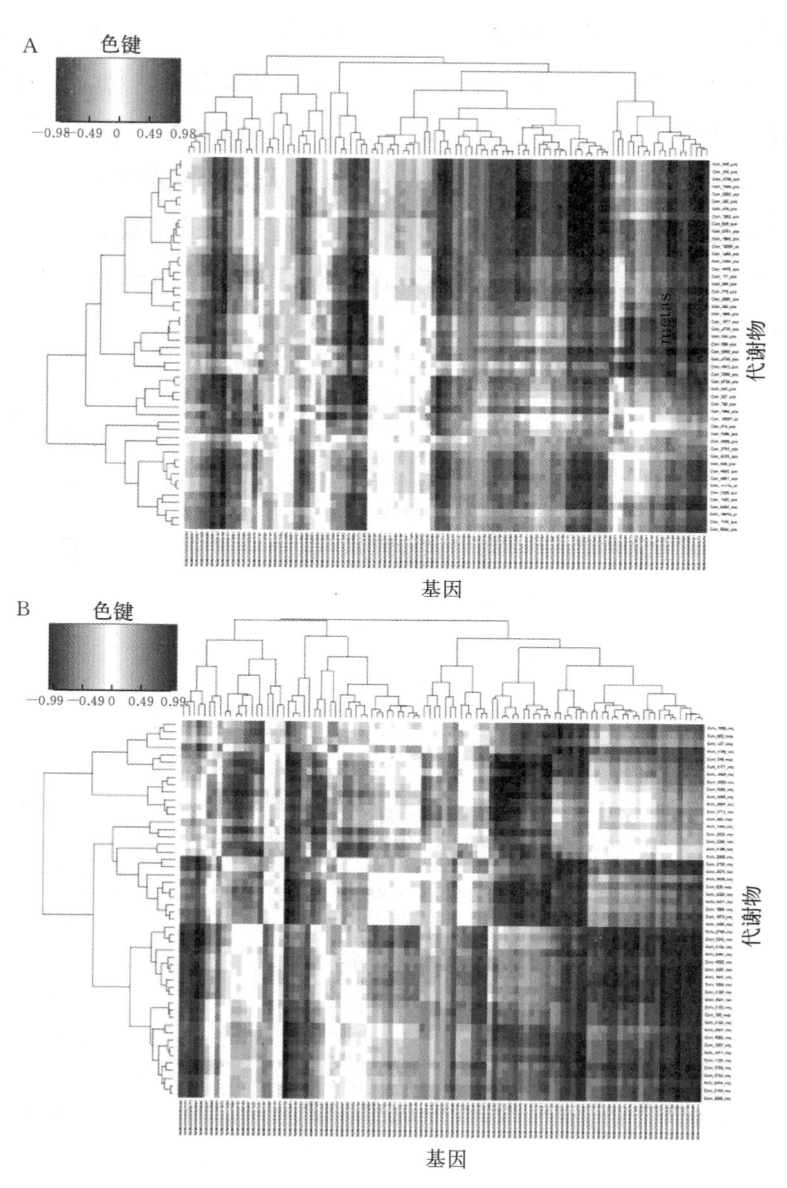

图4-37　P组和M组转录组和代谢组联合分析热图

A. 正离子模式　B. 负离子模式

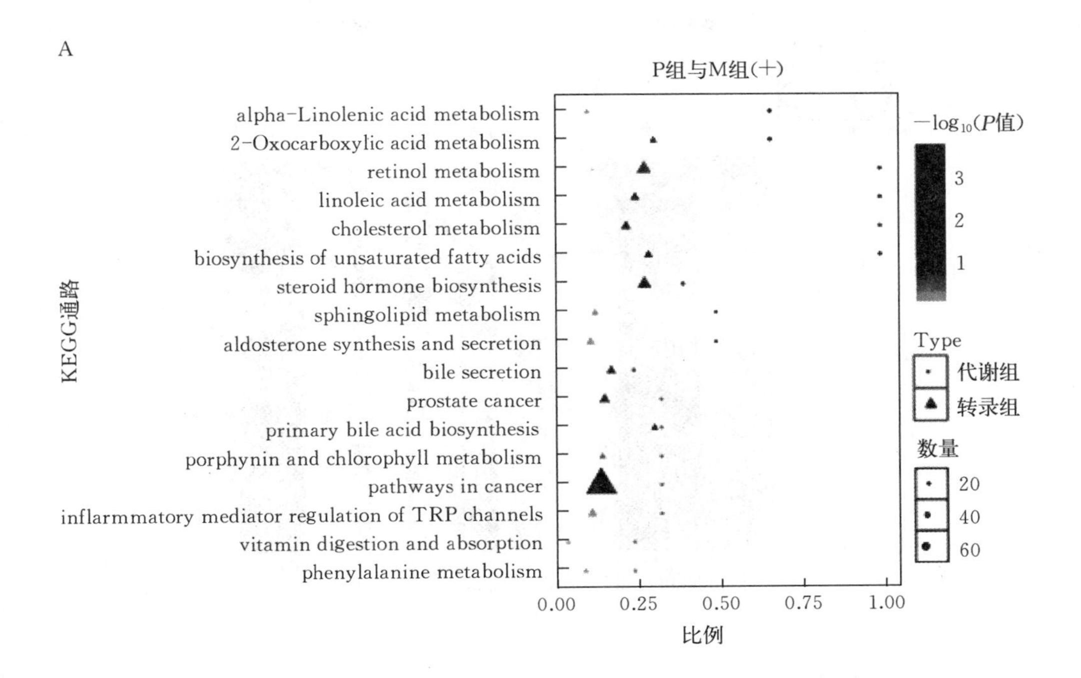

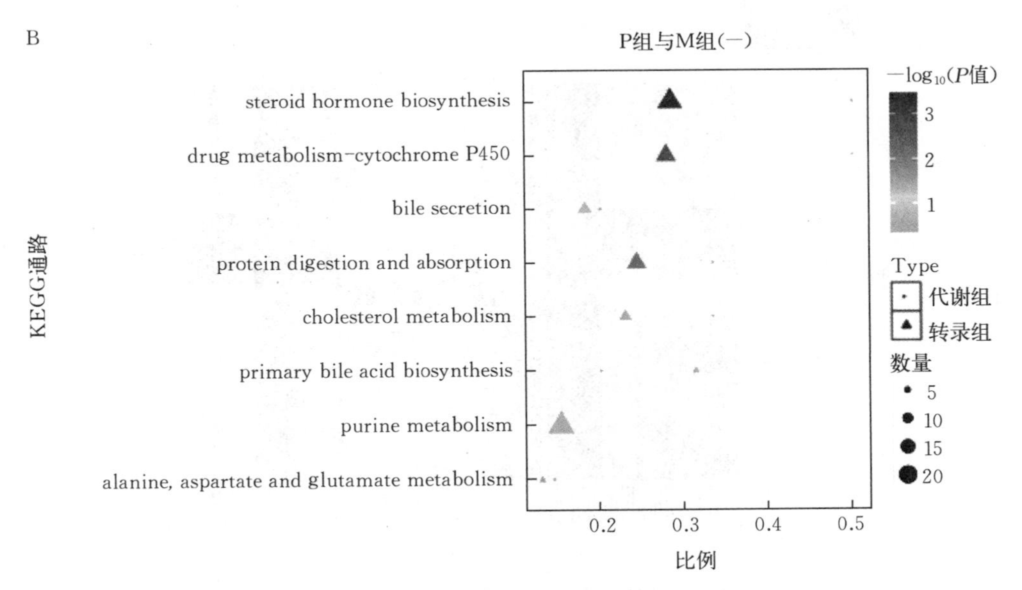

图 4-38　P组和M组转录组和代谢组联合分析气泡图

A. 正离子模式　B. 负离子模式

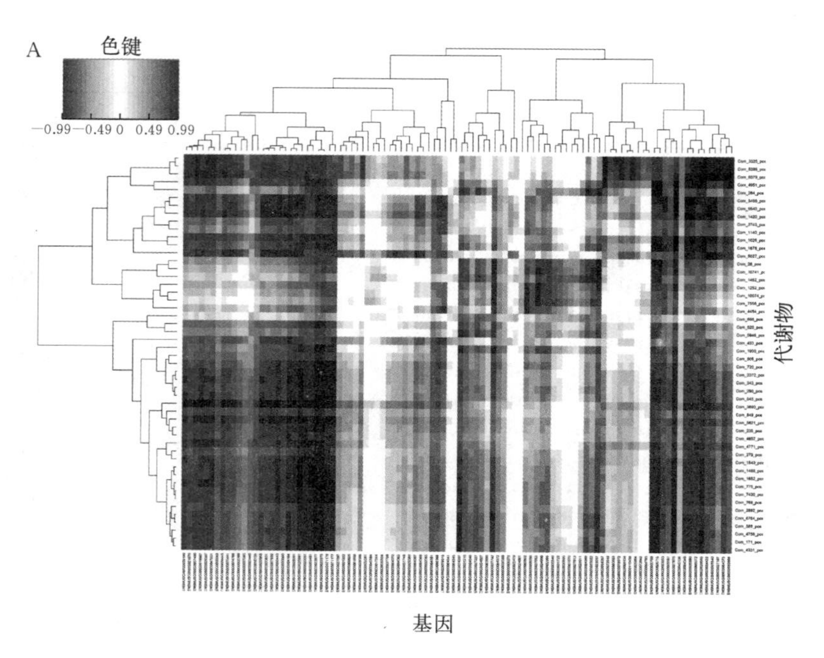

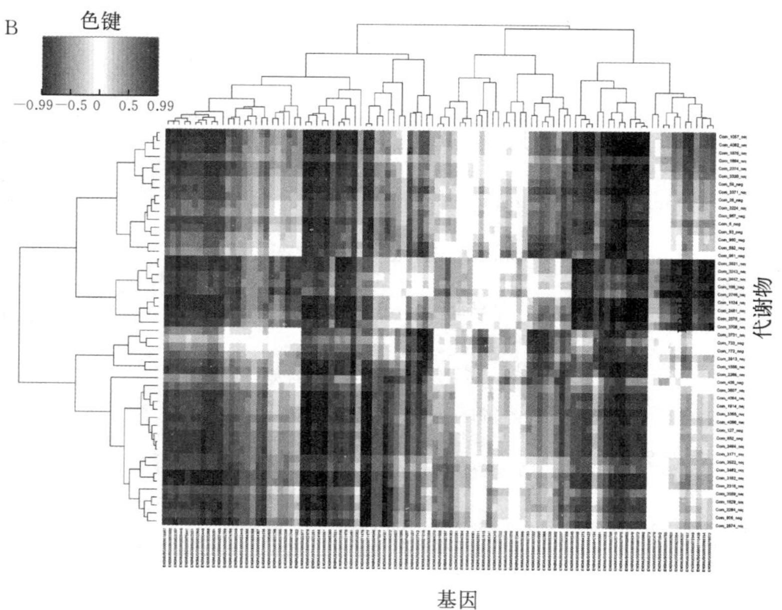

图 4-39 L组和M组转录组和代谢组联合分析热图

A. 正离子模式 B. 负离子模式

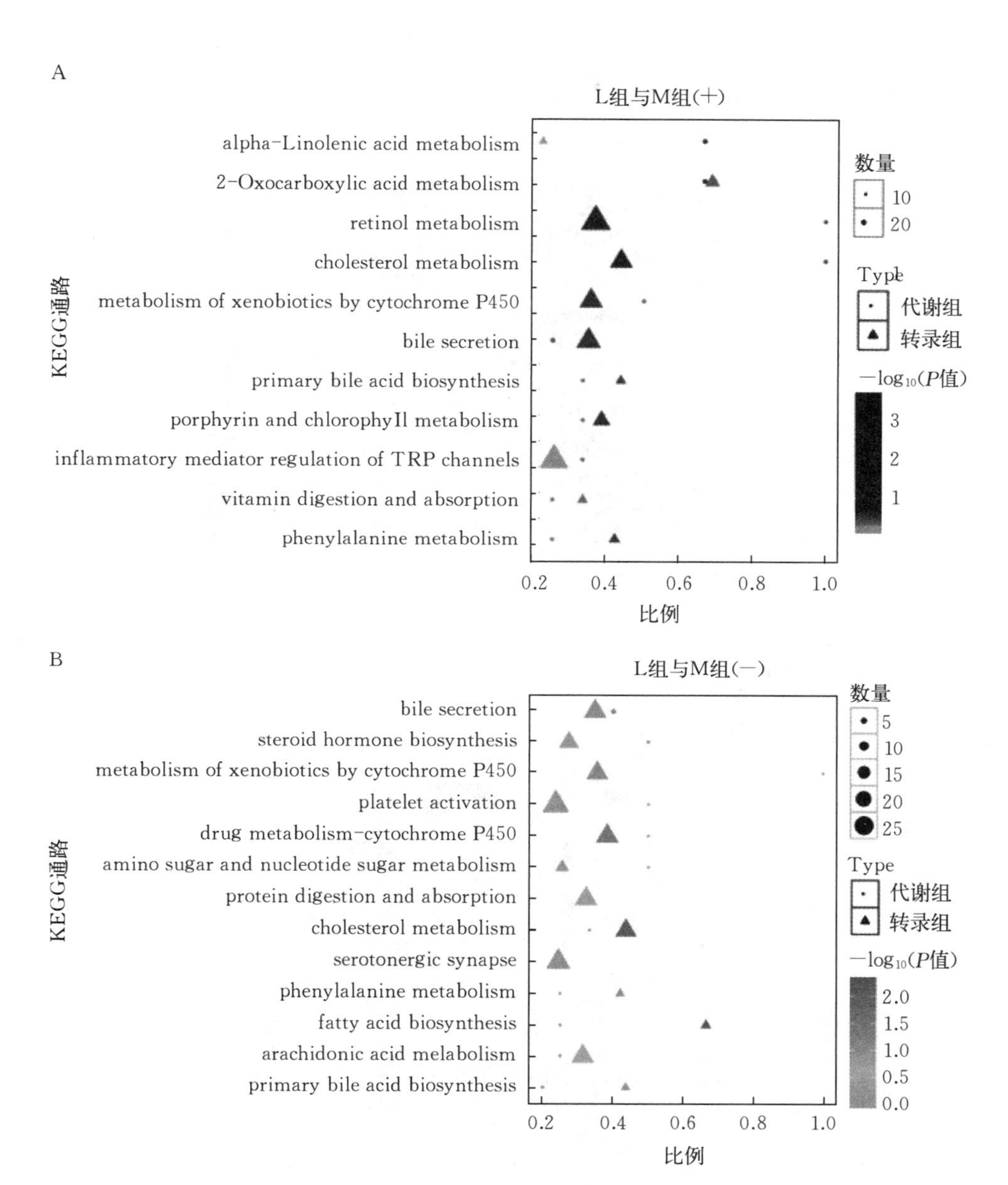

图 4-40　L组和M组转录组和代谢组联合分析气泡图

A. 正离子模式　B. 负离子模式

A 色键

−0.98 −0.49 0 0.49 0.98

代谢物

基因

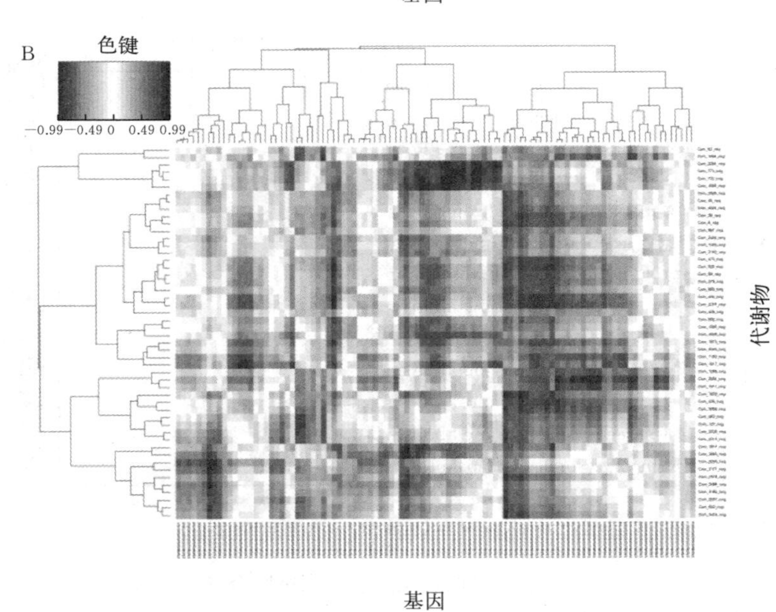

图 4-41　H 组和 M 组转录组和代谢组联合分析热图

A. 正离子模式　B. 负离子模式

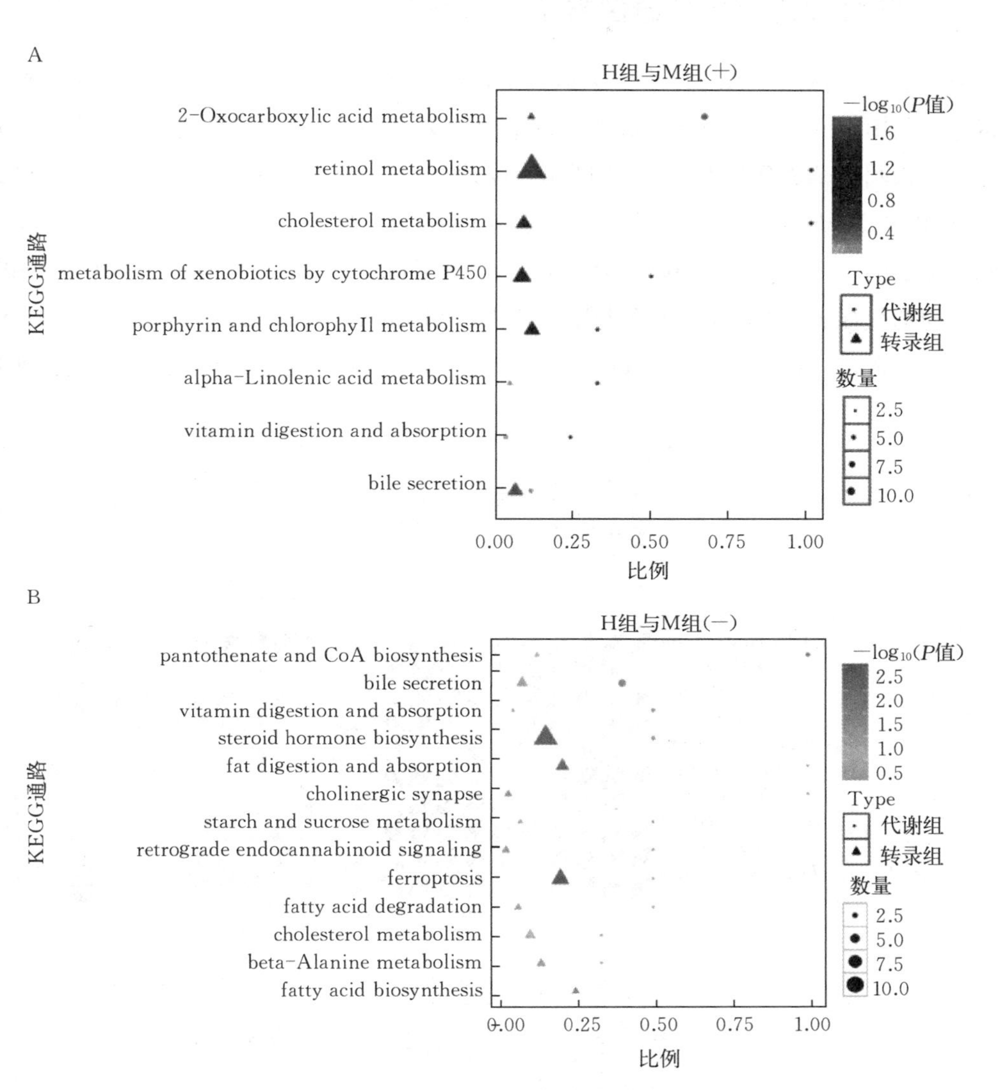

图 4-42　H 组和 M 组转录组和代谢组联合分析气泡图

A. 正离子模式　B. 负离子模式

综上所述，黄芩素主要影响与胆汁酸的生物合成和分泌相关的途径，如胆固醇代谢和类固醇激素生物合成，以及与脂肪酸降解、脂肪消化和吸收等脂质代谢相关的途径。图 4-10 所示的实时定量 PCR 结果中，*Apoa4* 在脂肪消化和吸收、胆固醇代谢和动脉粥样硬化中发挥作用；*Pla2g12a* 在甘油磷脂代谢、醚脂代谢、花生四烯酸代谢、亚油酸代谢和脂肪消化吸收中发挥作用；*Elovl7*、*Slc27a4*、*Hilpda* 和 *Fabp4* 都参与脂质代谢。因此，转录组和代谢组的联合分析结果与上文中的实时定量 PCR 结果一致。

六、肝脏代谢组与肠道菌群结构的联合分析

为了进一步探索 NAFLD 小鼠肠道微生物群和肝脏代谢组之间的潜在关联，根据丰度高低，利用 Pearson 法分析了每个比较组内前 20 个差异代谢物和前 10 个差异菌属的相关性。如图 4－43 至图 4－46（彩图 47 至彩图 50）所示，在正离子模式下，与 C 组相比，M 组中 *Lachnoclestridium* 的丰度与除 patidegib（Com _ 8536 _ pos）、尿胆素原（urobilinogen）（Com _ 665 _ pos）和 13－deoxytedanolide（Com _ 480 _ pos）以外的 17 种代谢物均呈显著负相关；2－羟基丙烯胺（2－Hydroxyimipramine）（Com _ 7430 _ pos）和 L－麦角硫因（L－Ergothioneine）（Com _ 171 _ pos）在 C 组中的含量分别降至

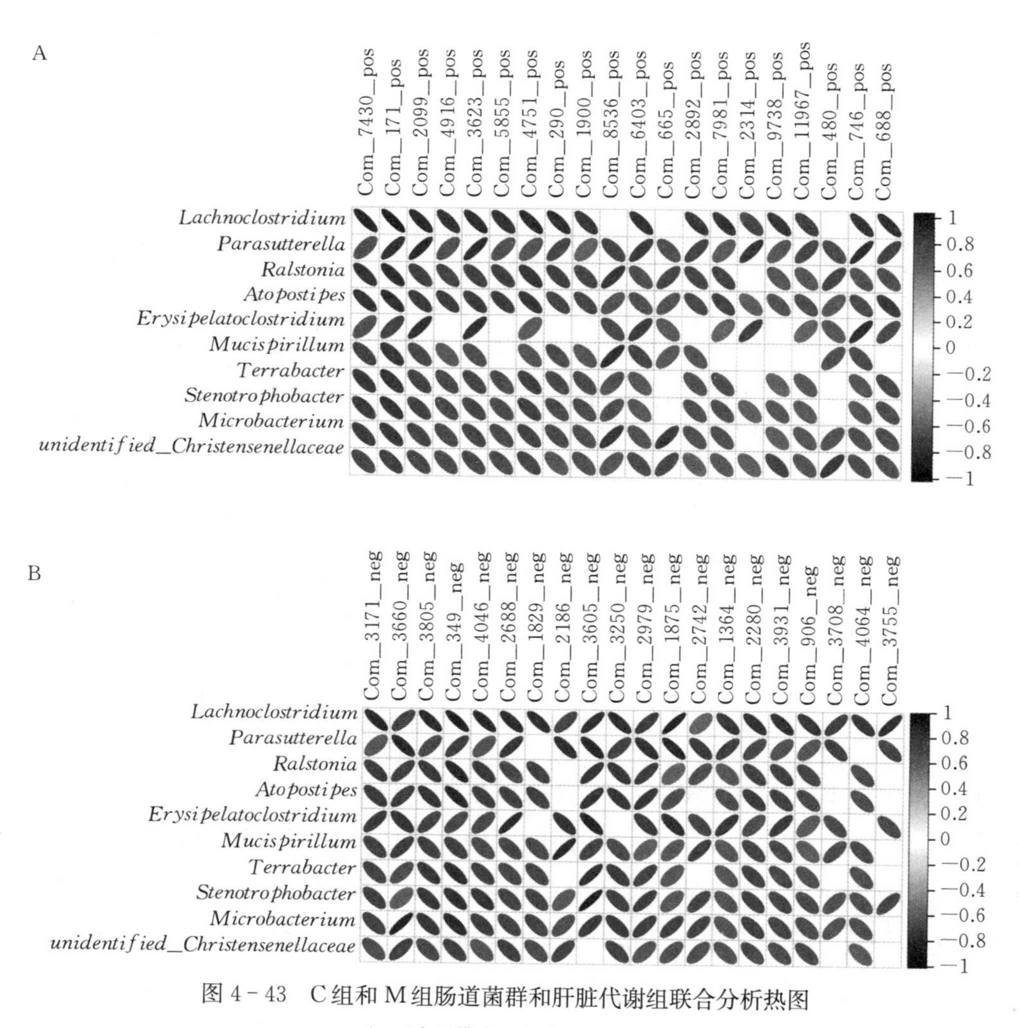

图 4－43 C 组和 M 组肠道菌群和肝脏代谢组联合分析热图

A. 正离子模式 B. 负离子模式

注：蓝色代表正相关，红色代表负相关

4%和2%以下，分别与副萨特氏菌（*Parasutterella*）（r=0.665和r=0.822）及丹毒荚膜菌属（*Erysipelatoclostridium*）（r=0.657和r=0.739）呈正相关，与以下菌属呈负相关：*Lachnoclostridium*（r=−0.83和r=−0.857）、微杆菌属（*Microbacterium*）（r=−0.718和r=−0.736）、罗尔斯通菌（*Ralstonia*）（r=−0.755和r=−0.774）、*Atopostipes*（r=−0.752和r=−0.773）、牧斯皮氏菌属（*Mucispirillum*）（r=−0.697和r=−0.72）、地杆菌（*Terrabacter*）（r=−0.717和r=−0.738）、寡养单胞菌属（*Stenotrophobacter*）（r=−0.716和r=−0.739）和未确定的克里斯滕森菌（unidentified_*Christensenellaceae*）（r=−0.682和r=−0.703）；Patidegib（Com_8536_pos）与副萨特氏菌（*Parasutterella*）和丹毒荚膜菌属（*Erysipelatoclostridium*）呈负相关，与罗尔斯通菌（*Ralstonia*）、*Atopostipes*、牧斯皮氏菌属（*Mucispirillum*）、地杆菌（*Terrabacter*）、寡养单胞菌属（*Stenotrophobacter*）、微杆菌属（*Microbacterium*）和未确定的克里斯滕森菌（unidentified_*Christensenellaceae*）均呈正相关（图4-43A）。在负离子模式下，与C组相比较，M组中的3-（4-Hydroxy-1，3-benzothiazol-6-yl）alanine（Com_3171_neg）仅与副萨特氏菌（*Parasutterella*）和*Erysipelatoclostridium*呈正相关，与其他8种菌属均呈负相关；与之相反，6alpha-hydroxy-6-deoxocastasterone（Com_3660_neg）与*Parasutterella*和丹毒荚膜菌属（*Erysipelatoclostridium*）呈负相关，与其他8种菌属均呈正相关（图4-43B）。

经水飞蓟宾治疗后，本研究分析了5个菌属与10个代谢物之间的相关性。在正离子模式下，2-羟基丙烯胺（2-Hydroxyimipramine）（Com_7430_pos）和L-麦角硫因（L-Ergothioneine）（Com_171_pos）均与未知的瘤胃球菌（*unidentified_Ruminococcaceae*）和未确定的梭状芽孢杆菌（*unidentified_Clostridiales*）呈正相关，与寡养单胞菌属（*Stenotrophobacter*）、*Lachnoclostridium*和微杆菌属（*Microbacterium*）呈负相关（图4-44A）；在负离子模式下，3-（4-Hydroxy-1，3-benzothiazol-6-yl）alanine（Com_3171_neg）与未知的瘤胃球菌（*unidentified_Ruminococcaceae*）和未知的梭状芽孢杆菌（*unidentified_Clostridiales*）呈正相关，与寡养单胞菌属（*Stenotrophobacter*）、*Lachnoclostridium*和微杆菌属（*Microbacterium*）呈负相关。与之相反，愈创木酚硫酸盐（guaiacol sulfate）（Com_1664_neg）与未知的瘤胃球菌（*unidentified_Ruminococcaceae*）和未知的梭状芽孢杆菌（*unidentified_Clostridiales*）呈负相关，与寡养单胞菌属（*Stenotrophobacter*）和微杆菌属（*Microbacterium*）呈正相关（图4-44B）。

如图4-45和4-46所示，黄芩素治疗明显调节了2-羟基丙烯胺（2-Hydroxyimipramine）和L-麦角硫因（L-Ergothioneine）的水平。在L组中，二者与

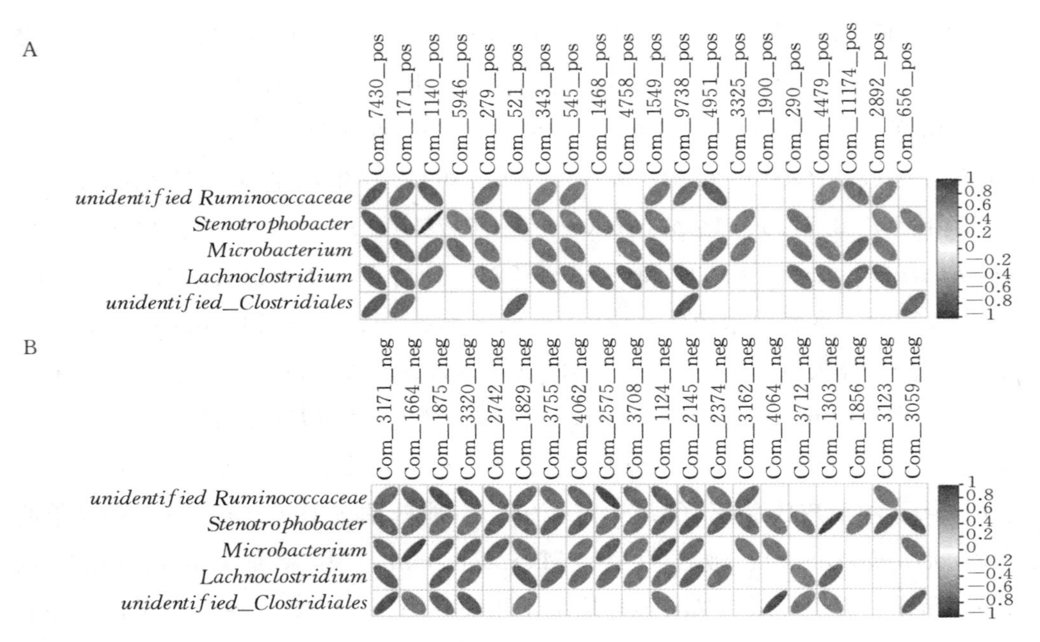

图 4-44　P组和M组肠道菌群和肝脏代谢组联合分析热图

A. 正离子模式　B. 负离子模式

注：蓝色代表正相关，红色代表负相关

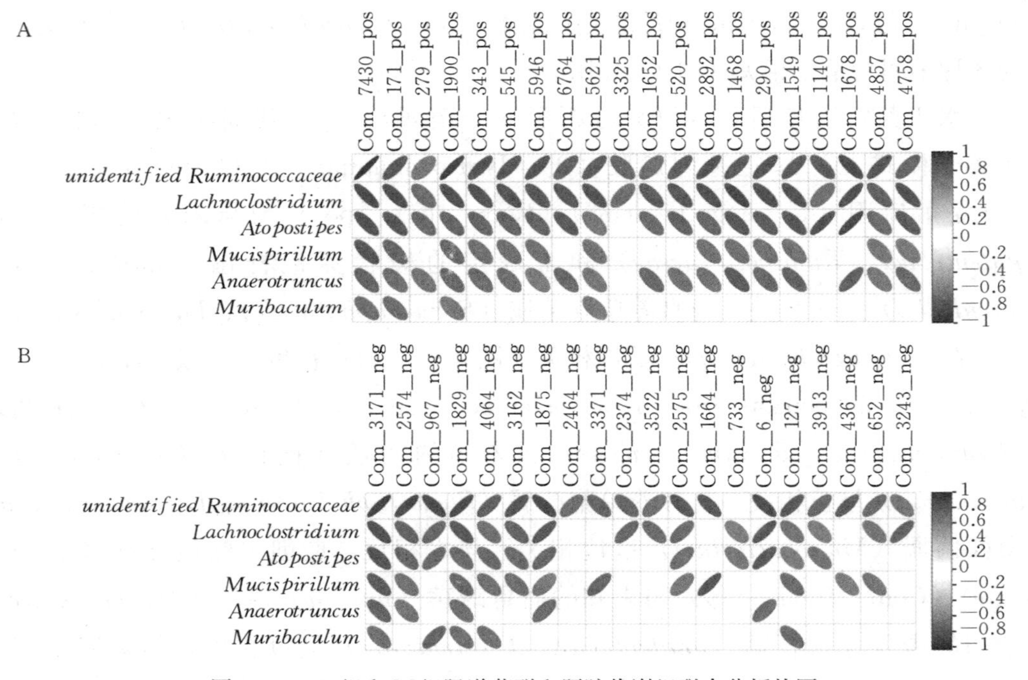

图 4-45　L组和M组肠道菌群和肝脏代谢组联合分析热图

A. 正离子模式　B. 负离子模式

注：蓝色代表正相关，红色代表负相关

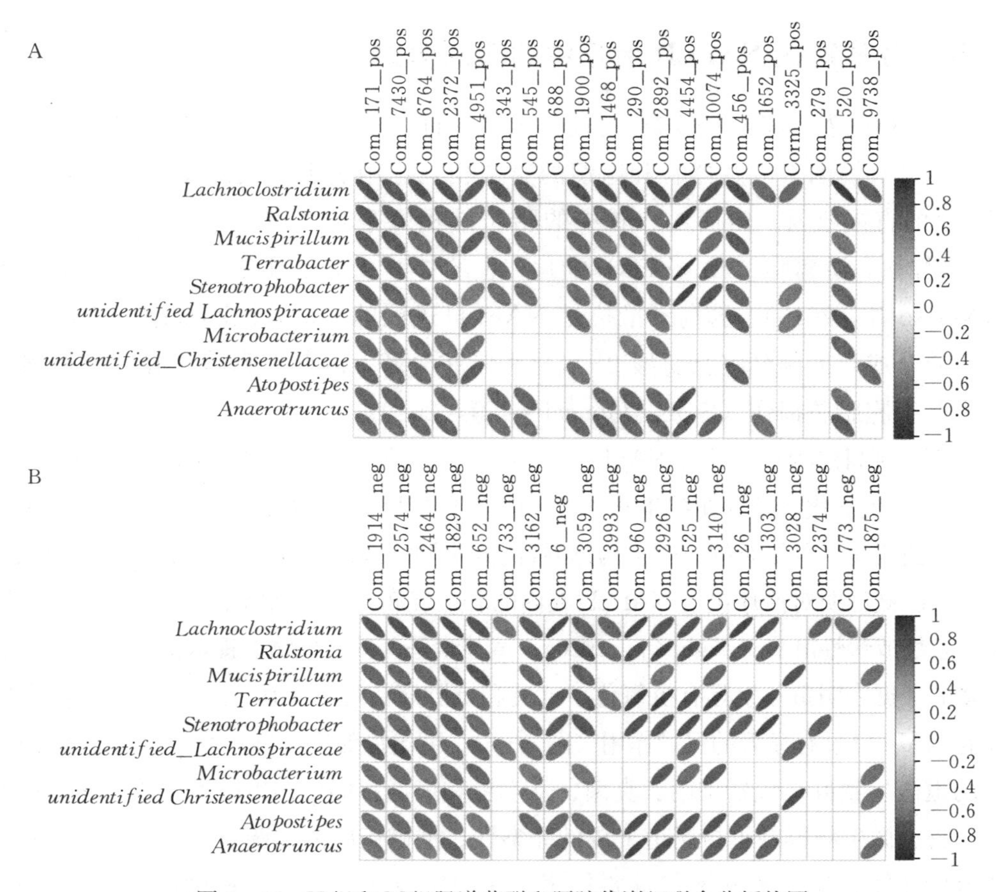

图 4-46　H组和M组肠道菌群和肝脏代谢组联合分析热图

A. 正离子模式　B. 负离子模式

注：蓝色代表正相关，红色代表负相关

Lachnoclostridium、*Atopostipes*、*Mucispirillum*、*Anaerotruncus* 和 *Muribaculum* 菌群呈负相关，但与未知的瘤胃球菌（*unidentified _ Ruminococaceae*）呈正相关（图 4-45A）。然而，在 H 组中，二者与 *Lachnoclostridium*、*Ralstonia*、*Mucispirillum*、*Terrabacter*、*Stenotrophobacter*、*unidentified _ Lachnospiraceae*、*Microbacterium*、*unidentified _ Christensenellacae*、*Atopospipes* 和 *Anaerotruncus* 呈负相关（图 4-46A）。值得注意的是，在 L 组和 H 组中，*Lachnoclostridium*、*Atopostipes*、*Mucispirillum* 和 *Anaerotruncus* 的丰度均显著降低，在 M 组中，前三个菌属丰度均增加（图 4-11）。在负离子模式下也观察到了类似结果（图 4-45B、图 4-46B）。L-麦角硫因（L-Ergothioneine）是一种具有抗氧化活性的代谢物，可保护肝脏免受脂质过氧化，并参与组氨酸代谢。上述试验结果表明，L-麦角硫因（L-Ergothioneine）的丰度受黄芩素调控的一些微生物属的影响。因此，黄芩素可能通过调节 NAFLD 小鼠肠道微生物群的生态结构来影响肝脏中的脂质代谢。

七、黄芩素在 NAFLD 治疗中的应用潜力

NAFLD 的发病机制很复杂。目前，“多重打击模式”是一种被广泛接受的理论。遗传缺陷、环境因素以及器官和组织的异常相互作用引起的代谢功能障碍被认为是 NAFLD 的直接原因。然而，肝脏中的脂肪堆积似乎是“第一个打击”（Fang 等，2018）。甘油和游离脂肪酸（FFA）酯化产生的甘油三酯是肝脏中积累的主要脂肪形式（Musso 等，2013）；胰岛素抵抗是 NAFLD 进展的关键阶段和危险因素，可促进肝脏脂质合成，抑制肝脏脂肪酸 β-氧化和脂肪分解。因此，脂质在肝脏中积累，最终发生肝细胞脂肪损伤（Stols - Gonçalves 等，2019）。

然而，到目前为止，针对 NAFLD 的治疗方法非常有限，主要包括改变生活方式（饮食和运动）、抗氧化治疗（如维生素 4，一种维生素 D 类似物）、调节身体代谢和脂质调节。水飞蓟宾是一种复杂的黄酮异构体混合物，即水飞蓟宾、异水飞蓟宾、水飞蓟碱和水飞蓟苷，已被证明对治疗包括 NAFLD 在内的肝脏疾病有效。临床上，水飞蓟宾已广泛用于治疗急性或慢性肝炎（Tighe 等，2020）。黄芩素是一种从植物中提取的天然类黄酮。越来越多的证据表明黄芩素具有抗氧化、抗炎和抗肿瘤活性。本研究证明，黄芩素对 HFD 诱导的 NAFLD 具有显著的保护作用（图 4 - 2）。就治疗效果而言，黄芩素强于水飞蓟宾。

肠道微生物群，包括细菌、真菌、寄生虫和病毒，栖息在胃肠道。越来越多的证据表明，肠道微生物群在维持肠道上皮的完整性、抵御病原体、调节宿主免疫、获取能量和调节新陈代谢等方面发挥着重要作用。在健康成年人中，厚壁菌门（Firmicutes）、拟杆菌门（Bacteroidetes）、放线菌门（Actinobacteria）和变形菌门（Proteobacteria）是数量最多的 4 个门，这些细菌门的丰度通常与一些病理条件有关。在 NAFLD 中，微生物多样性通常降低，变形杆菌门和拟杆菌门、肠杆菌科和大肠杆菌属物种的相对丰度增加，厚壁菌门和普雷沃菌科物种的相对丰度降低。脂多糖（LPS）易位增加，肠道微生物群产生的短链脂肪酸（SCFA）减少，内源性乙醇的产生增加，然后发生炎症。Le 等（2013）认为，肠道菌群移植可转移疾病表型和肝脂肪变性。肠道微生物群组成的改变影响了与代谢过程和炎症发作相关的肠道和肝脏基因的表达（Membrez 等，2008）。本研究发现，与对照组相比，NAFLD 小鼠肠道微生物群的组成发生了显著变化，灌胃黄芩素后，ACE 指数、Chao1 指数、Shannon 指数和 Simpson 指数显示，小鼠肠道菌群多样性出现了一定程度的降低。有研究表明，黄芩素具有一定的抑菌活性，如金黄色葡萄球菌（云宝仪等，2012）；黄芩素能够显著抑制大鼠体内的耐甲氧西林金黄色葡萄球菌（MRSA），和利奈唑胺（linezolid）联合使用则效果更明显（Liu 等，2020）。因此，灌胃黄芩素可能抑制了肠道中的部分细菌类群的生长，导致菌群多样性出现下降的情况。一般来说，抗菌药物的使用会降低细

菌多样性和丰度，肠道菌群组成的变化取决于药物类别、剂量、暴露时间、药理作用和目标细菌（Iizumi等，2017）。Dong等（2022）的研究表明，黄芩素可降低肠道菌群中与产气呈正相关的细菌类群的丰度，增加与产气呈负相关的细菌类群的丰度，从而在一定程度上降低阿卡波糖在治疗二型糖尿病中对肠道引起的副作用。因此，长期使用黄芩素是否会对肠道菌群结构造成不利影响，需要更多的试验予以揭示。然而，就部分细菌类群而言，黄芩素和水飞蓟宾的治疗可以恢复某些属的丰度，在水飞蓟宾和低剂量或高剂量黄芩素的治疗下，*Lachnoclostridium* 和牧斯皮氏菌属（*Mucispirillum*）均降低（图4-11）。在高脂肪/高胆固醇喂养的小鼠中，*Anaerotruncus* 和牧斯皮氏菌属（*Mucispirillum*）的丰度被证明增加，并与NAFLD相关的肝细胞癌的发生有关（Zhang等，2021）。HFD组与炎症介导的肥胖相关的 *Lachnoclostridium* 相对丰度（Rondina等，2013）显著高于对照组，并与粪便中的果糖水平呈正相关（Jo等，2021）。因此，肠道微生物群可能是黄芩素对抗NAFLD的潜在治疗靶点。

近年来，肠-肝轴在多种肝脏疾病中的作用被越来越多的文献所报道。总的来说，肠道和肝脏呈现出双向互作的关系。肠道的屏障作用有助于营养物质的吸收，也防止了肠道微生物及其抗原进入到肠外空间。黏液层将肠道微生物与肠上皮细胞分隔开，但其屏障特性受肠道微生物群落影响（Jakobsson等，2015）。肠上皮细胞向肠腔分泌抗菌防御分子，同时作为物理屏障避免了活细菌和真菌的通过，但是允许小分子的通过，如SCFAs21（Turner，2009）。肠道中上皮内室、固有层和肠系膜淋巴结对于维持肠道稳态和免疫反应至关重要，如固有层中的M细胞和树突状细胞对存在于肠腔和固有层的微生物抗原发生反应，激活肠系膜淋巴结中的幼稚T细胞，触发适应性免疫应答，进而避免慢性炎症（Bacher等，2019）。肠道的大部分静脉血都会汇入门静脉，然后进入肝脏，肠道血管屏障可防止肠道微生物进入门静脉循环中。营养物质以及肠道微生物代谢产物会经门静脉进入肝脏，然后参与肝脏代谢途径，如肠道拟杆菌的细菌鞘脂进入肝脏，可促进小鼠体内的脂质β氧化作用，进而减少脂质积累（Le等，2022）。此外，肝脏也影响了肠道的功能，例如，肝细胞合成的胆汁富含免疫球蛋白、抑菌因子、胆汁酸等成分，可促进肠道中脂质的消化和吸收，同时发挥其抗菌作用，参与维持肠道微生物群落结构的动态平衡（Mouries等，2019），胆汁酸在肝脏和肠道的互作中发挥了重要作用。肠道微生物群落结构紊乱可能诱导肠道炎症，导致肠道屏障功能障碍，促进微生物相关分子（如脂多糖）进入肝脏和血液循环系统（Rahman等，2016）。本研究证实，与对照组相比较，NAFLD小鼠肝脏中胆汁酸的合成和分泌、脂肪酸的生物合成等脂质代谢途径发生了显著改变，而黄芩素干预则从一定程度上维持了这些通路的动态平衡，因此肠-肝轴可能是黄芩素发挥缓解NAFLD作用的重要药理机制，但是需要更深入的研究揭示其更为详细的分子基础。

肠道微生物群被认为是身体的一个重要“器官”，可以影响多种生理过程。Dao等认为，高脂肪饮食改变的肠道微生物群可以调节视网膜转录组，提出通过饮食-微生物组-视网膜轴来揭示饮食如何影响视网膜疾病的发病机制和严重程度（Dao等，2021）。另一研究表明，通过转录组分析，来自年轻供体的肠道微生物群可以重新编程泪腺的昼夜节律时钟（Jiao等，2021）。一项关于NAFLD的研究表明，适当补充WLT（一种含有芍药根、甘草、葡萄籽和西兰花提取物的植物性膳食补充剂）可以调节肠道微生物组成，降低肠道通透性和肝脏炎症，然后预防NAFLD（Chen等，2021）。因此，肠道微生物群可以影响包括肝脏在内的多种组织的基因表达，进而在人类疾病中发挥调节作用。在这项研究中，研究者发现与对照小鼠相比，NAFLD小鼠的肠道微生物组成发生了显著变化，黄芩素可以恢复某些细菌的相对丰度。基于对肝脏转录组的分析，本研究发现黄芩素改变的许多转录物与水飞蓟宾改变的转录物重叠。通过实时定量PCR验证了与脂质代谢相关的几个基因的表达，以确认肝脏代谢产物的改变（图4-18）。例如，*Apoa4*、*Pla2g12a* 和 *Slc27a4* 都促进脂肪的消化和吸收，但水飞蓟宾和黄芩素对其负调控；*Gpld1* 和 *Apom* 均为脂质代谢的正调节因子，黄芩素可增加其含量。因此，与水飞蓟宾相比，黄芩素具有类似的缓解NAFLD的功能，并且其作用机制与黄芩素存在交叉。

肠道微生物群还调节胆碱代谢，进而影响肝脏甘油三酯的积累水平（Panasevich等，2017），胆汁酸法尼类X受体可能是肠道微生物群调节小鼠体重和肝脏脂肪变性过程的重要参与者（Parséus等，2017）。肠道微生物群减少的空腹诱导脂肪细胞因子被证明会加剧肝脏甘油三酯的积累（Roopchand等，2015）。此外，肠道微生物群介导的肝脏中短链脂肪酸（SCFAs）过剩降低了单磷酸腺苷激活蛋白激酶（AMPK）的活性，导致肝脏游离脂肪酸的积累（Wang等，2020）。通过对肝脏代谢组的分析，本研究发现NAFLD小鼠的初级胆汁酸生物合成和α-亚麻酸代谢被下调，并被黄芩素和水飞蓟宾恢复。先前的研究证明，脂肪酸、胆汁酸和氨基酸参与高脂血症的发展（Li等，2018；Liu等，2019）。NAFLD的发病机制是由于肝细胞中过量脂质的积累，这是由过量游离脂肪酸从脂肪组织转移到肝脏后，导致脂肪合成增加、脂肪酸β-氧化和胆汁酸排泄减少引起的（Tang等，2019）。胆汁酸由肝细胞中的胆固醇产生，并调节胰岛素分泌和糖脂代谢。Guo等（2020）发现，灵芝酸A改善了HFD诱导的高血脂小鼠的高脂血症和肠道微生物群失调，而胆汁酸代谢受灵芝酸B的正向调节。α-亚麻酸是一种具有抗氧化活性的代谢物。Jia等（2021）发现，在高脂血症模型小鼠中，α-亚麻酸代谢显著下调，人参皂苷Rb1干预后，小鼠肠道微生物群发生显著变化，α-亚麻酸代谢明显上调。在对人类精神分裂症的研究中，Fan等（2022）发现了精神分裂症患者和健康个体之间血清差异代谢物和差异肠道细菌之间的显著相关性，其中抗炎代谢物（如α-亚麻酸）的代谢可能是肠道微生物群的调节目标。因此，初级胆汁酸生物合成和α-亚麻酸代谢与脂质代谢密切相关。在本研究中，多组学的综合分析结果表明肠道细菌属的相对丰度与各种代谢物的水平之间存在显著的相关性。例如，黄芩素治疗组中 *Lachnoclestridium*、*Atopodipes*、*Mucispirillum* 和 *Anaerotruncus* 的相对丰度显著恢复到正常水平，并且与某些代谢物的水平呈明显的负相关，如 L-麦角硫氨酸富集于组氨酸代谢，创伤酸富集于α-亚麻酸代谢。因此，黄芩素干预可以显著改善大量途径，包括初级胆汁酸生物合成和α-亚麻酸代谢，相关机制可能为直接调节、通过肠道微生物群的间接调节或受其影响的多种机制的综合作用。

总之，黄芩素可能一方面影响肠道内的微生物群落结构，另一方面通过自身代谢影响肝脏转录组的表达，进而影响肝脏脂肪酸代谢，从而缓解 NAFLD。然而，这项研究只关注肠道细菌，肠道真菌和其他微生物在 NAFLD 中的作用尚不清楚。此外，肠道微生物如何响应黄芩素，进而影响肝脏转录物表达的机制尚不明确。因此，在下一步的工作中，NAFLD 小鼠的肠道真菌和其他微生物的作用以及肠道内皮细胞在肠道微生物群功能中的作用是研究的重点，进而揭示黄芩素缓解 NAFLD 的分子机制。

第四节　黄芩素对巨噬细胞炎症反应的抑制作用

炎症是对病原体入侵、外部损伤和细胞损伤的生理反应。在炎症反应期间，巨噬细胞在多种免疫细胞中发挥关键作用，并与多种慢性疾病有关，如自身免疫性疾病、2 型糖尿病、败血症、类风湿性关节炎、过敏、心血管疾病和癌症（Weng 等，2022）。脂多糖（lipopolysaccharides，LPS）刺激巨噬细胞合成并分泌多种促炎细胞因子，包括肿瘤坏死因子-α（TNF-a）、白细胞介素-6（IL-6）、单核细胞趋化蛋白-1（MCP-1）和一氧化氮（NO）。越来越多的证据表明，抑制巨噬细胞的激活和促炎细胞因子的释放可改善炎症疾病的症状（Wynn 等，2013）。

NF-κB 是一种重要的转录因子，调节与细胞增殖、分化和存活相关的各种因子的基因表达。在先天免疫和适应性免疫过程中，促炎细胞因子的产生受到 NF-κB 的调节（Haefner，2002；Attiq 等，2021），因此，抑制 NF-κB 通路可能是许多临床使用的抗炎药的主要治疗策略（Yamamoto 等，2001）。除了影响 NF-κB 蛋白本身的活性外，NF-κB 的核易位过程可能是一个重要的作用靶点（Gilmore 等，2006），Importin β 是主要的核输入受体，介导了多种蛋白质进入细胞核，包括 NF-κB p65（Gagne 等，2017）；敲低 importin β 的重要成员 importin 8 可以有效降低 RAW264.7 细胞细胞核中的 NF-κB p65 水平（Ström 等，2001），进而减轻 LPS 诱导的 TNF-α 和 IL-6 的产生（Du 等，2019）。此外，在肿瘤细胞中也观察到类似的结果，Stelma 等（2017）发现，使用 siRNA 或小分子抑制剂抑制 importin β 后，NF-κB 保留在细胞质中，然后 IL-6、IL-1β、TNF-α 和粒细胞巨噬细胞集落刺激因子（GM-CSF）的产生减少，导致肿瘤细胞的增殖和迁移受到抑制；在成人 T 细胞白血病/淋巴瘤（ATLL）中，Importin-β1（Impβ1）介导 ATLL 细胞中 NF-κB 和 AP-1 的核转位，使用 siRNA 或化学抑制剂 Importazole（IPZ）抑制 Impβ，可减少 HTLV-1 感染的 T 细胞增殖。因此，阻断 NF-κB 的核输入可能是多种疾病的潜在治疗靶点，包括炎症性疾病和癌症。

黄芩素（baicalein）在多种疾病中表现出了显著的药理活性，包括糖尿病、心血管疾病、细菌感染和恶性肿瘤（Bie 等，2017）。在培养的 RAW264.7 细胞中，黄芩素抑制 NO、IL-1β、IL-6 和 TNF-α 的释放，JAK/STATs 和 ROS 途径可能是其潜在靶点（Qi 等，2013）。此外，黄芩素在人脐静脉内皮细胞 HUVEC 和小鼠主动脉平滑肌细胞 MOVAS 中也表现出抗炎活性，激活 AMPK/Mfn-2 通路和抑制 MAPKs/NF-κB 信号可能是分子机制（Zhang 等，2021）。然而，关于黄芩素调节关键因子（如 NF-κB）的核质转运的研究很少。

在本研究中，笔者评估了黄芩素对体外巨噬细胞的抗炎作用及其与 NF-κB 核易位的关系，因为越来越多的证据表明，一些信号转导子（如 IRF3、NF-κB 和 STATs）的核质转运对于免疫应答的激活是必不可少的（Shen 等，2021）。笔者的发现表明，黄芩素通过阻断 p65 和 Importinβ1 之间的相互作用，降低了促炎细胞因子（包括 TNF-α、IL-6、MCP-1 和 NO）的产生，并抑制了 NF-κB p65 的核输入，这些结果可能有助于揭示黄芩素抗炎功能的分子机制。

一、低浓度黄芩素不影响巨噬细胞的细胞活力

本研究采用 MTT 法评估黄芩素的潜在细胞毒性。如图 4-47 所示，黄芩素在最终浓度高达 50 μmol/L 时对 Ana-1 和 RAW264.7 细胞无细胞毒性，但在浓度为 100 μmol/L时，对两种细胞系均表现出明显的细胞毒性（$P<0.01$）。因此，在以下试验中，黄芩素浓度范围为 5～50 μmol/L。

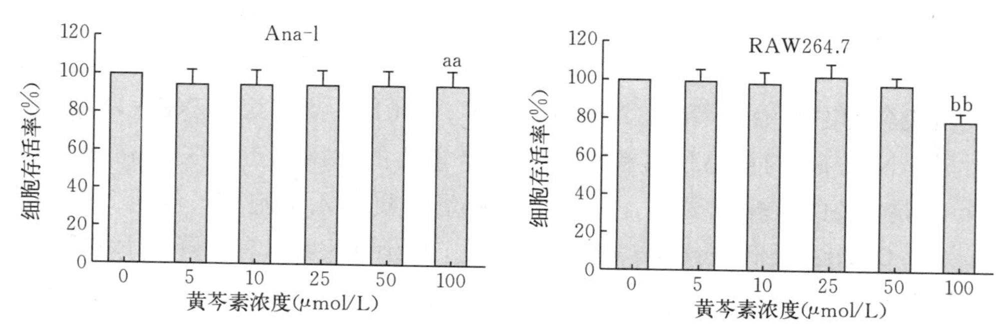

图 4-47　黄芩素对巨噬细胞 Ana-1 和 RAW264.7 存活率的影响

注：aa 表示 $P<0.01$，bb 表示 $P<0.01$，分别与 Ana-1 和 RAW264.7 细胞的对照组相比

二、黄芩素抑制 LPS 模拟巨噬细胞中促炎细胞因子的产生

TNF-α、IL-6、MCP-1 和 NO 在炎症反应中发挥重要作用（Feghali 等，1997），因此笔者确定了黄芩素对其释放的影响。如图 4-48 所示，在单独用 LPS 处理 16 h 的 RAW264.7 和 Ana-1 巨噬细胞中，TNF-α、IL-6、MCP-1 和 NO 均显著增加。

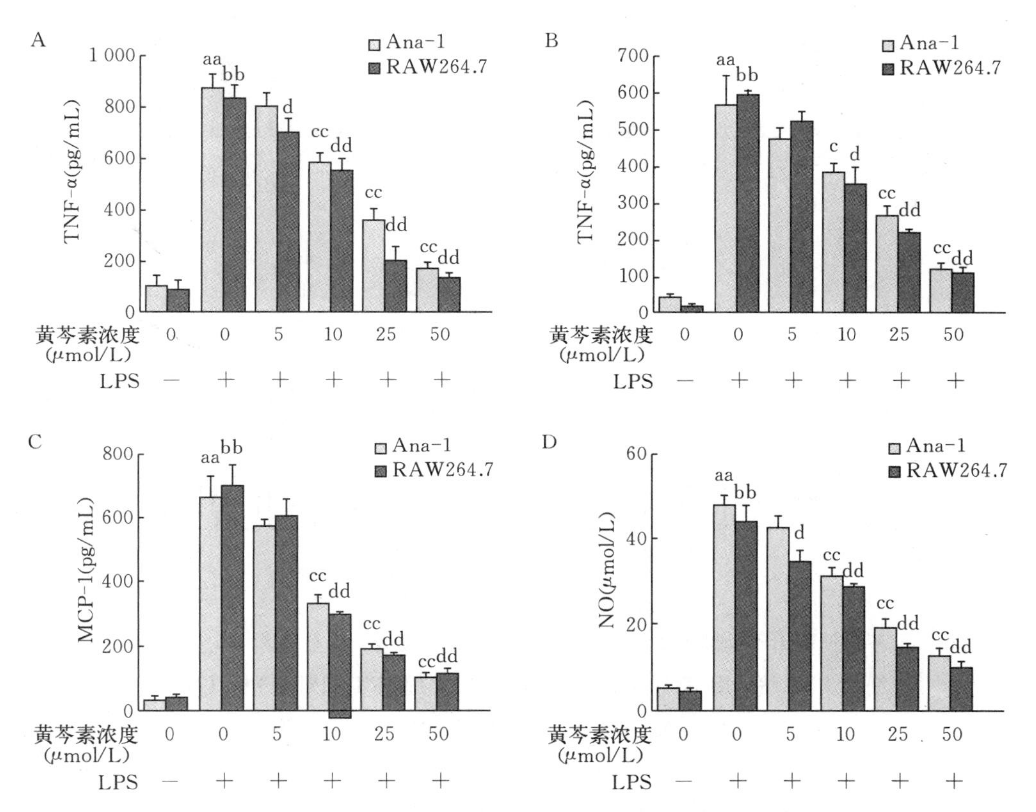

图 4-48 黄芩素阻止 LPS 刺激的 Ana-1 和 RAW264.7 巨噬细胞中 TNF-α、IL-6、MCP-1 和 NO 的释放。用黄芩素（5～50 μmol/L）预处理细胞 4 h，然后用 100 ng/mL LPS 孵育 16 h。通过 ELISA 测定评估培养基中 TNF-α（A）、IL-6（B）和 MCP-1（C）的分泌。用 Griess 试剂测定 NO 生成量（D）

注：aa 表示 $P<0.01$，bb 表示 $P<0.01$，分别与 Ana-1 和 RAW264.7 细胞的对照组相比；cc 表示 $P<0.01$，c 表示 $P<0.05$，与 LPS 处理的 Ana-1 细胞进行比较；dd 表示 $P<0.01$，d 表示 $P<0.05$，与 LPS 处理的 RAW264.7 细胞进行比较；下同

笔者进一步研究了与上述促炎细胞因子相关的基因的表达。实时 PCR 检测 *TNF-α*、*IL-6*、*MCP-1* 和 *iNOS* 的 mRNA 水平，结果显示，LPS 极大地上调了这 4 个基因的表达（$P<0.01$）（图 4-49），黄芩素也以剂量依赖性的方式显著降低

了它们的 mRNA 水平。因此，黄芩素可以有效抑制 LPS 诱导的巨噬细胞产生促炎细胞因子。

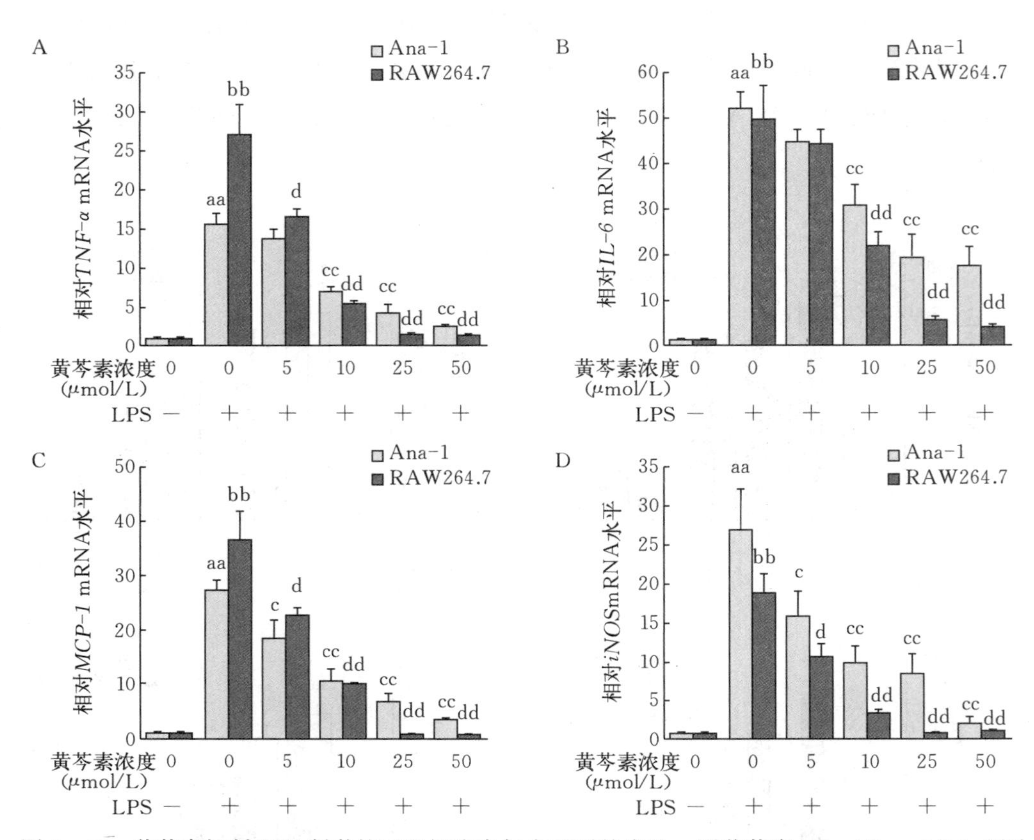

图 4-49　黄芩素抑制 LPS 刺激的巨噬细胞中促炎基因的表达。用黄芩素（5～50μmol/L）预处理细胞 4 h，然后用 100 ng/mL LPS 孵育 6 h。用 qRT-PCR 分析 *TNF-α*（A）、*IL-6*（B）、*MCP-1*（C）和 *iNOS*（D）的相对 mRNA 水平，并对 GAPDH 进行标准化

三、Importin β1 有助于促炎细胞因子的释放

大量报道表明，NF-κB 是免疫反应的重要因素之一，核易位对 NF-κB 功能至关重要，因此笔者研究了通过抑制功能或下调 Importin β1 的表达来阻断 NF-κB 核输入是否会影响促炎细胞因子的释放。用特异性 Importin β1 抑制剂 Importazole（IPZ）（22.5 μmol/L）预处理 RAW264.7 细胞 12 h 和/或黄芩素（12.5 μmol/L）预处理 4 h，然后用 LPS（100 ng/mL）处理 16 h 或 6 h，TNF-α、IL-6、MCP-1 和 iNOS 的 mRNA 水平也明显降低。此外，使用 IPZ 的功能抑制或使用 siRNA 的表达下调也抑制了这些促炎细胞因子的产生（图 4-50）和相关基因的 mRNA 水平（图 4-51）。这些结果表明，Importin β1 在免疫反应中起重要作用。

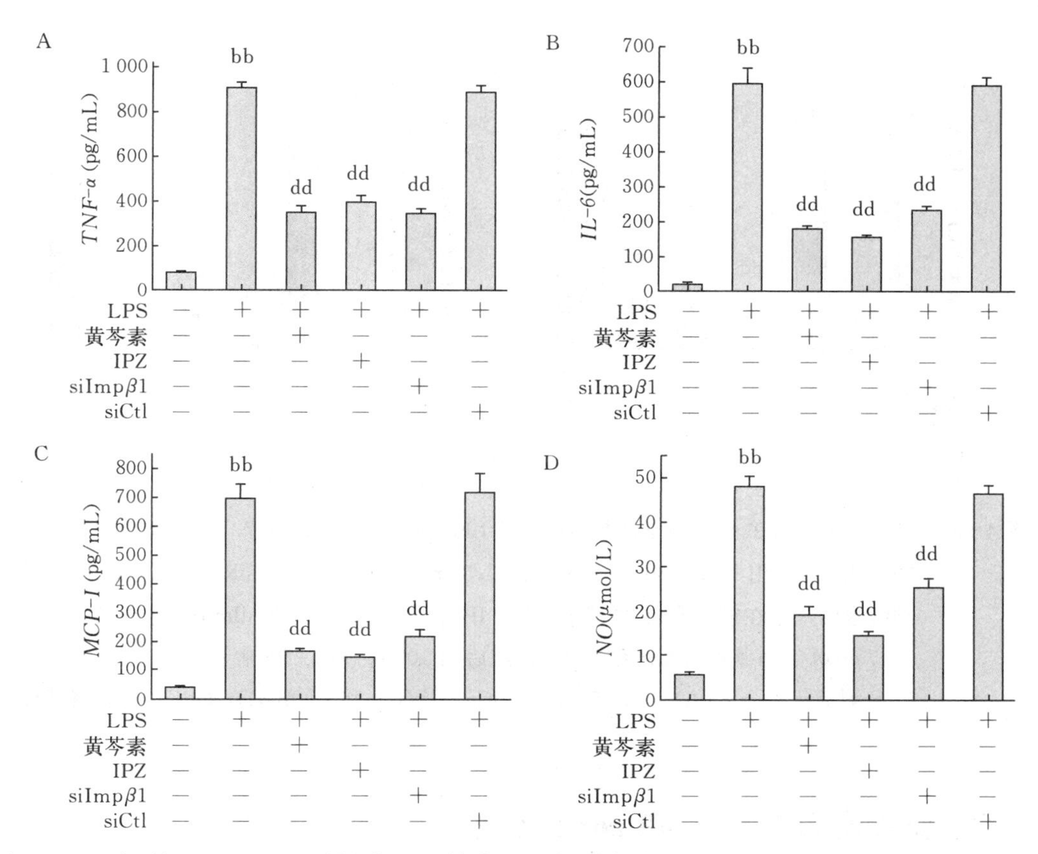

图 4－50　抑制 Importin β1 活性或下调其表达可抑制促炎细胞因子的产生。在存在或不存在 22.5 μmol/L Importin β1 抑制剂 Importazole（IPZ）的情况下，用 12.5 μmol/L 黄芩素预处理细胞 4 h，然后与 100 ng/mL LPS、对照 siRNA 或 siImpβ1 孵育 16 h，随后与 100 ng/mL LPS 孵育 16 h。通过 ELISA 测定评估培养基中 TNF－α（A）、IL－6（B）和 MCP－1（C）的分泌。用 Griess 试剂测定 NO 生成量（D）

注：bb 表示 $P<0.01$，与对照组相比；dd 表示 $P<0.01$，与 LPS 相比；下同

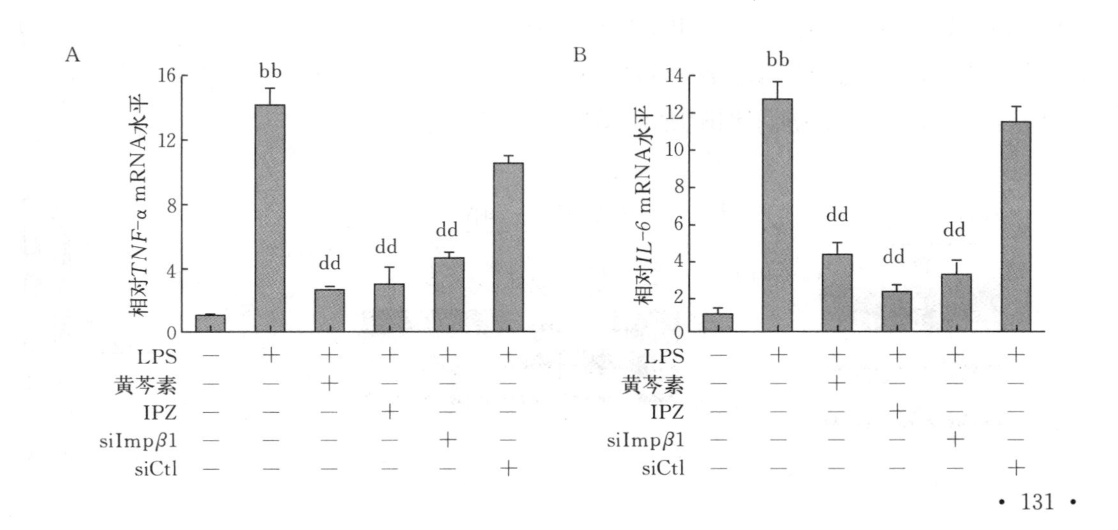

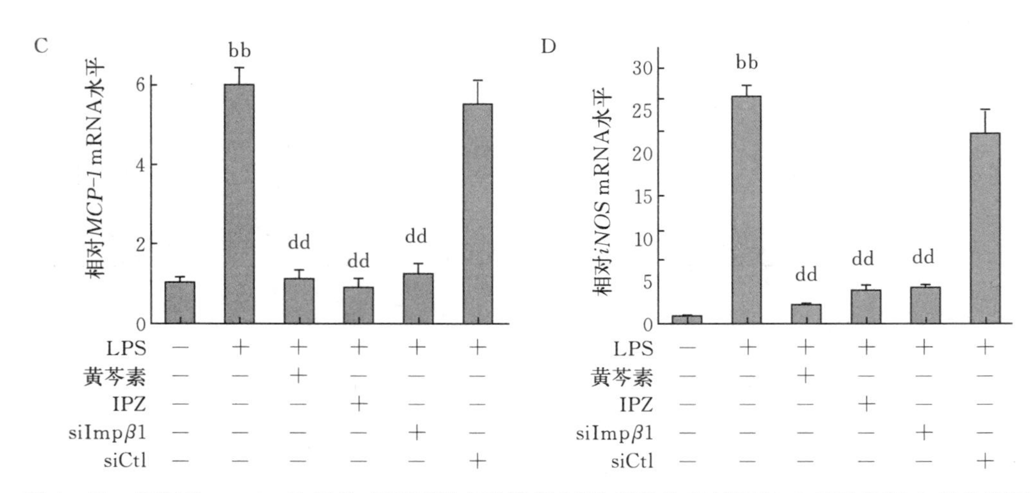

图 4-51 抑制 Importin β1 活性或下调其表达降低 LPS 刺激的 RAW264.7 巨噬细胞中促炎基因的表达。分别用 12.5 μmol/L 黄芩素、22.5 μmol/L IPZ、对照 siRNA 以及 siImpβ1 处理细胞后，存在或不存在 22.5 μmol/L IPZ、对照 siRNA 或 siImpβ1 的情况下，用 12.5 μmol/L 黄芩素预处理细胞 4 h，随后用 100 ng/mL LPS 孵育 6 h。通过 qRT-PCR 测定 TNF-α（A）、IL-6（B）、MCP-1（C）和 iNOS（D）的表达，并将其标准化为 GAPDH

四、黄芩素影响 NF-κB p65 的分布

已经证明黄芩素可以抑制 LPS 诱导的促炎细胞因子的产生，并且 Importin β1 确实有助于促炎基因的表达，因此笔者研究了黄芩素是否影响 NF-κB 的表达和定位。RAW264.7 细胞在用或不用黄芩素（12.5 μmol/L）预处理 4 h 后，用 LPS（100 ng/mL）处理 16 h。结果表明，黄芩素不影响 NF-κB 和 Importin β1 的表达（图 4-52A），随后，提取用黄芩素或 IPZ 处理的 RAW264.7 细胞的细胞核和细胞质蛋白，并通过 Western blot 测定 NF-κB p65 的表达。如图 4-52B 所示，与对照组相比，黄芩素（$P<0.01$）和 IPZ（$P<0.05$）显著降低了细胞核中 NF-κB p65 的水平。因此，黄芩素（$P<0.01$）和 IPZ（$P<0.01$）都增加了细胞质中 NF-κB p65 的水平（图 4-52C）。

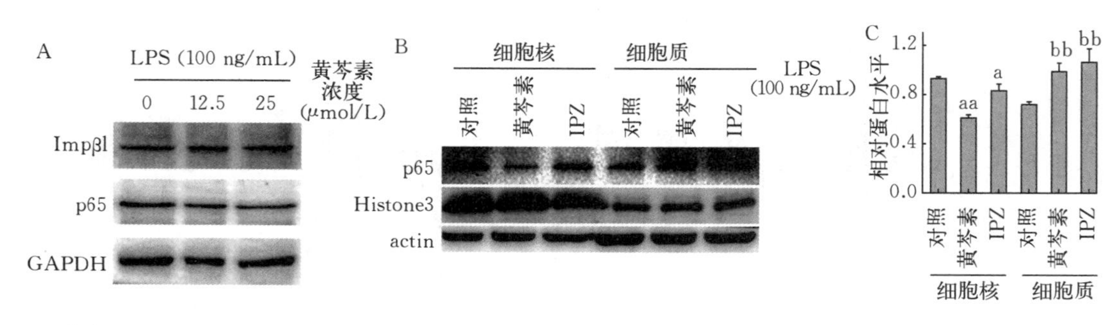

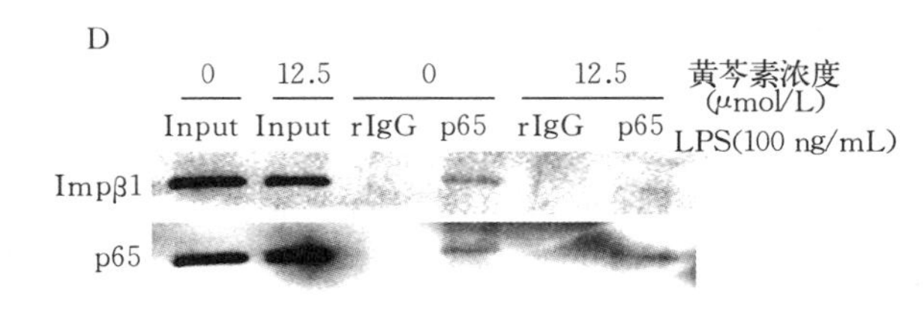

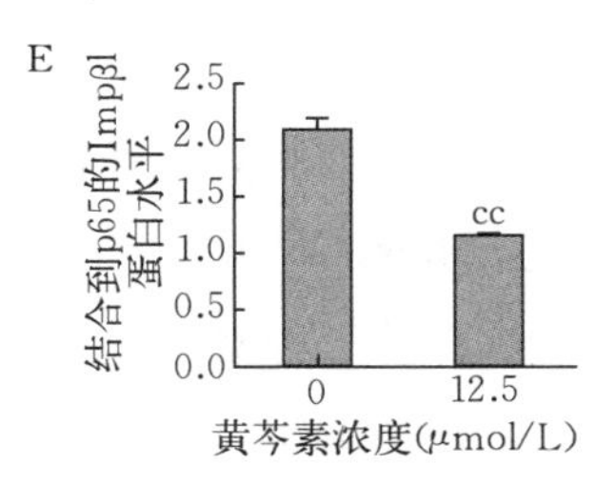

图 4-52　黄芩素通过抑制 Importin β1 与 NF-κB p65 的结合来调节 NF-κBp65 的亚细胞定位。用 12.5 μmol/L 黄芩素或 22.5 μmol/L IPZ 处理 RAW264.7 细胞，然后用 100ng/mL LPS 孵育 16 h。黄芩素（A）不影响 NF-κB p65 和 Importin β1 的表达。提取细胞核和细胞质蛋白，并通过蛋白质印迹法（B）进行分析。核和细胞质中 NF-κB p65 的强度分析显示为直方图（C）。NF-κB p65 和 Importin β1 之间的相互作用通过共免疫沉淀（D）确定。抗 p65 免疫沉淀的 Importin β1 的强度分析显示为直方图（E）

注：aa 表示 $P<0.01$、a 表示 $P<0.05$，与细胞质组的对照相比；bb 表示 $P<0.01$，cc 表示 $P<0.01$，与对照组相比

五、黄芩素抑制 Importin β1 与 NF-κB p65 的相互作用

由于黄芩素抑制 NF-κB p65 的核积累，预计黄芩素可能会抑制 NF-κB p65 与 Importin β1 的相互作用，为了验证这一预测，用黄芩素或 IPZ 预处理的 RAW264.7 细胞裂解液进行免疫共沉淀，然后用 LPS（100 ng/mL）处理 16 h（图 4-52D）。结果显示，黄芩素显著抑制了 Importin β1 与 NF-κB p65 的结合（$P<0.01$）（图 5-52E）。

六、黄芩素作为抗炎药物的开发潜力

炎症是由有害刺激和不良环境（如感染和组织损伤）引发的常见病理生理过程（Medzhitov，2008）。一般来说，受控的炎症反应是有益的，一旦失调，则可能会给人类的身体带来难以估量的损害。例如，细胞因子风暴（炎症风暴）经常发生于在受到严重感染的患者体内（Tang 等，2020），可能导致患者病情恶化甚至死亡（Zhang 等，2020；Ebihara 等，2021）。因此，当患者出现严重的炎症反应时，有必要对其进行抗炎治疗。大量研究表明，促炎症因子（如 TNF-α、IL-6、IL-1β、MCP-1 和 NO）在各种疾病中发挥关键作用，已成为评估炎症反应状态的重要生物标志物（Turner 等，2014；Lu 等，2015；Kiss，2021）。因此，减少促炎症因子的产生是缓解某些与炎症反应紊乱相关的疾病的治疗策略。

巨噬细胞系常用于研究调控炎症反应的新型药物。RAW264.7 是一种来自 Abelson 小鼠白血病病毒诱导的雄性小鼠肿瘤的常见巨噬细胞系。当培养密度不高时，RAW264.7 是黏附生长。该细胞系常被作为各类转染的宿主，尤其是对 RNA 干扰敏感（Raschke 等，1978）。Ana-1 也是一种小鼠巨噬细胞系，在体外培养时，同

时呈现贴壁和悬浮两种生长特性。本研究使用的脂质体试剂（Lipofectamine 3000）对贴壁生长的细胞具有较高的转染效率，针对悬浮细胞则转染效率相对较低。因此，本研究选择 RAW264.7 细胞进行后续的 siRNA 转染试验。

黄芩素是一种具有抗炎活性的天然类黄酮（Ren 等，2021）。Yi 等（2021）基于网络药理学和试验证实，黄芩素可以通过保护软骨下骨和抑制软骨细胞凋亡来缓解小鼠的骨关节炎的发展。在急性肺损伤的治疗中，黄芩素减少了炎症因子 TNF-α、MIP-1 和 IL-6 的释放，并缓解了 LPS 诱导的急性肺损伤（Jiang 等，2022）。Wang 等（2021）发现，黄芩素通过 miR-192-5p/TXNIP 轴抑制 NLRP3/Caspase-1 通路，减轻了高脂血症性胰腺炎的细胞的炎症坏死。大量研究表明，NF-κB 通路是抗炎药物的重要靶点（Yamamoto 等，2001；Haefner，2002；Attiq 等，2021），然而，目前的研究主要集中于药物对该通路相关因子的活性调控方面，事实上，炎症反应中的重要蛋白（如 NF-κB）的亚细胞定位在某种程度上决定了其生理功能。因此，影响炎症重要因子在细胞内的分布可能成为抗炎药物的潜在靶点。例如，在裂谷热病毒感染的 RAW264.7 细胞中，锂剂可以通过抑制 NF-κB 核易位来调节炎症反应（Makola 等，2021）；表没食子儿茶素和表没食子儿茶素 3-没食子酸被证实在 LPS 刺激的人牙髓细胞中能够使 NF-κB 驻留在细胞质内，从而发挥抗炎作用（Wang 等，2020）。在本研究中，笔者证实低浓度的黄芩素不影响巨噬细胞 Ana-1 和 RAW264.7 的活力（图 4-47），却抑制了 LPS 刺激的促炎症因子 TNF-α、IL-6、MCP-1 和 NO 的释放（图 4-48、图 4-49）。此外，抑制 importin β1（一种典型的核输入因子）的表达或功能可以有效减少 LPS 刺激的巨噬细胞产生的促炎症因子的释放（图 4-50、图 4-51）。在进一步的分子机制研究中，笔者发现黄芩素干扰了 NF-κB p65 和核输入因子 importin β1 之间的相互作用（图 4-52D），阻碍了 LPS 刺激的 NF-κBp65 的核易位，进而减少了促炎因子的产生，实现了抗炎作用。因此，抑制 NF-κB p65 的核易位可能是黄芩素抗炎作用的机制之一。

综上所述，黄芩素通过以 importin β1 依赖的方式抑制 NF-κB p65 的核易位，从而有效地抑制巨噬细胞释放促炎症因子，本研究结果有助于完善人们对黄芩素抗炎作用的理解，从而为其广泛的临床应用提供一定的依据。

第五节　黄芩素对胃癌细胞顺铂敏感性的影响

胃癌（gastric cancer）是第四大常见癌症，是癌症相关死亡的第二大常见原因（Huang 等，2019），胃癌细胞的高度异质性和耐药性可能是其高致死性的重要原因（Torre 等，2015）。目前，胃癌最有效的治疗方法仍然是手术和化学治疗（Lazar 等，

2016)。化学治疗（简称化疗）是缓解症状，预防不可切除肿瘤患者复发和转移的最常用方法（Dicken 等，2005)，然而，由于耐药性，化疗可能无法抑制 70%～90% GC 病例中肿瘤细胞的生长和转移（Lordick 等，2014；Mansoori 等，2017；Gao 等，2018)。

由于胃癌的高度异质性和侵袭性，只有 30%～50%的手术治疗患者可以治愈，Ⅰ期和Ⅱ期的患者 5 年生存率分别约为 60%和 34%（Bray 等，2018)，晚期胃癌患者即使接受手术联合放射治疗（简称放疗)，其 5 年生存率为 20%～30%（Crew 等，2004)。越来越多的证据表明，黄芩素具有多种药理活性，包括抗炎（Dinda 等，2017)、抗氧化（Luo 等，2016)、抗过敏（Shao 等，2002)、抗病毒（Kimata 等，2000)、抗肿瘤（Chen 等，2011)、神经保护等作用（Zheng 等，2014)。

本研究旨在检测黄芩素对顺铂（cisplatin，DDP）耐药的胃癌细胞增殖和侵袭能力的调控作用，及其对细胞凋亡和自噬的影响，并进一步探讨其分子机制。

一、黄芩素对胃癌细胞增殖的影响

用不同浓度的 DDP 处理 4 种胃癌细胞 48 h 后，细胞出现了不同程度的生长抑制，结果如图 4－53A 所示，在 4 个受试细胞株中，SGC－7901/DDP 对 DDP 具有最强的耐受力，经计算，相对 SGC－7901 而言，SGC－7901/DDP 耐药指数为 10。用不同浓度的黄芩素处理 4 种胃癌细胞系 48 h 后，结果如图 4－53B 所示，4 种胃癌细胞株受到了不同程度的抑制，其中仍然是 SGC－7901/DDP 细胞耐受力最强，经统计，其 IC_{50}值为 244.5 μmol/L，远高于其他 3 株细胞（HGC－27 IC_{50}值为 56.23 μmol/L，MGC80－3 IC_{50}值为 85.71 μmol/L，SGC－7901 IC_{50}值为 146.5 μmol/L)。以 SGC－7901 和 SGC－7901/DDP 细胞为材料，用黄芩素和 DDP 联合处理 24 h、48 h 和 72 h，结果如图 4－53C 和 D 所示，当 100 μmol/L 的黄芩素与 100 ng/mL 的 DDP 联合处理

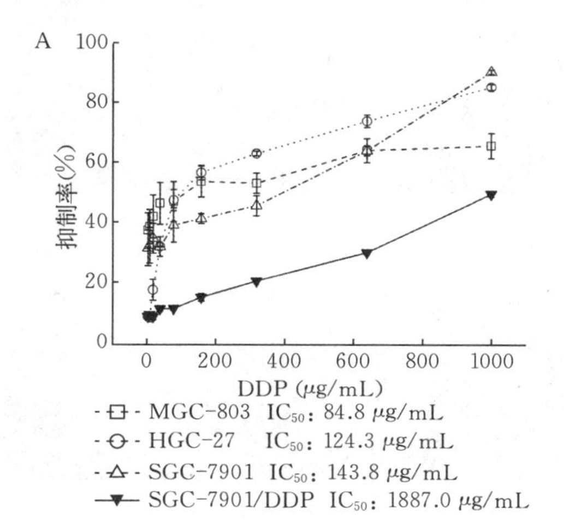

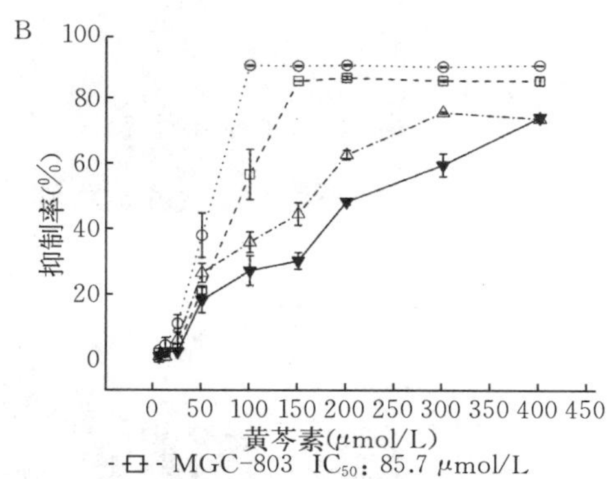

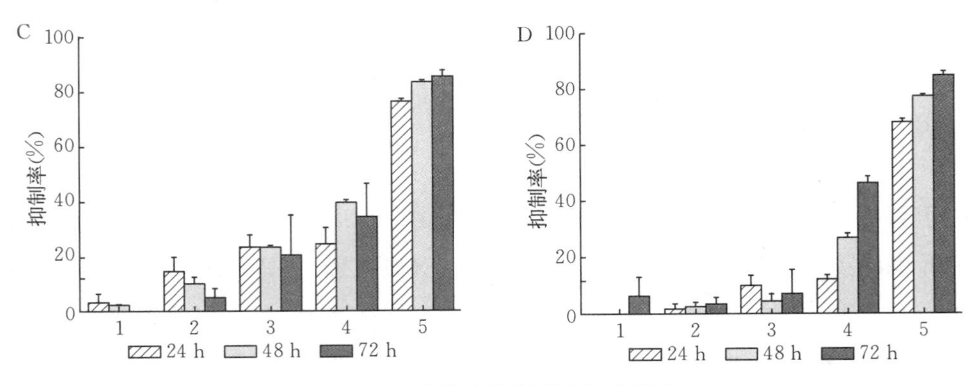

图 4-53 黄芩素抑制胃癌细胞增殖

A. DDP 对 4 种胃癌细胞株增殖的抑制作用 B. 黄芩素对 4 种胃癌细胞株增殖的抑制作用

C. DDP 和黄芩素联合用药对 SGC-7901 增殖的影响（1. DDP 100 ng/mL；2. DDP 100 ng/mL+黄芩素 12.5 μmol/L；3. DDP 100 ng/mL+黄芩素 25 μmol/L；4. DDP 100 ng/mL+黄芩素 50 μmol/L；5. DDP 100 ng/mL+黄芩素 100 μmol/L）

D. DDP 和黄芩素联合用药对 SGC-7901/DDP 增殖的影响（1. DDP 800 ng/mL；2. DDP 800 ng/mL+黄芩素 12.5 μmol/L；3. DDP 800 ng/mL+黄芩素 25 μmol/L；4. DDP 800 ng/mL+黄芩素 50 μmol/L；5. DDP 800 ng/mL+黄芩素 100 μmol/L）

72 h，SGC-7901 细胞抑制率最高，而对于 SGC-7901/DDP，用 100 μmol/L 的黄芩素与 800 ng/mL 的 DDP 联合处理 72 h，抑制率最高。

利用平板克隆形成试验，笔者对上述试验结果进行了验证，结果如图 4-54 所示，与对照组以及单独用药组相比，10 μmol/L 的黄芩素与 30 ng/mL 的 DDP 联用，能有效抑制 SGC-7901 细胞集落的形成；100 μmol/L 的黄芩素与 300 ng/mL 的 DDP 联用，也能有效抑制 SGC-7901/DDP 细胞集落的形成。

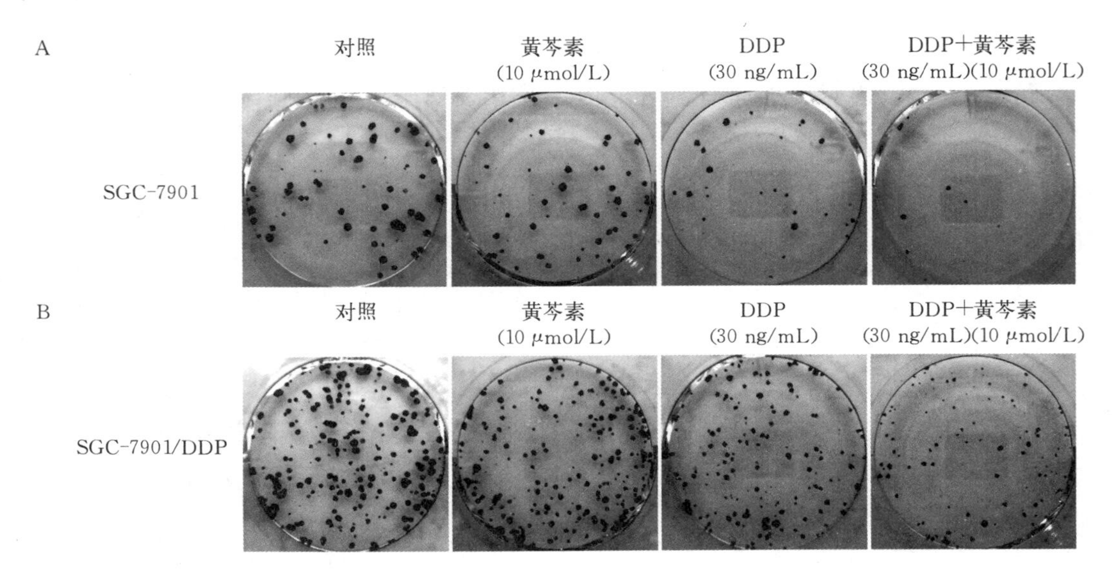

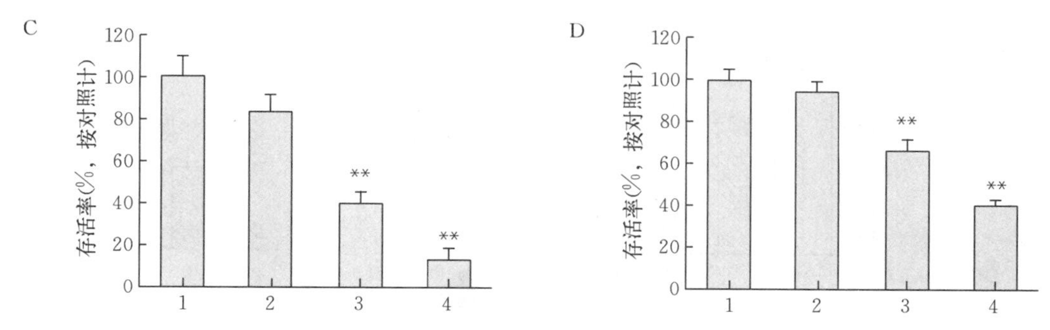

图 4－54　DDP 和黄芩素联合用药对胃癌细胞克隆形成的影响

A. SGC－7901 细胞集落形成试验　B. SGC－7901/DDP 细胞集落形成试验

C. SGC－7901 细胞集落形成率

（1. 对照；2. 黄芩素 10 μmol/L；3. DDP 30 ng/mL；4. DDP 30 ng/mL＋黄芩素 10 μmol/L）

D. SGC－7901/DDP 细胞集落形成率

（1. 对照；2. 黄芩素 100 μmol/L；3. DDP 30 ng/mL；4. DDP 300 ng/mL＋黄芩素 100 μmol/L）

注：**表示 $P<0.01$

二、黄芩素对胃癌细胞侵袭能力的影响

为了检测黄芩素对胃癌细胞侵袭能力的影响，笔者进行了侵袭小室试验（图 4－55A 和 B)。单用 DDP 或黄芩素处理的 SGC－7901 和 SGC－7901/DDP 细胞，能够有效减少通过基底膜（已包被 matrigel）的细胞数量（$P<0.01$)；与单独用药相比，DDP 和黄芩素联用则能更显著地抑制细胞通过基底膜（$P<0.01$）（图 4－55C 和 D)。

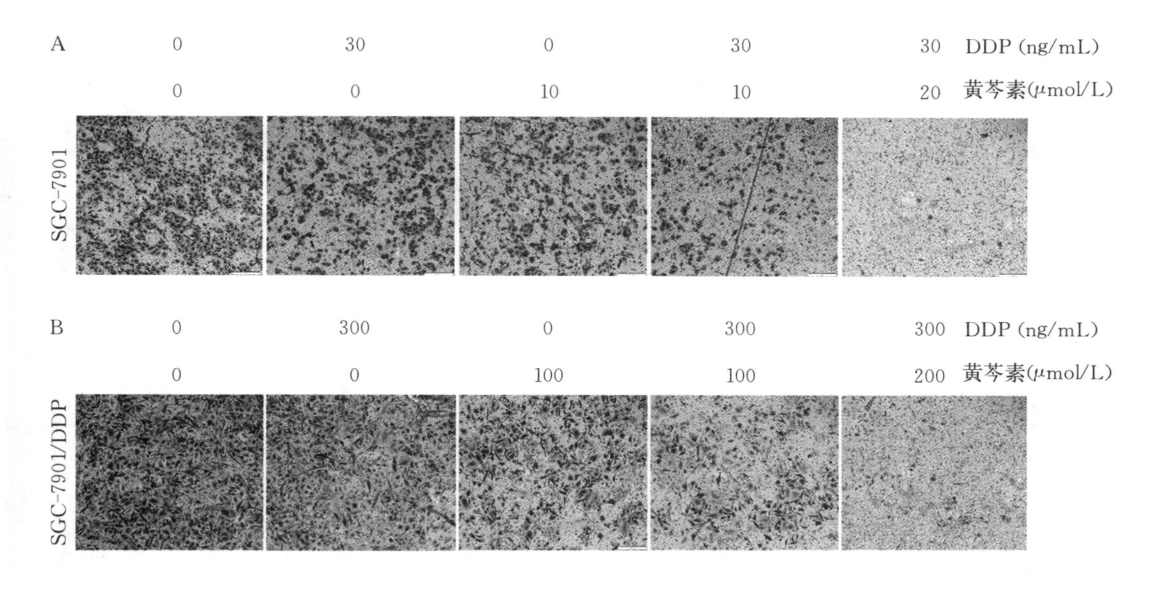

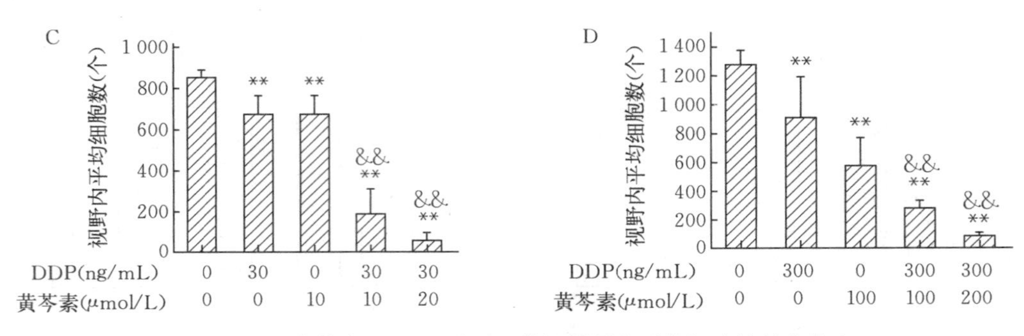

图 4-55　黄芩素和 DDP 联用显著抑制胃癌耐药细胞的侵袭能力

A. 胃癌细胞 SGC-7901　B. 胃癌耐药细胞 SGC-7901/DDP

C. 黄芩素和 DDP 联用对 SGC-7901 细胞侵袭能力的影响

D. 黄芩素和 DDP 联用对 SGC-7901/DDP 细胞侵袭能力的影响

注：**表示 $P<0.01$，与未处理组相比较；&& 表示 $P<0.01$，与单用 DDP 的组相比较

三、黄芩素和 DDP 联用提高胃癌细胞凋亡率

分别以黄芩素、DDP 和二者联用的方式处理细胞，然后经过流式细胞仪分析细胞凋亡情况。结果如图 4-56A、B 和 C 所示，10 μmol/L 黄芩素介入后，SGC-7901 细胞凋亡率高达 60%，明显高于单用 100 ng/mL 的 DDP（约 40%）（图 4-56D、E 和 F）。在 SGC-7901/DDP 细胞中（图 4-57A、B 和 C）也获得了类似的结果，100 μmol/L 黄芩素介入后，凋亡率高达 70%，明显高于单用 1 000 ng/mL 的 DDP（约 25%）（图 4-57D、E 和 F）。

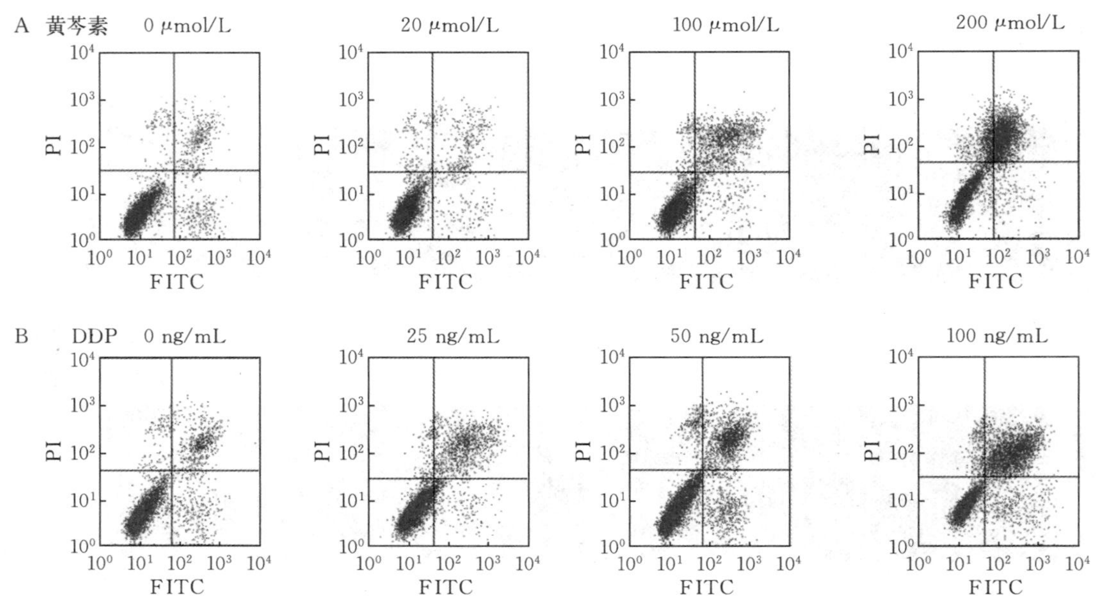

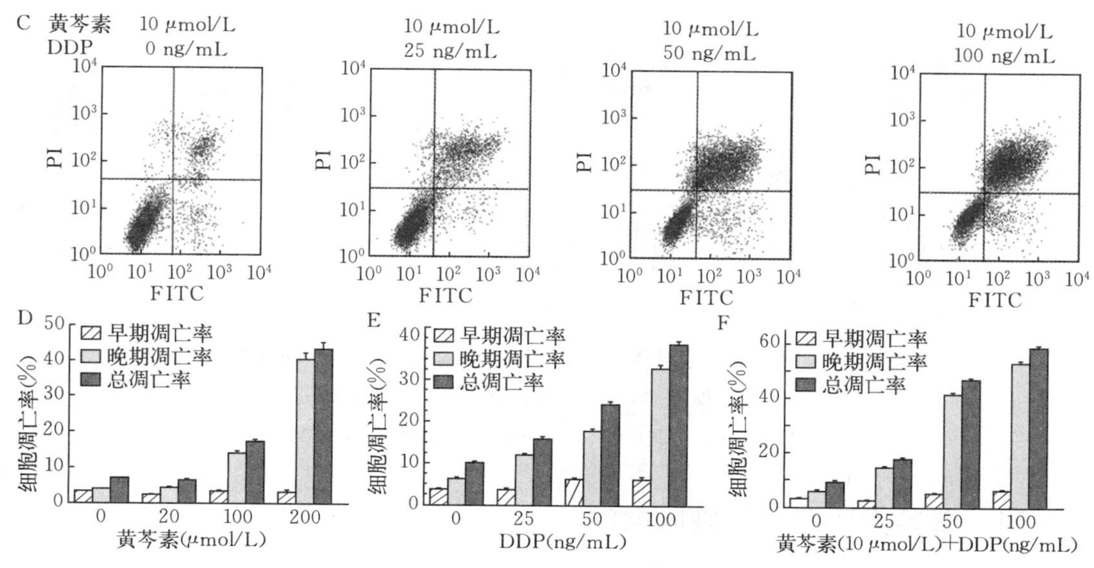

图 4-56　黄芩素和 DDP 联用提高胃癌细胞 SGC-7901 凋亡率

A. 单用黄芩素　B. 单用 DDP　C. 黄芩素和 DDP 联用　D. 单用黄芩素诱导的凋亡率

E. 单用 DDP 诱导的凋亡率　F. 黄芩素和 DDP 联用诱导的凋亡率

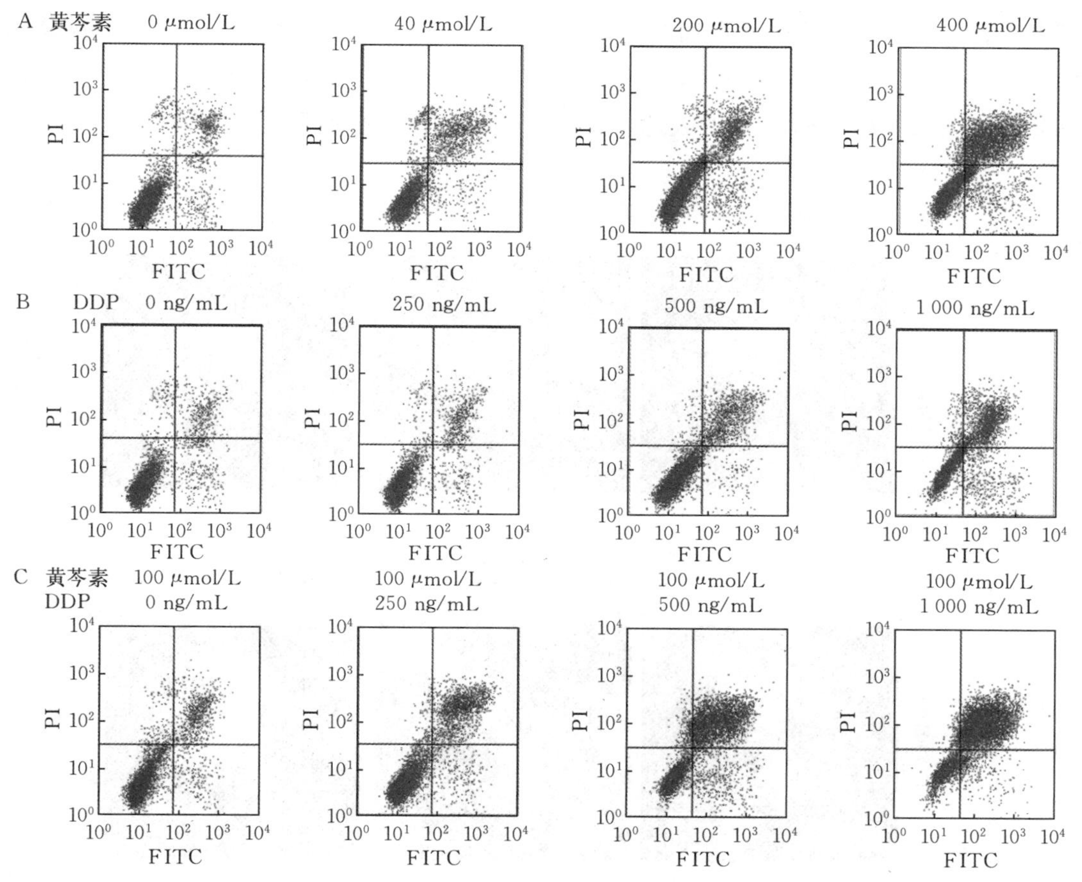

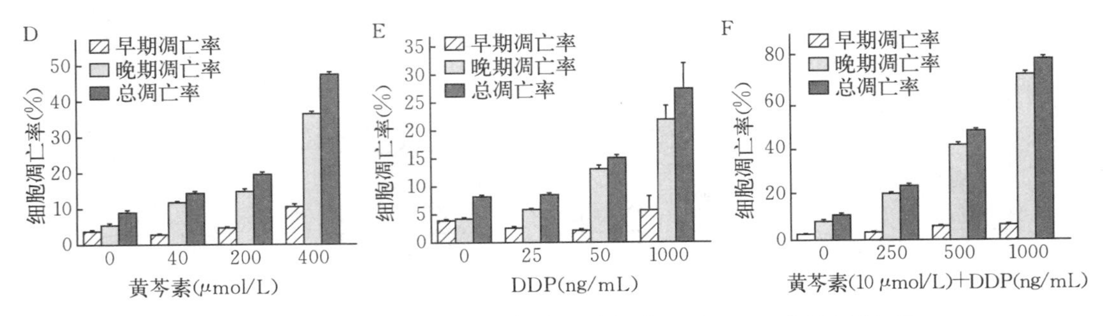

图 4-57　黄芩素和 DDP 联用提高胃癌细胞 SGC-7901/DDP 凋亡率

A. 单用黄芩素　B. 单用 DDP　C. 黄芩素和 DDP 联用　D. 单用黄芩素诱导的凋亡率

E. 单用 DDP 诱导的凋亡率　F. 黄芩素和 DDP 联用诱导的凋亡率

四、黄芩素诱导胃癌细胞自噬

用 GFP-LC3 质粒瞬时转染胃癌细胞 SGC-7901 和 SGC-7901/DDP，然后用不同浓度黄芩素（baicalein）处理细胞，通过激光共聚焦显微镜观察细胞内自噬斑的形成情况。结果如图 4-58A 和 B 所示，在两种细胞中，黄芩素浓度越高细胞内自噬斑数量越多，表明黄芩素能够诱导胃癌细胞自噬。此外，采用 real-time PCR 检测关键基因 Beclin-1 和 LC3 的 mRNA 水平，结果表明，黄芩素上调了 SGC-7901 和 SGC-7901/DDP 细胞中 *Beclin*1 和 LC3 的表达（图 4-58C 和 D）（彩图 51）。

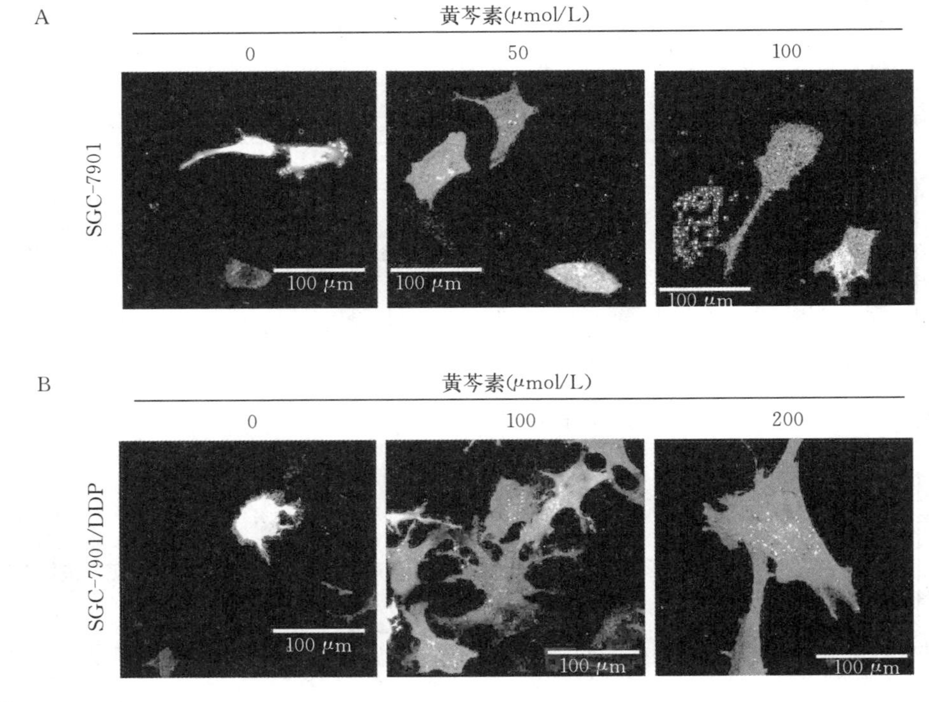

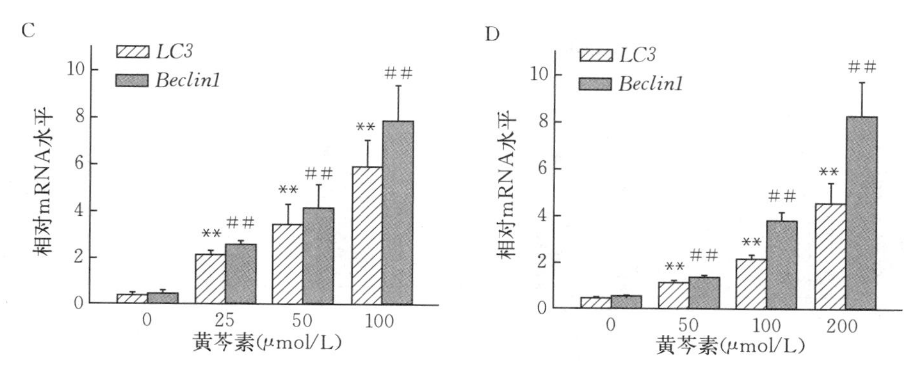

图 4-58 黄芩素诱导胃癌细胞自噬

A. 激光共聚焦显微镜观察 SGC-7901 中自噬斑 B. 激光共聚焦显微镜观察 SGC-7901/DDP 中自噬斑
C. 黄芩素提高 SGC-7901 中 *LC3* 和 *Beclin-1* 的表达 D. 黄芩素提高 SGC-7901/DDP 中 *LC3* 和 *Beclin-1* 的表达
注：*LC3* mRNA 水平，**表示 $P<0.01$；*Beclin1* mRNA 水平，##表示 $P<0.01$

五、黄芩素调控 Akt/mTOR 信号通路

为探讨黄芩素诱导 SGC-7901 和 SGC-7901/DDP 细胞凋亡和自噬的分子机制，检测了 Akt/mTOR 通路相关蛋白的表达。如图 4-59 所示，在 SGC-7901 和 SGC-7901/DDP 细胞中，随着黄芩素浓度的增加，LC3 B 和 p-IκB α 的表达显著增加，而 p62、p-mTOR 和 p-Akt 的表达逐渐减少。同时，SGC-7901 和 SGC-7901/DDP 用低浓度黄芩素（分别为 10 μmol/L 和 20 μmol/L）处理 24 h 和 48 h，LC3 B 和 IKK β 水平上调，p62、p-Akt 和 MDR1 水平呈时间依赖性下调（图 4-60）。因此，黄芩素可能影响 Akt/mTOR 信号通路的活性。

为了进一步证实黄芩素影响胃癌细胞对 DDP 敏感性的机制，在黄芩素存在或不存在的情况下，用 DDP 处理 SGC-7901 和 SGC-7901/DDP 细胞，并检测 Akt/mTOR 信号通路相关蛋白，如图 4-61A 和 C 所示，当 DDP 浓度逐渐增加时，SGC-7901 细胞中 LC3 B、IKK β 和 p-IκB α 的表达也随之增加，一旦黄芩素介入，蛋白质的水平就变得比单独用顺铂处理的细胞高得多。相反，p62、p-Akt、p-mTOR 和

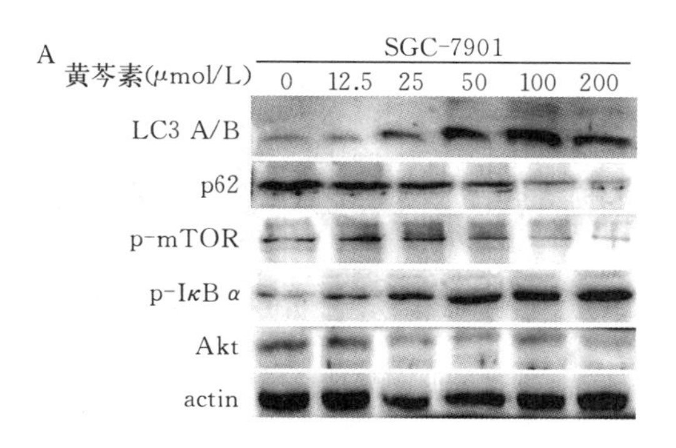

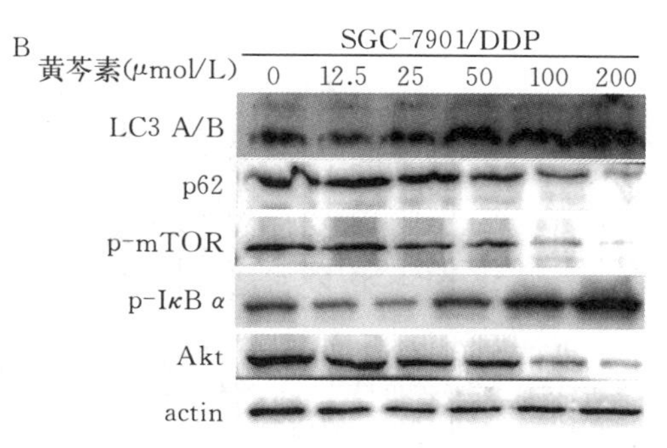

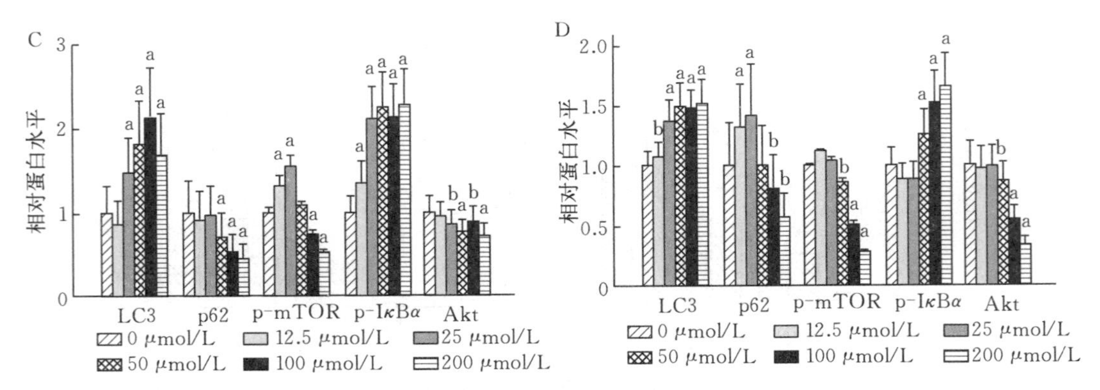

图 4-59 不同剂量黄芩素对胃癌细胞 Akt/mTOR 信号通路活性的影响

A. Western blot 检测不同剂量黄芩素处理的 SGC-7901 细胞中相关蛋白水平

B. SGC-7901 细胞中蛋白表达水平的灰度分析

C. Western blot 检测不同剂量黄芩素处理的 SGC-7901/DDP 细胞中相关蛋白水平

D. SGC-7901/DDP 细胞中蛋白表达水平的灰度分析

注：与未处理组相比，a 表示 $P<0.01$，b 表示 $P<0.05$，下同

NF-kbp65 的表达均受黄芩素的负调控，用 800ng/mL DDP 与不同浓度黄芩素联合处理 SGC-7901/DDP，如图 4-61B 和 D 所示，黄芩素以剂量依赖方式提高 LC3 B、IKK β 和 p-IκB α 的水平，降低了 p62、p-Akt 和 p-mTOR 的水平。

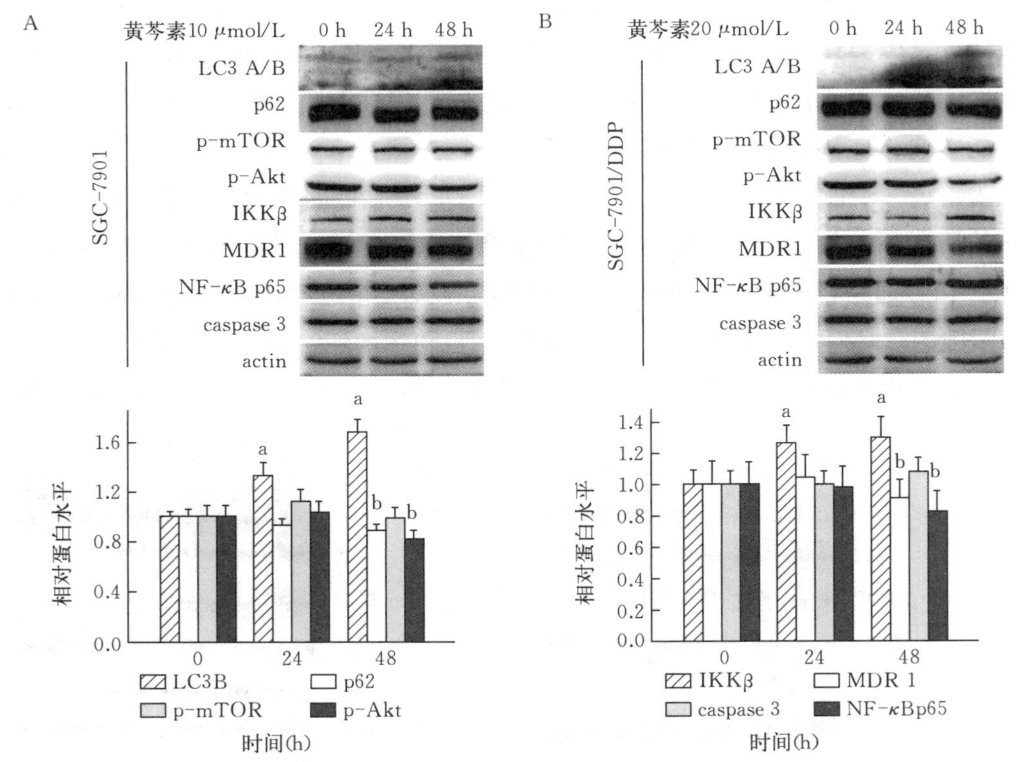

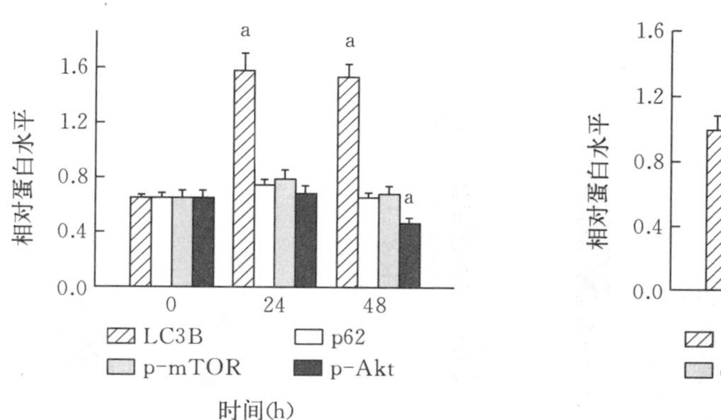

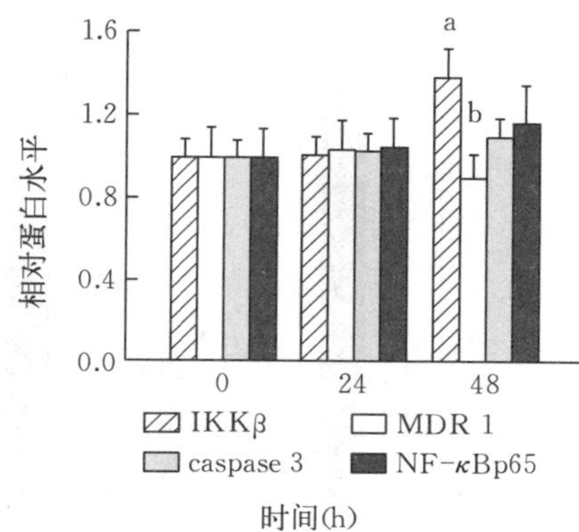

图 4-60　不同处理时间下黄芩素对胃癌细胞 Akt/mTOR 信号通路活性的影响

A. Western blot 检测黄芩素处理不同时间时 SGC-7901 细胞中相关蛋白水平，及其灰度分析（下方柱形图）

B. Western blot 检测黄芩素处理不同时间时 SGC-7901/DDP 细胞中相关蛋白水平，及其灰度分析（下方柱形图）

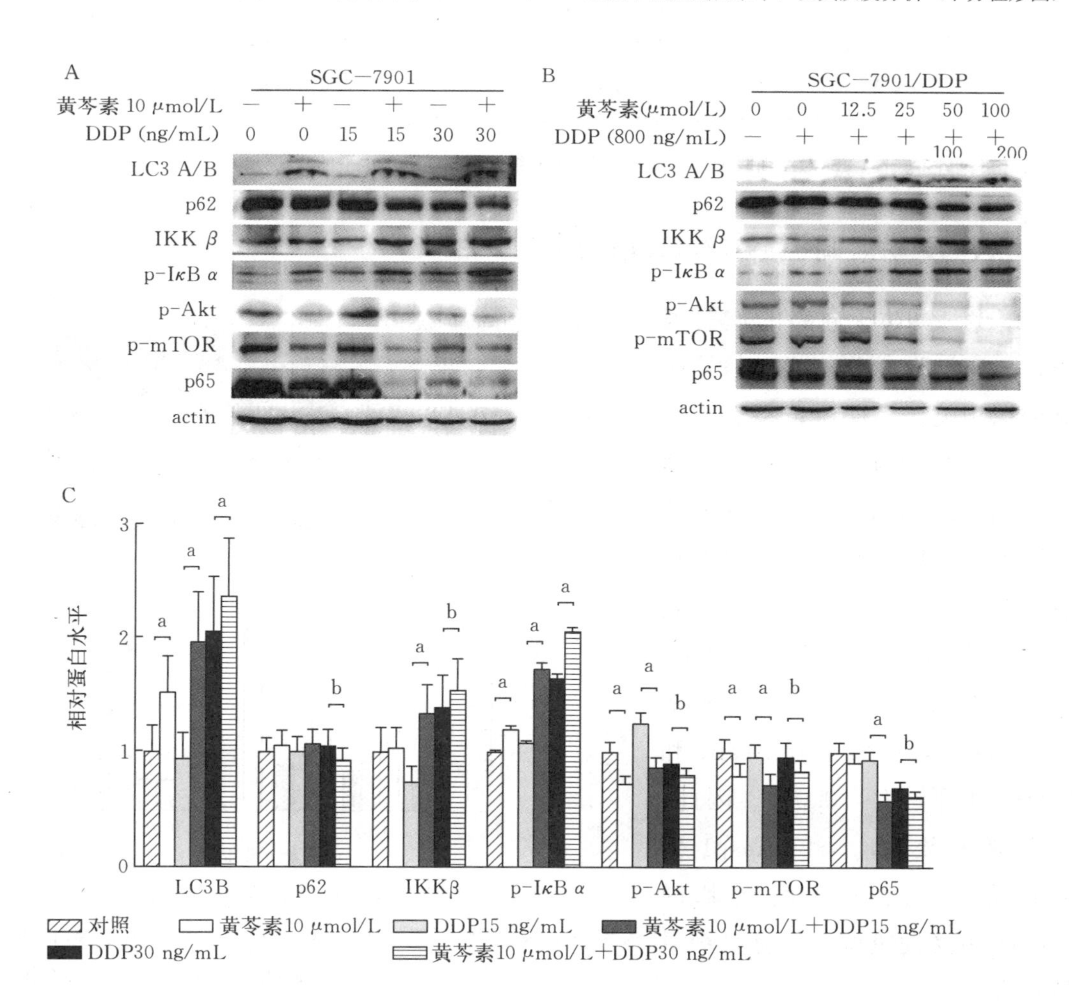

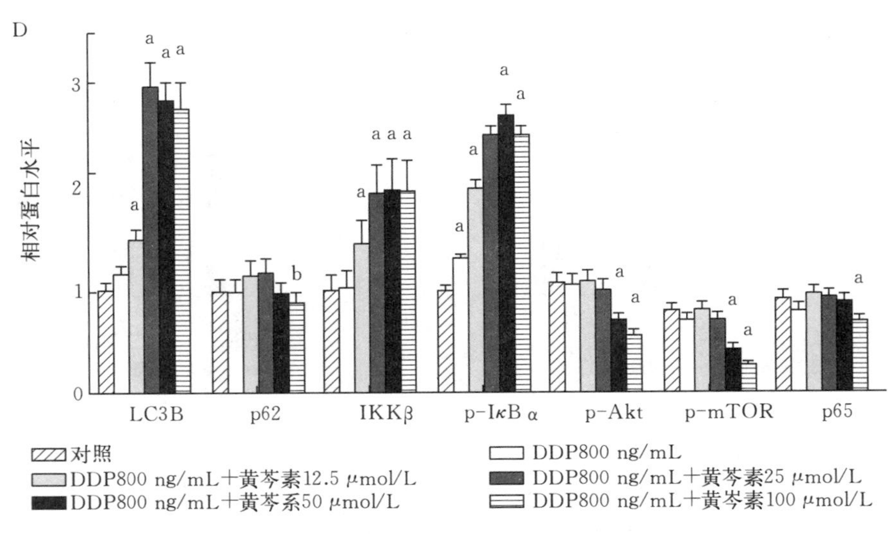

图 4-61　DDP 和黄芩素联用对 Akt/mTOR 信号通路的影响

A. Western blot 检测 DDP 与黄芩素联用时 SGC-7901 细胞中相关蛋白水平

B. Western blot 检测 DDP 与黄芩素联用时 SGC-7901/DDP 细胞中相关蛋白水平

C. 对二药联用时 SGC-7901 细胞中相关蛋白水平的灰度分析

D. 对二药联用时 SGC-7901/DDP 细胞中相关蛋白水平的灰度分析

六、黄芩素调控 Nrf2/Keap1 通路

Nrf2 是 ROS 通路的重要因子，与癌细胞自噬和 Akt 信号通路密切相关。为探讨黄芩素是否也影响 GC 细胞 Nrf2/Keap1 通路，用 800 ng/mL DDP 与黄芩素联合处理 SGC-7901/DDP，进一步检测 Nrf2 和 Keap1 的表达。如图 4-62A 和 B 所示，DDP 单独作用可上调 Nrf2 水平（$P<0.01$），有效下调 Keap1 和 MDR1 水平（$P<0.01$）。因此，黄芩素干预后，Nrf2/Keap1 信号通路受到影响，耐药基因 *MDR1* 也受到负调控，且呈剂量依赖性。

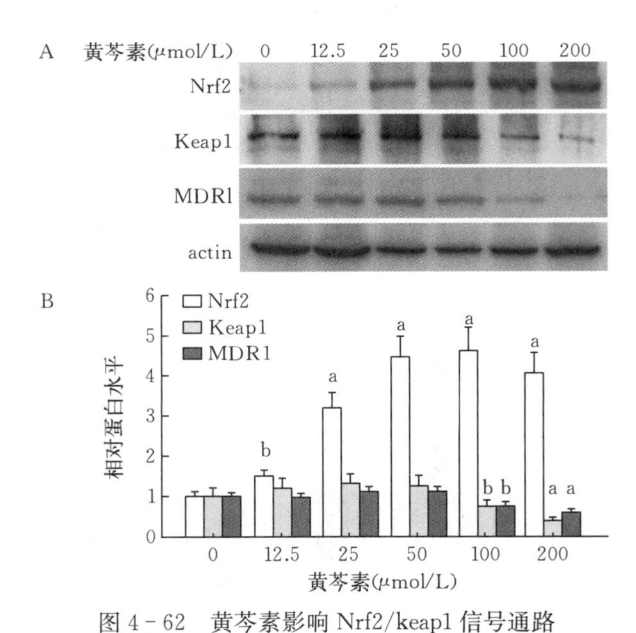

图 4-62　黄芩素影响 Nrf2/keap1 信号通路

A. Western blot 检测黄芩素处理的 SGC-7901/DDP 细胞中相关蛋白水平

B. 对黄芩素处理 SGC-7901/DDP 细胞中相关蛋白水平的灰度分析

七、黄芩素作为抗肿瘤药物的应用价值

近年来的研究表明，黄芩素抗肿瘤的潜在分子机制涉及细胞周期（Yu 等，2016）、细胞增殖（Xia 等，2019）、细胞凋亡（Liu 等，2019）、ROS（Choi 等，2016）等信号通路的调控。目前，针对黄芩素在胃癌中的作用。例如，Mu 等认为黄芩素可调节 Bcl-2/Bax 蛋白含量比例，诱导胃癌细胞 SGC-7901 周期阻滞和凋亡（Mu 等，2016）；TGF-β/Smad 4 通路失活可能是黄芩素抑制胃癌细胞转移的潜在分子机制（Chen 等，2014）；黄芩素还可能抑制 p38 信号通路活性，从而抑制胃癌细胞的侵袭能力（Yan 等，2015）。另外，黄芩素与一些常见的抗癌药物合用，可增强其药理活性。例如，Tang 等（2016）的研究表明，黄芩素和 10-羟喜树碱（HCPT）联用可通过靶向 Topo Ⅰ和 p53 蛋白有效诱导癌细胞的凋亡和细胞周期阻滞；黄芩素和顺铂联用后，可增强肺癌细胞 A549 对顺铂的敏感性，其潜在机制为黄芩素调节 PI3K/Akt/NF-κB 通路活性，进而抑制上皮-间质转化（EMT）和细胞凋亡（Yu 等，2017）。在本研究中，笔者发现黄芩素可增强 DDP 耐药的胃癌细胞的药物敏感性（图 4-53、图 4-54），其潜在机制则是黄芩素通过影响 Akt/mTOR 通路（图 4-59、图 4-60），抑制胃癌细胞的增殖和侵袭（图 4-55）。

细胞自噬是一个复杂的生理过程，与许多其他细胞过程相关联，如程序性细胞死亡。一般来说，自噬有助于细胞在不利环境中存活，但也有证据表明自噬也可导致细胞死亡，因此也称为Ⅱ型程序性细胞死亡或自噬性细胞死亡（Li 等，2020）。目前，神经退行性疾病、代谢紊乱和各种类型的癌症等人类疾病均出现了自噬异常现象（Li 等，2020；Kimmelman 等，2011）。近年来的研究表明，自噬在肿瘤治疗中可能呈现两种截然不同的生理效应。一方面，抗肿瘤药物可能诱导细胞自噬性死亡，提升了化疗或放疗的治疗效果。但另一方面，化疗可能抑制 mTOR 通路，进而引起自噬依赖的抗凋亡反应，对抗肿瘤治疗产生负面影响（Lou 等，2017；Sui 等，2017）。本研究证实黄芩素可以诱导胃癌细胞 SGC-7901 和 SGC-7901/DDP 自噬和凋亡（图 4-56 至图 4-58），当 DDP 和黄芩素联合使用后，细胞凋亡率明显高于单独用黄芩素或 DDP 处理的细胞。进一步研究表明，黄芩素降低了 Akt/mTOR 通路相关蛋白的表达（图 4-59 至图 4-61），增强了 LC3 B 和 Beclin 1 的水平（图 4-58）。因此，黄芩素可能诱导了细胞自噬性死亡。另外，有研究表明，Nrf2/Keap1 信号通路在癌症化疗中起着至关重要的作用（Taguchi 等，2017；Tian 等，2018），Nrf2 被认为是降低 ROS 并维持细胞内氧化还原反应动态平衡的关键枢纽（Buti 等，2013）。在正常生理条件下，Nrf2 活性受 Keap1 调节，Keap1 与 Nrf2 结合，发挥 E3 泛素连接酶的作用，诱导 Nrf2 的泛素化降解，同时，Nrf2 也可能抑制肿瘤的发生和发展（Taguchi 等，

2017；Gonzalez-Donquiles 等，2017）。然而，有研究表明，Nrf2 的表达上调与某些癌症的治疗抵抗和预后不良有关（Yen 等，2018；Kahroba 等，2019）。因此，Nrf2 既可能参与细胞防御氧化应激或致癌物导致的相关损伤，还可能参与恶性肿瘤的发展和药物抗性，在胃癌中，Nrf2 高表达可能是导致 5-氟尿嘧啶耐药的潜在因素（Shen 等，2019）。在本研究中，黄芩素处理上调了胃癌细胞中 Nrf2 表达水平，显著降低了 Keap1 水平（图 4-62），这可能是黄芩素具有抗氧化活性的原因之一。此外，黄芩素还能以剂量和时间依赖的方式抑制 SGC-7901 和 SGC-7901/DDP 中的 MDR1 的表达（图 4-62），这可能是黄芩素增强 SGC-7901 细胞 DDP 敏感性的重要原因。

综上所述，笔者发现黄芩素可能通过 Akt/mTOR 和 Nrf2/Keap1 通路诱导细胞凋亡和自噬，抑制胃癌细胞的增殖和侵袭，增强 DDP 耐药的 SGC-7901 细胞对 DDP 的敏感性，该研究结果可能为黄芩素作为胃癌治疗的潜在药物提供理论参考。

第六节　黄芩多糖的抗氧化活性及其对胃癌细胞的抑制作用

植物多糖是重要的生物大分子，参与多种生命活动，具有多种药理活性，如抗肿瘤、抗病毒、抗氧化、降血糖、抗衰老等，是近年来国内外的研究热点。黄芩（*Scutellaria baicalensis* Georgi）含有黄酮类化合物、萜类化合物、多糖、挥发油等化学成分（王雅芳等，2015；郑勇凤等，2016）。目前国内外对黄芩黄酮的相关研究报道很多，对黄芩多糖（*S. baicalensis* polysaccharides）的研究主要集中在提取工艺方面，而对黄芩多糖的生物活性的研究报道比较少。

本章节考察了黄芩多糖对超氧阴离子自由基和羟基自由基的清除能力，以及总抗氧化能力，系统地研究黄芩多糖的体外抗氧化能力。此外，还检测了黄芩多糖对胃癌细胞 MGC80-3 的抑制能力，并进一步探讨了潜在的分子机制，以期为黄芩多糖的综合开发利用提供理论依据，也为抗氧化保健品和抗肿瘤新药的开发提供参考。

一、黄芩多糖的提取

称取等量的黄芩粉末，通过水提醇沉法、微波提取法和超声波提取法分别提取黄芩多糖，然后通过苯酚-硫酸法测定多糖含量，计算出各自的提取率。微波提取法的提取率最高，达到（7.26±0.33）%，其次是超声波提取法，提取率为（5.27±

0.37)%，而水提醇沉法提取率最低，为（3.20±0.21)%。因此，在多种提取方法中，通过微波提取法提取效率最高，可以得到最多的黄芩多糖。

二、黄芩多糖的体外抗氧化活性

（一）黄芩多糖的羟自由基清除能力

分别将黄芩多糖和阳性对照 Trolox 稀释成一系列浓度梯度后，检测其羟自由基清除活性。结果如图 4－63 所示，黄芩多糖对羟自由基的清除能力随着样品浓度的增加而增大，呈现出明显的量效关系。当黄芩多糖浓度为 5.0 mg/mL 时，对羟自由基的清除率达到 91.30%。根据各个浓度下清除率数据，计算黄芩多糖对羟自由基清除能力的 EC_{50} 值是 1.298 mg/mL，Trolox 的 EC_{50} 值为 1.90 mg/mL，高于黄芩多糖的 EC_{50} 值。EC_{50} 值越高，则样品的羟自由基清除能力越弱。表明黄芩多糖具有较好的羟自由基清除能力，而且在相同浓度下，其清除率显著高于阳性对照 Trolox，开发前景很好。

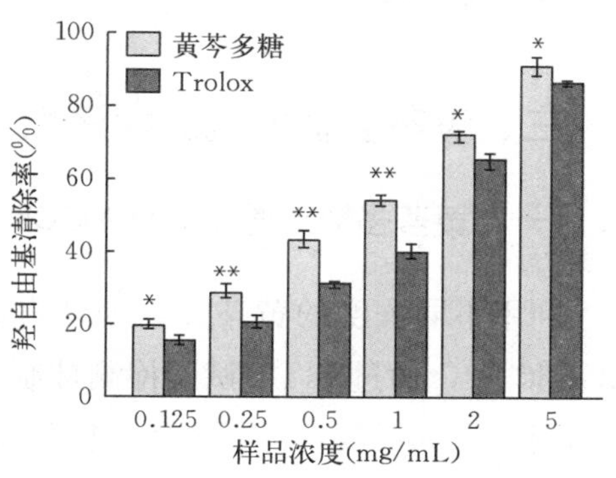

图 4－63　黄芩多糖的羟自由基清除能力检测

注：* 表示 $P<0.05$，** 表示 $P<0.01$；下同

（二）黄芩多糖的超氧阴自由基清除能力

分别将黄芩多糖和阳性对照 Trolox 稀释成一系列浓度梯度后，检测其超氧阴离子自由基清除活性。结果如图 4－64 所示，黄芩多糖和 Trolox 的超氧阴离子清除效能力仍然与其浓度呈明显的剂量依赖效应，但是与 Trolox 相比，黄芩多糖的清除作用相对较低。当样品浓度为 5.0 mg/mL 时，黄芩多糖的超氧阴离子清除率达到 43.06%。研究结果表明黄芩多糖具有一定的超氧阴离子清除能力，在相同浓度下，其清除能力弱于 Trolox。

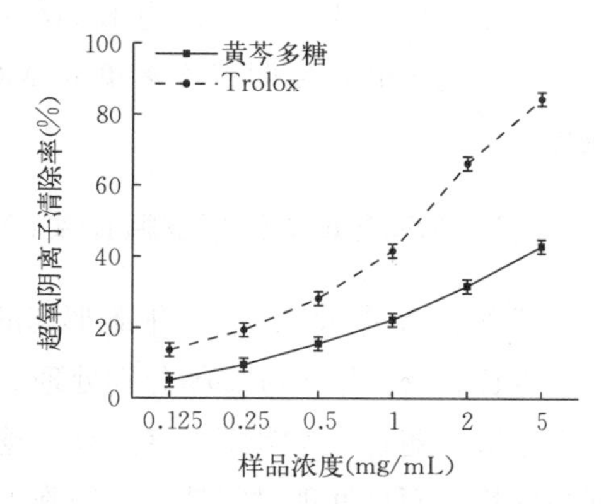

图 4－64　黄芩多糖的超氧阴离子清除能力检测

（三）黄芩多糖的总抗氧化能力

将精制的黄芩多糖配制成 5 mg/mL 的溶液，检测其总抗氧化能力（T－AOC)。

结果如图 4-65 所示，黄芩多糖的总抗氧化能力为(3.27±0.14) U/mg，阳性对照 Trolox 的总抗氧化能力为 (3.64±0.21) U/mg。结果表明，二者无显著差异 ($P=0.064$)，即表明黄芩多糖与 Trolox 具有相当的总抗氧化能力，结合其羟自由基和超氧阴离子自由基的清除效果，提示黄芩多糖具有开发为天然抗氧化剂的潜力。

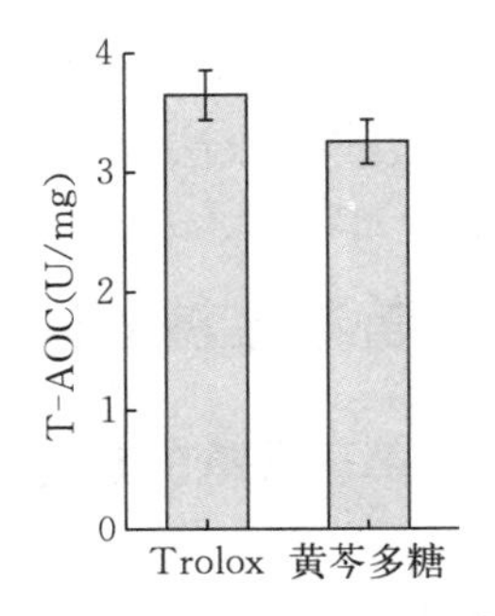

图 4-65　黄芩多糖总抗氧化能力检测

三、黄芩多糖的抗肿瘤活性

(一) 黄芩多糖对胃癌细胞 MGC80-3 增殖的影响

利用不同浓度的黄芩多糖处理胃癌细胞 MGC80-3，通过 MTT 试验检测抑制率。结果如图 4-66 所示，当黄芩多糖终浓度从 0.16 mg/mL 增加至 2.50 mg/mL 时，对 MGC80-3 细胞的抑制率逐渐升高，其中处理 24 h 时，抑制率从 7.07% 升高至 60.93%；处理 48 h 时，抑制率从 48.54%升高至 89.63%，在相同浓度下，处理 48 h 后的抑制率明显高于处理 24 h 的抑制率 ($P<0.01$)。经计算，IC_{50}值分别为 1.214 mg/mL 和 0.174 mg/mL，表明黄芩多糖对 MGC80-3 细胞的抑制作用具有剂量和时间依赖性。

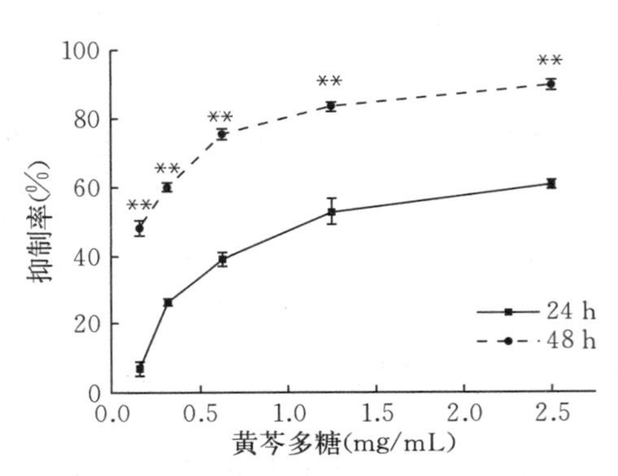

图 4-66　黄芩多糖对 MGC80-3 细胞增殖的抑制作用

(二) 黄芩多糖对胃癌细胞 MGC80-3 形态的影响

黄芩多糖对 MGC80-3 细胞形态的影响结果如图 4-67 所示，对照组细胞形态饱满，生长紧密。用黄芩多糖分别处理 24 h 和 48 h 后，细胞数量明显减少，细胞收缩，变为球形，随着黄芩多糖浓度升高，越来越多的细胞膜结构出现破坏，细胞间隙出现细胞碎片。而且处理时间越长，细胞表面褶皱程度越高。

(三) 黄芩多糖抑制 MGC80-3 细胞增殖的分子机制探讨

为进一步揭示黄芩多糖抑制 MGC80-3 细胞增殖的分子机制，以 GAPDH 为内参，通过 Western blot 检测相关蛋白的表达和活性（图 4-68）。通过对蛋白条带的灰度进行分析，如图 4－69 和图 4－70 所示，IKK β 和 pro－caspase3 均随黄芩多糖浓度升高而表达增强，此外 LC3B 和 LC3A 以及 cleave－caspase 3 和 pro－caspase 3 比值也与黄芩多糖浓度呈正相关，表明黄芩多糖既可能触发 MGC80－3 细胞自噬，同时也可能诱导其凋亡。此外，值得注意的是，在低浓度黄芩多糖（0.156 mg/mL）处理细胞时，Akt 的表达以及 p－IκB α 水平显著提高，但是随着黄芩多糖浓度升高，二者水平则出现明显下调，表明低浓度黄芩多糖能诱导 Akt 和 p－IκB α 水平升高，但高浓度对二者可能产生抑制作用。

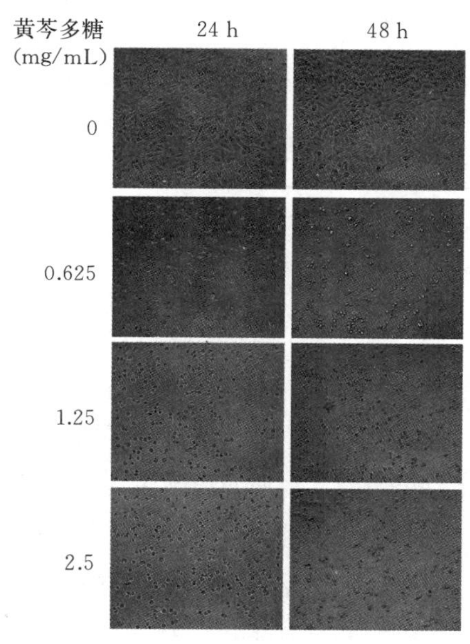

图 4－67　黄芩多糖对 MGC80－3 细胞形态的影响

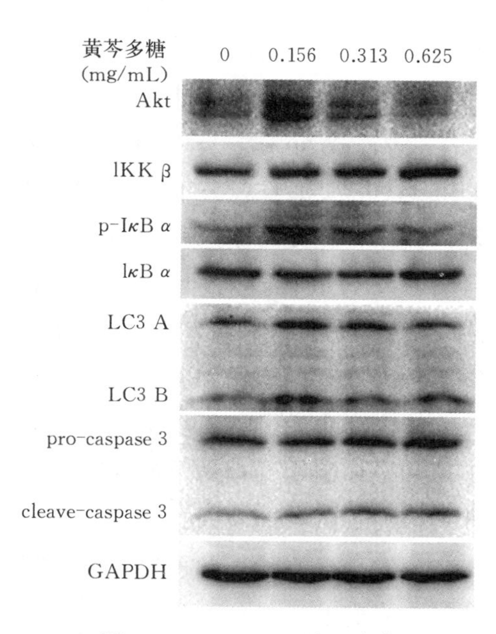

图 4－68　Western blot 试验

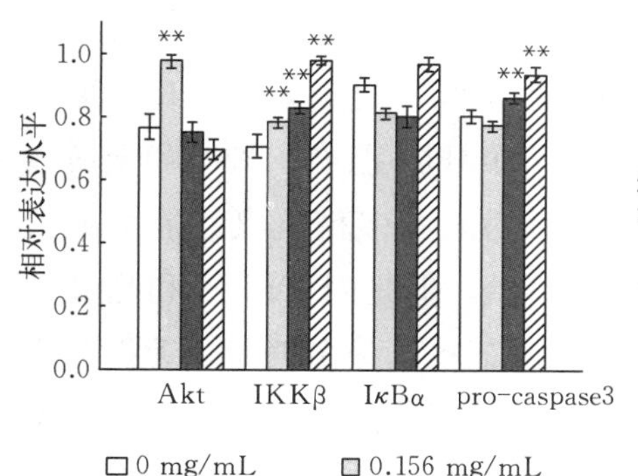

图 4－69　相关蛋白质表达水平分析

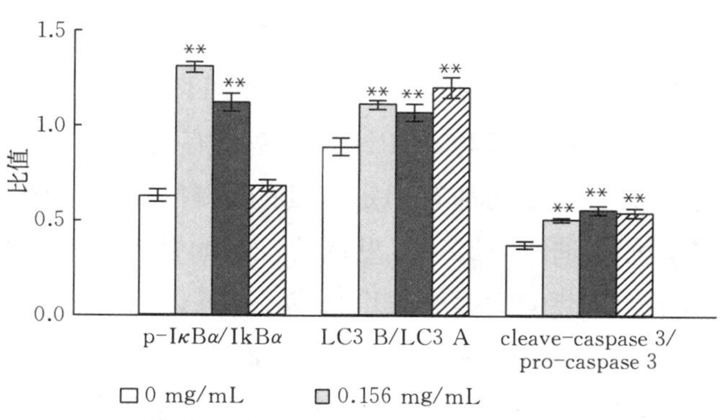

图 4－70　相关蛋白活性形式含量分析

四、结论

黄芩是多年生草本植物，以根部入药，耐寒冷，喜温和气候。黄芩是山西的道地药材，品质优良，野生黄芩资源在全省各地都有分布，人工种植面积也居于全国前列（王秋宝等，2017）。多糖是黄芩的重要组成部分，但是目前针对黄芩多糖的研究相对较少，还处于初步阶段。植物多糖的提取方法常有水提醇沉法、微波提取法、超声波提取法等，笔者比较了这些提取方法的提取率，其中微波提取法最高，达到 7.26%，为进一步的提取工艺优化奠定了基础。此外，本研究进一步除去粗多糖中的蛋白成分和小分子，得到精制的黄芩多糖，然后分析其抗肿瘤活性和抗氧化能力。

目前对黄芩药理活性成分研究较多的是黄酮类化合物，包括黄芩素、黄芩苷、汉黄芩苷等。Wang 等（2004）研究发现，黄芩苷-锌复合物有较低的细胞毒性和较高的抗 HIV-1 活性，并能有效抑制 HIV-1 进入宿主细胞。苏宁等（2007）研究发现，黄芩苷能提高糖尿病肾病大鼠肾组织中的 SOD 和 GSH-PX 活性，延缓糖尿病肾病的发展进程。此外，研究表明，黄芩苷对人黑色素瘤 A375 细胞（匡菊香等，2008）、胃癌细胞 SGC-7972（张转建等，2008）、S180 实体瘤细胞（洪铁等，2008）等多种肿瘤有抑制作用。

体内产生的过量氧自由基可使 DNA 损伤，导致细胞膜的降解，从而引起细胞的破坏和机体组织的损伤，成为衰老以及多种疾病如癌症、心血管疾病、糖尿病、风湿性关节炎等的共同诱因。适当补充抗氧化剂，能促使体内自由基水平达到的平衡。近年来，安全低毒的天然抗氧化剂的开发备受关注。大量研究表明，多种中药的多糖成分具有良好的抗氧化效果。张全才等（2020）在体外试验中证实山楂多糖对超氧自由基、羟自由基和 DPPH 自由基均具有一定的清除能力；蔡惠钿等（2021）发现无花果多糖在 2 500μg/mL 时对超氧阴离子和羟基自由基的清除率分别达到 75%和 38%，而在 1 000 μg/mL 时还原能力最强；许春平等（2021）则发现枸杞多糖在经过羧甲基化修饰后，其清除羟自由基和 DPPH 自由基的能力显著增强；史娟等（2015）证实白花蛇舌草多糖对 DPPH 自由基具有良好的清除作用，而 pH、温度、光照和金属离子对其上述作用都有一定程度的影响。目前，有少量针对黄芩多糖抗氧化能力的报道，如金迪等（2012）发现其自制的黄芩多糖还原力较低，但是对 DPPH 和超氧阴离子的清除能力强于维生素 C；另外，刘梦洁等（2016）证实黄芩多糖能显著提高小鼠血清、肝脏、脾脏和肾脏中 GSH-Px 和 SOD 活性，显著降低其中 MDA 水平。本研究结果显示，与抗氧化剂 Trolox 相比较，黄芩多糖对羟自由基的清除能力较强（图 4-63），对超氧阴离子自由基的清除能力相对弱于 Trolox（图 4-64），而其总抗氧化能力（T-AOC）与 Trolox 相当（图 4-65），表明本研究所获得的黄芩多糖具有较为理想的抗氧化能力，与上述文献报道一致。

在抗肿瘤方面，诱导细胞凋亡是中药抗肿瘤活性成分的主要作用途径。例如，Qiu 等（2010）发现从中药天麻中获得并修饰的多糖化合物 WSS25 能够通过靶向 BMP2 蛋白及其受体，阻断 BMP/SMAD/ID1 信号通路，在体内诱导肝癌细胞凋亡；Li 等（2020）认为黄精多糖能够调控 Bak、Cytc、Puma 和 caspases - 3、caspases - 7、caspases - 9 等多个凋亡相关基因的表达，诱导 HeLa 细胞凋亡；Guo 等（2020）的研究发现，黄芪多糖可能通过 microRNA - 27a/FBXW7 信号途径诱导卵巢癌细胞凋亡；Wang 等（2020）研究发现，人参浆果多糖能够促进结肠癌细胞凋亡，并增强其对 5 -氟尿嘧啶的敏感性。本研究发现，黄芩多糖能够有效抑制胃癌细胞 MGC80 - 3 的增殖，进一步的分子机制研究发现黄芩多糖能够提高 caspase - 3 活性形式水平，表明其可能促进了细胞凋亡。此外，值得注意的是，黄芩多糖还使细胞自噬标志因子 LC3 B 的水平显著升高，表明其可能还触发了细胞自噬途径，目前尚未有文献揭示黄芩多糖和肿瘤细胞自噬过程之间的关系。而 Akt 和 IκB α 相关信号通路则可能是黄芩多糖诱导细胞凋亡和自噬的重要分子机制之一。然而，黄芩多糖的成分和结构以及进一步的抗肿瘤信号分子网络还需要更为深入的研究予以揭示。

第五章　党参多糖活性研究

第一节　党参多糖生理活性研究现状

党参是我国传统的大宗中药，具有补中益气、健脾益肺等功效。在 2020 年版《中华人民共和国药典》中记载：党参为桔梗科植物党参［*Codonopsis pilosula*（Franch.）Nannf.］、川党参（*Codonopsis tangshen* Oliv.）、素花党参［*Codonopsis pilosula Nannf. var. modesta*（Nannf.）L. T. Shen］等多种同属植物的干燥根，主要有效成分有多糖类、生物碱、皂苷等，在亚洲地区，党参是珍贵的食药同源类中药材。根据产地不同，其中以生长于山西东南部地区的潞党参为最佳，含有丰富的多糖、皂苷、矿物质等成分（张小婷等，2022）。有研究表明，党参多糖主要由戊糖、己糖及其衍生物糖醇、糖酸组成，具有抗氧化和抗衰老、调节免疫、促进机体造血的功能，临床可用于降糖降脂等（李芳等，2023）。

近年来，国内外学者对党参多糖生理活性的研究取得了一定的进展。例如，张弛等（2015）发现板桥党参富含蛋白质和多糖，并且都具有一定的还原能力和清除超氧阴离子自由基的能力；硫酸酯化的党参多糖比未处理的党参多糖更具有抗氧化能力和保肝活性（Liu 等，2015）；在不同产地的党参中，潞党参的多糖含量、浸出物量以及炔苷含量整体优于其他产地党参（王丽蕃等，2008；针娴，2013；赵江燕，2014）；曹俊杰等（1994）发现潞党参膏滋（主要含多糖）能够在一定程度上减少放疗对肿瘤患者多种细胞免疫功能的损伤，进而使患者睡眠改善、食欲增加；熊元君等（2000）的研究表明，与新疆党参相比，潞党参更能有效调节小鼠肠道蠕动。

关于党参多糖在免疫系统调节方面的作用研究逐渐受到重视。例如，王爱青（2018）的研究表明，党参多糖能够改变大鼠血清中 IL－2、IL－6 等免疫因子的水平，改善其肾阴虚症状；李开菊等（2017）认为素花党参多糖能够显著提高乌鸡体内的法氏囊指数水平，增强其机体免疫功能；王希春等（2017）研究发现，在饲料中添加 1%～2%的党参多糖能够显著提高仔猪血清中 IFN－γ、IL－2、IL－4 和 IL－6 的水平以及小肠黏膜分泌 SIgA 的水平，改善仔猪的生长性能；有研究发现，硒化党参多糖能够有效提高鸡和小鼠外周血中的免疫因子含量，增强其免疫功能（林丹丹等，2016；刘宽辉等，2017）；余兰等（2016）研究发现，道真洛龙党参多糖可通过提高胸腺和脾脏指数，减轻环磷酰胺所致小鼠免疫功能抑制。目前，尚无文献报道潞党参多糖对补体系统的研究工作。

近年来，有少量文献报道了党参多糖的抗肿瘤活性方面的研究。例如，陈文霞等（2015）发现纹党参多糖在硒化后对肺癌细胞 A549 的抑制效应显著增强，具备开发为抗肿瘤药物的潜力；陈嘉屿等（2015）发现纹党参多糖和白条党多糖均能显著增强荷瘤小鼠 NK 细胞活度，促进淋巴细胞增殖，并提高血清细胞因子 IL－2、IL－1β、IL－6、TNF－α 和 INF－γ 的含量，降低 IL－4 的水平，从而发挥较强的抗肿瘤作用；杨丰榕等（2011）则确定了长治党参多糖发挥抑制人胃腺癌细胞 BGC－823 和人肝癌细胞 Bel－7 402 的关键活性组分为 CPS－3 和 CPS－4。然而，针对山西省道地药材潞党参的多糖成分的抗肿瘤活性，尚无相关文献报道。

笔者以潞党参为材料，比较了不同提取方法的优劣，并较为系统地评估了其总抗氧化能力、羟自由基清除能力以及超氧阴离子清除能力；采用溶血法、实时定量 PCR 等技术探讨了潞党参多糖的抗补体活性，分析其对免疫功能的调节作用。上述研究结果有助于为潞党参多糖在药品和食品领域的应用研究提供参考。

第二节　党参多糖活性研究试验

一、试验仪器与设备

RE－5ZAA 旋转蒸发器（上海压荣生化仪器厂）；SHZ－D（Ⅲ）循环水式真空泵（巩义市予华仪器有限责任公司）；高速冷冻离心机（HITACHI）；DFY－300 高速万能粉碎机（上海新诺仪器设备有限公司）；ND 2000 微量分光光度计（上海市精密科学仪器有限公司）；DHG－9076A 电热恒温鼓风干燥箱（上海浦东荣丰科学仪器有限公司）；KQ－250 医用超声波清洗器（昆山市超声仪器有限公司）；BSA 124S－CW 电子天平[赛多利斯科学仪器（北京）有限公司]；多功能酶标仪 SpectraMax M2 [美谷分子仪器（上海）有限公司]；CO_2 培养箱（美国 Thermo Fisher Scientific 公司）；细胞计数仪 Cellometer Auto1000（美国 Nexcelom 公司）；XSP－6C 光学倒置显微镜（日本 Olympus 公司）；StepOne－Plus 型实时定量 PCR 仪（美国 Thermo Fisher Scientific 公司）。

二、试验材料与试剂

绵羊红细胞（sheep red blood cell，SRBC）、绵羊红细胞溶血素、巴比妥酸等购自南京森贝伽生物科技有限公司；豚鼠血清购自广州鸿泉生物科技有限公司；肝素钠、EGTA等购自北京依托华茂生物科技有限公司；人肝癌细胞HepG2和人宫颈癌细胞SiHa分别购自中国科学院上海生命科学研究院细胞资源中心和江苏齐氏生物科技有限公司；DMEM培养基和RPMI-1640培养基均购自北京索来宝生物科技有限公司；胎牛血清购自杭州四季青生物工程材料有限公司；胰蛋白酶、四氮甲基唑蓝（methylthiazolyl tetrazolium，MTT）、青链霉素混合液、二甲基亚砜（dimethyl sulfoxide，DMSO）等购自北京依托华茂生物科技有限公司；TRIzol试剂购自美国Invitrogen公司；肿瘤坏死因子-α（tumornecrosis factor-α，TNF-α）购自美国Sigma公司；逆转录试剂盒及SYBR@ Premix Ex TaqTM GC试剂盒购自宝生物工程（大连）有限公司。无水乙醇、丙酮、Na_2CO_3、葡萄糖、苯酚、浓硫酸、NaOH、3,5-二硝基水杨酸、丙三醇等均为国产分析纯试剂；潞党参购自山西万民药房。

三、试验方法

（一）潞党参粗多糖的提取

称取打碎的潞党参粉末5 g，加入10倍体积（即50 mL）的蒸馏水，煮沸2 h后，用纱布过滤，收集滤液。将滤渣重复煮沸2次，合并滤液，将其pH调至6.5后，离心除去沉淀。在上清液中加入3倍体积的无水乙醇，在4 ℃冰箱静置过夜，收集沉淀，并依次用80%乙醇和丙酮洗涤一次，干燥后即为潞党参粗多糖。

（二）潞党参多糖的精制

1. Sevag法脱蛋白 取适量粗多糖，加入适量蒸馏水，超声溶解后加入1/4/体积的Sevag试剂（氯仿∶水饱和正丁醇=1∶4），混合液剧烈振荡充分摇匀30 min后，5 000 r/min常温离心10 min，收集水相，再加入1/4体积的Sevag试剂液，重复上述过程7～9次。

2. 除去小分子 将上述脱蛋白后的多糖溶液放入透析袋（8 000～14 000 u）中，用蒸馏水流动透析48 h后，以3倍体积的无水乙醇沉淀，将沉淀物干燥后即为精制多糖，保存于4 ℃冰箱中备用。

（三）抗补体活性测定

1. 经典途径抗补体活性（CH_{50}）**测定** 先用1×巴比妥酸溶液（1×BBS溶液）将豚鼠血清（补体）稀释10倍，然后继续稀释成1∶20、1∶40、1∶80、1∶160、1∶320、1∶640和1∶1 280共7个浓度梯度的溶液。试验分为补体组和全溶血组，按照表5-1，补体组依次准确加入1×BBS溶液、补体（complement）、溶血素

（hemolysin）和 2%绵羊红细胞（SRBC），轻柔混匀；全溶血组则依次加入蒸馏水和 2%SRBC，轻柔混匀。然后，将补体组和全溶血组均置于 37 ℃孵育 30 min，4 ℃下 5 000 r/min离心 10 min 后，每个反应体系吸取 200 μL 上清液置于 96 孔板中，利用酶标仪测定 405 nm 处的吸光度（OD_{405}）。以全溶血组的 OD_{405} 值为标准，计算绵羊红细胞溶血率，公式如下：

溶血率＝补体组 OD_{405} 值/全溶血组 OD_{405} 值×100%

选择溶血率接近 100%的最低补体浓度为临界浓度。补体组中每个浓度梯度以及全溶血组均做 3 个重复。

表 5－1　经典途径补体临界浓度的确定（mL）

组别	1×BBS	双蒸水（ddH_2O）	补体	溶血素（1∶1 000）	SRBC（2%）
补体组	0.3	—	0.1	0.1	0.1
溶血组	—	0.5	—	—	0.1

用 1×BBS 溶液溶解精制的潞党参多糖，制成浓度为 25 mg/mL 的溶液。继续用 1×BBS 溶液，分别按照 2、4、8、16、32、64、128 倍的比例对上述 LCPP 溶液进行梯度稀释。然后，设置试验组共 7 个浓度梯度，对应 7 个对照组，以及 1 个临界点浓度的补体组，每组设置 3 个重复。按照表 5－2 加入各试剂后（操作同表 5－1），测定 OD_{405} 值，计算溶血抑制率，公式如下：

溶血率抑制率＝1－(补体组 OD_{405} 值－对照组 OD_{405} 值)/补体组 OD_{405} 值×100%

然后计算 CH_{50} 值。

表 5－2　补体经典途径溶血试验（mL）

组别	1×BBS	补体	样品	溶血素（1∶1 000）	SRBC（2%）
试验组	0.2	0.1	0.1	0.1	0.1
对照组	0.5	—	0.1	—	—
补体组	0.3	0.1	—	0.1	0.1

2. 旁路途径抗补体活性（AP_{50}）**测定**　取健康成年男性静脉血 10 mL，以及家兔（约 2.5 kg）动脉血 2 mL，制备人血清和 0.5%兔红细胞（rabbit red blood cell，RRBC），置于 4 ℃冰箱保存备用，并配制旁路途径（alternative pathway，AP）缓冲液，对人血清（补体）进行 5 倍稀释，然后依次稀释为 10、20、40、80、160、320、640 倍的溶液。按照表 5－3 加入各试剂，轻柔混匀，置于 37 ℃孵育 30 min，然后在 4 ℃下 5 000 r/min 离心 10 min，每个反应体系吸取 200 μL 上清液置于 96 孔板中，利用酶标仪测定 OD_{405} 值，以全溶血组的 OD_{405} 值为标准，计算兔红细胞溶血率，选择溶血率接近 100%的最低补体浓度为临界浓度。

表 5-3　旁路途径中补体临界浓度的确定（mL）

组别	AP	ddH_2O	补体	RRBC（0.5%）
补体组	0.3	—	0.1	0.1
溶血组	—	0.4	—	0.1

用 AP 溶液配制浓度为 25 mg/mL 的潞党参多糖溶液，然后按照 2、4、8、16、32 倍的比例，用 AP 溶液对上述潞党参多糖溶液进行梯度稀释，按照表 5-4 加入各试剂后（操作同表 5-3），测定 OD_{405} 值，计算溶血抑制率，然后计算 AP_{50} 值。

表 5-4　补体旁路途径溶血试验（mL）

组别	AP	补体	样品	RRBC（0.5%）
试验组	0.2	0.1	0.1	0.1
对照组	0.4	—	0.1	—
补体组	0.3	0.1	—	0.1

3. HepG2 细胞的处理及 Real-time PCR 试验　用胰酶-EDTA 溶液消化指数增长期的人 HepG2 细胞，成单细胞悬液，接种到 Φ35 mm 细胞培养皿中，待汇合率达到 60%时，分别在加入和不加入潞党参多糖情况下，用终浓度为 50 ng/mL 的 TNF-α 处理细胞，在不同时间点收集细胞，并按照 TRIzol 试剂说明书提取总 RNA，利用逆转录试剂盒合成 cDNA，保存于－70 ℃冰箱备用。

利用表 5-5 中所列的引物，按照 SYBR® Premix Ex Taq™ GC 试剂盒说明书配制反应体系，反应条件为 95 ℃，5 min；95 ℃，5 s；60 ℃，30 s；40 个循环。利用 $2^{-\triangle\triangle Ct}$方法计算基因 mRNA 的相对水平。

表 5-5　Real-time PCR 引物信息

引物	上游引物（5′→3′）	下游引物（5′→3′）
C3	GCTGAAGCACCTCATTGTGA	CTGGGTGTACCCCTTCTTGA
GAPDH	AACAGCCTCAAGATCATCAGC	GGATGATGTTCTGGAGAGCC

（四）抗肿瘤活性检测

1. SiHa 细胞增殖能力检测　参照第二章第二节“三、抗肿瘤活性检测”部分的方法进行。

2. SiHa 细胞黏附能力检测　用胰酶-EDTA 溶液消化对数生长期的 SiHa 细胞，按照 2×10^4 个细胞/孔的浓度接种于 96 孔板中，每种细胞做 6 个复孔，放入 37 ℃的 5%CO_2 培养箱中过夜培养 1 h 后，弃去培养基，并用 37 ℃预热的磷酸盐缓冲液清洗掉未贴壁的细胞，加入 90 μL 新鲜培养基和 10 μL MTT 溶液（5 mg/mL），继续培养 4 h 后，弃去培养液，加入 150 μL DMSO，振荡 10 min 后，在酶标仪检测 OD_{570} 值。

3. SiHa 细胞铺展情况检测　将单细胞悬液接种于 12 孔板中，然后分别在 0、4、8、12 h 进行显微拍照，对铺展细胞的数量进行统计，并用 Image - Pro Plus 6.0 软件计算铺展面积，分析潞党参多糖对细胞铺展的影响。

4. 划痕试验　将细胞接种于 12 孔板中，每孔 5×10^4 个细胞，每个处理做 3 个复孔，于 37 ℃、5%CO_2 条件下培养直至细胞汇合率达到 100%，弃去培养基，用终浓度为 25 μg/mL 丝裂霉素 C 处理细胞 1 h。然后，用 10 μL 枪头进行划痕，并用 37 ℃ 预热的磷酸盐缓冲液漂洗 3 次，尽量去除脱落细胞，再加入新鲜培养基，于 37 ℃、5%CO_2 条件下培养，分别在 0、12、24 h 进行显微拍照。利用 Image - Pro Plus 6.0 软件测量划痕宽度，按照如下公式计算迁移率：

$$迁移率=\frac{W_{0\,h}-W_{12\,h或24\,h}}{W_{0\,h}}\times100\%$$

式中，$W_{0\,h}$——0 h 划痕宽度（μm）；

$W_{12\,h或24\,h}$——培养 12 h 或 24 h 后划痕宽度（μm）。

第三节　党参多糖的抗补体活性

一、潞党参多糖经典途径抗补体活性

（一）经典途径补体临界点浓度的确定

红细胞在发生轻微溶血和接近完全溶血时，补体量的变化不能使溶血程度有显著改变，即溶血对补体量的变化不敏感。为检测潞党参多糖是否对补体所引起的溶血过程产生影响，需确定本试验体系中溶血发生突跃的补体稀释区间，选择适宜的补体浓度进行后续试验。将不同稀释倍数的豚鼠血清（补体）分别与 2%的绵羊红细胞以及 1 000 倍稀释的绵羊红细胞溶血素混合，测定 OD_{405} 值，计算溶血率。以溶血率为纵坐标，稀释倍数为横坐标绘制折线图。如图 5 - 1 所示，当补体稀释 80 倍时，溶血率为 88.42%，稀释倍数超过 80 倍后，溶血率显著下降，因此，在后续试验中选择 80 倍稀释的豚鼠血清作为补体使用。

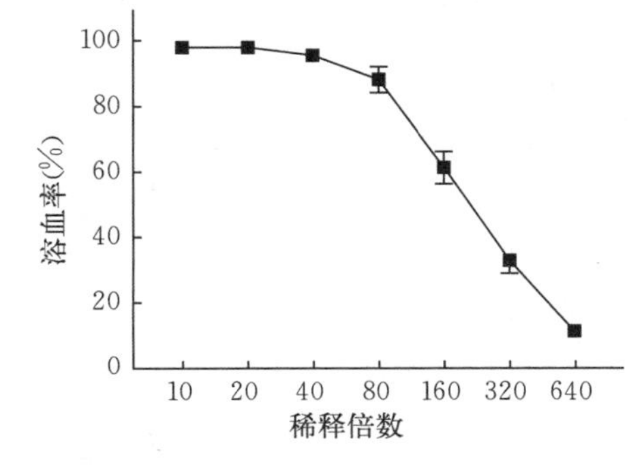

图 5 - 1　不同稀释倍数的豚鼠血清在补体经典途径中的效价

（二）潞党参多糖对补体经典途径的影响

用1×BBS溶液将潞党参多糖和肝素钠分别配制成25 mg/mL和0.5 mg/mL的溶液，然后继续用1×BBS溶液将二者按照2、4、8、16、32、64、128倍进行梯度稀释。通过绵羊红细胞溶血试验，以肝素钠为阳性对照，检测潞党参多糖对补体经典途径的影响。结果如图5-2所示，潞党参多糖对补体经典途径具有抑制作用，经计算CH_{50}值为（2.061±0.127）mg/mL，肝素钠CH_{50}值为（0.056±0.004）mg/mL，$P<0.01$。

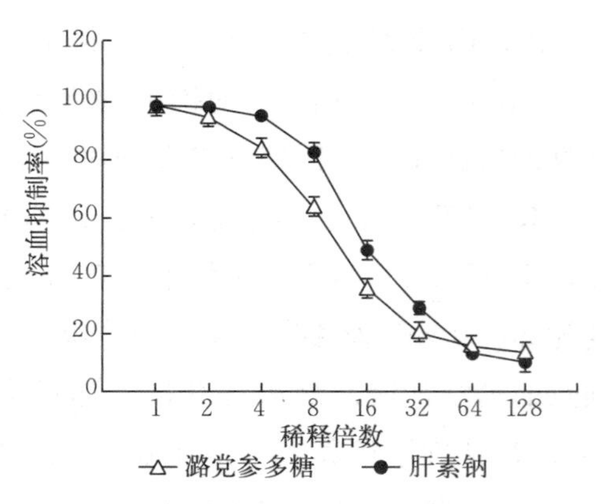

图5-2　潞党参多糖对补体经典途径的抑制效应

二、潞党参多糖对补体旁路途径的影响

（一）旁路途径补体临界点浓度的确定

将不同浓度的人血清、0.5%的兔血清以及AP溶液混合，测定兔红细胞溶血率。结果如图5-3所示，人血清稀释10倍时，溶血率为93.20%，当稀释倍数继续增大，溶血率显著下降。因此，在后续试验中，以10倍稀释的人血清作为补体使用。

（二）潞党参多糖对补体旁路途径的抑制效应

用AP溶液分别配制25 mg/mL的潞党参多糖溶液和0.5 mg/mL的肝素钠溶液，并继续按照2、4、8、16、32倍对二者进行梯度稀释。以肝素钠溶液为阳性对照，通过兔红细胞溶血试验，检测潞党参多糖对补体旁路途径活性的影响。结果如图5-4

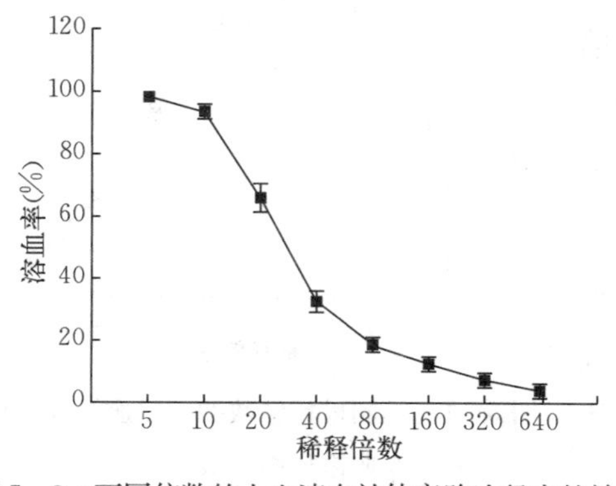

图5-3　不同倍数的人血清在补体旁路途径中的效价

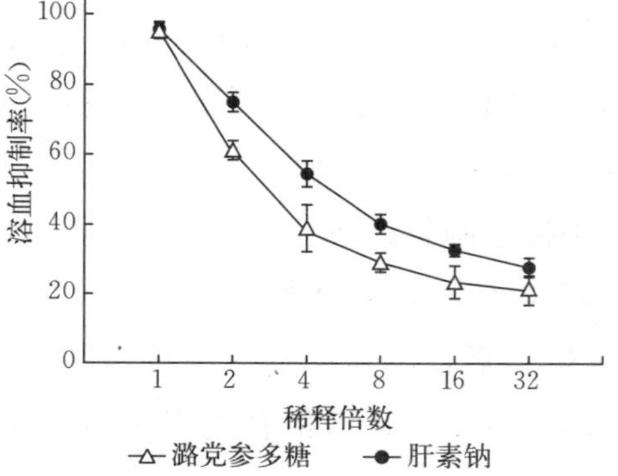

图5-4　潞党参多糖对补体旁路途径活性的影响

所示，潞党参多糖对补体旁路途径具有抑制作用，经计算 AP_{50} 值为（6.725±0.895）mg/mL，肝素钠 AP_{50} 值为（0.075±0.005）mg/mL，$P<0.01$。

三、潞党参多糖对 TNF-α 诱导的 C3 表达水平的影响

用 TNF-α（终浓度 50 ng/mL）刺激人 HepG2 细胞，然后通过实时定量 PCR 检测补体成分 C3 的 mRNA 水平。结果如图 5-5 所示，随着 TNF-α 处理时间的延长，C3 mRNA 表达量逐渐增加。若用潞党参多糖和 TNF-α 同时处理 HepG2 细胞 24 h，C3 的 mRNA 水平则与潞党参多糖的浓度呈负相关（图 5-6），这种抑制作用呈现明显的剂量依赖性。上述结果表明，潞党参多糖能够拮抗 TNF-α 诱导的补体因子 C3 水平的升高。

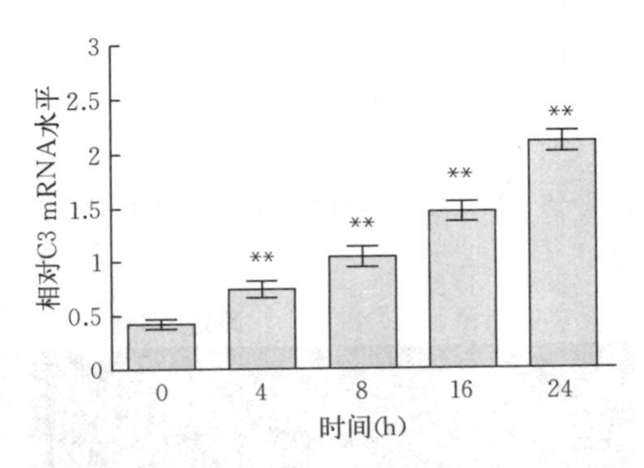

图 5-5　TNF-α 对人 HepG2 细胞补体成分 C3 表达的影响

注：**表示与未加 TNF-α 处理的细胞相比，差异极显著（$P<0.01$）

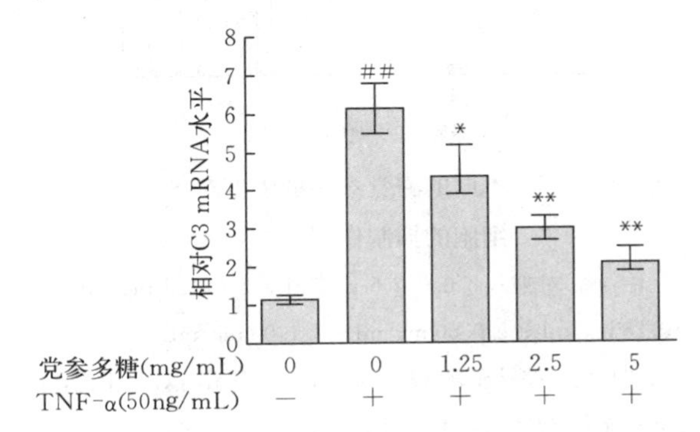

图 5-6　潞党参多糖抑制 TNF-α 诱导的人 HepG2 细胞中 C3 的表达

注：##表示与未加潞党参多糖和 TNF-α 的对照组相比，差异极显著（$P<0.01$）；*表示与仅加 TNF-α 处理的试验组相比，差异显著（$P<0.05$），**表示差异极显著（$P<0.01$）

第四节　党参多糖对宫颈癌细胞的抑制效果

一、潞党参多糖对 SiHa 细胞增殖的影响

用不同浓度的潞党参多糖处理人宫颈癌细胞 SiHa 48 h 后，利用 MTT 法检测其对细胞存活的抑制率。结果如图 5-7 所示，随着潞党参多糖浓度的增大，其抑制 SiHa 细胞的能力越强，与阴性对照相比，潞党参多糖终浓度为 0.25 mg/mL、0.50 mg/mL 和 1.00 mg/mL 时，细胞抑制率差异极显著（$P<0.01$）；当终浓度为 1 mg/mL 时，抑制率为 68.19%，计算其 IC_{50} 值为 0.68 mg/mL。

用抑制率相对较低的潞党参多糖浓度（0.20 mg/mL）处理 SiHa 细胞，进行细胞

增殖试验。结果如图 5-8 所示，从第 2 天起，潞党参多糖处理组细胞数量开始少于对照组细胞，到第 3 天和第 4 天潞党参多糖处理组细胞数量显著少于对照组（$P<0.05$），到培养的第 5 天，二者差异达到极显著（$P<0.01$），表明长期低浓度的潞党参多糖处理，也能抑制 SiHa 细胞的生长。

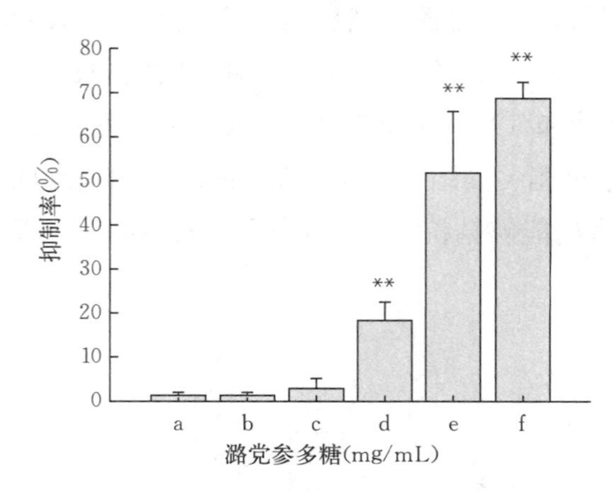

图 5-7　不同的潞党参多糖浓度对 SiHa 细胞的抑制作用

注：a. 对照；b. 0.062 5 mg/mL；c. 0.125 mg/mL；d. 0.25 mg/mL；e. 0.50 mg/mL；f. 1.00 mg/mL。* 表示与对照相比，差异显著（$P<0.05$）；** 表示与对照相比，差异极显著（$P<0.01$）。下同

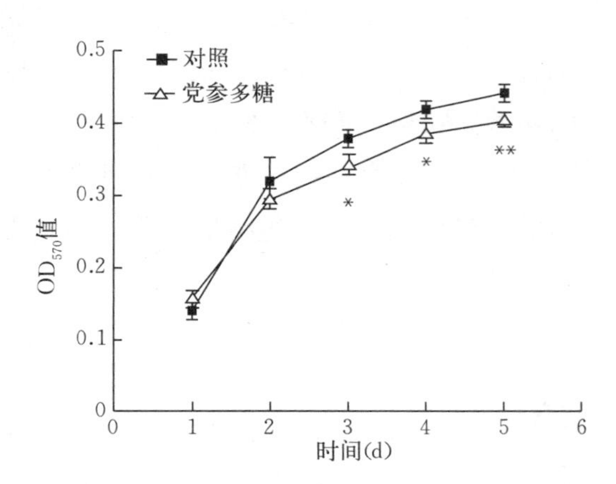

图 5-8　潞党参多糖对 SiHa 细胞增殖的影响

二、潞党参多糖对 SiHa 细胞铺展的影响

将单细胞悬液接种到 6 孔培养板中，选择细胞增殖抑制率低的潞党参多糖溶液（终浓度 0.20 mg/mL）处理 SiHa 细胞，观察低浓度的潞党参多糖对其铺展的影响。结果如图 5-9 所示，在培养 6 h 后，空白对照和潞党参多糖处理组中的大部分细胞均已变为扁平状，并形成了早期的片层伪足结构，即细胞进入铺展过程，但是通过显微镜观察发现潞党参多糖处理组细胞铺展面积小于空白对照组细胞面积，培养 12 h 后，这种差异仍

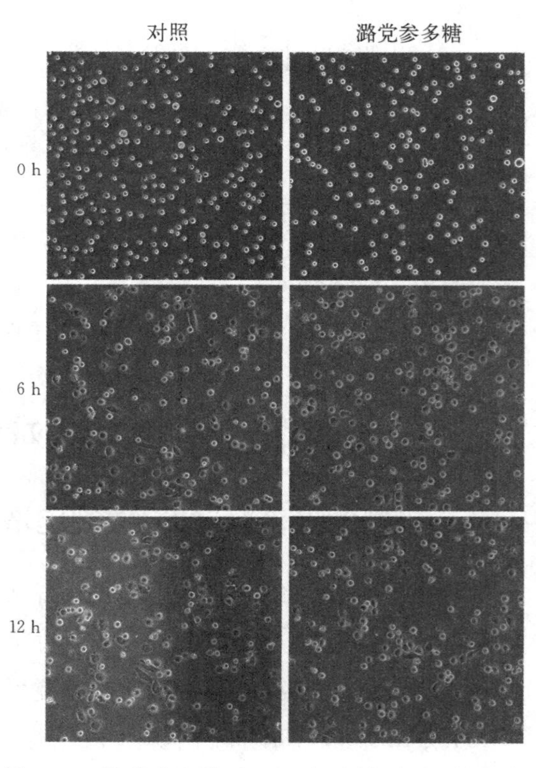

图 5-9　潞党参多糖对 SiHa 细胞铺展过程的影响（×20）

然存在。

通过软件对细胞铺展面积进行计算和统计，结果如图5-10所示，6 h时，潞党参多糖处理组细胞面积显著小于对照组细胞（$P<0.01$）；12 h时，两组细胞的铺展面积均增大，但是潞党参多糖处理组细胞面积仍然显著小于对照组细胞（$P<0.01$）。上述结果表明，潞党参多糖抑制了肿瘤细胞SiHa的铺展过程。

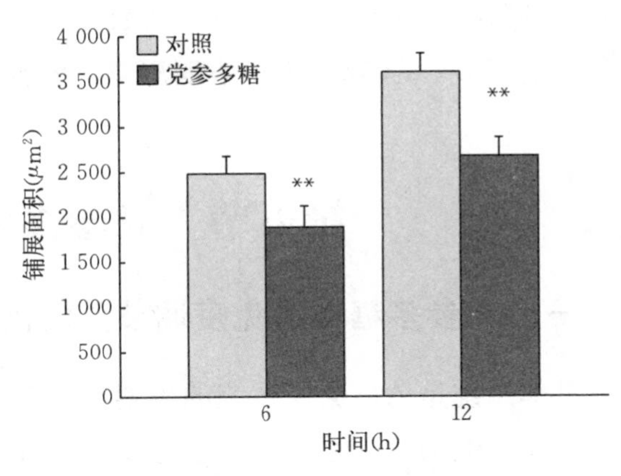

图5-10　潞党参多糖对SiHa细胞铺展面积的影响

三、潞党参多糖对SiHa细胞黏附的影响

用终浓度为0.20 mg/mL的潞党参多糖处理SiHa细胞后，采用MTT法检测黏附细胞的相对数量（图5-11），与未经处理的对照组细胞相比，黏附细胞的数量明显减少，差异极显著（$P<0.01$），表明潞党参多糖抑制了SiHa细胞的黏附作用。

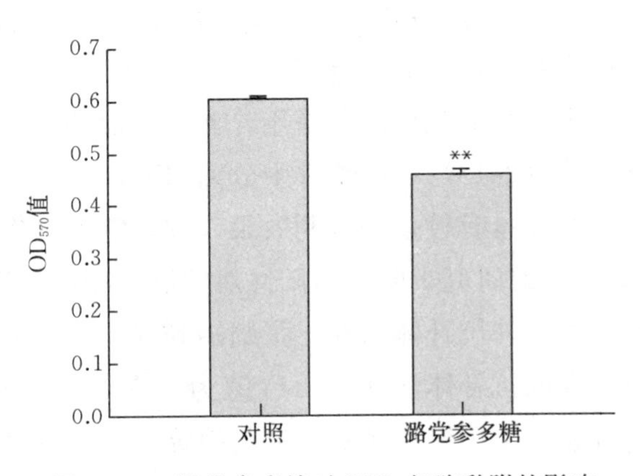

图5-11　潞党参多糖对SiHa细胞黏附的影响

四、潞党参多糖对SiHa细胞迁移的影响

根据上述结果，用终浓度为0.20 mg/mL的潞党参多糖处理SiHa细胞24 h后，进行划痕试验（图5-12）。经过统计，划痕12 h后，对照组细胞迁移率为40.32%，

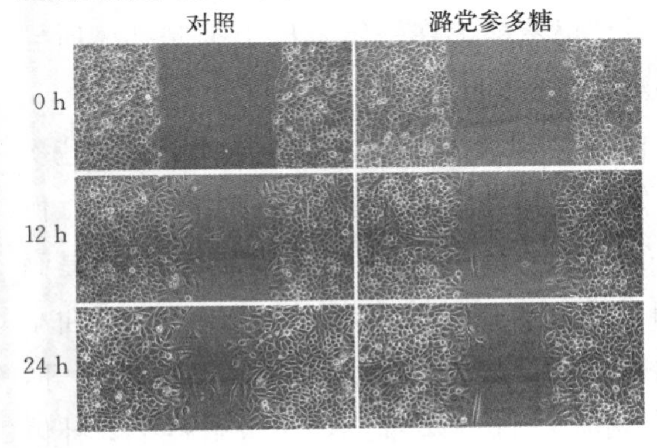

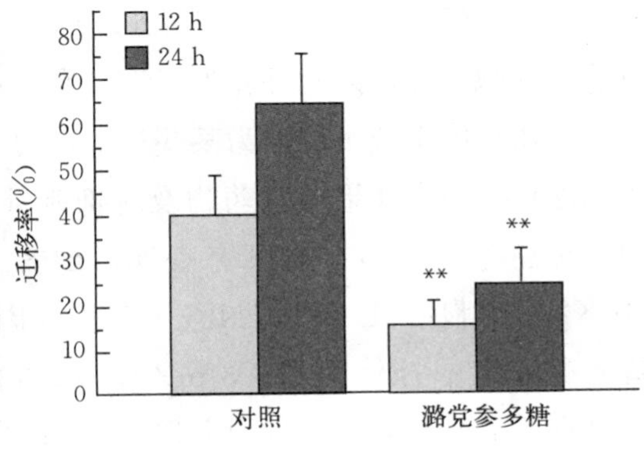

图5-12　潞党参多糖抑制SiHa细胞的迁移运动

处理组细胞的迁移率为15.56%；而划痕24 h后，对照组细胞迁移率为64.53%，处理组细胞的迁移率为24.20%，表明潞党参多糖显著抑制了SiHa细胞的迁移能力（$P<0.01$）。

第五节 党参多糖的开发潜力

一、党参多糖作为免疫调节剂的前景

补体系统是动物免疫系统的重要组成部分，其中，经典途径的主要参与因子是C1～C9，旁路途径的主要参与因子为C3、C5～C9以及P因子和B因子等。肝素及其衍生物是一类临床上常见的抗凝血剂，同时也具有强大的抗补体作用（Mousavi等，2015），其主要通过与多种补体因子相结合，阻碍免疫复合物的形成，从而抑制补体系统活性（Young等，2008）。近年来，有大量研究以药用植物为研究对象，分析其提取物的免疫调节作用，其中针对补体系统的效应是研究的热点之一。例如，阮姝楠等（2013）从广藿香中分离得到的槲皮素-7，3′，4′-三甲醚对补体经典途径和旁路途径具有较强的抑制效果，并确定了其作用靶点为C1q、C2、C5和C9；吴彦等（2009）的研究表明，与阳性对照肝素相比，半枝莲中的多糖成分B3-PS2具有与之相当的体外抗补体活性；张娟娟等（2012）采用优化的提取方法获得的鱼腥草多糖具有较强的抗补体活性，CH_{50}值为0.079 mg/mL；焦杨等（2016）比较了千解草、白花灯笼、尖尾枫、赪桐、臭茉莉等5种马鞭草科药用植物提取物的抗补体活性，结果显示它们在经典途径和旁路途径均表现出不同程度的抑制效应；杨涛等（2014）在红芪中分离得到一种新多糖HPS1-D，发现其具有一定的抗补体活性，CH_{50}值为0.21 mg/mL。本研究以肝素钠为阳性对照，采用细胞溶血试验，探讨潞党参多糖潜在的抗补体活性，结果显示潞党参多糖的CH_{50}值和AP_{50}值分别为（2.061±0.127）mg/mL、（6.725±0.895）mg/mL，虽然大于肝素钠的CH_{50}值（0.056±0.004）mg/mL和AP_{50}值（0.075±0.005）mg/mL，但是仍然能够在一定程度上抑制补体所导致的红细胞溶血，因此潞党参多糖具有一定的抗补体活性。

动物补体系统可能因为某些外部或内部因素的影响而异常激活，从而导致某些疾病或器官损伤，如果通过药物及时抑制补体系统活性，就有可能改善相关症状。例如，姚楠等（2015）的研究表明，LPS（lipopolysaccharides）刺激能够明显提高HEK293细胞中IL-8、TNF-α等炎症因子的表达；而TNF-α能诱导人肾近曲小管上皮细胞中补体因子C3 mRNA和蛋白质水平升高，导致肾损伤（洪郁芝等，2001）；Shavva等（2013）用TNF-α蛋白刺激人HepG2细胞，显著增强了其补体因子C3的表达；褚纯隽等（2015）报道，LPS能够刺激小鼠C3、TNF-α、IL-6等因子水平的升高，导致急性肺损伤，而药用植物野马追的提取物则能够有效降低上述因子的水平，从而起到保护作用。此外，有研究表明，当某些鱼类被细菌感染后，体内补体因子C3和B的表达均显著升高（Steel等，1994）；王志平等（2014）发现LPS处理斑马鱼后，最终显著提高其C3和补体因子Bf的表达水平。本研究发现，TNF-α能够提高人HepG2细胞中补体因子C3的mRNA水平，而潞党参多糖则能有效拮抗TNF-α的刺激作用，降低C3的表达，呈现量效关系。因此，在由于补体系统异常激活导致的疾病中，潞党参的多糖成分可能通过降低补体因子C3的表达，抑制补体系统的活性，达到缓解症状或治疗的作用。

二、党参多糖作为肿瘤抑制剂的潜力

中药植物多糖因其来源广泛、毒副作用小、极难产生耐药性等优势，近年来成为生物学和药学领域的研究热点，包括抗肿瘤、抗氧化、免疫调节等方面（许春平等，2014；陈高敏等，2016；魏帮鸿等，2016）。目前，对抗肿瘤药物研究多集中在抑制肿瘤细胞增殖、诱导肿瘤细胞凋亡等方面。例如，姜艳霞等（2015）发现海带多糖通过激活caspase-3，促进细胞凋亡，并导致AFP蛋白表达下调抑制人肝癌细胞Bel-7402增殖；鞠瑶瑶等（2016）发现脆江蓠多糖能够诱导人宫颈癌细胞HeLa、食道癌细胞EC-109、肝癌细胞HepG2以及乳腺癌细胞MCF-7的凋亡；刘容旭等（2016）则发现五味子多糖通过上调caspase-3表达，诱导两种肠道肿瘤细胞Caco-2和HT-29的凋亡；王慧等（2014）对4种地衣的提取物的抗肿瘤活性进行比较研究，发现黑石耳粗多糖对人肝癌细胞HepG2具有强烈的抑制作用，而金刷把则显著抑制人宫颈癌细胞HeLa细胞的生长；陈文霞等（2015）发现纹党参多糖在硒化后对肺癌细胞A549的抑制效应显著增强，具备开发为抗肿瘤药物的潜力；陈嘉屿等（2015）发现纹党参多糖和白条党多糖均能显著增强荷瘤小鼠NK细胞活度，促进淋巴细胞增殖，并提高血清细胞因子IL-2、IL-1β、IL-6、TNF-α和INF-γ的含量，降低IL-4的水平，从而发挥较强的抗肿瘤作用；杨丰榕等（2011）则确定了长治党参多糖发挥抑制人胃腺癌细胞BGC-823和人肝癌细胞Bel-7402的关键活性组分为CPS-3和CPS-4。在本研究中，MTT试验表明潞党参多糖能够显著抑制人宫颈癌细胞SiHa的增殖，IC_{50}值为0.68 mg/mL。

迁移能力增强并向周围组织侵袭浸润是肿瘤细胞的另一个重要特征，也是恶性肿瘤致死的重要原因（安彩艳等，2013；朱皓皞等，2016），因此降低肿瘤细胞的迁移运动能力、抑制其组织转移是抗肿瘤药物开发的另一个切入点。例如，朱庆均等（2016）的研究表明，罗勒多糖可能通过降低人淋巴管内皮细胞HLECs的体外成管能力以及下调VEGFR-3的表达来发挥其抗肿瘤转移的药理功能；朱家红等（2014）

发现当归多糖联合阿糖胞苷能有效抑制白血病细胞对肝小叶的浸润，并促进其凋亡；赵蕊等（2013）研究发现马齿苋多糖可以抑制 U14 宫颈癌细胞的肺转移，而且效果优于经典抗肿瘤药环磷酰胺。在本研究中，通过细胞黏附试验、细胞铺展试验以及划痕试验发现潞党参多糖能够显著抑制人宫颈癌细胞 SiHa 的黏附和铺展，进而抑制其迁移运动能力。上述试验结果表明，作为党参中的上品，潞党参的多糖成分具有开发为抗肿瘤药物的潜在价值，或者开发为具有防癌保健功能的食品添加成分的应用前景。但是，潞党参多糖的具体组成成分及其抗肿瘤作用的详细分子机制需要进一步的研究才能予以揭示。

第六章　柴胡有效成分活性研究

第一节　柴胡活性成分研究现状

柴胡是《中华人民共和国药典》（2020 年版）收录的常用中药材，为伞形科植物柴胡（*Bupleurum chinense*，DC.）或狭叶柴胡（*Bupleurum scorzonerifolium* Willd.）的干燥根。柴胡早在《神农本草经》中即有记载，其性微寒，味苦，微辛、升散、疏泄，既能透表退热、疏肝解郁，又可升举阳气等。经调查，我国有 40 种柴胡属植物，17 个变种，主产于山西、河南、河北、陕西、辽宁、吉林等地，其主要药效成分包括皂苷类、黄酮类、挥发油、多糖等（Law 等，2014）。大量研究表明，中药柴胡的各种成分具有抗肿瘤（Hu 等，2021）、抗抑郁症（Sun 等，2018）、抗纤维化（周怡驰等，2022）、神经保护（Li 等，2016）、降血脂（王少平等，2020）、肝肺损伤保护（Wang 等，2015）、抗病毒（Li 等，2018）等药理作用。因此，中药柴胡在多种疾病中具有药用价值，具有良好的研究前景。

皂苷（saponin）是苷元为三萜或螺旋甾烷类化合物的一类糖苷，结构复杂，广泛存在于陆生药用植物中，如人参、三七、远志、桔梗、柴胡等（石佳佳等，2016）。目前，关于药用植物皂苷类化合物在抗肿瘤方面的作用研究较多，也较为深入。例如，孙大鹏等（2015）发现，人参皂苷 Rg3 可能通过下调钙调蛋白 CaM 的表达，抑制 NF-κB 信号通路，促进胃癌细胞 BGC-823 的凋亡；徐明明等（2011）认为，柴胡皂苷 D 可通过调控凋亡抑制蛋白 survivin 的表达，抑制宫颈癌细胞 HeLa 的增殖；章英宏等（2015）证实，桔梗皂苷 D 可抑制乳腺癌细胞 MCF-7 和 MDA-MB-231 中 Bcl-2 表达，进而触发其 caspase-3 依赖的凋亡途径；陈美娟等（2015）的研究显示，麦冬皂苷 B 可通过抑制 Akt 的磷酸化和 MMP2/9 的表达，抑制肺癌细胞 A549 的黏附和转移。总体而言，皂苷类化合物种类繁多，目前所报道的抗肿瘤作用机制复杂，有待人们进一步予以揭示，根据化学结构不同，柴胡皂苷（saikosaponin）大致可分为 A、B、C、D、M、N、P、T 等。尽管现代研究对柴胡皂苷抗肿瘤的作用和机制有了较为深入的认识，但是还仍然缺乏系统性，远未达到完全阐明的程度，而且针对山西道地药材柴胡的抗胃癌研究仍少见报道。

黄酮类化合物广泛存在于植物体内的一类次级代谢产物，是一种重要的天然药用成分，目前已鉴定出近万种黄酮类化合物（唐春丽等，2021）。黄酮类化合物通常与糖类结合，发挥抗炎、抗病毒、抑菌、抗衰老、降低胆固醇等多种功效（孙益等，2015；谢克恭等，2017；赵雪巍等，2022），在医药、食品等领域均有一定程度的应用。有研究表明，中药柴胡中黄酮类化合物主要有槲皮素型、山柰酚型和异鼠李素型（夏召弟等，2021）；李慧敏等（2022）以北柴胡植株为材料，提取其地上部分的黄酮成分，表明花和叶中含有较高含量的黄酮且具有良好的抗氧化活性；叶嘉等（2022）提取了涉县柴胡茎叶中的总黄酮成分，发现其具有良好的 DPPH 自由基、羟自由基和超氧阴离子自由基的清除能力，与维生素 C 复配后产生协同作用。目前，国内外学者主要针对柴胡黄酮的化学成分、不同部位的黄酮含量的比较、提取工艺优化等方面进行较多的探讨，对柴胡黄酮的生物活性研究相对较少。

多糖是柴胡药理活性的重要物质基础。目前，已有文献对柴胡多糖的结构组成及生理活性进行了报道。例如，杜柯等（2011）利用超声波辅助法提取柴胡多糖，通过高效液相色谱法、红外光谱、气相色谱和原子力显微镜技术检测，发现其相对分子质量为 3.3×10^5，主要组成为鼠李糖、木糖、甘露糖、葡萄糖和半乳糖，而且对羟自由基具有一定的清除能力；邓寒霜等（2018）通过 Box - Behnken 方法优化了柴胡多糖的提取工艺，达到了 19.16%的提取率；杨荣刚等（2019）的研究表明，柴胡多糖可能通过 JAK2/STAT1 信号通路极化 M2 巨噬细胞为 M1 型，提高促炎因子的产生，增强巨噬细胞对鼻咽癌细胞杀伤；尹俊等（2020）发现柴胡多糖可能通过调控 MAPK/ERK5 信号通路缓解 LPS 诱导的心肌细胞损伤；许梦然等（2020）发现北柴胡多糖可通过抑制氧化应激及 p53 和 p16 信号通路减弱 D-半乳糖诱导的小鼠衰老效应。另外，有研究表明，柴胡多糖可减轻铅导致的脂质过氧化和炎症反应，从而对小鼠肝和肾损伤具有保护作用（谢志明等，2021）。目前，国内外学者主要对甘肃、吉林、贵州等产地的柴胡进行了相关活性研究，但尚未见关于山西产地的柴胡药材研究的相关报道。

综上所述，柴胡作为一种传统的大宗中药，其成分复杂，且活性多样，有必要对其药理作用更为深入而全面的研究，为其综合利用和深度开发提供参考。

第二节　柴胡有效成分活性研究试验

一、试验仪器与设备

FDV 型超细粉碎机（北京兴时利和科技发展有限公司）；电子天平［赛多利斯科

学仪器（北京）有限公司]；旋转蒸发仪 RE-5ZAA（上海亚荣生化仪器厂）；CO_2 培养箱（美国 Thermo Fisher 公司）；细胞计数仪 Cellometer Auto1000（美国 Nexcelom 公司）；倒置显微镜 CKX41-C31BF（日本 Olympus 公司）；iMark 酶标仪（美国 Bio-rad 公司）；多功能酶标仪 SpectraMax M2 [美国分子仪器（上海）有限公司]；蛋白电泳系统和 ChemiDoc MP 成像系统（美国 Bio-rad 公司）；高速冷冻离心机（日本 HITACHI 公司）；StepOne-Plus 型实时定量 PCR 仪（美国 Thermo Fisher 公司）。

二、试验材料与试剂

中药柴胡购自山西万民药房；胃癌细胞 MGC80-3 和小鼠巨噬细胞 RAW264.7 分别购自博士德生物工程有限公司和中国科学院上海生命科学研究院细胞资源中心；RPMI-1640 细胞培养基、胎牛血清和 TRIzol 试剂购自美国 Thermo Fisher 公司；二甲基亚砜（DMSO）、青、链霉素等购买于上海索莱宝生物科技有限公司；兔抗 p-IKKβ（Y466）抗体购自 Abcam 公司；鼠抗 IKK β 抗体、鼠抗 p-Akt（S473）抗体、鼠抗 Akt 抗体和鼠抗 NF-κB p65 抗体购自 Santa Cruz 公司；兔抗 GAPDH 抗体购自北京博奥森生物技术有限公司；小鼠 TNF-α 和 IL-6 ELISA 试剂盒以及一氧化氮（NO）测定试剂盒均购自南京建成生物工程有限公司；中性红检测试剂盒购自上海碧云天生物技术有限公司；逆转录试剂盒及 SYBR® Premix Ex Taq™ GC 试剂盒购自宝生物工程（大连）有限公司。试验所用的无水乙醇、无水甲醇、石油醚、正丁醇等均为分析纯。

三、试验方法

（一）柴胡总皂苷的提取

采用溶剂提取法获得柴胡总皂苷，具体步骤如下：将适量柴胡打碎，过筛；称取柴胡粉末 5 g，加入 8 倍体积的 80%乙醇，调节 pH 为 8.0；利用索氏提取器，在 80 ℃下回流提取 60 min，重复 3 次，收集提取液；利用旋转蒸发仪对合并的提取液进行浓缩，至 1/10 体积；用等体积的石油醚萃取 3 次，弃去石油醚相，收集水相，并进行适当浓缩，再用等体积水饱和正丁醇萃取 3 次，收集正丁醇相，减压浓缩后，吸出至小玻璃瓶中，在 45 ℃下干燥，即为柴胡总皂苷。柴胡总皂苷用 DMSO 溶解，并稀释成不同浓度的溶液备用。

（二）柴胡黄酮的提取及含量测定

利用高速粉碎机将中药柴胡经打碎成粉末，取 10 g 粉末，按照料液比 1∶30 加入70%乙醇，在70℃下回流提取2h，收集提取液，冷却后过滤，滤液经旋转蒸发仪于50℃减压蒸干为浸膏，加蒸馏水充分溶解后，用等体积石油醚萃取3次，收集水相，再次减压浓缩为膏状，在40℃条件下干燥至恒重，即为柴胡黄酮提取物。

测定黄酮含量步骤如下：取10 mg芦丁标准品，用60%乙醇溶液配成1.0 mg/mL的芦丁溶液，并梯度稀释；吸取0.5 mL芦丁稀释溶液到离心管中，依次加入4 mL 60%乙醇溶液和0.1 mL 5% $NaNO_2$ 溶液，混匀后静置5 min；加入10% $Al(NO_3)_3$ 溶液0.1 mL，混匀后静置5 min；加入4% NaOH溶液0.3 mL，混匀后静置10 min，测定 OD_{510} 值；以 OD_{510} 值为纵坐标，芦丁溶液浓度为横坐标，获得回归方程。依照上述步骤测定柴胡黄酮溶液 OD_{510} 值，通过回归方程计算黄酮含量，黄酮含量为（1.75±0.04）mg/g。

（三）MTT试验

MTT试验用于检测柴胡总皂苷对胃癌细胞增殖的影响，以及柴胡黄酮对小鼠巨噬细胞RAW264.7的毒性，参照第二章第二节中“三、抗肿瘤活性检测”部分的方法进行。

（四）平板集落形成试验

参照第二章第二节中“三、抗肿瘤活性检测”部分的方法进行。

（五）细胞黏附试验

采用细胞黏附试验检测柴胡总皂苷对胃癌细胞黏附能力的影响，用不同浓度的柴胡总皂苷处理MGC80－3细胞48 h后，参照第五章第二节“三、试验方法”中“2. SiHa细胞黏附能力检测”部分的方法进行。

（六）细胞划痕试验

通过细胞划痕试验检测柴胡总皂苷对胃癌细胞迁移能力的影响，参照第五章第二节“三、试验方法”中“（四）抗肿瘤活性检测”的“4. 划痕试验”部分的方法进行。

（七）IL－1β、TNF－α、IL－6和MCP含量测定

在加入1 μg/mL的LPS的情况下，用不同浓度柴胡黄酮处理RAW264.7细胞48 h后，分别收集培养液，按照试剂盒说明书步骤，检测培养基中TNF－α、IL－6和NO含量。

（八）细胞吞噬能力检测

采用中性红法检测巨噬细胞吞噬活性。用不同浓度的柴胡黄酮处理用 1 μg/mL LPS 刺激的巨噬细胞；同时，只用 1 μg/mL LPS 处理的细胞作为阳性对照组；另外，设置空白对照组。将细胞置于 37 ℃、5% CO_2 培养箱中培养 24 h 后，按照中性红检测试剂盒说明书操作，评估细胞吞噬能力。

（九）实时定量 PCR

用不同浓度柴胡黄酮处理 RAW264.7 细胞 24 h 后，弃去培养基，采用 TRIzol 法提取总 RNA，利用逆转录试剂盒合成 cDNA。然后，按照 SYBR® Premix Ex Taq™ GC 试剂盒说明书配制反应体系，反应条件为：95 ℃，5 min；95 ℃，5 s；60 ℃，34 s；40 个循环。通过 $2^{-\triangle\triangle CT}$法计算相对 mRNA 水平。

（十）Western blot 试验

通过 Western blot 试验检测柴胡总皂苷对胃癌细胞中相关蛋白表达的影响，参照第四章第二节“二、试验方法”中“（八）免疫共沉淀和蛋白印迹”部分的方法进行。

（十一）抗氧化活性检测

利用试剂盒检测柴胡黄酮和柴胡多糖的抗氧化活性，具体步骤参照第二章第二节“七、菌株 MA03 发酵液抗氧化活性检测”部分的方法进行。

（十二）统计学分析

运用统计学原理分析试验数据，统计结果用平均值±标准差（$\bar{x}\pm s$）表示，利用 Graphpad 软件对所得数据进行处理，并进行 t 检验。

第三节 柴胡总皂苷的抗胃癌细胞活性

癌症是全球关注的重大公共卫生问题之一，严重威胁着人类的生命健康和社会发展。据统计，在 2003—2011 年期间，我国男性和女性居民中胃癌的发生率分别长期居于第三位和第四位，死亡率则分别长期位于第三位和第二位（Chen 等，2016）。虽然在临床上目前已采用多种新型的化疗药物并改进了胃癌术式，但胃癌患者的 5 年生存率仍然较低（涂铭等，2014）。近年来，在癌症治疗及预防领域，传统医药愈来愈受到人们的关注。因此，积极寻找治疗胃癌的新药，尤其是中药有效成分的深度开发及应用，是改善胃癌预后的重要途径。

笔者以产自山西省的道地药材柴胡为材料，提取其总皂苷成分，探讨其对胃癌细胞 MGC80－3 的抑制作用，并初步分析潜在的分子机制，为进一步完善人们对柴胡皂苷抗肿瘤作用的分子调控网络的理解，以及为山西省柴胡资源的深度开发和胃癌的防治提供一定的理论依据。

一、柴胡总皂苷对 MGC80－3 细胞增殖的影响

用不同浓度的柴胡总皂苷处理胃癌细胞 MGC80－3，分别在 24、48、72 h 检测其对细胞的抑制率。结果如图 6－1 所示，柴胡总皂苷的浓度越高，细胞增殖越受抑制，抑制率从约 30％升高至约 80％，呈明显的量效关系；此外，处理时间越长，细胞抑制率增高，呈现明显的时间效应。

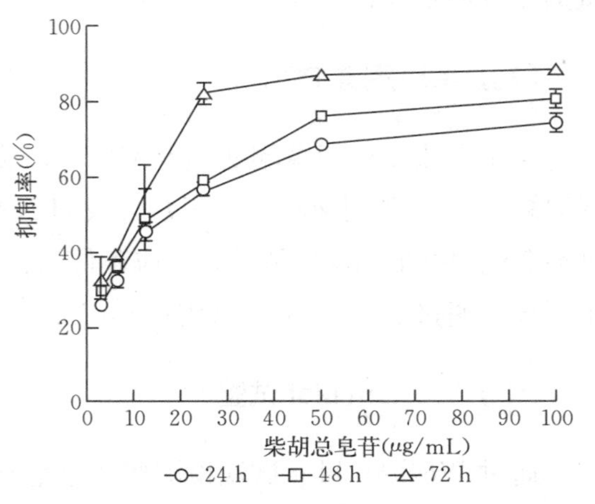

图 6－1　柴胡总皂苷抑制胃癌细胞 MGC80－3 的增殖

二、柴胡总皂苷对 MGC80－3 细胞形态的影响

如图 6－2 所示，对照组细胞形态饱满，生长紧密；用 50 μg/mL 和 25 μg/mL 柴胡总皂苷处理 48 h 后，细胞形态不规则，且细胞内出现大量空泡，部分细胞死亡；分别用 12.5、6.25、3.125 μg/mL 的柴胡总皂苷处理 48 h，细胞形态未出现肉眼可见的变化。

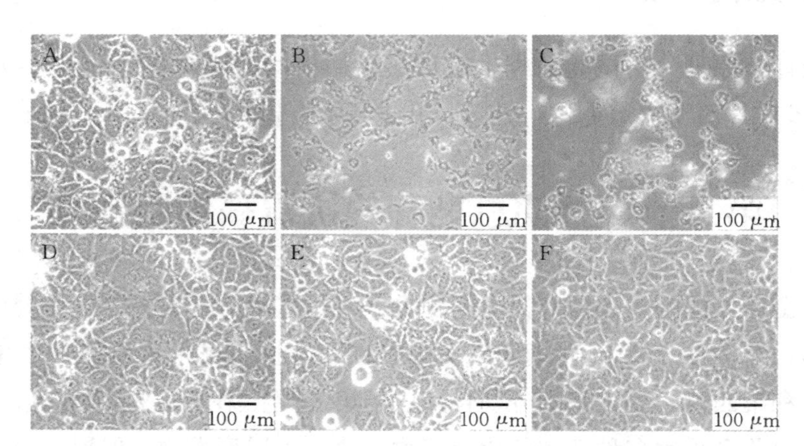

图 6－2　柴胡总皂苷对胃癌细胞 MGC80－3 形态的影响

A. 对照　B. 柴胡总皂苷浓度 50 μg/mL　C. 柴胡总皂苷浓度 25 μg/mL

D. 柴胡总皂苷浓度 12.5 μg/mL　E. 柴胡总皂苷浓度 6.25 μg/mL　F. 柴胡总皂苷浓度 3.125 μg/mL

三、柴胡总皂苷对 MGC80－3 细胞集落形成能力的影响

平板集落形成试验的结果如表 6－1 所示，终浓度为 6.25 μg/mL 的柴胡总皂苷能显著减少 MGC80－3 细胞的集落数量，差异极显著 $P<0.01$)；当柴胡总皂苷终浓度为 12.5 μg/mL 时，MGC80－3 细胞经 14 d 培养后，全部死亡，不能形成集落。该结果表明，柴胡总皂苷能够显著抑制胃癌细胞 MGC80－3 的集落形成能力。

表 6－1　柴胡总皂苷对胃癌细胞 MGC80－3 集落形成的影响

柴胡总皂苷浓度（μg/mL）	细胞集落形成数目（个）
0（对照）	134±28
3.125	113±35
6.25	23±5**
12.5	0**

注：**表示 $P<0.01$，与对照组比较。

四、柴胡总皂苷对 MGC80－3 细胞黏附能力的影响

如图 6－3 所示，分别用不同浓度的柴胡总皂苷处理 48 h，MGC80－3 细胞的黏附能力与柴胡总皂苷的浓度呈明显的负相关，且量效关系。其中，当柴胡总皂苷浓度为 6.25 μg/mL 和 12.5 μg/mL 时，与对照组相比，MGC80－3 细胞的黏附能力明显降低，差异极显著 $P<0.01$)。

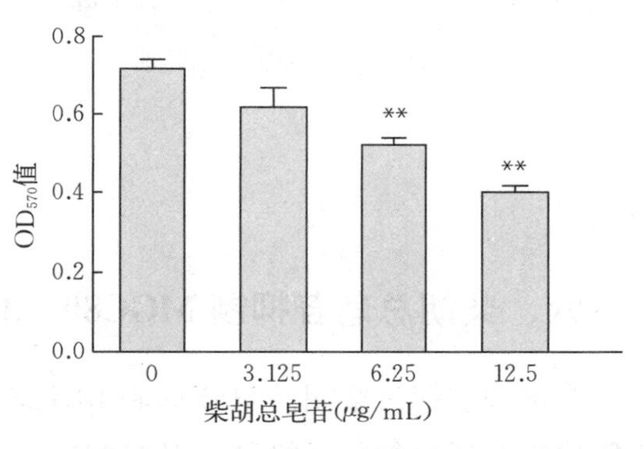

图 6－3　柴胡总皂苷对 MGC80－3 细胞黏附的抑制效应

注：**表示 $P<0.01$，与对照组相比较

五、柴胡总皂苷抑制 MGC80－3 细胞的迁移

利用划痕试验分析柴胡总皂苷对胃癌细胞 MGC80－3 迁移能力的影响，结果如图 6－4 所示，与对照组相比，柴胡总皂苷处理后，MGC80－3 细胞的迁移能力明显降低。如图 6－5 所示，培养 12 h 后，对照组细胞迁移率为 53.24%，3.125 μg/mL 柴胡总皂苷处理细胞的迁移率为 49.56%；6.25 μg/mL 柴胡总皂苷处理细胞的迁移率则为 41.48%，显著低于对照组（$P<0.01$）。培养 24 h 后，对照组细胞迁移率为

79.04%，3.125 μg/mL 柴胡总皂苷处理细胞的迁移率为 67.62%，显著低于对照组（$P<0.01$）；6.25 μg/mL 柴胡总皂苷处理细胞的迁移率则为 59.66%，显著低于对照组（$P<0.01$）。该结果表明，柴胡总皂苷显著抑制 MGC80－3 细胞的迁移能力，并呈现明显的量效关系。

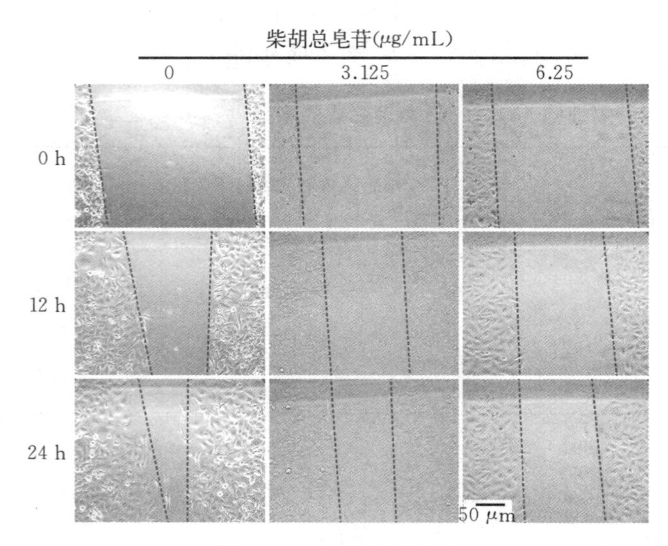

图 6－4　细胞划痕试验

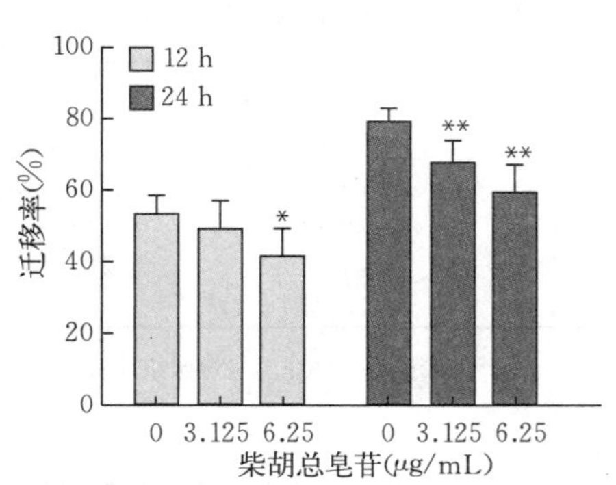

图 6－5　柴胡总皂苷抑制胃癌细胞 MGC80－3 的迁移运动

注：* 表示 $P<0.05$，** 表示 $P<0.01$，与对照组相比较。下同

六、柴胡总皂苷抑制 MGC80－3 细胞的分子机制

为进一步探讨柴胡总皂苷抑制 MGC80－3 细胞增殖和迁移的分子机制，以 GAPDH 为内参，通过 Western blot 检测相关蛋白的表达和磷酸化水平。如图 6－6 所示，IKK β 和 Akt 的杂交条带未见明显差异，但是 NF－κB p65、p－IKK β和 p－Akt 表达水平随柴胡总皂苷浓度升高而降低。利用软件进行灰度分析，如图 6－7 和图 6－8 所示，柴胡总皂苷不影响 IKK β 和 Akt 总蛋白的表达水平，但是明显抑制 NF－κB p65 的表达，以及 IKK β 和 Akt 的磷酸化水平。

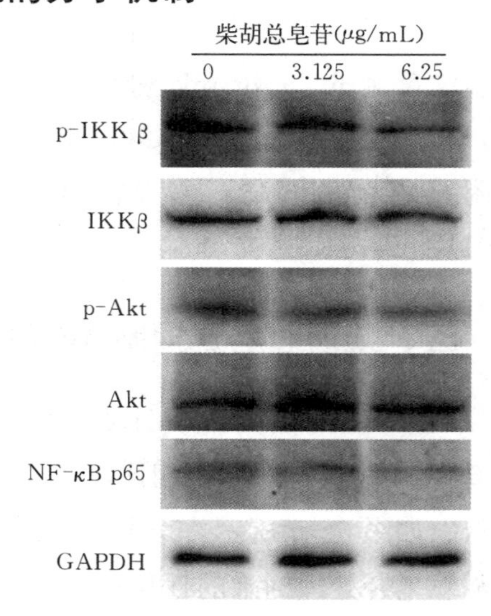

图 6－6　Western blot 试验

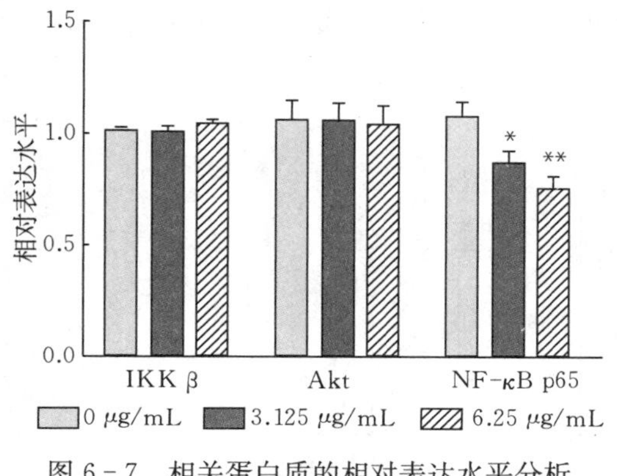

图 6－7　相关蛋白质的相对表达水平分析

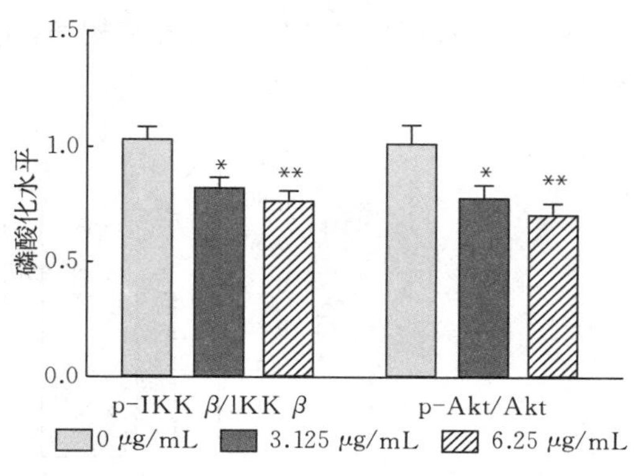

图 6－8　相关蛋白质的磷酸化水平分析

第四节　柴胡黄酮的抗炎和抗氧化活性

一、柴胡黄酮的抗炎活性分析

（一）柴胡黄酮对 RAW264.7 细胞的毒性

分别用终浓度为 0.01、0.02、0.04、0.06、0.08、0.1 mg/mL 的柴胡黄酮溶液处理 RAW264.7 细胞 48 h 后，利用 MTT 法检测细胞存活率。结果如图 6－9 所示，当柴胡黄酮浓度低于 0.06 mg/mL 时，细胞存活率均高于 90%，当浓度达到 0.08 mg/mL 和 0.1 mg/mL 后，细胞存活率急剧下降，表明本研究提取的柴胡黄酮在终浓度不超过 0.06 mg/mL 时，对小鼠巨噬细胞 RAW264.7 无毒性。

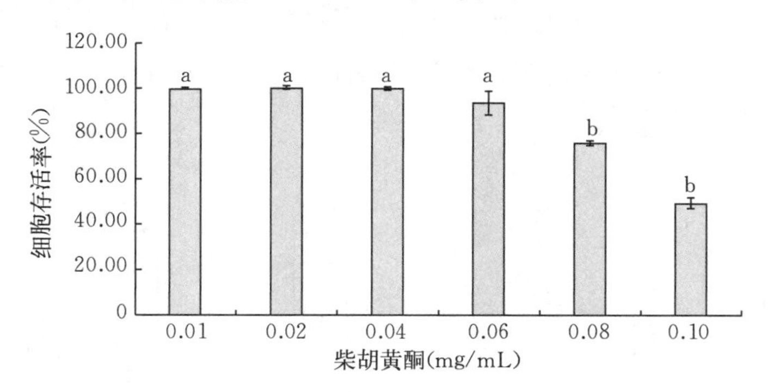

图 6－9　柴胡黄酮对 RAW264.7 细胞存活的影响

注：不同字母表示差异显著，$P<0.01$

（二）柴胡黄酮对 RAW264.7 细胞吞噬能力的影响

如图 6－10 所示，与正常对照组相比较，LPS 显著提高了巨噬细胞 RAW264.7

的吞噬能力（$P<0.01$），加入柴胡黄酮后 RAW264.7 细胞吞噬能力显著下降，并呈明显的量效关系。

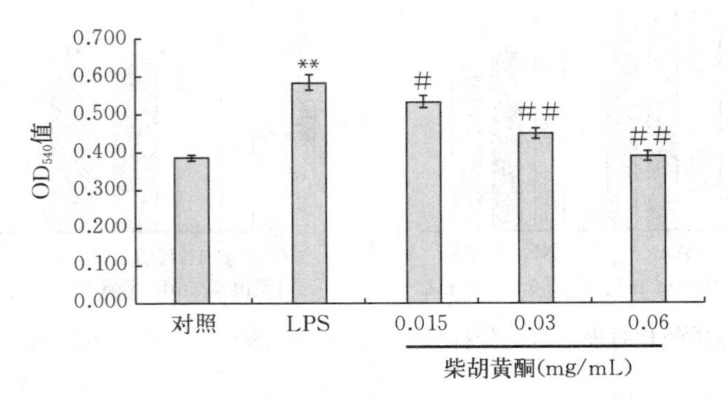

图 6－10　柴胡黄酮对 RAW264.7 细胞吞噬能力的影响

注：**表示与对照组比较差异极显著，$P<0.01$；#表示与 LPS 处理组比较差异显著，$P<0.05$，##表示与 LPS 处理组比较差异极显著，$P<0.01$。下同

（三）柴胡黄酮对 RAW264.7 细胞释放促炎症因子的影响

如图 6－11 至图 6－13 所示，与对照组相比较，单独使用终浓度为 1 μg/mL 的 LPS 处理 RAW264.7 细胞 48 h 后，TNF－α、IL－6 和 NO 的释放量显著提高（$P<0.01$）；加入柴胡黄酮后，TNF－α、IL－6 和 NO 的释放的释放量明显减少（$P<0.01$），并且与柴胡黄酮的浓度呈显著负相关。在此基础上，通过实时定量 PCR 进一步检测柴胡黄酮干预下炎症相关基因的表达情况。结果如图 6－14 至图 6－16 所示，对与对照组相比较，用 LPS 处理 48 h 后，*TNF－α*、*IL－6* 和 *iNOS* 的 mRNA 水平明显升高（$P<0.01$）；柴胡黄酮则明显降低了 *TNF－α*、*IL－6* 和 *iNOS* 基因的表达水平（$P<0.01$）。上述结果表明，柴胡黄酮可能通过抑制促炎症相关基因的表达，降低相关促炎症因子的释放。

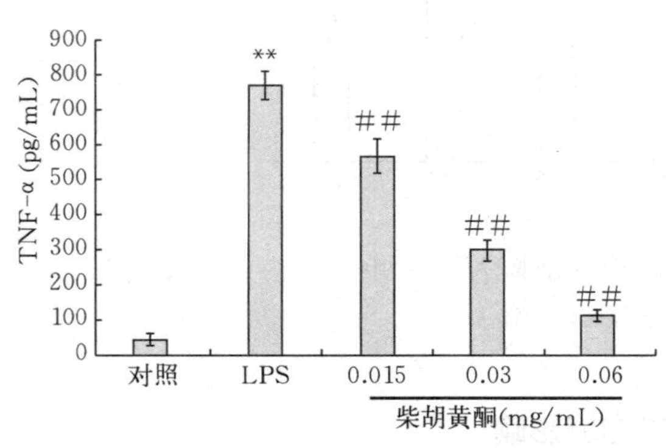

图 6－11　柴胡黄酮对 RAW264.7 细胞释放 TNF－α 的影响

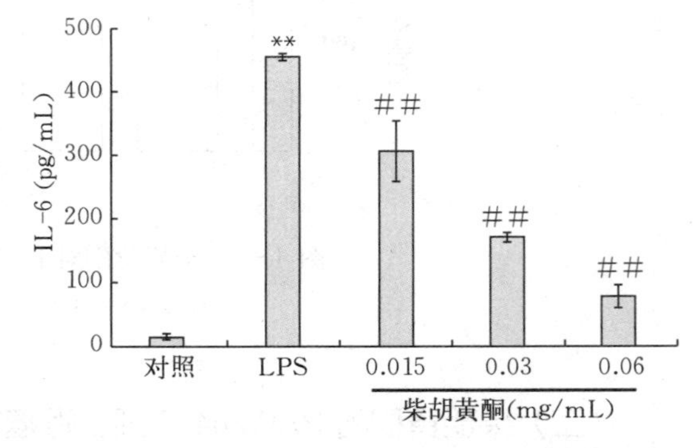

图 6－12　柴胡黄酮对 RAW264.7 细胞释放 IL－6 的影响

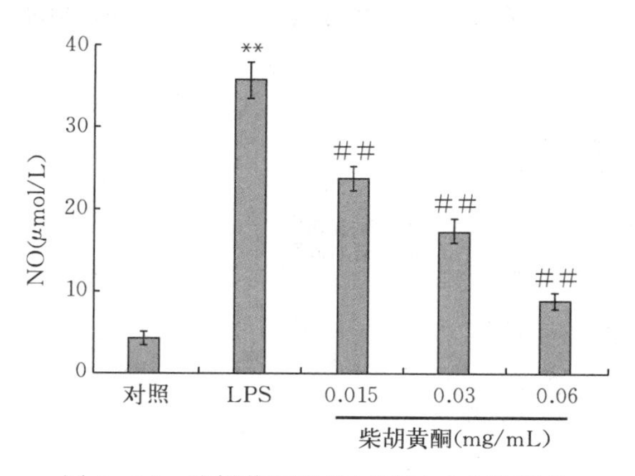

图 6-13　柴胡黄酮对 RAW264.7 细胞释放 NO 的影响

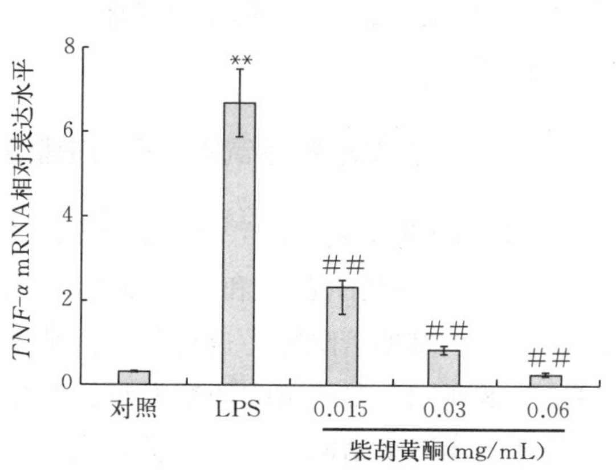

图 6-14　柴胡黄酮对 RAW264.7 细胞内 *TNF-α* mRNA 水平的影响

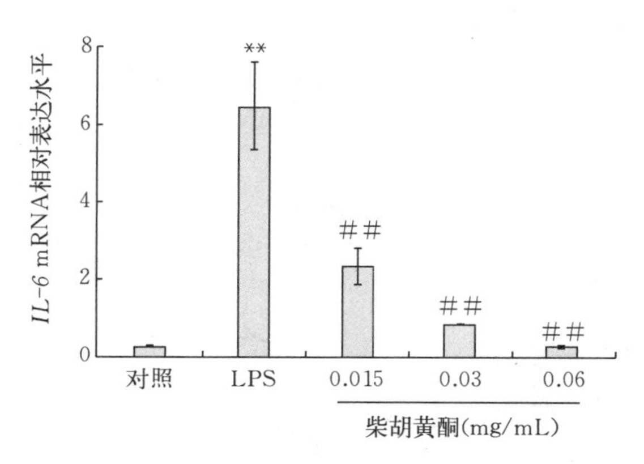

图 6-15　柴胡黄酮对 RAW264.7 细胞内 *IL-6* mRNA 水平的影响

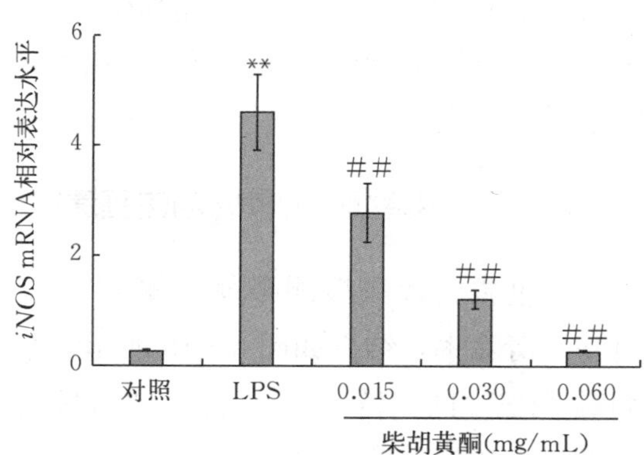

图 6-16　柴胡黄酮对 RAW264.7 细胞内 *iNOS* mRNA 水平的影响

二、柴胡黄酮的抗氧化能力分析

（一）柴胡黄酮的羟自由基清除能力

利用试剂盒对 0.05、0.1、0.2、0.4、0.8 mg/mL 的柴胡黄酮对羟自由基的清除能力进行检测，结果如图 6-17 所示，随着浓度的升高，柴胡黄酮对羟自由基清除率也逐渐增大，当柴胡黄酮浓度为 0.8 mg/mL 时，羟自由基清除率达到 85.70%。经计算，维生素 C 的 EC_{50} 值为 0.17 mg/mL，柴胡黄酮的 EC_{50}

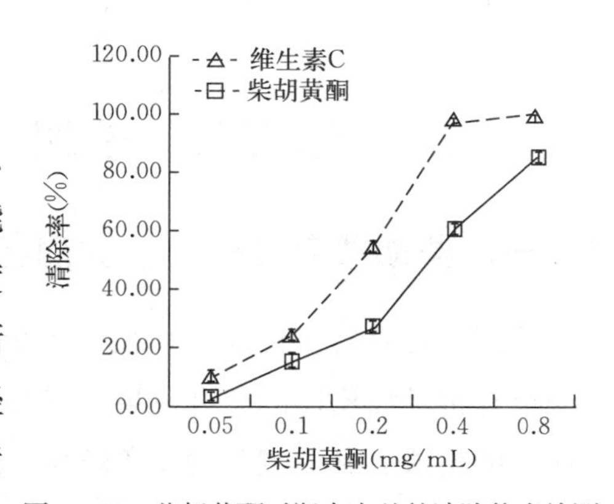

图 6-17　柴胡黄酮对羟自由基的清除能力检测

值为 0.32 mg/mL。与同浓度的阳性对照维生素 C 相比较，柴胡黄酮清除羟自由基的能力稍低。

（二）柴胡黄酮的超氧阴离子自由基清除能力

利用试剂盒对 0.05、0.1、0.2、0.4、0.8 mg/mL 的柴胡黄酮和维生素 C 对超氧阴离子自由基的清除能力进行测定，结果如图 6-18 所示，柴胡黄酮的浓度与其对超氧阴离子自由基的清除率呈正相关，当浓度达到 0.8 mg/mL 时，其清除率为 69.38%。经计算，维生素 C 的 EC_{50} 值为 0.12 mg/mL，柴胡黄酮的 EC_{50} 值为 0.42 mg/mL。在相同浓度下，柴胡黄酮对超氧阴离子自由基的清除率低于维生素 C。

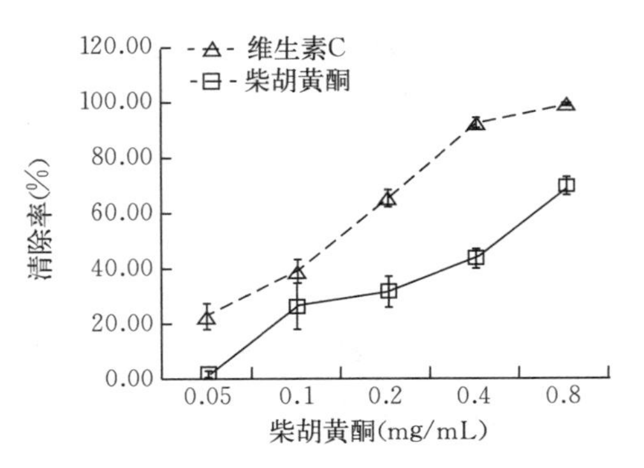

图 6-18 柴胡黄酮对超氧阴离子自由基的清除能力检测

（三）柴胡黄酮的 DPPH 自由基清除能力

通过微孔板法检测柴胡黄酮对 DPPH 自由基的清除率，结果如图 6-19 所示，柴胡黄酮对 DPPH 的清除率与其浓度呈明显的量效关系，当其浓度为 0.8 mg/mL 时，清除率达到 95.10%。经计算，维生素 C 的 EC_{50} 值为 0.07 mg/mL，柴胡黄酮的 EC_{50} 值为 0.19 mg/mL。在相同浓度下，柴胡黄酮对 DPPH 的清除能力略低于阳性对照维生素 C。

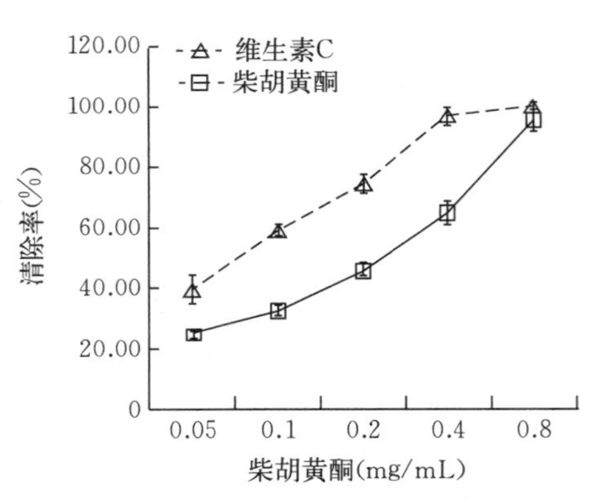

图 6-19 柴胡黄酮对 DPPH 自由基的清除能力检测

第五节 柴胡有效成分的药用价值

一、柴胡总皂苷作为抗肿瘤药物的开发潜力

柴胡皂苷具有多种药理特征（于蓓蓓等，2017），目前已有大量文献报道了有关柴胡皂苷抗肿瘤作用的研究成果，其分子机制主要涉及细胞凋亡、细胞分化、肿瘤内部血管的生成、肿瘤细胞的侵袭转移、肿瘤细胞耐药性、机体免疫能力等方面（刘丹等，2018）。例如，柴胡皂苷 D 可提高人肝癌细胞和前列腺癌细胞内 Fas 和 FasL 的

表达水平，促进其凋亡过程（Wang 等，2013；Yao 等，2014）；也有研究表明，柴胡皂苷 D 能够通过激活 caspase－3 和 caspase－7，诱导癌细胞凋亡（Zhang 等，2017）；柴胡皂苷 A 则能够诱导脑胶质瘤细胞 C6 分化成星形胶质细胞，促进其恶性表型逆转（Tsai 等，2002）；柴胡皂苷 D 还可能通过调节细胞内 Ca^{2+} 浓度，激活 AMP 信号通路，诱导肿瘤细胞自噬性死亡（Wong 等，2013）。目前，针对柴胡皂苷在抗肿瘤方面的研究主要集中于其中某些类别。例如，柴胡皂苷 A 和柴胡皂苷 D。对柴胡总皂苷综合活性的报道主要是关于其在诱导肝损伤的机制方面（黄幼异等，2010；孙蓉等，2010；吕天等，2013）。例如，盖晓东等（2012）用低浓度的柴胡总皂苷与阿奇霉素联用，可有效逆转白血病细胞 K562 对 ADM 的多药耐药性；张洪峰等（2016）利用循环超声法提取冀南柴胡的总皂苷，进一步发现其明显抑制人肝癌细胞 HepG2 的增殖，并促进细胞凋亡。山西是北柴胡的主产区，但是针对其总皂苷成分的活性，尤其是抗肿瘤方面的研究尚未见报道。本研究以山西长治所产的柴胡为材料，通过传统方法提取其总皂苷成分，并检测其抗肿瘤效果，证实柴胡总皂苷能够有效抑制胃癌细胞 MGC80－3 的增殖，非致死剂量的柴胡总皂苷则能显著抑制其黏附和迁移能力，并且呈现明显的量效关系和时效关系。本研究的结果初步揭示了山西所产的柴胡对消化道肿瘤细胞的抑制作用，为道地药材柴胡的深度开发和应用提供了理论参考。

Akt 信号通路与多种恶性肿瘤密切相关。当致癌因子等细胞信号与细胞表面受体结合后，激活 PI3K，活化的 PI3K 使 Akt 上 473 位丝氨酸、307 位苏氨酸等重要位点磷酸化，Akt 被活化，进而激活 NF－κB、mTOR 等下游蛋白，介导细胞内多种生理过程。NF－κB 是广泛存在于哺乳动物细胞中的一种细胞核转录因子，参与细胞的增殖、凋亡、分化、免疫应答等生理过程，在肿瘤的发生和发展中也发挥了重要作用（Xia 等，2014）。大量研究表明，NF－κB 是由两种不同蛋白亚基组成的异源二聚体，其中 p65 和 p50 是重要组成成分，一般情况下，该二聚体与抑制蛋白 IκB α 结合，以失活的三聚体形式存在于细胞质中（Yoong 等，2011）。IκB 激酶 β（IKK β）是 NF－κB 信号通路中 IKK 激酶复合物（由 IKK α 和 IKK β 激酶及调节元件 NEMO 组成的三聚体）的核心组分，当细胞受到相关信号分子刺激后，IKK β 发生磷酸化，被活化，进一步使抑制蛋白 IκB α 磷酸化而被降解，NF－κB 被释放，即进入细胞核，激活细胞因子、炎症因子等相关基因的表达（Greten 等，2004）。例如，NF－κB 可影响多种肿瘤细胞中 Bcl－2、Bax、caspase 等重要蛋白因子的表达（Mattson 等，2006；Czabotar 等，2014），增强肿瘤细胞的抗凋亡能力。进一步对分子机制的探讨表明，柴胡总皂苷不影响 Akt 和 IKK β 的总蛋白水平，却显著抑制了二者的磷酸化水平，还明显降低了细胞内 NF－κB p65 的表达，因此，柴胡的总皂苷成分可能通过 Akt/

NF-κB信号通路对胃癌细胞MGC80-3发挥抑制作用。

二、柴胡总黄酮在抗炎药物和抗氧化剂方面的应用价值

炎症是当机体受到外部伤害或病原体侵入时发生的一种不可避免的病理生理过程（Law等，2014）。通常情况下，适度的炎症反应对机体而言是有益的，但是，当机体出现持续或复发性的炎症反应时，就可能给机体带来不可估量的损伤，可能诱发多种慢性疾病，如Ⅱ型糖尿病、类风湿性关节炎、心血管疾病、癌症等，甚至可能出现细胞因子风暴（炎症风暴），进而导致机体死亡。有研究表明，氧自由基与炎症反应密切相关，过剩的氧自由基可能通过NF-κB等信号通路，促进M1型巨噬细胞发生炎症反应，利用抗氧化剂清除氧自由基后则促进巨噬细胞M2型极化，分泌抗炎因子（Brüne等，2013；Singla等，2019）。因此，对于过度炎症反应的患者，有必要进行抗炎和抗氧化治疗。目前，临床上用于治疗炎症的药物主要为甾体类、非甾体类和免疫抑制剂类，但是由于副作用明显、靶点单一等缺点限制了这些药物的临床应用（Koeberle等，2014；Ghasemian等，2016）。天然的中药活性成分则具有副作用小、多靶点的优势，也具有良好的抗炎和抗氧化活性，因此具有十分重要的临床意义。例如，付依依等（2021）发现沙棘黄酮能够明显增强RAW264.7细胞吞噬能力，抑制NO、IL-6、TNF-α和COX-2的产生，而且沙棘黄酮对DPPH自由基、ABTS自由基的清除能力与维生素C相当；芍花提取物则被证实对LPS诱导的RAW264.7细胞炎症损伤及H_2O_2诱导的氧化损伤具有一定的抗炎和抗氧化活性（权春梅，2022）；陈誉等（2022）发现咖啡果壳多酚对DPPH、$ABTS^+$以及羟基自由基都具有极强的清除能力，并且能够显著抑制LPS诱导的Caco-2细胞炎症因子的表达。本研究证实，柴胡黄酮能有效减弱巨噬细胞的吞噬能力（图6-10），对LPS诱导的促炎基因的表达和促炎症因子的释放具有明显的抑制效果（图6-11至图6-16），而且对羟自由基、超氧阴离子和DPPH自由基具有良好的清除能力，因此柴胡总黄酮在抗炎药物和抗氧化剂方面极具开发价值。

第七章 黄芪多糖和连翘黄酮的抗肿瘤活性研究

第一节 黄芪和连翘的生理活性研究现状

黄芪，原名黄耆，是豆科植物蒙古黄芪［*Astragalus membranaceus*（Fisch.）Bunge var. mongholicus（Bunge）Hsiao］和膜荚黄芪［*Astragalus membranaceus*（Fisch.）Bunge］的干燥根，具有扶正固表、补气升阳等功效，是传统的名贵中药之一，而产于北岳恒山山脉的恒山黄芪，因其历史悠久、品质上乘、药性强而享誉国内外。自宋代以后，恒山黄芪始终被医家视为正宗和上品，故有"正北芪"之称（贺义恒等，2013）。黄芪的主要成分主要含有多糖、皂苷、氨基酸、黄酮及各种微量元素等（雷载权，1995）。黄芪多糖作为黄芪的主要有效成分，可分为葡聚糖和杂多糖，具有抗衰老、抗肿瘤、调节血糖、抗病毒、抗菌等作用（蔡莉等，2007；Yan 等，2009；段琦梅等，2010）。

关于黄芪多糖的抗肿瘤活性的研究，目前主要集中于抑制肿瘤细胞的增殖以及诱导肿瘤细胞凋亡方面。例如，Huang 等（2016）的研究发现黄芪多糖可能通过下调 Notch1 的表达，诱导肝癌细胞的凋亡；Zhang 等（2015）则发现：在 H460 等非小细胞肺癌细胞株中，黄芪多糖可能通过抑制 *Notch1* 和 *Notch3*，以及上调 *p53*、*p21* 等抑癌基因的表达，抑制其增殖并诱导其凋亡；Guo 等（2012）的临床研究表明黄芪多糖注射液、长春瑞滨和顺铂三者联用有利于提高进展期的非小细胞肺癌患者的生活质量和存活率，但是其机制尚待阐明；武有明等（2015）发现黄芪多糖对肺癌环境中骨髓间充质细胞的增殖、分化具有抑制效应。肿瘤转移是恶性肿瘤致死的重要原因，然而，少有文献对黄芪多糖与肿瘤细胞侵袭运动能力的相关性方面进行报道。本文以道地药材恒山黄芪为材料，提取并精制其多糖成分，以人宫颈癌细胞 SiHa 为测试对象，首先验证恒山黄芪多糖对该细胞株增殖的抑制效应，然后重点探讨其对肿瘤细胞黏附、铺展以及迁移能力的影响，以期为进一步揭示黄芪多糖抗肿瘤机制奠定基础，也为恒山黄芪的深度开发提供参考。

连翘［*Forsythia suspense*（Thunb.）Vahl.］是临床常用的一味传统中药材，属

木犀科植物，主要分布于河北、山西、陕西、山东、安徽西部、河南、湖北以及四川。主要有效成分有连翘酯苷、连翘苷、芦丁、右旋松脂酚等，现代药理研究显示其具有抗菌、保肝、保护心脏、提高免疫力、抗氧化、抗病毒、抗肿瘤等作用。山西是我国药用连翘的主产省份，有研究表明山西所产的连翘在药理成分及药效方面具有一定优势。例如，冯帅等（2013）发现山西所产的连翘含有的连翘苷和连翘酯苷 A 的含量均显著高于陕西、河南、河北和山东等地所产的连翘；吴婷等（2015）的研究表明山西连翘提取物抗甲型流感病毒的效果整体优于河南、河北和陕西所产的连翘药材；Zhang 等（2016b）的研究结果表明连翘提取物在模式小鼠体内能够发挥显著的抗糖尿病和抗高血脂作用；Guo 等（2016）发现连翘精油具有显著的抗细菌作用；Zhang 等（2017）则发现连翘提取物对紫色色杆菌和铜绿假单胞菌的细菌群体效应具有强烈的拮抗作用；Zhang 等（2016a）发现连翘提取物可能通过其抗炎和抗氧化活性拮抗鱼藤酮所造成的神经毒性，从而在帕金森病等疾病中发挥一定的治疗作用；Huang 等（2015）发现连翘酯苷能够有效抑制 PC12 细胞中 LPS 所诱导的细胞死亡以及 ROS 的产生，从而发挥一定的保护功能；Wei 等（2014）的研究结果表明，连翘苷能够有效抑制 H_2O_2 所造成的细胞氧化应激和凋亡。笔者对连翘总黄酮的抗肿瘤活性，以及连翘酯苷的抗炎活性进行了研究。

第二节　黄芪多糖和连翘黄酮的抗肿瘤活性研究试验

一、试验仪器与设备

参见第六章第二节。

二、试验材料与试剂

参见第六章第二节。

三、试验方法

（一）黄芪多糖的提取

将黄芪放入烧杯中，于 55 ℃烘箱中干燥后，用粉碎机进行粉碎，过 30 目筛。取 20 g 恒山黄芪粉末，加入 300 mL 80%乙醇回流提取 2 次，每次3 h，滤去乙醇，收集滤渣，晾干。药渣加入 200 mL 水，置于超声波清洗仪中，40 ℃恒温超声波提取 2 h，过滤；重复提取 2 次，合并滤液，用旋转蒸发器浓缩至100 mL，加入 3 倍体积 95%的乙醇，静置过夜，4 000 r/min 离心 20 min，沉淀用 50 mL 蒸馏水溶解，

得到多糖水溶液。采用 Sevag 法脱蛋白，在多糖水溶液中加入 Sevag 试剂（氯仿：正丁醇=4：1），振荡 30 min，离心，取上清液，重复 8 次。随后将上清液装入透析袋内透析 24 h，然后加入 3 倍体积 95%乙醇，4 000 r/min 离心 20 min，得沉淀，固态物用 95%乙醇、无水乙醇，依次洗涤，于 50 ℃恒温干燥 24 h，即得黄芪多糖。

（二）连翘总黄酮的提取及含量测定

参考李富华等（2014）报道的方法，进行适当修改，提取连翘总黄酮。具体方法如下：称取适量的连翘果实，经高速匀浆机打碎成粉；精确称取 5 g 药材粉末，按照料液比 1：30 加入 70%乙醇，利用索氏提取器在 80 ℃下回流提取 2 h；收集提取液，将提取液浓缩为膏状，加 50 mL 蒸馏水，37 ℃下充分溶解，置于 250 mL 分液漏斗，用等体积石油醚萃取 3 次，弃去石油醚相，合并水相，减压浓缩为膏状，在 40 ℃条件下干燥至恒重，即为连翘总黄酮提取物。

参考陶波等（2017）报道的方法，进行适当修改，测定连翘总黄酮含量。具体方法如下：精确称取 2.5 mg 芦丁标准品，用 10 mL 无水甲醇充分溶解，再加入蒸馏水将其体积定容至 25 mL，制得标准品溶液。精确吸取芦丁标准品溶液 0、1.0、2.0、3.0、4.0、5.0 mL 置于不同试管中，并用 70%乙醇分别定容至 10 mL。分别向每根试管中加入 5% $NaNO_2$ 溶液 1.0 mL，充分混匀后静置 5 min；分别向每根试管中加入 10% $Al(NO_3)_3$ 溶液 1.0 mL，充分混匀后静置 5 min；分别向每根试管中加入 4% NaOH 溶液 10.0 mL 和蒸馏水 3.0 mL，充分混匀后静置 15 min。以不含芦丁的溶液为空白，利用分光光度计依次检测不同浓度标准品 OD_{510} 值。以 OD_{510} 值为纵坐标，芦丁标准品浓度（mg/mL）为横坐标，进行线性回归，获得回归方程。利用合适浓度的连翘总黄酮提取物溶液进行上述步骤，计算 OD_{510} 值，通过回归方程计算总黄酮含量为（50.7±0.4）mg/g。

（三）MTT 试验

参照第二章第二节“三、抗肿瘤活性检测”部分的方法进行。

（四）平板细胞集落形成试验

参照第二章第二节“三、抗肿瘤活性检测”部分的方法进行。

（五）细胞黏附及铺展试验

参照第五章第二节“三、试验方法”中“（四）抗肿瘤活性检测”的“2. SiHa 细胞黏附能力检测”和“3. SiHa 细胞铺展情况检测”部分的方法进行。

（六）细胞划痕试验

参照第五章第二节“三、试验方法”中“4. 划痕试验”部分的方法进行。

（七）RT - PCR 试验

利用 TRIzol 试剂并按照其说明书方法提取细胞总 RNA，利用逆转录试剂盒合成 cDNA。PCR 所用引物如表 7 - 1 所示，扩增条件为：94 ℃，3 min；94 ℃，30 s，60 ℃，30 s；72 ℃，20 s；30 个循环。然后 72 ℃，7 min。PCR 产物采用 1%琼脂糖凝胶电泳，利用凝胶成像系统拍照记录结果。

表 7 - 1　相关引物序列

基因名称	引物序列（5′→3′）
GAPDH	AACAGCCTCAAGATCATCAGC
	GGATGATGTTCTGGAGAGCC
Beclin 1	GATGGTGTCTCTCGCAGATTC
	CTGTGCATTCCTCACAGAGTG
Bax	TGCTTCAGGGTTTCATCCAG
	GGCGGCAATCATCCTCTG
LC3	AAACGCATTTGCCATCACA
	GGACCTTCAGCAGTTTACAGTCAG
mTOR	AGAAACTGCACGTCAGCACCA
	CCATTCCAGCCAGTCATCTTTG

（八）Western blot 试验

参照第四章第二节“二、试验方法”中“（八）免疫共沉淀和蛋白印迹”部分的方法进行。

（九）统计学分析

运用统计学原理分析试验数据。统计结果用平均值±标准差（$\bar{x}\pm s$）表示。利用 Graphpad 软件对所得数据进行处理，并进行 t 检验。

第三节　黄芪多糖的抗宫颈癌细胞活性

一、恒山黄芪多糖抑制 SiHa 细胞的增殖

用磷酸盐缓冲液将恒山黄芪多糖配制成 50 mg/mL 的溶液，然后依次将其稀释成浓度为 37.5、25、18.75、12.5、6.25、3.125、1.562 5 mg/mL 的溶液，以 1%的体积比加入培养基中处理 SiHa 细胞 72 h，然后采用 MTT 法检测不同浓度的恒山黄芪多糖对该细胞活力的影响。结果如图 7－1 所示，当恒山黄芪多糖储液浓度从 1.562 5 mg/mL（终浓度为 0.015 6 mg/mL）提高至 50 mg/mL（终浓度为 0.50 mg/mL）时，抑制率从 1.89%达到 84.40%，呈明显的量效关系，经计算，其 IC_{50} 值为 0.25 mg/mL。该结果表明，恒山黄芪多糖对人宫颈癌细胞 SiHa 具有抑制作用。

当恒山黄芪多糖终浓度为 0.062 5 mg/mL 时，其对 SiHa 细胞的抑制率为 11.19%，相对较低，因此选为后续试验的使用浓度。以该浓度的恒山黄芪多糖溶液处理细胞，分析低浓度的多糖对细胞长期生长的活力的影响。结果如图 7－2 所示，从第 2 天起，对照组的细胞活力即大于多糖处理组，第 3 天至第 5 天，多糖处理组的细胞活力明显小于对照组（$P<0.01$），表明低浓度的恒山黄芪多糖在 SiHa 细胞的长期生长过程中呈现出明显的抑制效应。

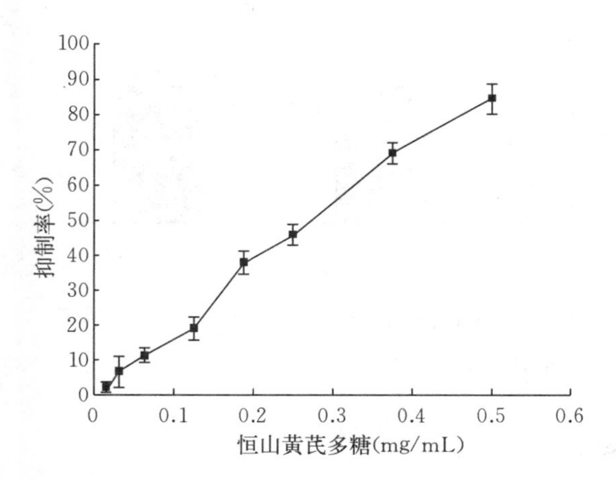

图 7－1　不同浓度的恒山黄芪多糖溶液对 SiHa 细胞活力的抑制效应

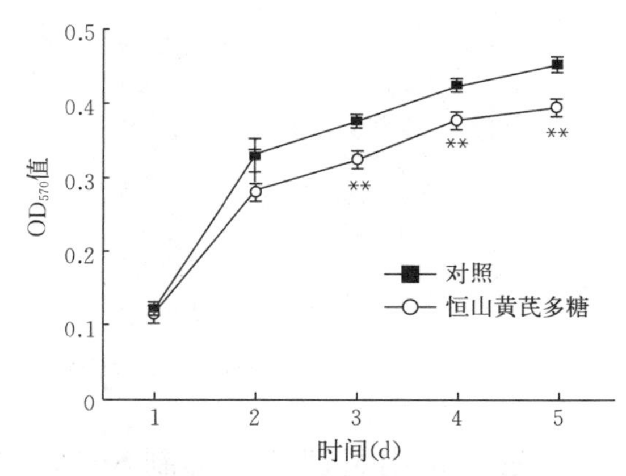

图 7－2　低浓度的恒山黄芪多糖对 SiHa 细胞增殖的抑制效应

注：**$P<0.01$，与对照组相比，下同

二、恒山黄芪多糖抑制 SiHa 细胞的黏附和铺展

以终浓度为 0.062 5 mg/mL 的恒山黄芪多糖溶液处理 SiHa 细胞 72 h 后，通过细

胞黏附试验检测恒山黄芪多糖对该细胞黏附的影响。结果如图 7－3 所示，恒山黄芪多糖显著减弱了 SiHa 细胞的黏附能力（$P<0.01$）。

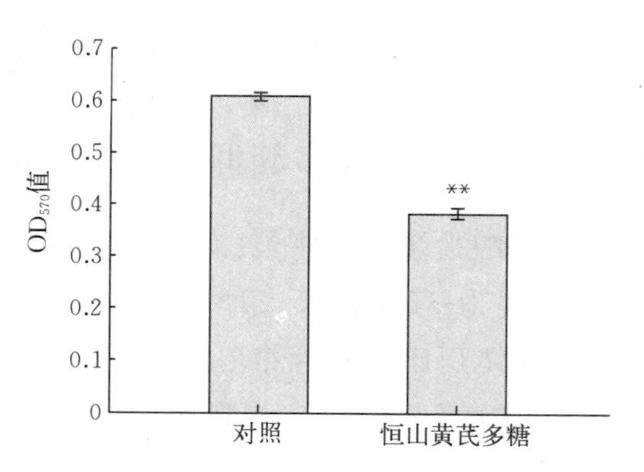

图 7－3　恒山黄芪多糖对 SiHa 细胞黏附的抑制效应

通过细胞铺展试验，检测恒山黄芪多糖对 SiHa 细胞铺展过程的影响，结果如图 7－4 A 所示，培养 6 h 后，在显微镜下观察，对照组和多糖处理组细胞均已贴壁，但是对照细胞明显比恒山黄芪多糖处理的细胞更为扁平；培养 12 h 后，这种差异依然存在。通过软件对两组细胞的铺展面积进行测量和计算，经统计学分析，结果如图 7－4B 所示，在培养 6 h 和 12 h 时，恒山黄芪多糖处理的细胞铺展面积均显著小于对照细胞（$P<0.01$）。

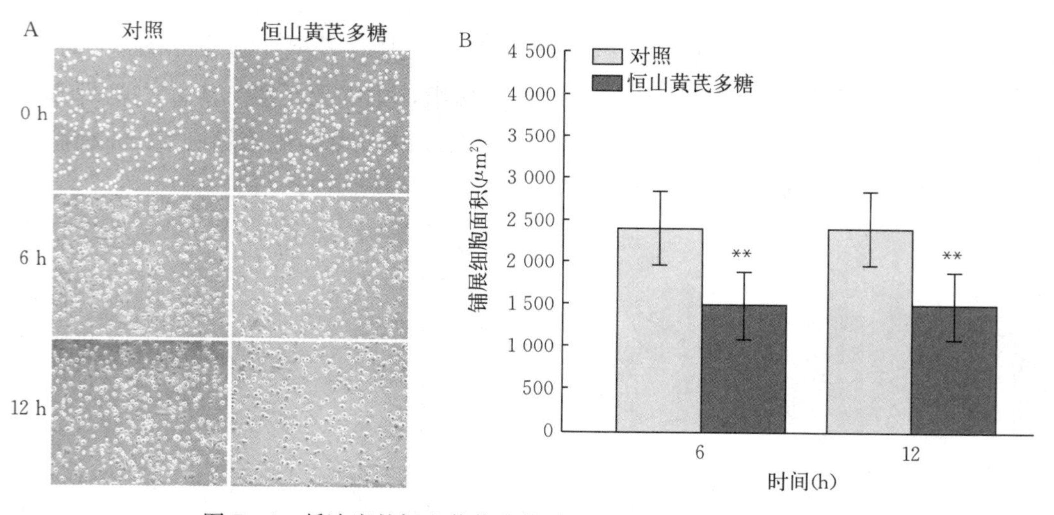

图 7－4　低浓度的恒山黄芪多糖对 SiHa 细胞铺展的抑制效应

A. SiHa 细胞铺展过程（×20）　B. SiHa 细胞铺展面积统计

三、恒山黄芪多糖抑制 SiHa 细胞迁移

以终浓度为 0.062 5 mg/mL 的恒山黄芪多糖处理 SiHa 细胞 72 h 后，进行划痕试验，结果如图 7－5A 所示，用丝裂霉素 C 抑制细胞增殖，培养 6 h 后，恒山黄芪多糖处理组细胞划痕的宽度明显大于对照组划痕；培养 12 h 后，这种差异更为明显。利用软件对划痕宽度进行测量并计算两组细胞的迁移率，结果如图 7－5B 所示，恒山黄芪多糖处理后，SiHa 细胞的迁移率显著小于对照组细胞（$P<0.01$），表明恒山黄芪

多糖抑制了 SiHa 细胞的迁移运动能力。

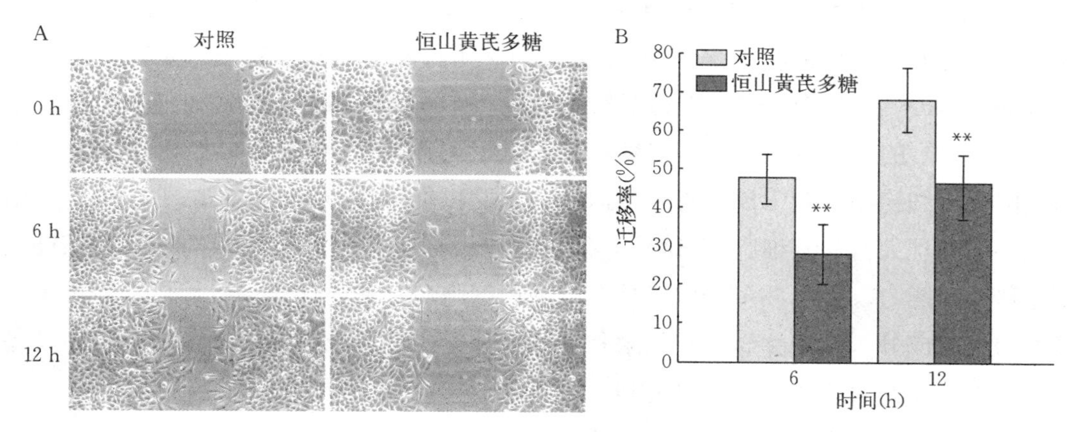

图 7－5　低浓度的恒山黄芪多糖抑制 SiHa 细胞的迁移运动

A. 划痕试验（×20）B. 细胞迁移率统计结果

四、结论

多糖是中草药的主要活性成分之一，目前其在肿瘤治疗中的应用主要涉及三个方面的机制，即抑制肿瘤组织生长、减少化疗所造成的免疫损伤以及保护造血系统（林俊等，2013）。对于抑制肿瘤细胞生长方面的研究，目前已有大量文献报道了多种中药多糖具有抑制肿瘤细胞增殖或诱导其凋亡的活性。例如，石见穿多糖能有效提高荷瘤小鼠免疫相关细胞数量，并促进 IFN－γ 和 IL－2 的分泌，显著增强抗肿瘤免疫活性（程卓等，2016）；纳米山药多糖能够活化 caspase－3 和 caspase－8，诱导人肝癌细胞 HepG2、人胃癌细胞 SGC7901、人宫颈癌细胞 HeLa 以及人前列腺癌细胞 DU145 的凋亡（石亿心等，2016）；硒化的纹党参多糖则能够显著抑制肺腺癌细胞 A549 的增殖（陈文霞等，2015）；金樱根多糖与 5－氟尿嘧啶联用对小鼠体内肿瘤抑制具有明显的增效减毒作用（冯承恩等，2011）。本研究发现，道地药材恒山黄芪多糖能够抑制人宫颈癌细胞 SiHa 的增殖（IC_{50}值为 0.25 mg/mL），即使是在低浓度（0.062 5 mg/mL）时，从培养的第 3 天开始，多糖处理的细胞活力就显著低于对照组，证实恒山黄芪多糖具有抑制人宫颈癌细胞 SiHa 活力的作用。但是，其分子机制需要进一步的研究才能予以揭示。

肿瘤细胞对其周围组织及血管的侵袭浸润是恶性肿瘤转移的关键，也是癌症威胁人类生命的重要因素，找到抑制肿瘤细胞迁移运动的药物是控制癌症扩散的有效方法。其中，黏附能力是肿瘤细胞铺展以及转移扩散的重要因素之一，因为细胞与外基质的相互作用为其生长提供了关键的微环境。然而，目前少有文献报道黄芪多糖与肿瘤细胞黏附和侵袭运动的相关性研究。有文献显示，黄芪多糖可能通过 p38 MAPK

信号通路下调人心脏微血管内皮细胞缺血再灌注损伤黏附分子的表达（Hai-Yan 等，2013）；Liu 等（2010）发现由黄芪多糖、黄芪皂苷以及丹参多酚酸组成的复合制剂能够有效抑制人肝癌细胞 HepG2 的侵袭运动；明海霞等（2016）发现黄芪多糖可能通过抑制 NF-κB 和 MAPK 信号通路的活化，抑制小鼠 Lewis 肺癌细胞的转移；李超等（2014）的研究发现，黄芪多糖可能通过下调 MMP-9 和 MMP-2 的表达，抑制视网膜母细胞瘤细胞 RB44 的侵袭运动。本文以低浓度（0.062 5 mg/mL）的恒山黄芪多糖处理人宫颈癌细胞 SiHa 后，发现其有效抑制了该肿瘤细胞的黏附、铺展以及迁移运动能力，提示该多糖可能具有抗肿瘤细胞转移的药理作用。但是，恒山黄芪多糖的组成成分、影响肿瘤细胞黏附和迁移的分子机制以及在体内环境中是否还具备上述功能，需要后续的研究予以证实。

第四节　连翘黄酮的抗宫颈癌细胞活性

一、不同浓度连翘黄酮对 MGC80-3 细胞增殖的影响

用 DMSO 溶解连翘黄酮，按照如下终浓度加入细胞培养基中：1、0.5、0.25、0.125、0.062 5、0.031 25、0.025、0.012 5 mg/mL。处理 48 h 后，通过 MTT 法检测连翘黄酮对胃癌细胞 MGC80-3 增殖的影响。结果如图 7-6 所示，当连翘黄酮终浓度为 1 mg/mL 时，对 MGC80-3 细胞的抑制率高达 86.32%，随着浓度的降低，抑制率逐渐下降，计算其 IC_{50} 值为 0.297 4 mg/mL，表明连翘黄酮对胃癌细胞 MGC80-3 具有明显的抑制作用，并与药物剂量呈正相关关系。

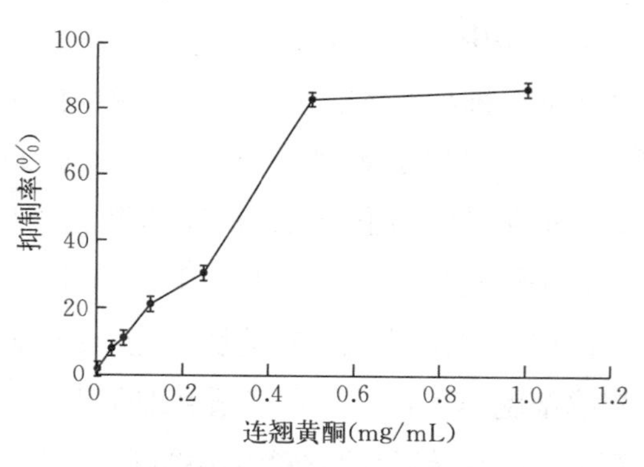

图 7-6　不同浓度的连翘黄酮对 MGC80-3 细胞的抑制效应

二、长期低浓度连翘黄酮处理对 MGC80-3 细胞生长的影响

为进一步探讨低浓度的连翘黄酮对胃癌细胞 MGC80-3 长期生长的影响，取抑制率不超过 10%的连翘黄酮溶液（终浓度为 0.031 25 mg/mL，抑制率为 7.90%）处理细胞，进行细胞增殖试验。结果如图 7-7 所示，从第 3 天开始处理组细胞数量即明显少于对照组细胞（$P<0.05$）；第 4 天、第 5 天和第 6 天，处理组细胞与对照组细胞相比数量更少，差异极显著（$P<0.01$）。上述结果表明，长期低浓度的连翘黄酮

处理细胞仍能抑制其生长。

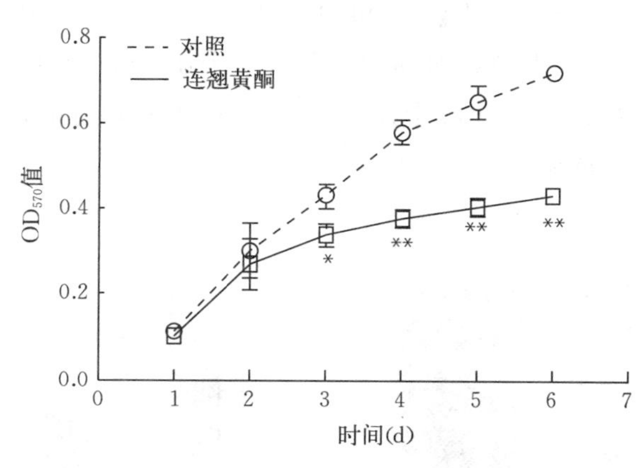

图 7-7 低浓度的连翘黄酮对胃癌细胞 MGC80-3 增殖的影响

三、连翘总黄酮提取物对 MGC80-3 细胞集落形成的影响

平板细胞集落形成试验结果如表 7-2 所示，终浓度为 0.05 mg/mL 的连翘黄酮长期处理 MGC80-3 细胞，导致其全部死亡，无法形成集落 $P<0.01$）。与对照组相比（约 453 个集落，形成率为 90.6%），当连翘黄酮终浓度为 0.025 mg/mL 时，大多数 MGC80-3 细胞死亡，平板中形成了少量细胞集落（约 216 个集落，形成率为 43.2%），差异极显著（$P<0.01$）；当连翘黄酮终浓度为 0.012 5 mg/mL 时，所形成的细胞集落未见明显减少（约 445 个集落，形成率为 89.0%）。

表 7-2 细胞集落形成试验

连翘黄酮浓度（mg/mL）	细胞集落形成数目（个）	集落形成率（%）
0	453±12	90.6
0.012 5	445±23	89.0
0.025	216±14	43.2**
0.05	0	0**

注：**表示 $P<0.01$，与对照组相比。

四、连翘黄酮对 MGC80-3 细胞自噬相关基因表达的影响

（一）半定量 PCR 检测相关基因 mRNA 表达水平

上述试验结果表明，连翘黄酮显著抑制了 MGC80-3 细胞的增殖，为进一步探讨其潜在分子机制，本研究分析了相关基因的表达情况。用不同浓度的连翘黄酮处理

细胞后，通过半定量 RT－PCR 试验检测了多个基因的 mRNA 水平，结果如图 7－8 所示，随着连翘黄酮浓度从 0.012 5 mg/mL 提高至 0.4 mg/mL，*LC3*、*Bax* 以及 *Beclin* 的 mRNA 水平显著提高，而 *mTOR* 的表达则出现明显下调。由于上述 4 个基因均为细胞自噬相关基因，因此以上结果表明，连翘黄酮可能促进了 MGC80－3 细胞的自噬，进而抑制其增殖。

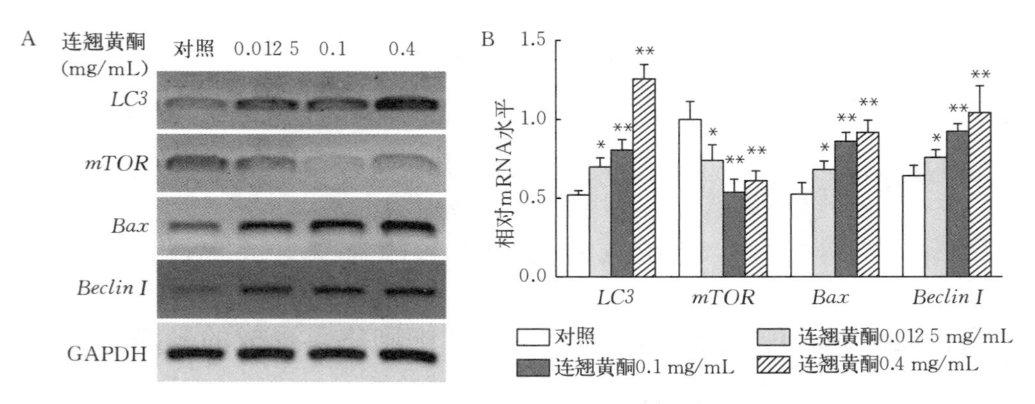

图 7－8　半定量 PCR 检测相关基因表达水平

A. 半定量 PCR 电泳结果　B. 电泳条带灰度分析

注：* 表示 $P<0.05$，** 表示 $P<0.01$，与对照组相比，下同

（二）Western blot 检测相关蛋白表达

为验证半定量 RT－PCR 试验的结果，进一步通过 Western blot 试验检测细胞自噬过程关键因子 mTOR 和 LC3 Ⅱ 的表达水平。结果如图 7－9 所示，当连翘黄酮的浓度从 0.2 mg/mL 提高至 0.4 mg/mL 时，MGC80－3 细胞中 mTOR 蛋白水平显著降低，而 LC3 Ⅱ 的表达明显增强。该结果与半定量 RT－PCR 试验结果一致，证实连翘黄酮的确影响了细胞自噬过程。

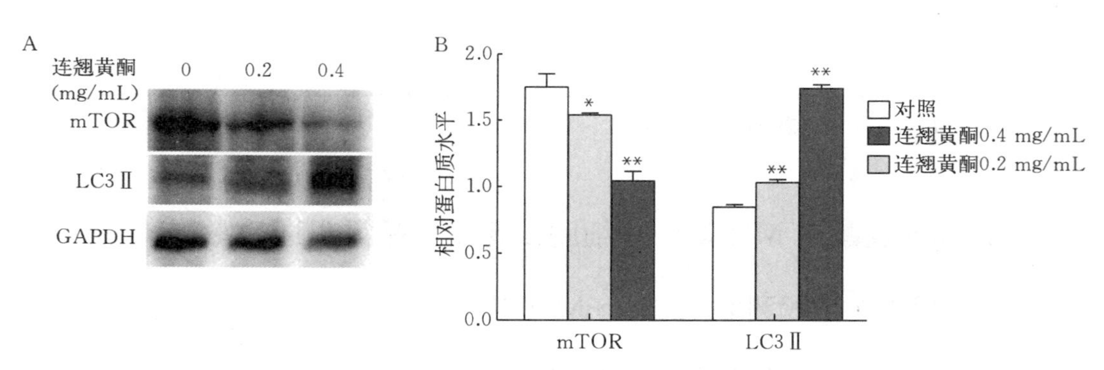

图 7－9　Western blot 试验检测相关蛋白表达水平

A. Western blot 试验结果　B. 蛋白条带灰度分析

五、诱导细胞自噬是连翘黄酮抗胃癌作用的潜在途径

近年来，在肿瘤防治领域，中药材越来越受到研究者的关注。有研究表明，白花蛇舌草、半枝莲、陈皮、黄芩、菟丝子等均具有一定的抗肿瘤作用，而其主要活性成分包括黄酮醇、黄烷酮、异黄酮等天然黄酮类化合物（孙晓润等，2017）。目前，对于天然黄酮类化合物抑制肿瘤细胞的分子机制集中于影响细胞增殖、侵袭转移能力以及细胞凋亡等方面（Wang 等，2017）。黄酮也是连翘的重要成分。目前，国内外学者针对连翘黄酮的研究工作，主要集中在提取工艺以及体外抗氧活性方面（王燕等，2011；李艳芝等，2012；刘梦星等，2014），尚未见有文献报道其具有抗肿瘤作用。本研究以山西长治地区生长的连翘为材料，利用传统方法提取其黄酮成分，然后通过细胞水平的 MTT 法证实连翘黄酮对胃癌细胞 MGC80－3 增殖和集落形成能力具有显著的抑制作用。

细胞自噬（autophagy）是一种广泛存在于真核细胞中，且在生物进化中高度保守的溶酶体依赖性的降解途径，通常使细胞适应外周环境压力，以避免细胞死亡（Platini 等，2010）。但是，在某些条件下，细胞自噬过度激活则会引发Ⅱ型程序性细胞死亡，即自噬性细胞死亡。细胞内自噬平衡的打破与肿瘤的发生密切相关。自噬过程涉及多个关键因子，如 *LC3*、*mTOR*、*Beclin 1* 以及自噬相关蛋白 Atg、Bcl－2、NF－κB 等，其中 LC3（Atg 8）在自噬过程中转化为 LC3 Ⅱ，其蛋白水平是自噬程度的标志（Yang 等，2010）。AMPK/TSC/mTOR 通路的活化及 PI3K/AKT/mTOR 通路的抑制是自噬过程的主要诱因，自噬调节的异常在多种癌症中均有体现（Kim 等，2011）。本研究发现，连翘黄酮提高了胃癌细胞 MGC80－3 中自噬标志因子 LC3 Ⅱ的蛋白水平，以及相关蛋白 Bax 和 Bcl2 的表达；同时，降低了 mTOR 蛋白水平，进而可能抑制了 mTOR 相关信号通路。因此，长治连翘的黄酮成分可能通过诱导细胞自噬过程对胃癌细胞 MGC80－3 发挥抑制作用，这为连翘在肿瘤预防和治疗方面的开发利用提供了理论参考。

第八章　天然活性成分的开发前景

第一节　天然活性成分在医药领域的应用

癌症是人类面临的重大健康挑战之一。众所周知，癌症是一种异质性疾病，其特征是失控的细胞增殖能力和增强的细胞侵袭能力。据统计，5%～10%的癌症病例被认为是遗传性疾病，但大多数病例是外源性因素的结果，如环境刺激、不良饮食、不健康的生活方式和污染。目前，手术、化疗（chemotherapy，CT）和/或放疗（radiation，RT）是大多数肿瘤的首选治疗方法。然而，放、化疗所带来的口腔内部疼痛、肠胃道黏膜损伤、抵抗力下降、白细胞下降、贫血和血小板减少等不良反应给患者造成了不容忽视的痛苦。长期以来，内在和获得性耐药性的产生是造成肿瘤预后不良的重要因素。因此，寻找有效的癌症预防和治疗方法，克服肿瘤耐药性，是国内外学界的研究热点。开发和鉴定能够使肿瘤细胞对放、化疗敏感并对健康组织具有最小细胞毒性的药物，是目前肿瘤治疗方面的迫切需求。

自古以来，来自药用植物、动物和微生物的天然活性成分在多种疾病的治疗中发挥了重要作用。在癌症治疗方面，天然活性成分也展现出了卓越的活性，如紫杉醇和阿霉素已经被很多国家的药品监督管理部门批准，用于癌症治疗；姜黄素（Hussain等，2023）、槲皮素（Lotfi 等，2023）、白藜芦醇（Zucchi 等，2023）、苦参碱（Dai等，2021）等天然活性成分也被证实具有良好的抗肿瘤效果。天然活性成分因其复杂的结构和独特的特性而具有特定的生理活性，并克服了合成药物的某些不足，如口服给药的不稳定性。然而，天然活性成分在临床上的广泛应用仍然面临药物动力学和药效学不足、溶解性和稳定性差、生物利用度有限等问题，因此需要对现有具备潜在抗肿瘤活性的天然活性成分的药理机制进行深入研究，同时开发更多有效的天然抗肿瘤药物。

除此之外，天然活性成分在调节机体脂类和糖类代谢、免疫调节等方面也显示出良好的功效。多糖是天然资源的重要组成部分，具有广泛的药理活性，如抗炎、抗氧化、抗纤维、免疫调节、抗肿瘤等作用（Hou 等，2020；Wang 等，2022a；Kong

等，2022；Wang 等，2022b），且以毒性低、安全性高、靶点多等优势备受人们关注。例如，菠萝蜜（jackfruit pulp）果肉多糖调控了脂质代谢相关基因的表达，如过氧化物酶体增殖物激活受体α（PPARα）、激素敏感脂肪酶（HSL）、肉碱棕榈酰转移酶1A（CPT1）、脂蛋白脂酶（LPL）、乙酰辅酶A羧化酶α（ACC），脂肪酸合成酶（FAS）和固醇调节元件结合转录因子（SREBP-1c），进而缓解非酒精性脂肪肝病（NAFLD）等脂代谢紊乱相关疾病（Zeng 等，2022）；紫苏葶能够参与肝细胞脂质合成、转运和糖异生途径相关基因的表达，改善高脂饲料诱导的小鼠糖代谢和能量平衡，同时重塑肠道菌群的生态结构（Xiao 等，2023），因此紫苏葶可能成为治疗肥胖和代谢相关疾病的潜在候选药物。免疫调节活性在天然化合物、粗提物以及代谢产物中广泛存在。例如，广泛存在于黑莓、蓝莓、草莓、葡萄、腰果、李子、胡桃、榛子、茶等植物中的没食子酸和聚没食子酸，具有抗氧化、抗细菌、抗真菌、抗癌、抗溃疡性结肠炎、抗炎等生理活性（Zhu 等，2019）；木犀草素广泛存在于芹菜、西兰花等蔬菜及中草药中，具有强大的抗氧化、抗肿瘤和抗炎活性（Lin 等，2008），能够抑制在高血糖条件下的人单核细胞内NF-κB活性，导致IL-6和TNF-α的释放显著减少（Ribeiro 等，2015）。

综上所述，天然活性成分在人类多种疾病的治疗中极具开发价值。然而，由于天然活性成分尤其是天然粗提物等混合物（如粗多糖、总黄酮等）受到结构复杂、靶点多样、机制不清、副作用不明等限制，在临床应用上难以推广。因此，还需进行大量的研究工作，优化天然活性成分的提取工艺，从多层面多水平揭示其作用机制，推动天然活性成分在医疗领域的应用。

第二节 天然活性成分在食品领域的应用

自2016年《“健康中国2030”规划纲要》发布以来，我国食品与营养健康产业进入到提速发展阶段，营养健康食品种类日益丰富，呈功能化、营养化和高端化趋势发展。随着糖尿病、高血脂、高血糖、高血压、恶性肿瘤、心血管疾病、阿尔兹海默病、帕金森病等疾病的发病率上升，人们越来越重视食品与健康之间的关系，具有免疫调节、降糖降脂、抗疲劳、抗衰老、补充维生素等作用的功能食品成为食品研发的重要方向。

功能性保健食品主要以既是药品又是食品（即药食同源）的物质为原料。从2002年《既是食品又是药品的物品名单》发布以来，目前已有110味中药材被列入该名单，如党参、黄芪、地黄、红花、丁香等（阙灵等，2017）。中药保健产品依据中医药理论将各配方中药材进行配伍，作用温和、副作用少，适合于养生保健和疾病预防（王进博等，2019）。中药功能性保健食品的活性成分主要包括多糖、总皂苷、总黄酮等，多糖广泛存在于黄芪、党参、人参等中药材中，其药理活性主要包括抗肿瘤、抗氧化、免疫调节等。然而，目前以多糖为标志性功效成分的中药保健食品种类较少，且以粗多糖为主，各类中药多糖成分的潜在药理作用及其相关保健食品还有待深入的研究与开发。

黄酮广泛存在于多种中药材（如黄芩、银杏叶、丹参、蒲公英等）中，与糖分子形成的苷元是其主要存在形式，主要有黄烷基醇类、橙酮、黄酮类、大豆素类等，具有抗氧化、抗肿瘤、促进血液循环、抑菌、调节新陈代谢等活性，是中药保健食品的重要功效成分。例如，大豆异黄酮由于其结构与人雌激素相似，具有部分雌激素的功能，因此能够缓解内分泌和代谢相关疾病，广泛应用于保健食品中，是目前研究技术成熟且市场应用度较高的一类黄酮化合物。然而，针对其他种类的黄酮的研究和应用则相对较少，在黄酮含量的检测方面也亟待改进，以期为中药黄酮成分的深度开发和广泛应用提供助力。

皂苷是一类天然三萜/甾体类物质，其中三萜类皂苷常见于人参、甘草、茶等植物，甾体类皂苷广泛存在于山药、人参、郁金香、燕麦、柴胡等植物中。皂苷因其结构多样，具有多种独特的生理活性，包括抗癌、降血脂、抗炎、抗氧化等，在食品、医药等领域常被作为天然乳化剂、发泡剂、营养剂、降胆固醇剂和免疫佐剂等应用于保健品和药品开发中。例如，甘草酸苷、甜菊糖苷和罗汉果皂苷常被用作天然甜味剂，广泛应用于保健品、饮料和调味品中（Heng 等，2010）。目前，中药皂苷的开发应用越来越广泛，但是其药理作用机制尚需更深入的研究，尤其是某些中药材（如柴胡）的皂苷成分具有细胞毒性，需要更多的研究以论证其安全性。另外，天然皂苷的构效关系及其与其他生物大分子（如油脂、蛋白质等）的相互作用尚需更多的试验予以揭示。

在大健康背景下，基于我国丰富的中药材资源，开发新型健康食品成为我国学者的研究热点。为了更好地发挥中医药饮食养生优势，应该秉承“治未病”理念，结合传统中医理论以及地方和少数民族药膳、南药、藏药等资源，运用现代生物技术方法，优化有效成分的提取工艺，系统研究其生理活性，发掘既具有传承性内涵又兼顾营养性和药理活性的新型食品原料，为加快食品新资源的发掘和产业化应用提供助力。

第三节　天然活性成分在农业领域的应用

我国是农业大国，每年的病虫害给作物生产造成了重大损失。为了减轻病虫害对农业生产的影响，在农作物生产和储存过程中，人们容易过度使用化学农药和化肥，从而导致农产品甚至土壤中农药残留量超标，威胁人体健康，造成环境污染。近年来，食品安全和环境保护逐渐成为人们关注的焦点，针对农业病虫害问题，绿色防控方法是国内外学者研究的重要方向，其中生物农药因其高效、低毒、无污染等特点，展现出了巨大的开发价值。

历年来，以黄曲霉为代表的真菌污染和病害是农业生产面临的一个重大挑战。利用植物、微生物等产生的各种天然活性成分实现对有害真菌的防治是近年来的重要发展方向。例如，Dahm 等（2015）从土壤中分离出菌株 *Myxococcus* 和 *Corallococcus*，这两种菌株在田间试验中可有效抑制水稻纹枯病菌（*Rhizoctonia solani*）对松树苗的侵害；Li 等（2017）发现珊瑚球菌（*Corallococcus*）在平板试验和盆栽试验中能高效抑制尖孢镰刀菌（*Fusarium oxysporum*）的活性，显著降低了镰刀菌枯萎病的发病率。在食品和饲料的生产和储存过程中，黄曲霉属的真菌无处不在，其产生的黄曲霉毒素具有强烈的致癌活性。Zhou 等（2019）从南大西洋沉积物中分离到深海循环芽孢杆菌 FA13，其能够有效抑制寄生曲霉菌突变株 NFRI－95 菌丝体的生长和黄曲霉毒素的产生。Gong 等（2015）发现 Shewanella 藻类菌株 YM8 产生的挥发物对曲霉菌病原体（*Aspergillus flavus*）具有强大的抑制活性，致其孢子受损、菌丝体和分生孢子缺乏，而且能够完全抑制寄生曲霉（*Aspergillus parasiticus*）、黑曲霉（*Aspergillus niger*）、链格孢菌（*Alternaria alternate*）、灰葡萄孢（*Botrytis cinerea*）、禾谷镰刀菌（*Fusarium graminearum*）、尖孢镰刀菌（*Fusarium oxysporum*）、桃褐腐病菌（*Monilinia fructicola*）和核盘菌（*Sclerotinia sclerotiorum*）8 种常见真菌病原体的生长，因此该菌株极具开发为黄曲霉生防菌剂的潜在价值。

除此之外，来自植物的多种天然活性成分也具有抑制病原菌的潜在活力。张博等（2021）检测了 21 种天然活性成分对禾谷镰刀菌（*Fusarium graminearum*）、刺腐霉菌（*Pythium spinosum*）和小麦离蠕孢菌（*Bipolaris sorokiniana*）的抑制活性，筛选出了 4 种高活性化合物，分别为丁香酚、反式细辛醚、顺式细辛醚、白藜芦醇，可有效防治小麦根腐病，具有开发为天然抑菌剂的巨大潜力。天然活性成分香芹酚、丁香酚、异丁香酚、枯茗醛和百里香酚也被证实能有效抑制炭疽菌和链格孢的活性，其中香芹酚的抑菌能力最强，对上述 2 种病原菌的 IC_{50} 值分别达到 40.89 mg/L 和 18.19 mg/L（杨婷等，2017）。

综上所述，部分来自植物和微生物的次级代谢产物具有强大的抑制农业病原菌的活性，由于其天然来源、对环境友好、毒性较低，因此具有开发为生物抑菌剂的良好前景。

天然活性成分在药物中占比 30%～60%，部分被直接使用，部分作为前体合成其衍生物。植物（尤其是药用植物）和微生物是天然活性成分的主要来源，而我国拥有丰富的药用植物资源，且大量的天然活性成分尚未被发现。微生物（尤其是分离自海洋的新种属）已被证实可产生结构新颖的活性次级代谢产物，是有待深入开发的巨大宝库。很多天然活性成分的生理活性已被证实，但是其药理机制远未阐明，分子理论基础的缺乏限制了其广泛应用。因此，深入开发药用植物和微生物的次级代谢产物资源，是促进天然活性成分应用的基本驱动力。

参考文献

安彩艳，包良，阿拉坦高勒，2013. 胞外酸性与肿瘤的浸润转移［J］. 中国生物化学与分子生物学报，29（10）：926－931.

蔡惠钿，张逸，2021. 无花果多糖分离纯化工艺及抗氧化性能研究［J］. 中国调味品，46（1）：1－16.

蔡莉，朱江，2007. 黄芪多糖研究现状与进展［J］. 中国肿瘤临床，34（15）：896－900.

曹俊杰，王鹤皋，曾小澜，等，1994. 潞党参膏滋对癌症患者临床应用的价值［J］. 肿瘤研究与临床，6（3）：197.

曹利，车程川，刘金锋，2019. 拮抗黄曲霉海洋放线菌的筛选及发酵条件优化［J］. 中国酿造，38（3）：104－109.

陈高，杨晓婷，王曦，等，2021. 车前子多糖对乳腺癌细胞增殖、迁移和侵袭的影响及其机制［J］. 中国药房，32（15）：1848－1853.

陈高敏，王顺春，王璐，等，2016. 中药植物多糖抗皮肤光老化的研究进展［J］. 南京中医药大学学报，32（4）：396－400.

陈嘉屿，胡林海，吴红梅，等，2015. 党参多糖类对荷瘤小鼠免疫应答及抑瘤作用研究［J］. 中华肿瘤防治杂志，22（17）：1357－1362.

陈美娟，赵若琳，郭园园，等，2015. 麦冬皂苷 B 对 A549 细胞株体外黏附、侵袭及迁移的抑制作用及机制研究［J］. 中国药理学通报，31（5）：660－664.

陈文霞，张培，高霞，等，2015. 硒化纹党参多糖和其抗 A549 细胞的活性［J］. 中成药，37（11）：2408－2413.

陈誉，罗磊，王硕，等，2022. 咖啡果壳多酚的提取及抗氧化和抗炎特性［J］. 食品与生物技术学报，41（8）：104－111.

程亮，罗明明，吴继纲，等，2017. 海洋放线菌 Y12－26 中抗真菌活性代谢产物的分离纯化与结构鉴定［J］. 中国抗生素杂志，42（8）：631－638.

程卓，赵文豪，黄旭，等，2016. 石见穿多糖对 H22 荷瘤小鼠的抗肿瘤免疫调节作用［J］. 天然产物研究与开发，28（6）：846－851.

褚纯隽，任慧玲，李显伦，等，2015. 野马追提取物对脂多糖诱导小鼠急性肺损伤的保护作用［J］. 华西药学杂志，30（6）：653－656.

邓寒霜，杨丽娜，2018. 响应面法优化柴胡多糖提取工艺［J］. 中国现代中药，20（6）：742－747.

丁小霞，李培武，周海燕，等，2011. 黄曲霉毒素限量标准对我国居民消费安全和花生产业的影响

[J]. 中国油料作物学报，33（2）：180-184.
东秀珠，蔡妙英，2001. 常见细菌系统鉴定手册 [M]. 北京：科学出版社：353-398.
杜柯，孙润广，赵凯，等，2011. 柴胡多糖的结构和抗氧化活性分析 [J]. 生物加工过程，9（4）：45-48.
段琦梅，梁宗锁，聂小妮，等，2010. 黄芪和党参提取物的抗氧化活性研究 [J]. 西北植物学报，30（10）：2123-2127.
段晓梅，储维维，张烨，2015. 大理苍山野生蕨菜多糖的提取及抗氧化性研究 [J]. 中国食品添加剂，138（8）：79-85.
方金瑞，1998. 海洋微生物：开发海洋药物的重要资源 [J]. 中国海洋药物，67（3）：53-56.
方金瑞，黄维真，1995. 日本从海洋微生物开发新型生物活性物质研究的新进展 [J]. 中国海洋药物，4：21-25.
冯承恩，田素英，2011. 金樱根多糖的制备及其体内抗肿瘤作用初探 [J]. 中国实验方剂学杂志，17（6）：209-212.
冯澜，李绍民，代立娟，等，2015. 马齿苋多糖对溃疡性结肠炎小鼠肠黏膜细胞因子及肠道菌群的影响 [J]. 中国微生态学杂志，27（2）：139-142.
冯帅，王晓燕，李峰，2013. 不同产地连翘的连翘苷及连翘酯苷 A 的含量比较 [J]. 山东中医药大学学报，37（6）：514-515.
付依依，王永霞，李月，等，2021. 大果沙棘中黄酮的体外抗炎及抗氧化活性研究 [J]. 中国食品添加剂，10：67-74.
傅玉鸿，陈钢，姚香草，等，2014. 四株海洋放线菌抗氧化活性初筛与微囊化包埋研究 [J]. 亚太传统医药，4（10）：64-66.
盖晓东，历春，李倩，等，2012. 柴胡皂苷在体外对人白血病细胞株 K562/ADM 多药耐药性的逆转作用 [J]. 中国病理生理杂志，28（1）：76-80.
高秀芬，荫士安，张宏元，等，2011. 中国部分地区玉米中 4 种黄曲霉毒素污染调查 [J]. 卫生研究，40（1）：46-49.
何雯娟，李润元，梁英，等，2014. 黄芩多糖对肉仔鸡血液生化指标及免疫指标的影响 [J]. 黑龙江畜牧兽医，(4)：71-74.
贺义恒，张红夏，李亮，等，2013. 恒山黄芪粉碎度与黄芪多糖得率关联度研究 [J]. 中草药，44（9）：1141-1143.
洪铁，杨振，绳娟，等，2008. 黄芩苷抗肿瘤作用及机制的研究 [J]. 中国药理学通报，24（12）：1676-1678.
洪郁芝，俞东容，朱斌，等，2001. 肿瘤坏死因子 α 诱导人肾近曲小管上皮细胞 C3mRNA 表达和蛋白合成及其意义 [J]. 中华肾脏病杂志，17（5）：327-330.
侯竹美，王淑军，赵方庆，等，2007. 胶州湾产蓝色素海洋链霉菌的初步研究 [J]. 海洋科学，31（5）：39-44，57.
胡东青，庞国兴，张治宇，等，2011. 出口花生黄曲霉毒素污染的预防与控制 [J]. 花生学报，40

(1)：36－38.

胡建燃，郭阳，李平，2016. 潞党参多糖的提取及其抗氧化活性分析 [J]. 中国食品添加剂，(7)：93－96.

胡建燃，李平，铁军，等，2019. 紫丁香花精油的抗氧化和抗肿瘤活性研究 [J]. 生物技术通报，35 (12)：16－23.

胡建燃，李平，秦路鹏，等，2016. 恒山黄芪和宁夏枸杞的多糖体外抗氧化活性比较研究 [J]. 西北植物学报，36 (8)：1648－1653.

黄建峰，周剑，2012. 氨基糖苷类药物生物合成基因研究新进展 [J]. 海峡药学，4 (24)：14－17.

黄幼异，黄伟，孙蓉，2012. 基于肝药酶 P450 动态变化的柴胡总皂苷小鼠肝毒性剂量-时间-毒性关系研究 [J]. 中国实验方剂学杂志，18 (22)：299－303.

江宏磊，王传喜，江宁宇，等，2012. 海洋来源链霉菌 FIM090041 产生的神经氨酸酶抑制剂 [J]. 中国抗生素杂志，4 (37)：265－275.

姜俊杰，邢莹莹，陆园园，等，2012. 北极放线菌 T－2－3 胞外多糖体外抗氧化作用研究 [J]. 药物生物技术，19 (4)：313－316.

姜艳霞，纪朋艳，朱文赫，等，2015. 海带多糖对人肝癌细胞 Bel－7402 增殖的抑制作用及其机制 [J]. 食品科学，36 (15)：179－182.

焦杨，邹录惠，邱莉，等，2016. 5 种马鞭草科药用植物的抗补体活性 [J]. 中国药科大学学报，47 (4)：469－473.

解玉怀，尚庆辉，古丽美娜，等，2016. 饲料添加剂植物多糖的生物学作用 [J]. 草业科学，33 (3)：503－511.

金迪，梁英，郑文凤，等，2012. 黄芩多糖体外抗氧化活性研究 [J]. 中兽医医药杂志 (3)：33－37.

鞠瑶瑶，曹纯洁，陈美珍，等，2016. 响应面试验优化脆江蓠多糖提取工艺及其对肿瘤细胞的抑制作用 [J]. 食品科学，37 (8)：57－62.

匡菊香，雷沛鸿，石江，2008. 黄芩苷对人黑色素瘤 A375 细胞增殖的影响 [J]. 中华中医药学刊，26 (11)：2510－2512.

兰琴英，殷小雯，鲁卓越，等，2014. 2 株南方红豆杉内生细菌的分离鉴定及其抑菌活性 [J]. 贵州农业科学，42 (2)：123－127.

雷载权，1995. 中药学 [M]. 上海：上海科学技术出版社：280－281.

李超，钱新华，千新来，等，2014. 黄芪多糖对视网膜母细胞瘤细胞侵袭能力的影响 [J]. 眼科新进展，34 (6)：530－532.

李芳，杨扶德，2023. 党参多糖提取分离、化学组成和药理作用研究进展 [J]. 中华中医药学刊，41 (4)：42－49.

李富华，刘冬，明建，2014. 苦荞麸皮黄酮抗氧化及抗肿瘤活性 [J]. 食品科学，35 (7)：58－63.

李国峰，陈金秀，杜鹏强，2014. 黄芩多糖的抗氧化活性研究 [J]. 中外医疗 (4)：9－10.

李慧敏，高月，邵雪飞，等，2022. 柴胡不同部位总黄酮含量及抗氧化活性比较研究 [J]. 中国食品添加剂，4：211 - 217.
李开菊，陈文倩，周霞，等，2017. 素花党参多糖对乌鸡生长性能、免疫功能、血常规及肠道菌群的影响 [J]. 四川畜牧兽医，10：32 - 36.
李艳芝，王建安，张辰辰，2012. 连翘花中总黄酮提取工艺的优化 [J]. 中国医院药学杂志，32（18）：1502 - 1504.
梁英，何雯娟，韩鲁佳，2009. 二次回归正交旋转组合设计对黄芩多糖提取工艺的优化 [J]. 食品科学，30（24）：104 - 107.
林丹丹，秦韬，任喆，等，2016. 硒化党参多糖对免疫抑制小鼠免疫功能的影响 [J]. 中国畜牧兽医，43（6）：1544 - 1549.
林俊，李萍，陈靠山，2013. 近 5 年多糖抗肿瘤活性研究进展 [J]. 中国中药杂志，38（8）：1116 -1125.
林思，秦慧真，邓玲玉，等，2022. 胡椒碱的药理作用及机制研究进展 [J]. 中国药房，33（13）：1653 - 1659
刘长虹，2016. 雌激素介导的甜菜碱抗抑郁作用的研究 [D]. 长春：东北师范大学.
刘丹，王佳贺，2018. 柴胡皂苷抗肿瘤作用机制的研究进展 [J]. 现代药物与临床，33（1）：203 - 208.
刘宽辉，田卫军，高珍珍，等，2017. 硒化党参多糖和大蒜多糖协同增强鸡外周血淋巴细胞和新城疫疫苗的免疫功效 [J]. 畜牧兽医学报，48（7）：1349 - 1356.
刘梦杰，王飞，张燕，等，2016. 黄芩多糖的体内抗氧化活性 [J]. 中国食品学报，7（16）：52 - 58.
刘梦星，王涛，马晶军，2014. 微波辅助提取连翘黄酮类化合物及其抗氧化性研究 [J]. 湖北农业科学，53（3）：651 - 656.
刘容旭，高辰哲，姜帆，等，2016. 五味子多糖对两种肠道肿瘤细胞抑制作用的影响 [J]. 食品科学，37（5）：192 - 196.
刘晓英，王雁娥，武志杰，2000. MB - 97 海洋放线菌在大豆田应用技术研究 [J]. 现代化农业，10（255）：9 - 11.
吕天，牟红元，冯江江，等，2013. 中药柴胡总皂苷急性肝毒性的代谢组学研究 [J]. 化学研究与应用，25（6）：789 - 792.
罗红丽，关菲菲，沈兰，等，2014. 南方红豆杉内生放线菌的分离鉴定和次级代谢潜力评估 [J]. 中国抗生素杂志，39（2）：93 - 97.
马桂珍，吴少杰，付泓润，等，2014. 海洋放线菌 BM - 2 菌株抗真菌活性物质的分离纯化与结构鉴定 [J]. 中国生物防治学报，30（3）：393 - 401.
马美蓉，2011. 奶牛场饲料霉菌毒素感染现状的调查与分析 [J]. 家畜生态学报，32（6）：95 - 97.
梅显贵，王立平，王冬阳，等，2017. 海洋异壁放线菌 WH1 - 2216 - 6 产生的多环含特特拉姆酸大环内酰胺 [J]. 有机化学，37：2352 - 2360.
明海霞，陈彦文，张帆，等，2016. 黄芪多糖联合顺铂对小鼠 Lewis 肺癌细胞肺转移的影响 [J].

解剖学报，47（4）：493－501.
彭飞，王传喜，江宏磊，等，2013. 海洋链孢囊菌 FIM091157 产生的神经氨酸酶抑制剂［J］. 天然产物研究与开发，25：193－196.
权春梅，2022. 芍花提取物的 SPME－GC/MS 成分分析及抗炎抗氧化活性研究［J］. 辽宁中医药大学学报，25（3）：48－53.
阙灵，杨光，李颖，等，2017.《既是食品又是药品的物品名单》修订概况［J］. 中国药学杂志，52（7）：521－524.
茹文明，赵安芳，张桂萍，等，2006. 山西南方红豆杉分布区种子植物区系分析［J］. 山西大学学报（自然科学版），29（4）：440－444.
阮姝楠，卢燕，陈道峰，2013. 广藿香的抗补体活性成分［J］. 中国中药杂志，38（13）：2129－2135.
石佳佳，曹丽丽，韩倩倩，等，2016. 含皂苷类中药抗肿瘤作用的研究进展［J］. 光明中医，31（23）：3526－3529.
石亿心，于莲，翟美芳，等，2016. 纳米山药多糖对 4 种肿瘤细胞的作用［J］. 中国现代应用药学，33（8）：967－971.
史娟，李江，2015. 白花蛇舌草多糖的微波预处理提取及抗氧化稳定性研究［J］. 中国食品添加剂. 134（4）：80－86.
苏宁，罗荣敬，苏杭，等，2007. 黄芩苷对糖尿病肾病大鼠肾功能及其抗氧化应激作用的研究［J］. 中药新药与临床药理，18（5）：341－344.
孙大鹏，鲁明明，王硕，等，2015. 人参皂苷 Rg3 通过 Ca^{2+}/CaM 信号系统抑制胃癌 BGC－823 细胞增殖及其可能的机制［J］. 中国肿瘤生物治疗杂志，22（2）：225－229.
孙蓉，黄伟，2010. 柴胡总皂苷醇洗脱精制品对大鼠慢性肝毒“量-毒”关系研究［J］. 中国中药杂志，35（17）：2338－2341.
孙珊，谭丽玲，庞小婧，等，2016. 芒果采后炭疽病 Colletotrichum asianum 鉴定及生物学特性研究［J］. 热带作物学报，37（12）：2392－2397.
孙晓润，陈苹苹，林悦，等，2017. 天然黄酮类化合物抗肿瘤作用靶点研究进展［J］. 中国实验方剂学杂志，23（6）：218－228.
孙益，童培建，李象钧，等，2015. 循经论治法对急性痛风性关节炎大鼠的 Toll 样受体 4/NF－κB 信号通路影响机制研究［J］. 中华中医药学刊，33（9）：2195－2200.
唐春丽，魏江存，滕红丽，等，2021. 黄酮类成分抗炎活性及其作用机制研究进展［J］. 中华中医药学刊，39（4）：154－159.
陶波，方梅，张嘉男，等，2017. 沙冬青种子总黄酮测定方法及纯化工艺研究［J］. 生物技术通报，33（5）：63－70.
陶琳，丛子文，周双清，等，2018. 海洋弗氏链霉菌 HNM0089 抗真菌活性成分研究［J］. 热带作物学报，39（4）：753－757.
涂铭，李林，2014. 胃癌防治知识对胃癌患者早期诊断的影响［J］. 实用癌症杂志，29（8）：

972－974.
王爱青，2018. 党参多糖对肾阴虚大鼠抗氧化活性和免疫调节影响［J］. 中医药临床杂志，30（2）：287－290.
王慧，王启林，田娇，等，2014. 4种地衣提取物抗氧化和抗肿瘤活性研究［J］. 植物科学学报，32（2）：181－188.
王进博，陈光耀，孙蓉，等，2019. 对中药组方保健食品的几点思考［J］. 中国中药杂志，44（5）：865－869.
王静，郭冉，苏利，等，2012. 饲料中黄曲霉毒素B对凡纳滨对虾生长、肝胰腺和血淋巴生化指标及肝胰腺显微结构的影响［J］. 水产学报，36（6）：952－957.
王丽蕃，郑娟，徐斯凡，2008. 藏党参和潞党参中活性成分含量的对比研究［J］. 时珍国医国药，19（12）：2928－2930.
王秋宝，郝建平，史淑红，等，2017. 山西省野生黄芩种质资源及植物学性状研究［J］. 植物遗传资源学报，18（1）：32－39.
王少平，于盈盈，宋晓光，等，2020. 柴胡总皂苷降血脂作用及机制研究［J］. 中国新药杂志，29（4）：437－442.
王希春，朱电锋，尹莉莉，等，2017. 党参多糖对仔猪生长性能、血清细胞因子及肠黏膜分泌型免疫球蛋白A含量的影响［J］. 动物营养学报，29（11）：4069－4075.
王雅芳，李婷，唐正海，等，2015. 中药黄芩的化学成分及药理研究进展［J］. 中华中医药学刊，33（1）：206－211.
王艳红，吴晓民，杨信东，等，2011. 温郁金内生真菌E8菌株的鉴定及次生代谢产物的研究[J]. 中国中药杂志，36（6）：770－774.
王燕，王儒彬，孙磊，等，2011. 不同采摘期连翘叶中总黄酮、总酚酸含量与DPPH自由基清除能力的相关性［J］. 中国实验方剂学杂志，17（16）：109－112.
王志平，韩彦军，刘小宁，等，2014. 细菌脂多糖处理对斑马鱼补体基因表达水平的影响［J］. 水产科学，33（2）：115－118.
魏帮鸿，杨志刚，郭瑞瑞，2016. 植物多糖在水产养殖中的应用［J］. 饲料研究（14）：39－42.
魏力，方加玮，周俊初，等，2007. 一株海洋细菌的初步鉴定及其产黑色素相关新基因（簇）的分离［J］. 微生物学通报，34（6）：1118－1122.
魏宁艳，穆丽华，张岗强，等，2012. 胡椒碱及其衍生物对小鼠的抗抑郁作用研究［J］. 现代中药研究与实践，26（5）：28.
吴春彦，谭亿，甘茂罗，等，2014. 海洋链霉菌7－145中洋橄榄叶素衍生物的分离鉴定［J］. 中国抗生素杂志，3（39）：186－192.
吴婷，魏珊，李敏，等，2015. 山西道地连翘体外抗甲型流感病毒活性的研究［J］. 时珍国医国药，27（1）：65－66.
吴彦，魏和平，王建波，2009. 半枝莲多糖B3－PS2分离纯化及抗补体活性研究［J］. 药学学报，44（6）：615－619.

伍国梁，李林，陈豪，等，2013. 筛选鉴定一株产生抑菌活性物质的海洋放线菌 [J]. 生物技术通报，4 (24)：488 - 492.

武有明，张齐，刘永琦，等，2015. 黄芪多糖对肺癌微环境中 BMSCs 增殖及 TAFs 分化的影响[J]. 中药药理与临床，31 (6)：76 - 79.

夏旭，崔洪泉，胡培森，等，2021. 熟地黄多糖对前列腺癌 PC - 3 细胞增殖凋亡的作用及对 VEGF/Akt 信号通路的影响 [J]. 实用医学杂志，37 (17)：2194 - 2198.

夏召弟，刘霞，2021. 北柴胡化学成分及质量控制方法研究进展 [J]. 中国现代中药，23 (5)：940 - 949.

谢果，2010. 茶叶嘌呤生物碱抗抑郁作用及其机制的研究 [D]. 广州：暨南大学.

谢克恭，唐毓金，陈敏安，等，2017. 痛风性关节炎患者外周血白细胞中 Toll 样受体 4 表达与基因多态性研究 [J]. 解放军医药杂志，29 (2)：99 - 102.

谢志明，吴春梅，陈少元，等，2021. 柴胡多糖通过抑制氧化应激和炎症反应减轻铅诱导小鼠肝肾损伤的研究 [J]. 畜牧兽医学报，52 (9)：2660 - 2672.

熊元君，李晓瑾，木拉提，等，2000. 新疆党参、潞党参对肠道影响 [J]. 中药药理与临床，16 (2)：15.

徐明明，2011. 柴胡皂苷 D 诱导人宫颈癌 HeLa 细胞系凋亡的研究 [J]. 医药论坛杂志，32 (8)：89 - 71.

许春平，杨琛琛，郑坚强，等，2014. 植物叶多糖的提取和生物活性综述 [J]. 食品研究与开发，35 (14)：111 - 114.

许春平，姚延超，白家峰，等，2021. 枸杞多糖的羧甲基化修饰及抗氧化性能 [J]. 河南科技大学学报（自然科学版），42 (3)：85 - 89.

许梦然，王迦琦，高婧雯，等，2020. 北柴胡多糖对 D-半乳糖致衰老模型小鼠的保护作用及其机制 [J]. 吉林大学学报（医学版），46 (6)：1215 - 1220.

薛德林，胡江春，马成新，等，2003. 海洋放线菌 MB97 生物制剂在克服大豆连作障碍中的应用 [J]. 现代化农业，12 (293)：19 - 21.

杨丰榕，李卓敏，高建平，2011. 党参多糖分离鉴定及体外抗肿瘤活性的研究 [J]. 时珍国医国药，22 (12)：2876 - 2878.

杨丽，邓扬鸥，吴世星，等，2015. 石菖蒲远志有效成分组合抑制 β 淀粉样蛋白 25 - 35 神经毒性的钙相关机制 [J]. 中华中医药杂志，30 (10)：3511 - 3515.

杨荣刚，赵芳芳，李雪，2019. 柴胡多糖增强巨噬细胞的抗鼻咽癌作用及其机制研究 [J]. 中药材，42 (4)：886 - 890.

杨涛，郭龙，李灿，等，2014. 红芪多糖 HPS1 - D 的化学结构和抗补体活性研究 [J]. 中国中药杂，39 (1)：89 - 93.

杨婷，史红安，李聪丽，等，2017. 13 种萜类化合物对胶孢炭疽菌和链格孢的抑制活性 [J]. 植物保护，2：192 - 195.

杨巍民，斯聪聪，杨星，等，2013. 海洋放线菌 Y - 0117 农用活性代谢产物的研究 [J]. 化学与生物工程，1（30）：24－27.
姚楠，白杰，张雪梅，等，2015. 牛杀菌/通透性增加蛋白对脂多糖介导的炎性细胞因子表达的影响［J］. 生物工程学报，31（2）：195－205.
叶嘉，李建飞，陈江魁，等，2022. 涉县柴胡茎叶总黄酮提取优化及其抗氧化性［J］. 北方园艺，6：92－98.
叶健，苏恒，陈立新，等，2021. 南方红豆杉种质资源及保护措施初探［J］. 南方农业，15（27）：92－93.
尹俊，庄红，黄璐，等，2020. 柴胡多糖对 LPS 诱导心肌细胞损伤的机制研究［J］. 中国免疫学杂志，36（1）：47－51.
于蓓蓓，王亮，尹利顺，等，2017. 基于 HPLC－DAD－MSn 的柴胡皂苷 A 的体外生物转化研究［J］. 中草药，48（2）：333－338.
余兰，王毅，2016. 道真洛龙党参多糖对小鼠免疫活性的影响［J］. 遵义医学院学报，39（1）：10－13.
袁红，张淑芳，贾绍辉，等，2014. 黄芪生物活性及其在保健食品中的应用研究进展［J］. 食品科学，35（15）：330－334.
云宝仪，周磊，谢鲲鹏，等，2012. 黄芩素抑菌活性及其机制的初步研究［J］. 药学学报，47（12）：1587－1592.
张博，张悦丽，马立国，等，2021. 21 种天然产物对小麦根腐病菌的抑菌活性［J］. 中国农学通报，37（24）：154－158.
张驰，刘信平，张红玲，2015. 板桥党参中不同溶剂提取物体外抗氧化活性的研究［J］. 湖北农业科学，54（11）：2640－2643.
张道广，Jimmy K，潘胜利，2005. 黄芩多糖抗猪生殖和呼吸系统综合征病毒作用的研究［J］. 时珍国医国药，16（9）：943.
张洪峰，王乐，张凯，等，2016. 柴胡总皂苷的循环超声提取及其对 HepG2 细胞凋亡的影响［J］. 中南药学，14（12）：1316－1319.
张建梅，李国军，谷巍，2009. 生物脱霉剂对黄曲霉毒素 B1 的作用研究［J］. 中国饲料，5：21－23.
张娟娟，卢燕，陈道峰，2012. 鱼腥草抗补体活性多糖的制备工艺研究［J］. 中国中药杂志，37（14）：2071－2075.
张妮娅，姜梦付，齐德生，2007. 葡甘聚糖对黄曲霉毒素的吸附作用［J］. 养殖与饲料，4：56－59.
张全才，田文妮，罗志锋，等，2020. 山楂多糖提取工艺优化及其抗氧化活性研究［J］. 中国食物与营养，26（12）：66－71.
张荣柳，蒲小明，沈会芳，等，2012. 海洋放线菌 H23－16 活性代谢物的提取及其稳定性研究［J］. 安徽农业科学，40（1）：6－7.
张文，周延升，2004. 黄芩中多糖的提取及含量分析［J］. 微量元素与健康研究，21（2）：21－22.

张小婷，张芮铭，牛媛婧，等，2022. 基于多成分含量测定及化学计量学的党参质量评价 [J]. 中药材，45 (10)：2411 - 2417.

张转建，李玉根，2008. 黄芩苷对胃癌细胞株凋亡作用机制的研究 [J]. 中国医药导报，5 (14)：27 - 28.

章英宏，2015. 桔梗皂苷 D 对人乳腺癌细胞体外杀伤效应及机制研究 [J]. 浙江中西医结合杂志，25 (6)：547 - 549.

赵江燕，2014. 潞党参与常用商品党参质量比较研究及潞党参质量标准制订 [D]. 太原：山西医科大学.

赵蕊，蔡亚平，陈志宝，等，2013. 马齿苋多糖对老龄荷瘤小鼠抗宫颈癌的作用 [J]. 中国老年学杂志，33：4480 - 4482.

赵婷婷，常一民，王俊潇，等，2018. 海洋放线菌次级代谢产物及其抗菌、抗病毒、抗肿瘤活性研究进展 [J]. 中国海洋药物，5：57 - 65.

赵雪，董诗竹，孙丽萍，等，2011. 海带多糖清除氧自由基的活性及机理 [J]. 水产学报，35 (4)：531 - 537.

赵雪巍，刘培玉，刘丹，等，2015. 黄酮类化合物的构效关系研究进展 [J]. 中草药，46 (21)：3264 - 3271.

针娴，2013. 潞党参质量标准的研究 [D]. 太原：山西医科大学.

郑敏敏，柳洁，赵清，2023. 药用植物黄芩的生物学研究进展及展望 [J]. 生物技术通报，39 (2)：10 - 23.

郑勇凤，王佳婧，傅超美，等，2016. 黄芩的化学成分与药理作用研究进展 [J]. 中成药，38 (1)：141 - 147.

周欣，付志飞，谢燕，等，2019. 中药多糖对肠道菌群作用的研究进展 [J]. 中成药，41 (3)：623 - 627.

周怡驰，晏军，李玲，等，2022. 基于柴胡"推陈致新"与网络药理学探讨柴胡干预肝纤维化的分子机制 [J]. 中西医结合肝病杂志，32 (7)：626 - 631.

朱皓皞，蔡勇，2016. 肿瘤微浸润癌的诊断标准差异及临床意义 [J]. 诊断病理学杂志，23 (4)：300 - 303.

朱家红，徐春燕，穆欣艺，等，2014. 当归多糖联合阿糖胞苷对移植性人白血病小鼠模型肝脏的作用机制 [J]. 中国中药杂志，39 (1)：121 - 125.

朱庆均，连松刚，李兰，等，2016. 罗勒多糖对 HLECs 中 VEGFR - 2/3 表达的影响 [J]. 中药新药与临床药理，27 (3)：342 - 346.

Aßhauer K P，Wemheuer B，Daniel R，et al，2015. Tax4Fun：predicting functional profiles from metagenomic 16s rRNA data [J]. Bioinformatics，31：2882 - 2884.

Abdel - Fatah S S，El - Batal A I，El - Sherbiny G M，et al，2021. Production，bioprocess optimization and γ - irradiation of Penicillium polonicum，as a new Taxol producing endophyte from Ginko biloba [J]. Biotechnology Reports，30：e00623.

Abdelfattah M S, Elmallah M I Y, Mohamed A A, et al, 2017. Sharkquinone, a new ana - quinonoid tetracene derivative from marine - derived *Streptomyces* sp. EGY1 with TRAIL resistance - overcoming activity [J]. Journal of Natural Medicines, 71 (3): 564 - 569.

Alvarez - Mico X, Jensen P R, Fenical W, et al, 2013. Chlorizidine, a cytotoxic 5H - pyrrolo [2, 1 - a] isoindol - 5 - one - containing alkaloid from a marine *Streptomyces* sp. [J]. Organic Letters, 15 (5): 988 - 991.

Arora V, Kuhad A, Tiwari V, et al, 2011. Curcumin ameliorates reserpine - induced pain - depression dyad: behavioural, biochemical, neurochemical and molecular evidences [J]. Psychoneuroendocrinology, 36 (10): 1570.

Asolkar R N, Jensen P R, Kauffman C A, et al, 2006. Daryamides A - C, weakly cytotoxic polyketides from a marine - derived actinomycete of the genus *Streptomyces* strain CNQ - 085 [J]. Journal of Natural Products, 69 (12): 1756 - 1759.

Asolkar R N, Maskey R P, Helmke E, et al, 2002. Chalcomycin B, a new macrolide antibiotic from the marine isolate *Streptomyces* sp. B7064 [J]. Journal of Antibiotics, 55 (10): 893 - 898.

Attiq A, Yao L J, Afzal S, et al, 2021. The triumvirate of NF - κB, inflammation and cytokine storm in COVID - 19 [J]. International Immunopharmacology, 101 (PtB): 108255.

Bacher P, Hohnstein T, Beerbaum E, et al, 2019. Human anti - fungal Th17 immunity and pathology rely on cross - reactivity against candida albicans [J]. Cell, 176 (6): 1340 - 1355.

Bernan V S, Montenegro D A, Korshalla J D, et al, 1994. Bioxalomycins, new antibiotics produced by the marine *Streptomyces* sp. LL - 31F508: taxonomy and fermentation [J]. Journal of Antibiotics, 47 (12): 1417 - 1424.

Biancardi A, Dall' Asta C, 2014. A simple and reliable liquid chromatography - tandem mass spectrometry method for the determination of aflatoxin B1 in feed [J]. Food Addit Contam Part A Chem Anal Control Expo Risk Assess, 31 (10): 1736 - 1743.

Bie B, Sun J, Guo Y, et al, 2017. Baicalein: A review of its anti - cancer effects and mechanisms in Hepatocellular Carcinoma [J]. Biomedicine & Pharmacotherapy, 93: 1285 - 1291.

Bonitz T, Zubeil F, Grond S, et al, 2013. Unusual N - prenylation in diazepinomicin biosynthesis: the farnesylation of a benzodiazepine substrate is catalyzed by a new member of the ABBA prenyltransferase superfamily [J]. PLoS One, 8 (12): e85707.

Bosetti C, Turati F, La Vecchia C, 2014. Hepatocellular carcinoma epidemiology [J]. Best Practice & Research Clinical Gastroenterology, 28 (5): 753 - 770.

Bray F, Ferlay J, Soerjomataram I, et al, 2018. Global cancer statistics 2018: GLOBOCAN estimates of incidence and mortality worldwide for 36 cancers in 185 countries [J]. CA: a cancer journal for clinicians, 68 (6): 394 - 424.

Braña A F, Sarmiento - Vizcaíno A, Pérez - Victoria I, et al, 2019. Desertomycin G, a new antibiotic with activity against mycobacterium tuberculosis and human breast tumor cell lines produced by *Streptomyces althioticus* MSM3, isolated from the cantabrian sea intertidal macroalgae Ulva sp. [J]. Marine Drugs, 17: 114 - 123.

Break M K B, Hussein W, Huwaimel B, et al, 2023. Artemisia sieberi Besser essential oil inhibits the growth and migration of breast cancer cells via induction of S - phase arrest, caspase - independent cell death and downregulation of ERK [J]. Journal of Ethnopharmacology, 312: 116492.

Brüne B, Dehne N, Grossmann N, et al, 2013. Redox control of inflammation in macrophages [J]. Antioxidants & Redox Signaling, 19 (6): 595 - 637.

Bui - Klimke T R, Guclu H, Kensler T W, et al, 2014. Aflatoxin regulations and global pistachio trade: insights from social network analysis [J]. PLoS One, 9 (3): e92149.

Buti S, Bersanelli M, Sikokis A, et al, 2013. Chemotherapy in metastatic renal cell carcinoma today? A systematic review [J]. Anti - cancer Drugs, 24 (6): 535 - 554.

Cao H, Liu D, Mo X, et al, 2011. A fungal enzyme with the ability of aflatoxin B1 conversion: purification and ESI - MS/MS identification [J]. Microbiology Research, 166 (6): 475 - 483.

Capon R J, Skene C, Lacey E, et al, 2000. Lorneamides A and B: two new aromatic amides from a southern Australian marine actinomycete [J]. Journal of Natural Products, 63 (12): 1682 - 1683.

Cappelli G, Giovannini D, Vilardo L, et al, 2023. Cinnamomum zeylanicum blume essential oil inhibits metastatic melanoma cell proliferation by triggering an incomplete tumour cell stress response [J]. International Journal of Molecular Sciences, 24 (6): 5698.

Charan R D, Schlingmann G, Janso J, et al, 2004. Diazepinomicin, a new antimicrobial alkaloid from a marine *Micromonospora* sp. [J]. Journal of Natural Products, 67 (8): 1431 - 1433.

Che Q, Tan H, Han X, et al, 2016. Naquihexcin A, a S - bridged pyranonaphthoquinone dimer bearing an unsaturated hexuronic acid moiety from a sponge - derived *Streptomyces* sp. HDN - 10 - 293 [J]. Organic Letters, 18 (14): 3358 - 3361.

Chen F, Zhuang M, Peng J, et al, 2014. Baicalein inhibits migration and invasion of gastric cancer cells through suppression of the TGF - β signaling pathway [J]. Molecular Medicine Reports, 10 (4): 1999 - 2003.

Chen L, Dou J, Su Z, et al, 2011. Synergistic activity of baicalein with ribavirin against influenza A (H1N1) virus infections in cell culture and in mice [J]. Antiviral research, 91 (3): 314 - 320.

Chen L, Kan J, Zheng N, et al, 2021. A botanical dietary supplement from white peony and licorice attenuates nonalcoholic fatty liver disease by modulating gut microbiota and reducing inflammation [J]. Phytomedicine, 91: 153693.

Chen W Q, Zheng R S, Baade P D, et al, 2016. Cancer statistics in China, 2015 [J]. CA - A Cancer Journal for Clinicians, 66 (2): 115 - 132.

Chen Z, Liu J, Kong X, et al, 2020. Characterization and immunological activities of polysaccharides from Polygonatum sibiricum [J]. Biological & Pharmaceutical Bulletin, 43 (6): 959 - 967.

Chien M H, Lin Y W, Wen Y C, et al, 2019. Targeting the SPOCK1 - snail/slug axis - mediated epithelial - to - mesenchymal transition by apigenin contributes to repression of prostate cancer metastasis [J]. Journal of Experimental & Clinical Cancer Research, 38 (1): 246.

Choi E O, Park C, Hwang H J, et al, 2016. Baicalein induces apoptosis via ROS - dependent activation of caspases in human bladder cancer 5637 cells [J]. International Journal of Oncology, 49 (3): 1009 - 1018.

Cojocaru K A, Luchian I, Goriuc A, et al, 2023. Mitochondrial dysfunction, oxidative stress, and therapeutic strategies in diabetes, obesity, and cardiovascular disease [J]. Antioxidants (Basel), 12 (3): 658.

Conde A T, Mendes L, Gaspar M V, et al, 2020. Differential modulation of the phospholipidome of proinflammatory human macrophages by the flavonoids quercetin, naringin and naringenin [J]. Molecules, 25 (15): 3460.

Copetti M V, Iamanaka B T, Pitt J I, et al, 2014. Fungi and mycotoxins in cocoa: from farm to chocolate [J]. International Journal of Food Microbiology, 178: 13 - 20.

Crew K D, Neugut A I, 2004. Epidemiology of upper gastrointestinal malignancies [J]. Seminars in oncology, 31 (4): 450 - 464.

Czabotar P E, Lessene G, Strasser A, et al, 2014. Control of apoptosis by the BCL - 2 protein family: implications for physiology and therapy [J]. Nature Reviews Molecular Cell Biology, 15 (1): 49 - 63.

Dahm H, Brzezińska J, Wrótniak - Drzewiecka W, et al, 2015. Myxobacteria as a potential biocontrol agent effective against pathogenic fungi of economically important forest trees [J]. Dendrobiology, 74: 13 - 24.

Dai M, Chen N, Li J, et al, 2021. In vitro and in vivo anti - metastatic effect of the alkaliod matrine from Sophora flavecens on hepatocellular carcinoma and its mechanisms [J]. Phytomedicine, 87: 153580.

Dao D, Xie B, Nadeem U, et al, 2021. High - fat diet alters the retinal transcriptome in the absence of gut microbiota [J]. Cells, 10 (8): 2119.

Das S, Lyla P S, Ajmal K S, 2006. Application of *Streptomyces* as a probiotic in the laboratory culture of Penaeus monodon (Fabricius) [J]. Israeli Journal of Aquaculture - Bamidgeh, 58 (3): 198 - 204.

Dicken B J, Bigam D L, Cass C, et al, 2005. Gastric adenocarcinoma: review and considerations for future directions [J]. Annals of Surgery, 241 (1): 27 - 39.

Dinda B, Dinda S, DasSharma S, et al, 2017. Therapeutic potentials of baicalin and its aglycone, baicalein against inflammatory disorders [J]. European journal of medicinal chemistry, 131: 68 - 80.

Dong M X, Meng Z F, Kuerban K, et al, 2018. Diosgenin promotes antitumor immunity and PD－1 antibody efficacy against melanoma by regulating intestinal microbiota [J]. Cell Death & Disease, 9 (10): 1039.

Dong Y, Sui L, Yang F, et al, 2022. Reducing the intestinal side effects of acarbose by baicalein through the regulation of gut microbiota: An in vitro study [J]. Food Chemistry, 394: 133561.

Dong Z, Zhang M, Li H, et al, 2020. Structural characterization and immunomodulatory activity of a novel polysaccharidefrom Pueraria lobata (Willd.) Ohwi root [J]. International Journal of Biological Macromolecules, 154: 1556－1564.

Doulberis M, Kotronis G, Gialamprinou D, et al, 2012. Non－alcoholic fatty liver disease: an update with special focus on the role of gut microbiota [J]. Metabolism, 71: 182－197.

Du J, Shen L, Tan Z, et al, 2018. Betaine supplementation enhances lipid metabolism and improves insulin resistance in mice fed a high－fat diet [J]. Nutrients, 10 (2): 131－142.

Du Y, Wang X, Jiao Y, et al, 2019. Importin 8 is involved in human periodontitis by the NF－κB pathway [J]. International Journal of Clinical and Experimental Pathology, 12 (3): 711－716.

Duan X, Lan Y, Zhang X, et al, 2020. Lycium barbarum polysaccharides promote maturity of murine dendritic cells through Toll－like receptor 4－Erk1/2－blimpl signaling pathway [J]. Journal of Immunology Research, 2020: 1751793.

Ebihara T, Matsumoto H, Matsubara T, et al, 2022. Cytokine elevation in severe COVID－19 from longitudinal proteomics analysis: comparison with sepsis [J]. Frontiers in Immunology, 12: 798338.

Edgar R C, 2004. MUSCLE: multiple sequence alignment with high accuracy and high throughput [J]. Nucleic Acids Research, 32 (5): 1792－1797.

Edgar R C, 2013. UPARSE: highly accurate OTU sequences from microbial amplicon reads [J]. Nature methods, 10 (10): 996－998.

Ezhumalai M, Radhiga T, Pugalendi K V, 2014. Antihyperglycemic effect of carvacrol in combination with rosiglitazone in high－fat diet－induced type 2diabetic C57BL/6J mice [J]. Molecular and Cellular Biochemistry, 385 (1/2): 23－31.

Fan Y, Gao Y, Ma Q, et al, 2022. Multi－omics analysis reveals aberrant gut－metabolome－immune network in schizophrenia [J]. Frontiers in Immunology, 13: 812293.

Fang Y L, Chen H, Wang C L, et al, 2018. Pathogenesis of non－alcoholic fatty liver disease in children and adolescence: From "two hit theory" to "multiple hit model" [J]. World Journal of Gastroenterology, 24 (27): 2974－2983.

Fatima N, Baqri S S R, Bhattacharya A, et al, 2021. Role of flavonoids as epigenetic modulators in cancer prevention and therapy [J]. Frontiers in Genetics, 12: 758733.

Feghali C A, Wright T M, 1997. Cytokines in acute and chronic inflammation [J]. Frontiers in Bioscience－Landmark, 2: 12－26.

Ferramosca A, Zara V, 2014. Modulation of hepatic steatosis by dietary fatty acids [J]. World Journal of Gastroenterology, 20 (7): 1746-1755.

Fidan O, Zhan J, 2019. Discovery and engineering of an endophytic Pseudomonas strain from Taxus chinensis for efficient production of zeaxanthin diglucoside [J]. Journal of Biological Engineering, 13: 66.

Frias D P, Gomes R L N, Yoshizaki K, et al, 2020. Nrf2 positively regulates autophagy antioxidant response in human bronchial epithelial cells exposed to diesel exhaust particles [J]. Scientific Reports, 10 (1): 3704.

Gagné B, Tremblay N, Park A Y, et al, 2017. Importin β1targeting by hepatitis C virus NS3/4A protein restricts IRF3 and NF-κB signaling of IFNB1 antiviral response [J]. Traffic, 18 (6): 362-377.

Gallagher K A, Fenical W, Jensen P R, 2010. Hybrid isoprenoid secondary metabolite production in terrestrial and marine actinomycetes [J]. Current Opinion in Biotechnology, 21 (6): 794-800.

Gao J P, Xu W, Liu W T, et al, 2018. Tumor heterogeneity of gastric cancer: From the perspective of tumor-initiating cell [J]. World Journal of Gastroenterology, 24 (24): 2567-2581.

Gelderblom M, Leypoldt F, Lewerenz J, et al, 2012. The flavonoid fisetin attenuates postischemic immune cell infiltration, activation and infarct size after transient cerebral middle artery occlusion in mice [J]. Journal of Cerebral Blood Flow and Metabolism, 32 (5): 835-843.

Genilloud O, 2017. Actinomycetes: still a source of novel antibiotics [J]. Natural Product Reports, 34 (10): 1203-1232.

Ghasemian M, Owlia S, Owlia M B, 2016. Review of anti-inflammatory herbal medicines [J]. Advances in Pharmacological Sciences, 2016: 9130979.

Gilmore T D, Herscovitch M, 2006. Inhibitors of NF-kappaB signaling: 785 and counting [J]. Oncogene, 25 (51): 6887-6899.

Gkolfakis P, Dimitriadis G, Triantafyllou K, 2015. Gut microbiota and non-alcoholic fatty liver disease. Hepatobiliary & Pancreatic Diseases International, 14 (6): 572-581.

Golabi P, Paik J M, AlQahtani S, et al, 2021. Burden of non-alcoholic fatty liver disease in Asia, the Middle East and North Africa: data from Global Burden of disease 2009—2019 [J]. Journal of Hepatology, 75 (4): 795-809.

Gong A D, Li H P, Shen L, et al, 2015. The Shewanella algae strain YM8 produces volatiles with strong inhibition activity against Aspergillus pathogens and aflatoxins [J]. Frontiers in Microbiology, 6: 1091.

Gong T, Zhen X, Li X L, et al, 2018. Tetrocarcin Q, a new spirotetronate with a unique glycosyl group from a marine-derived actinomycete micromonospora carbonacea LS276 [J]. Marine Drugs, 16 (2): 74.

Gonzalez-Donquiles C, Alonso-Molero J, Fernandez-Villa T, et al, 2017. The Nrf2transcription factor plays a dual role in colorectal cancer: a systematic review [J]. PloS One, 12 (5): e0177549.

Greten F R, Eckmann L, Greten T F, et al, 2004. IKK beta links inflam - mation and tumorigenesis in a mouse model of colitis - associated cancer [J]. Cell, 118 (3): 285 - 296.

Guo L, Bai S P, Zhao L, et al, 2012. Astragalus polysaccharide injection integrated with vinorelbine and cisplatin for patients with advanced non - small cell lung cancer: effects on quality of life and survival [J]. Medical Oncology, 29 (3): 1656 - 1662.

Guo N, Gai Q Y, Jiao J, et al, 2016. Antibacterial activity of Fructus forsythia essential oil and the application of EO - loaded nanoparticles to food - borne pathogens [J]. Foods, 5 (4): E73.

Guo W L, Guo J B, Liu B Y, et al, 2020. Ganoderic acid A from Ganoderma lucidum ameliorates lipid metabolism and alters gut microbiota composition in hyperlipidemic mice fed a high - fat diet [J]. Food & Function, 11 (8): 6818 - 6833.

Guo Y, Zhang Z, Wang Z, et al, 2020. Astragalus polysaccharides inhibit ovarian cancer cell growth via microRNA - 27a/FBXW7 signaling pathway [J]. Bioscience Reports, 40 (3): BSR20193396.

Haas B J, Gevers D, Earl A M, et al, 2011. Chimeric 16s rRNA sequence formation and detection in Sanger and 454 - pyrosequenced PCR amplicons [J]. Genome Research, 21 (3): 494 - 504.

Haefner B, 2002. NF - kappa B: arresting a major culprit in cancer [J]. Drug Discovery Today, 7 (12): 653 - 663.

Han N, Geng W J, Li J, et al, 2022. Transcription level differences in Taxus wallichiana var. mairei elicited by $Ce3^{+}$, $Ce4^{+}$and methyl jasmonate [J]. Frontiers in Plant Science, 13: 1040596.

Han X X, Cui C B, Gu Q Q, et al, 2005. ZHD - 0501, a novel naturally occurring staurosporine analog from *Actinomadura* sp. 007 [J]. Tetrahedron Letters, 46 (36): 6137 - 6140.

Han X, Liu Z, Zhang Z, et al, 2017. Geranylpyrrol A and Piericidin F from *Streptomyces* sp. CHQ - 64 ΔrdmF [J]. Journal of Natural Products, 80 (5): 1684 - 1687.

Han Y, Tian E, Xu D, et al, 2016. Halichoblelide D, a new elaiophylin derivative with potent cytotoxic activity from mangrove - derived *Streptomyces* sp. 219807 [J]. Molecules, 21: 970 - 976.

Heng L, Vincken J P, Koningsveld G A V, et al, 2010. Bitterness of saponins and their content in dry peas [J]. Journal of the Science of Food & Agriculture, 86 (8): 1225 - 1231.

Hou C, Chen L, Yang L, et al, 2020. An insight into anti - inflammatory effects of natural polysaccharides [J]. International Journal of Biological Macromolecules, 153: 248 - 255.

Hu J, Li P, Shi B, et al, 2021. Effects and mechanisms of saikosaponin D improving the sensitivity of human gastric cancer cells to cisplatin [J]. ACS Omega, 6 (29): 18745 - 18755.

Hu J, Li P, Shi B, et al, 2021. Importin β1mediates nuclear import of the factors associated with nonsense - mediated RNA decay [J]. Biochemical and Biophysical Research Communications, 542: 34 - 39.

Huang C Y, Ho C H, Lin C J, et al, 2010. Exposure effect of fungicide kasugamycin on bacterial community in natural river sediment [J]. Journal of Environmental Science and Health Part B, 45 (5): 485-491.

Huang C, Lin Y, Su H, et al, 2015. Forsythiaside protects against hydrogen peroxide - induced oxidative stress and apoptosis in PC12 cell [J]. Neurochemical Research, 40 (1): 27-35.

Huang L, Ao Q L, Li F, et al, 2005. Impact of hypoxia on taxol - induced apoptosis in human ovarian cancer cell line A2780 and its mechanism [J]. Ai Zheng, 24 (4): 408-413.

Huang T, Song C, Zheng L, et al, 2019. The roles of extracellular vesicles in gastric cancer development, microenvironment, anti - cancer drug resistance, and therapy [J]. Molecular Cancer, 18 (1): 62.

Huang W H, Liao W R, Sun R X, 2016. Astragalus polysaccharide induces the apoptosis of human hepatocellular carcinoma cells by decreasing the expression of notch1 [J]. International Journal of Molecular Medicine, 38 (2): 551-557.

Huang X Q, Chen W F, Yan C S, et al, 2019. Gypenosides improve the intestinal microbiota of nonalcoholic fatty liver in mice and alleviate its progression [J]. Biomedicine & Pharmacotherapy, 118: 109258.

Hussain A, Kumar A, Uttam V, et al, 2023. Application of curcumin nanoformulations to target folic acid receptor in cancer: Recent trends and advances [J]. Environmental Research, 233: 116476.

Hwang B K, Lee J Y, Kim B S, et al, 1996. Isolation, structure elucidation, and antifungal activity of a Manumycin - type antibiotic from *Streptomyces flaveus* [J]. Journal of Agricultural and Food Chemistry, 44: 3653-3657.

Iizumi T, Battaglia T, Ruiz V, et al, 2017. Gut microbiome and antibiotics [J]. Arch Med Res, 48: 727-734.

Jakobsson H E, Rodríguez - Piñeiro A M, Schütte A, et al, 2015. The composition of the gut microbiota shapes the colon mucus barrier [J]. EMBO Rep, 16 (2): 164-177.

Janso J E, Carter G T, 2010. Biosynthetic potential of phylogenetically unique endophytic actinomycetes from tropical plants [J]. Applied and Environmental Microbiology, 76 (13): 4377-4386.

Jasek K, Kubatka P, Samec M, et al, 2019. DNA methylation status in cancer disease: modulations by plant - derived natural compounds and dietary interventions [J]. Biomolecules, 9 (7): 289.

Jeong S Y, Shin H J, Kim T S, et al, 2006. Streptokordin, a new cytotoxic compound of the methylpyridine class from a marine - derived *Streptomyces* sp. KORDI - 3238 [J]. Journal of Antibiotics, 59 (4): 234-240.

Jia G, Shao X, Zhao R, et al, 2021. Portulaca oleracea L. polysaccharides enhance the immune efficacy of dendritic cell vaccine for breast cancer [J]. Food & Function, 12 (9): 4046-4059.

Jia L Q, Ju X, Ma Y X, et al, 2021. Comprehensive multiomics analysis of the effect of ginsenoside Rb1 on hyperlipidemia [J]. Aging, 13 (7): 9732 - 9747.

Jiang C, Zhang J, Xie H, et al, 2022. Baicalein suppresses lipopolysaccharide - induced acute lung injury by regulating Drp1 - dependent mitochondrial fission of macrophages [J]. Biomedicine & Pharmacotherapy, 145: 112408.

Jiang Y Y, Wang L, Zhang L, et al, 2014. Characterization, antioxidant and antitumor activities of polysaccharides from Salvia miltiorrhiza Bunge [J]. International Journal of Biological Macromolecules, 70: 92 - 99.

Jiao X, Pei X, Lu D, et al, 2021. Microbial reconstitution improves aging - driven lacrimal gland circadian dysfunction [J]. American Journal of Pathology, 191 (12): 2091 - 2116.

Jing Y, Zhang S, Li M, et al, 2022. Structural characterization and biological activities of polysaccharide iron complex synthesized by plant polysaccharides: a review [J]. Frontiers in Nutrition, 9: 1013067.

Jo J K, Seo S H, Park S E, et al, 2021. Gut microbiome and metabolome profiles associated with high - fat diet in mice [J]. Metabolites, 11 (8): 482.

John de Oliveira Melo A, Heimarth L, Maria Dos Santos Carvalho A, et al, 2020. Eplingiella fruticosa (*Lamiaceae*) essential oil complexed with β - cyclodextrin improves its anti - hyperalgesic effect in a chronic widespread non - inflammatory muscle pain animal model [J]. Food and Chemical Toxicology, 135: 110940.

Johnson R K, Ovejera A A, Goldin A, 1976. Activity of anthracyclines against an adriamycin (NSC - 123127) - resistant subline of P388 leukemia with special emphasis on cinerubin A (NSC - 18334) [J]. Cancer Treatment Reports, 60 (1): 99 - 102.

Kahroba H, Shirmohamadi M, Hejazi M S, et al, 2019. The role of Nrf2 signaling in cancer stem cells: from stemness and self - renewal to tumorigenesis and chemoresistance [J]. Life Sciences, 239: 116986.

Katsiki N, Mikhailidis D P, Mantzoros C S, 2016. Non - alcoholic fatty liver disease and dyslipidemia: an update [J]. Metabolism, 65 (8): 1109 - 1123.

Khan M A, Jones I, Loza - Reyes E, et al, 2012. Interference in foraging behaviour of European and American house dust mites Dermatophagoides pteronyssinus and Dermatophagoides farinae (Acari: Pyroglyphidae) by catmint, Nepeta cataria (*Lamiaceae*) [J]. Experimental & Applied Acarology, 57 (1): 65 - 74.

Kharwar R N, Mishra A, Gond S K, et al, 2011. Anticancer compounds derived from fungal endophytes: their importance and future challenges [J]. Natural Product Reports, 28 (7): 1208 - 1228.

Khosravi A R, Erle D J, 2016. Chitin - induced airway epithelial cell innate immune responses are inhibited by carvacrol/ thymol [J]. PloS One, 11 (7): e0159459.

Kim D G, Moon K, Kim S H, et al, 2012. Bahamaolides A and B, antifungal polyene polyol macrolides from the marine actinomycete *Streptomyces* sp. [J]. Journal of Natural Products, 75 (5): 959 - 967.

Kim J, Kundu M, Viollet B, et al, 2011. AMPK and mTOR regulate autophagy through direct phosphorylation of Ulk1 [J]. Nature Cell Biology, 13 (2): 132 - 141.

Kim K Y, Jang H H, Lee S N, et al, 2018. Effects of the myrtle essential oil on the acne skin - clinical trials for Korean women [J]. Biomedical Dermatology, 2: 28.

Kimata M, Shichijo M, Miura T, et al, 2000. Effects of luteolin, quercetin and baicalein on immunoglobulin E - mediated mediator release from human cultured mast cells [J]. Clinical and experimental allergy, 30 (4): 501 - 508.

Kimmelman A C, 2011. The dynamic nature of autophagy in cancer [J]. Genes & Development, 25 (19): 1999 - 2010.

Kleiner D E, Brunt E M, Van Natta M, et al, 2005. Design and validation of a histological scoring system for nonalcoholic fatty liver disease [J]. Hepatology, 41 (6): 1313 - 1321.

Ko K, Lee S H, Kim S H, et al, 2014. Lajollamycins, nitro group - bearing spiro - β - lactone - γ - lactams obtained from a marine - derived *Streptomyces* sp. [J]. Journal of Natural Products, 77 (9): 2099 - 2104.

Kobayashi K, Fukuda T, Usui T, et al, 2015. Bafilomycin L, a new inhibitor of cholesteryl ester synthesis in mammalian cells, produced by marine - derived *Streptomyces* sp. OPMA00072 [J]. Journal of Antibiotics, 68 (2): 126 - 132.

Koeberle A, Werz O, 2014. Multi - target approach for natural products in inflammation [J]. Drug Discovery Today, 19 (12): 1871 - 1882.

Kong L D, Tan R X, Woo A Y, et al, 2001. Inhibition of rat brain monoamine oxidase activities by psoralen and isopsoralen: implications for the treatment of affective disorders [J]. Pharmacology & Toxicology, 88 (2): 75.

Kong Q, Zhai C, Guan B, et al, 2012. Mathematic modeling for optimum conditions on aflatoxin B_1 degradation by the aerobic bacterium Rhodococcus erythropolis [J]. Toxins (Basel), 4 (11): 1181 - 1195.

Kong Y, Hu Y, Li J, et al, 2022. Anti - inflammatory effect of a novel pectin polysaccharide from Rubus chingii Hu on colitis mice [J]. Frontiers in Nutrition, 9: 868657.

Kuboyama T, Hirotsu K, Arai T, et al, 2017. Polygalae radix extract prevents axonal degeneration and memory deficits in a transgenic mouse model of Alzheimer's disease [J]. Frontiers in Pharmacology, 8: 805.

Kumar S S, Philip R, Achuthankutty C T, 2006. Antiviral property of marine actinomycetes against white spot syndrome virus in penaeid shrimps [J]. Current Science, 91 (6): 807 - 811.

L Kiss A, 2022. Inflammation in Focus: the beginning and the end [J]. Pathology & Oncology

Research, 27: 1610136.

Lai Z, Yu J, Ling H, et al, 2018. Grincamycins I - K, cytotoxic angucycline glycosides derived from marine - derived actinomycete *Streptomyces* lusitanus SCSIO LR32 [J]. Planta Medica, 84 (3): 201 - 207.

Lakshmi S G, Kamaraj M, Nithya T G, et al, 2023. Network pharmacology integrated with molecular docking reveals the anticancer mechanism of Jasminum sambac Linn. essential oil against human breast cancer and experimental validation by in vitro and in vivo studies [J]. Applied Biochemistry and Biotechnology, doi: 10.1007/s12010 - 023 - 04481 - 2.

Lambertz J, Weiskirchen S, Landert S, et al, 2017. Fructose: a dietary sugar in crosstalk with microbiota contributing to the development and progression of non - alcoholic liver disease [J]. Frontiers in Immunology, 8: 1159.

Lane A L, Nam S J, Fukuda T, et al, 2013. Structures and comparative characterization of biosynthetic gene clusters for cyanosporasides, enediyne - derived natural products from marine actinomycetes [J]. Journal of the American Chemical Society, 135 (11): 4171 - 4174.

Lankapalli A R, Kannabiran K, 2013. Interaction of marine *Streptomyces* compounds with selected cancer drug target proteins by in silico molecular docking studies [J]. Interdisciplinary Sciences, 5 (1): 37 - 44.

Law B Y, Mo J F, Wong V K, 2014. Autophagic effects of Chaihu dried roots of Bupleurum Chinense DC or Bupleurum scorzoneraefolium WILD [J]. Chinese Medicine, 9: 21.

Lazăr D C, Tăban S, Cornianu M, et al, 2016. New advances in targeted gastric cancer treatment [J]. World Journal of Gastroenterology, 22 (30): 6776 - 6799.

Le H H, Lee M T, Besler K R, et al, 2022. Host hepatic metabolism is modulated by gut microbiota - derived sphingolipids [J]. Cell Host Microbe, 30 (6): 798 - 808.

Le Roy T, Llopis M, Lepage P, et al, 2013. Intestinal microbiota determines development of non - alcoholic fatty liver disease in mice [J]. Gut, 62 (12): 1787 - 1794.

Lee I A, Low D, Kamba A, et al, 2014. Oral caffeine administration ameliorates acute colitis by suppressing chitinase 3 - like 1 expression in intestinal epithelial cells [J]. Journal of Gastroenterology, 49 (8): 1206 - 1216.

Lee S L, Tu S C, Hsu M Y, et al, 2021. Diosgenin prevents microglial activation and protects dopaminergic neurons from lipopolysaccharide - induced neural damage in vitro and in vivo [J]. International Journal of Molecular Sciences, 22 (19): 10361.

Lee W, Lee S Y, Son Y J, et al, 2015. Gallic acid decreases inflammatory cytokine secretion through histone acetyltransferase/histone deacetylase regulation in high glucose - induced human monocytes [J]. Journal of Medicinal Food, 18: 793 - 801.

Li A, Piel J, 2002. A gene cluster from a marine *Streptomyces* encoding the biosynthesis of the aromatic spiroketal polyketide griseorhodin A [J]. Chemistry & Biology, 9 (9): 1017 - 1026.

Li C, Cao J, Nie S P, et al, 2018. Serum metabolomics analysis for biomarker of *Lactobacillus* plantarum NCU116 on hyperlipidaemic rat model feed by high fat diet [J]. Journal of Functional Foods, 42: 171 - 176.

Li D Q, Zhou L, Wang D, et al, 2016. Neuroprotective oleanane triterpenes from the roots of Bupleurum Chinense [J]. Bioorganic & Medicinal Chemistry Letters, 26 (6): 1594 - 1598.

Li H, Fang Q, Nie Q, et al, 2020. Hypoglycemic and hypolipidemic mechanism of tea polysaccharides on type 2 diabetic rats via gut microbiota and metabolism alteration [J]. Journal of Agricultural and Food Chemistry, 68 (37): 10015 - 10028.

Li J Y, Strobel G, Sidhu R, et al, 1996. Endophytic taxol - producing fungi from bald cypress, Taxodium distichum [J]. Microbiology, 142: 2223 - 2226.

Li J, Lu C H, Zhao B B, et al, 2008. Phaeochromycins F - H, three new polyketide metabolites from *Streptomyces* sp. DSS - 18 [J]. Beilstein Journal of Organic Chemistry, 4: 46.

Li L, Thakur K, Cao Y Y, et al, 2020. Anticancerous potential of polysaccharides sequentially extracted from Polygonatum cyrtonema Hua in Human cervical cancer HeLa cells [J]. International Journal of Biological Macromolecules, 148: 843 - 850.

Li Q, Chen Z, Xu Z, et al, 2019. Binding of the polysaccharide from Acanthopanax giraldii Harms to toll - like receptor 4 activates macrophages [J]. Journal of Ethnopharmacology, 241: 112011.

Li Q, Zhang P, Cai Y, 2021. Genkwanin suppresses MPP^+ - induced cytotoxicity by inhibiting TLR4/MyD88/NLRP3 inflammasome pathway in a cellular model of Parkinson' s disease [J]. Neurotoxicology, 87: 62 - 69.

Li S, Qi Y, Chen L, et al, 2019. Effects of Panax ginseng polysaccharides on the gut microbiota in mice with antibiotic - associated diarrhea [J]. International Journal of Biological Macromolecules, 124: 931 - 937.

Li W, Guo S, Xu D, et al, 2018. Polysaccharide of Atractylodes macrocephala Koidz (PAMK) relieves immunosuppression in cyclophosphamide - treated geese by maintaining a humoral and cellular immune balance [J]. Molecules, 23 (4): 932.

Li X, He S, Ma B, 2020. Autophagy and autophagy - related proteins in cancer [J]. Molecular cancer, 19 (1): 12.

Li X, Li X, Huang N, et al, 2018. A comprehensive review and perspectives on pharmacology and toxicology of saikosaponins [J]. Phytomedicine, 50: 73 - 87.

Li Y, Fan L, Sun Y, et al, 2014. Paris saponin Ⅶ from trillium tschonoskii reverses multidrug resistance of adriamycinresistant MCF - 7/ADR cells via P - glycoprotein inhibition and apoptosis augmentation [J]. Journal of Ethnopharmacology, 154 (3): 728 - 734.

Li Y, Yang J, Zhou X, et al, 2015. Isolation and identification of a 10 - deacetyl baccatin - Ⅲ - producing endophyte from Taxus wallichiana [J]. Applied Biochemistry and Biotechnology, 175 (4): 2224 - 2231.

Li Z K, Ye X F, Chen P L, et al, 2017. Antifungal potential of *Corallococcus* sp. strain EGB against plant pathogenic fungi [J]. Biological Control, 110: 10 - 17.

Liao S, Han L, Zheng X, et al, 2019. Tanshinol borneol ester, a novel synthetic small molecule angiogenesis stimulator inspired by botanical formulations for angina pectoris [J]. British Journal of Pharmacology, 176 (17): 3143 - 3160.

Lin W, Ye W, Cai L, et al, 2009. The roles of multiple importins for nuclear import of murine aristaless - related homeobox protein [J]. Journal of Biological Chemistry, 284 (30): 20428 - 20439.

Lin Y, Shi R, Wang X, et al, 2008. Luteolin, a flavonoid with potential for cancer prevention and therapy [J]. Current Cancer Drug Targets, 8: 634 - 646.

Liu B, Ding L, Zhang L, et al, 2019. Baicalein induces autophagy and apoptosis through AMPK pathway in human glioma cells [J]. American journal of Chinese medicine, 47 (6): 1405 - 1418.

Liu B, Li J, Chen M, et al, 2018. Seco - tetracenomycins from the marine - derived actinomycete *Saccharothrix* sp. 10 - 10 [J]. Marine Drugs, 16: 245.

Liu C, Chen J, Li E, et al, 2015. The comparison of antioxidative and hepatoprotective activities of Codonopsis pilosula polysaccharide (CP) and sulfated CP [J]. International Immunopharmacology, 24 (2): 299 - 305.

Liu J, Wang X, Pu H, et al, 2017. Recent advances in endophytic exopolysaccharides: production, structural characterization, physiological role and biological activity [J]. Carbohydrate Polymers, 157: 1113 - 1124.

Liu L, Jia J, Zeng G, et al, 2013. Studies on immunoregulatory and anti - tumor activities of a polysaccharide from Salvia miltiorrhiza Bunge [J]. Carbohydrate Polymers, 92 (1): 479 - 483.

Liu T, Luo J, Bi G, et al, 2020. Antibacterial synergy between linezolid and baicalein against methicillin - resistant Staphylococcus aureus biofilm in vivo [J]. Microb Pathog, 147: 104411.

Liu W, Feng Y, Yu S, et al, 2021. The flavonoid biosynthesis network in plants [J]. International Journal of Molecular Sciences, 22 (23): 12824.

Liu X, Yang Y, Zhang X, et al, 2010. Compound astragalus and salvia miltiorrhiza extract inhibits cell invasion by modulating transforming growth factor - beta/smad in HepG2 cell [J]. Journal of Gastroenterology and Hepatology, 25 (2): 420 - 426.

Liu Y, Huang G L, 2019. Extraction and derivatisation of active polysaccharides [J]. Journal of Enzyme Inhibition and Medicinal Chemistry, 34 (1): 1690 - 1696.

Liu Y, Li Q, Wang H, et al, 2019. Fish oil alleviates circadian bile composition dysregulation in male mice with NAFLD [J]. Journal of Nutritional Biochemistry, 69: 53 - 62.

Liu Y, Shi C, He Z, et al, 2021. Inhibition of PI3K/AKT signaling via ROS regulation is involved in Rhein - induced apoptosis and enhancement of oxaliplatin sensitivity in pancreatic cancer cells [J]. International Journal of Biological Sciences, 17 (2): 589 - 602.

Lombard M J, 2014. Mycotoxin exposure and infant and young child growth in Africa: what do we know [J]. Annals of Nutrition and Metabolism, 2: 42 - 52.

Lordick F, Allum W, Carneiro F, et al, 2014. Unmet needs and challenges in gastric cancer: the way forward [J]. Cancer Treatment Reviews, 40 (6): 692 - 700.

Lotfi N, Yousefi Z, Golabi M, et al, 2023. The potential anti - cancer effects of quercetin on blood, prostate and lung cancers: an update [J]. Frontiers in Immunology, 14: 1077531.

Lou J S, Bi W C, Chan G K L, et al, 2017. Ginkgetin induces autophagic cell death through p62/SQSTM1 - mediated autolysosome formation and redox setting in non - small cell lung cancer [J]. Oncotarget, 8 (54): 93131 - 93148.

Lu P, Liu J, Pang X, 2015. Pravastatin inhibits fibrinogen - and FDP - induced inflammatory response via reducing the production of IL - 6, TNF - α and iNOS in vascular smooth muscle cells [J]. Molecular Medicine Reports, 12 (4): 6145 - 6151.

Lu W D, Li A X, Guo Q L, 2014. Production of novel alkalitolerant and thermostable inulinase from marine actinomycete *Nocardiopsis* sp. DN - K15 and inulin hydrolysis by the enzyme [J]. Annals of Microbiology, 2 (64): 441 - 449.

Lu Y T, Gunathilake M, Lee J, et al, 2022. Coffee consumption and its interaction with the genetic variant AhR rs2066853 in colorectal cancer risk: a case - control study in Korea [J]. Carcinogenesis, 43: 203 - 216.

Luo J, Kong J L, Dong B Y, et al, 2016. Baicalein attenuates the quorum sensing - controlled virulence factors of Pseudomonas aeruginosa and relieves the inflammatory response in P. aeruginosa - infected macrophages by downregulating the MAPK and NFκB signal - transduction pathways [J]. Drug Design, Development and Therapy, 10: 183 - 203.

Luo Z, Xu W, Zhang Y, et al, 2020. A review of saponin intervention in metabolic syndrome suggests further study on intestinal microbiota [J]. Pharmacological Research, 160: 105088.

Ma L, Jiao K, Luo L, et al, 2019. Characterization and macrophage immunomodulatory activity of two polysaccharides from the flowers of Paeonia suffruticosa Andr [J]. International Journal of Biological Macromolecules, 124: 955 - 962.

Majumdar A, Verbeek J, Tsochatzis E A, 2021. Non - alcoholic fatty liver disease: current therapeutic options [J]. Current Opinion in Pharmacology, 61: 98 - 105.

Makola R T, Kgaladi J, More G K, et al, 2021. Lithium inhibits NF - κB nuclear translocation and modulate inflammation profiles in Rift valley fever virus - infected Raw 264. 7macrophages [J]. Virology Journal, 18 (1): 116.

Mansoori B, Mohammadi A, Davudian S, et al, 2017. The different mechanisms of cancer drug resistance: a brief review [J]. Advanced Pharmaceutical Bulletin, 7 (3): 339 - 348.

Martin M, 2011. Cutadapt removes adapter sequences from high - throughput sequencing reads [J]. Embnet Journal, 17 (1): 10 - 12.

Martínez - Coria H, Arrieta - Cruz I, Gutiérrez - Juárez R, et al, 2023. Anti - inflammatory effects of flavonoids in common neurological disorders associated with aging [J]. International Journal of Molecular Sciences, 24 (5): 4297.

Maskey R, Kock I, Helmke E, et al, 2003. Isolation and structure determination of phenazostatin D, a new phenazine from a marine actinomycete isolate *Pseudonocardia* sp. B6273 [J]. Zeitschrift für Naturforschung B, 58b (7): 692 - 694.

Mattson M P, Meffert M K, 2006. Roles for NF - kappaB in nerve cell survival, plasticity, and disease [J]. Cell Death and Differentiation, 13 (5): 852 - 860.

Medzhitov R, 2008. Origin and physiological roles of inflammation [J]. Nature, 454 (7203): 428 - 435.

Membrez M, Blancher F, Jaquet M, et al, 2008. Gut microbiota modulation with norfloxacin and ampicillin enhances glucose tolerance in mice [J]. FASEB Journal, 22 (7): 2416 - 2426.

Menezes P M N, Brito M C, de Paiva G O, et al, 2018. Relaxant effect of Lippia origanoides essential oil in guinea - pig trachea smooth muscle involves potassium channels and soluble guanylyl cyclase [J]. Journal of Ethnopharmacology, 220: 16 - 25.

Mengistu A A, 2020. Endophytes: colonization, behaviour, and their role in defense mechanism [J]. International Journal of Microbiology, 20: 6927219.

Mishra S, Priyanka, Sharma S, 2022. Metabolomic insights into endophyte - derived bioactive compounds [J]. Frontiers in Microbiology, 13: 835931.

Montalvão M M, Felix F B, Propheta Dos Santos E W, et al, 2023. Cytotoxic activity of essential oil from Leaves of Myrcia splendens against A549Lung Cancer cells [J]. BMC Complementary Medicine and Therapies, 23 (1): 139.

Mouries J, Brescia P, Silvestri A, et al, 2019. Microbiota - driven gut vascular barrier disruption is a prerequisite for non - alcoholic steatohepatitis development [J]. J Hepatol, 71 (6): 1216 - 1228.

Mousa W K, Raizada M N, 2013. The diversity of anti - microbial secondary metabolites produced by fungal endophytes: an interdisciplinary perspective [J]. Frontiers in Microbiology, 4: 65.

Mousavi S, Moradi M, Khorshidahmad T, et al, 2015. Anti - inflammatory effects of heparin and its derivatives: a systematic review [J]. Advances in Pharmacological Sciences, 15: 507151.

Mu J, Liu T, Jiang L, et al, 2016. The traditional Chinese medicine baicalein potently inhibits gastric cancer cells [J]. Journal of Cancer, 7 (4): 453 - 461.

Musso G, Gambino R, Cassader M, 2013. Cholesterol metabolism and the pathogenesis of non - alcoholic steatohepatitis [J]. Progress in Lipid Research, 52 (1): 175 - 191.

Navarrete A, Ávila - Rosas N, Majín - León M, et al, 2017. Mechanism of action of relaxant effect of Agastache mexicana ssp. mexicana essential oil in guinea - pig trachea smooth muscle [J]. Pharmaceutical Biology, 55 (1): 96 - 100.

Nemoto A, Tanaka Y, Karasaki Y, et al, 1997. Brasiliquinones A, B and C, new benz [α] anthraquinone antibiotics from Nocardia brasiliensis. I. Producing strain, isolation and biological activities of the antibiotics [J]. Journal of Antibiotics，50：18－21.

Palem P P，Kuriakose G C，Jayabaskaran C，2015. An endophytic fungus，Talaromyces radicus，isolated from Catharanthus roseus，produces vincristine and vinblastine，which induce apoptotic cell death [J]. PLoS One，10：e0144476.

Panasevich M R，Peppler W T，Oerther D B，et al，2017. Microbiome and NAFLD：potential influence of aerobic fitness and lifestyle modification [J]. Physiological Genomics，49 (8)：385－399.

Pande V，2001. Antioxidant activity of rhamnazin－4′－O－beta－[apiosyl (1—>2)] glucoside in the brain of aged rats [J]. Pharmazie，56 (9)：749－750.

Pande V，Shukla P K，2001. Rhamnazin－4′－O－beta－[apiosyl (1—>2)] glucoside as a means of antioxidative defense against tetrachloromethane induced hepatotoxicity in rats [J]. Pharmazie，56 (5)：427－428.

Parséus A，Sommer N，Sommer F，et al，2017. Microbiota－induced obesity requires farnesoid X receptor [J]. Gut，66 (3)：429－437.

Pavan K J，Ajitha G，Gothandam K，2018. Bioactivity assessment of Indian origin－mangrove Actinobacteria against Candida albicans [J]. Marine drugs，16 (2)：60.

Pavithra P S，Sreevidya N，Verma R S，2009. Antibacterial activity and chemical composition of essential oil of Pamburus missionis [J]. Journal of Ethnopharmacology，124 (1)：151－153.

Pereira R，Silva A M S，Ribeiro D，et al，2023. Bis－chalcones：a review of synthetic methodologies and anti－inflammatory effects [J]. European Journal of Medicinal Chemistry，252：115280.

Platini F，Péreztomás R，Ambrosio S，et al，2010. Understanding autophagy in cell death control [J]. Current Pharmaceutical Design，16 (1)：101－113.

Pu P，Wang X A，Salim M，et al，2012. Baicalein，a natural product，selectively activating AMPKα (2) and ameliorates metabolic disorder in diet－induced mice [J]. Molecular and Cellular Endocrinology，362 (1－2)：128－138.

Pusecker K，Laatsch H，Helmke E，et al，1997. Dihydrophencomycin methyl ester，a new phenazine derivative from a marine Streptomycete [J]. Journal of Antibiotics，50 (6)：479－483.

Qi Z，Yin F，Lu L，et al，2013. Baicalein reduces lipopolysaccharide－induced inflammation via suppressing JAK/STATs activation and ROS production [J]. Inflammation Research，62 (9)：845－855.

Qiao X，Gan M，Wang C，et al，2019. Tetracenomycin X exerts antitumour activity in lung cancer cells through the downregulation of Cyclin D1 [J]. Marine Drugs，17 (1)：63.

Qiao X，Li R，Song W，et al，2016. A targeted strategy to analyze untargeted mass spectral data：rapid chemical profiling of Scutellaria baicalensis using ultra－high performance liquid chromatography coupled with hybrid quadrupole orbitrap mass spectrometry and key ion filtering [J]. Journal of Chromatography A，1441：83－95.

Qiu H, Yang B, Pei Z C, et al, 2010. WSS25 inhibits growth of xenografted hepatocellular cancer cells in nude mice by disrupting angiogenesis via blocking bone morphogenetic protein (BMP) / Smad/Id1signaling [J]. Journal of Biological Chemistry, 285 (42): 32638 - 32646.

Quast C, Pruesse E, Yilmaz P, et al, 2012. The SILVA ribosomal RNA gene database project: improved data processing and web - based tools [J]. Nucleic Acids Research, 41: 590 - 596.

Rahman K, Desai C, Iyer S S, et al, 2016. Loss of junctional adhesion molecule a promotes severe steatohepatitis in mice on a diet high in saturated fat, fructose, and cholesterol [J]. Gastroenterology, 151 (4): 733 - 746.

Ran Y, Qie S, Gao F, et al, 2021. Baicalein ameliorates ischemic brain damage through suppressing proinflammatory microglia polarization via inhibiting the TLR4/NF - κB and STAT1 pathway [J]. Brain Research, 1770: 147626.

Raschke W C, Baird S, Ralph P, et al, 1978. Functional macrophage cell lines transformed by Abelson leukemia virus [J]. Cell, 15 (1): 261 - 267.

Razzaghi - Abyaneh M, Chang P K, Shams - Ghahfarokhi M, et al, 2014. Global health issues of aflatoxins in food and agriculture: challenges and opportunities [J]. Frontiers in Microbiology, 5: 420.

Ren J, Hou C, Shi C, et al, 2019. A polysaccharide isolated and purified from Platycladus orientalis (L.) Franco leaves, characterization, bioactivity and its regulation on macrophage polarization [J]. Carbohydrate Polymers, 213: 276 - 285.

Ren M, Zhao Y, He Z, et al, 2021. Baicalein inhibits inflammatory response and promotes osteogenic activity in periodontal ligament cells challenged with lipopolysaccharides [J]. BMC Complementary Medicine and Therapies, 21 (1): 43.

Ribeiro D, Freitas M, Tome S M, et al, 2015. Flavonoids inhibit COX - 1 and COX - 2 enzymes and cytokine/chemokine production in human whole blood [J]. Inflammation, 38: 858 - 870.

Rognes T, Flouri T, Nichols B, et al, 2016. VSEARCH: a versatile open source tool for metagenomics [J]. PeerJ, 4: e2584.

Rondina M T, Weyrich A S, Zimmerman G A, 2013. Platelets as cellular effectors of inflammation in vascular diseases [J]. Circulation Research, 112 (11): 1506 - 1519.

Roopchand D E, Carmody R N, Kuhn P, et al, 2015. Dietary polyphenols promote growth of the gut bacterium akkermansia muciniphila and attenuate high - fat diet - induced metabolic syndrome [J]. Diabetes, 64 (8): 2847 - 2858.

Ryoo J H, Suh Y J, Shin H C, et al, 2014. Clinical association between non - alcoholic fatty liver disease and the development of hypertension [J]. Journal of Gastroenterology and Hepatology, 29 (11): 1926 - 1931.

Sachan R, Kundu A, Jeon Y, et al, 2018. Afrocyclamin A, a triterpene saponin, induces apoptosis and autophagic cell death via the PI3K/Akt/mTOR pathway in human prostate cancer cells [J].

Phytomedicine, 51: 139 - 150.

Saleh A, Negm W A, El - Masry T A, et al, 2023. Anti - inflammatory potential of Penicillium brefeldianum endophytic fungus supported with phytochemical profiling [J]. Microbial Cell Factories, 22 (1): 83.

Salvoza N, Giraudi P J, Tiribelli C, et al, 2022. Natural compounds for counteracting nonalcoholic fatty liver disease (NAFLD): advantages and limitations of the suggested candidates [J]. International Journal of Molecular Sciences, 23 (5): 2764.

Salwan R, Rana A, Saini R, et al, 2023. Diversity analysis of endophytes with antimicrobial and antioxidant potential from Viola odorata: an endemic plant species of the Himalayas [J]. Brazilian Journal of Microbiology, 10: 1007/s42770 - 023 - 01010 - 5.

Samec M, Liskova A, Koklesova L, et al, 2019. Fluctuations of histone chemical modifications in breast, prostate, and colorectal cancer: an implication of phytochemicals as defenders of chromatin equilibrium [J]. Biomolecules, 9 (12): 829.

Samec M, Liskova A, Kubatka P, et al, 2019. The role of dietary phytochemicals in the carcinogenesis via the modulation of miRNA expression [J]. Journal of Cancer Research and Clinical Oncology, 145 (7): 1665 - 1679.

Sato S, Iwata F, Yamada S, et al, 2012. Neomaclafungins A - I: oligomycin - class macrolides from a marine - derived actinomycete [J]. Journal of Natural Products, 75 (11): 1974 - 1982.

Schumacher R W, Talmage S C, Miller S A, et al, 2003. Isolation and structure determination of an antimicrobial ester from a marine sediment - derived bacterium [J]. Journal of Natural Products, 66 (9): 1291 - 1293.

Sepp E, Smidt I, Rööp T, et al, 2022. Comparative analysis of gut microbiota in centenarians and young people: impact of eating habits and childhood living environment [J]. Front Cell Infect Microbiol, 12: 228.

Shao Z H, Vanden Hoek T L, Qin Y, et al, 2023. Baicalein attenuates oxidant stress in cardiomyocytes [J]. American Journal of Physiology Heart and Circulatory Physiology, 282 (3): 999 - 1006.

Shavva V S, Mogilenko D A, Dizhe E B, et al, 2013. Hepatic nuclear factor 4α positively regulates complement C3 expression and does not interfere with TNFα - mediated stimulation of C3 expression in HepG2 cells [J]. Gene, 524 (2): 187 - 192.

Shen C J, Lin P L, Lin H C, et al, 2019. RV - 59suppresses cytoplasmic Nrf2 - mediated 5 - fluorouracil resistance and tumor growth in colorectal cancer [J]. American Journal of Cancer Research, 9 (12): 2789 - 2796.

Shen Q, Wang Y E, Palazzo A F, 2021. Crosstalk between nucleocytoplasmic trafficking and the innate immune response to viral infection [J]. Journal of Biological Chemistry, 297 (1): 100856.

Singla B, Holmdahl R, Csanyi G, 2019. Editorial: oxidants and redox signaling in inflammation

[J]. Frontiers in Immunology, 10: 545.

Sipriyadi, Masrukhin, Wibowo R H, et al, 2022. Potential antimicrobe producer of endophytic bacteria from yellow root plant originated from Enggano Island [J]. International Journal of Microbiology, 22: 6435202.

Smita S S, Raj Sammi S, Laxman T S, et al, 2017. Shatavarin IV elicits lifespan extension and alleviates Parkinsonism in Caenorhabditis elegans [J]. Free Radical Research, 51 (11 - 12): 954 - 969.

Solano F, García E, Perez D, et al, 1997. Isolation and characterization of strain MMB - 1 (CECT 4803), a novel melanogenic marine bacterium [J]. Applied and Environmental Microbiology, 63 (9): 3499 - 3506.

Song Y, Liu G, Li J, et al, 2015. Cytotoxic and antibacterial angucycline - and prodigiosin - analogues from the deep - sea derived *Streptomyces* sp. SCSIO 11594 [J]. Marine Drugs, 13 (3): 1304 - 1316.

Steel D M, Whitehead A S, 1994. The major acute phase reactants: C - reactive protein, serum amyloid P component and serum amyloid A protein [J]. Immunology Today, 15 (2): 81 - 88.

Stelma T, Leaner V D, 2017. KPNB1 - mediated nuclear import is required for motility and inflammatory transcription factor activity in cervical cancer cells [J]. Oncotarget, 8 (20): 32833 - 32847.

Stols - Gonçalves D, Hovingh G K, Nieuwdorp M, et al, 2019. NAFLD and atherosclerosis: two sides of the same dysmetabolic coin [J]. Trends in Endocrinology and Metabolism, 30 (12): 891 - 902.

Strobel G, Yang X, Sears J, et al, 1996. Taxol from Pestalotiopsis microspora, an endophytic fungus of Taxus wallachiana [J]. Microbiology, 142 (2): 435 - 440.

Ström A C, Weis K, 2001. Importin - beta - like nuclear transport receptors [J]. Genome Biology, 2 (6): REVIEWS3008.

Su P, Yang Y, Wang G, et al, 2018. Curcumin attenuates resistance to irinotecan via induction of apoptosis of cancer stem cells in chemoresistant colon cancer cells [J]. International Journal of Oncology, 53 (3): 1343 - 1353.

Sui Y, Yao H, Li S, et al, 2017. Delicaflavone induces autophagic cell death in lung cancer via Akt/mTOR/p70S6K signaling pathway [J]. Journal of Molecular Medicine, 95 (3): 311 - 322.

Sun W, Liu P, Wang T, et al, 2020. Baicalein reduces hepatic fat accumulation by activating AMPK in oleic acid - induced HepG2 cells and high - fat diet - induced non - insulin - resistant mice [J]. Food & Function, 11 (1): 711 - 721.

Sun X, Li X, Pan R, et al, 2018. Total saikosaponins of bupleurum yinchowense reduces depressive, anxiety - like behavior and increases synaptic proteins expression in chronic corticosterine - treated mice [J]. BMC Complementary and Alternative Medicine, 18 (1): 117.

Sun Y, Guo M, Feng Y, et al, 2016. Effect of ginseng polysaccharides on NK cell cytotoxicity in immunosuppressed mice [J]. Experimental and Therapeutic Medicine, 12 (6): 3773 - 3777.

Suresh R S S, Younis E M, Fredimoses M, 2020. Isolation and molecular characterization of novel *Streptomyces* sp. ACT2 from marine mangrove sediments with antidermatophytic potentials [J]. Journal of King Saud University - Science, 32 (3): 1902 - 1909.

Suthindhiran K, Sarath Babu V, Kannabiran K, et al, 2011. Anti - fish nodaviral activity of furan - 2 - yl acetate extracted from marine *Streptomyces* spp. [J]. Natural Product Research, 25 (8): 834 - 843.

Suárez - Bonnet E, Carvajal M, Méndez - Ramírez I, et al, 2013. Aflatoxin (B1, B2, G1, and G2) contamination in rice of Mexico and Spain, from local sources or imported [J]. Journal of Food Science, 78 (11): 1822 - 1829.

Taguchi K, Yamamoto M, 2017. The KEAP1 - NRF2 system in cancer [J]. Frontiers in Oncology, 7: 85.

Tan R X, Zou W X, 2001. Endophytes: a rich source of functional metabolites [J]. Natural Product Reports, 18 (4): 448 - 459.

Tang Q, Ji F, Sun W, et al, 2016. Combination of baicalein and 10 - hydroxy camptothecin exerts remarkable synergetic anti - cancer effects [J]. Phytomedicine, 23 (14): 1778 - 1786.

Tang Y, Liu J, Zhang D, et al, 2020. Cytokine storm in COVID - 19: the current evidence and treatment strategies [J]. Frontiers in Immunology, 11: 1708.

Tang Y, Zhang J, Li J, et al, 2019. Turnover of bile acids in liver, serum and caecal content by high - fat diet feeding affects hepatic steatosis in rats [J]. Biochimica Et Biophysica Acta - Molecular and Cell Biology of Lipids, 1864 (10): 1293 - 1304.

Tian B, Lu Z N, Guo X L, 2018. Regulation and role of nuclear factor - E2 - related factor 2 (Nrf2) in multidrug resistance of hepatocellular carcinoma [J]. Chemico - biological Interactions, 280: 70 - 76.

Tietze L F, Singidi R R, Gericke K M, 2007. Total synthesis of the proposed structure of the anthrapyran metabolite delta - indomycinone [J]. Chemistry, 13 (35): 9939 - 9947.

Tighe S P, Akhtar D, Iqbal U, et al, 2020. Chronic liver disease and silymarin: a biochemical and clinical review [J]. Journal of Clinical and Translational Hepatology, 8 (4): 454 - 458.

Tiwari P, Bae H, 2022. Endophytic Fungi: key insights, emerging prospects, and challenges in natural product drug discovery [J]. Microorganisms, 10 (2): 360.

Tokuhara D, 2021. Role of the gut microbiota in regulating non - alcoholic fatty liver disease in children and adolescents [J]. Frontiers in Nutrition, 8: 700058.

Torre L A, Siegel R L, Ward E M, et al, 2015. Global cancer incidence and mortality rates and trends - an update [J]. Cancer Epidemiology, Biomarkers & Prevention, 25 (1): 16 - 27.

Tsai Y J, Chen I L, Horng L Y, et al, 2002. Induction of differentiation in rat C6 glioma cells with saikosaponins [J]. Phytotherapy Research, 16 (2): 117 - 121.

Tsuda M, Nemoto A, Komaki H, et al, 1999. Nocarasins A - C and brasiliquinone D, new metabolites from the actinomycete Nocardia brasiliensis [J]. Journal of Natural Products, 62: 1640 - 1642.

Turner J R, 2009. Intestinal mucosal barrier function in health and disease [J]. Nature Reviews Immunology, 9 (11): 799 - 809.

Turner M D, Nedjai B, Hurst T, et al, 2014. Cytokines and chemokines: at the crossroads of cell signalling and inflammatory disease [J]. Biochimica ET Biophysica ACTA, 1843 (11): 2563 - 2582.

Umer S M, Shamim S, Khan K M, et al, 2023. Perplexing polyphenolics: the isolations, syntheses, reappraisals, and bioactivities of flavonoids, isoflavonoids, and neoflavonoids from 2016 to 2022 [J]. Life (Basel), 13 (3): 736.

Valliappan K, Sun W, Li Z, 2014. Marine actinobacteria associated with marine organisms and their potentials in producing pharmaceutical natural products [J]. Applied Microbiology and Biotechnology, 98 (17): 7365 - 7377.

Wang B F, Dai Z J, Wang X J, et al, 2013. Saikosaponin - d increases the radiosensitivity of smmc - 7721hepatocellular carcinoma cells by adjusting the g0/g1 and g2/m checkpoints of the cell cycle [J]. BMC Complementary and Alternative Medicine, 13: 263.

Wang C Z, Hou L, Wan J Y, et al, 2020. Ginseng berry polysaccharides on inflammation - associated colon cancer: inhibiting T - cell differentiation, promoting apoptosis, and enhancing the effects of 5 - fluorouracil [J]. Journal of Ginseng Research, 44 (2): 282 - 290.

Wang D, Cui Q, Yang Y J, et al, 2022. Application of dendritic cells in tumor immunotherapy and progress in the mechanism of anti - tumor effect of Astragalus polysaccharide (APS) modulating dendritic cells: a review [J]. Biomedicine & Pharmacotherapy, 155: 113541.

Wang F, Han Y, Xi S, et al, 2020. Catechins reduce inflammation in lipopolysaccharide - stimulated dental pulp cells by inhibiting activation of the NF - κB pathway [J]. Oral Diseases, 26 (4): 815 - 821.

Wang G, Wang J J, Guan R, et al, 2017. Strategies to target glucose metabolism in tumor microenvironment on cancer by flavonoids [J]. Nutrition and Cancer, 69 (4): 534 - 554.

Wang H W, Liu M, Zhong T D, et al, 2015. Saikosaponin d attenuates ventilator - induced lung injury in rats [J]. International Journal of Clinical and Experimental Medicine, 8 (9): 137 - 145.

Wang K, Cai M, Sun S, et al, 2022. Therapeutic prospects of polysaccharides for ovarian cancer [J]. Frontiers in Nutrition, 9: 879111.

Wang K, Yan P S, Cao L X, et al, 2013. Potential of chitinolytic Serratia marcescens strain JPP1 for biological control of Aspergillus parasiticus and aflatoxin [J]. Biomed Research International, 13: 397142.

Wang M, Lu S, Zhao H, et al, 2022. Natural polysaccharides as potential anti - fibrotic agents: a review of their progress [J]. Life Science, 308: 120953.

Wang Q, Garrity G M, Tiedje J M, et al, 2007. Naive Bayesian classifier for rapid assignment of rRNA sequences into the new bacterial taxonomy [J]. Applied and Environmental Microbiology, 73 (16): 5261 - 5267.

Wang Q, Wang Y T, Pu S P, et al, 2004. Zinc coupling potentiates anti - HIV - 1 activity of baicalin [J]. Biochemical and Biophysical Research Communications, 324 (2): 605 - 610.

Wang W J, Liao L X, Huang Z D, et al, 2022. Thiazolo [5, 4 - b] pyridine alkaloid and seven ar - sisabol sesquiterpenes produced by the endophytic fungus penicillium janthinellum [J]. ACS Omega, 7 (39): 35280 - 35287.

Wang W W, Wang J, Zhang H J, et al, 2020. Supplemental clostridium butyricum modulates lipid metabolism through shaping gut microbiota and bile acid profile of aged laying hens [J]. Frontiers in Microbiology, 11: 600.

Wang X, Cai H, Chen Z, et al, 2021. Baicalein alleviates pyroptosis and inflammation in hyperlipidemic pancreatitis by inhibiting NLRP3/Caspase - 1 pathway through the miR - 192 - 5p/TXNIP axis [J]. International Immunopharmacology, 101 (Pt B): 108315.

Wang Z L, Wang S, Kuang Y, et al, 2018. A comprehensive review on phytochemistry, pharmacology, and flavonoid biosynthesis of Scutellaria baicalensis [J]. Pharmaceutical Biology, 56 (1): 465 - 484.

Wei M X, Zhou Y X, Lin M, et al, 2022. Design, synthesis and biological evaluation of rhein - piperazine - dithiocarbamate hybrids as potential anticancer agents [J]. European Journal of Medicinal Chemistry, 241: 114651.

Wei T, Tian W, Yan H, et al, 2014. Protective effects of phillyrin on H_2O_2 - induced oxidative stress and apoptosis in PC12 cells [J]. Cellular and Molecular Neurobiology, 34 (8): 1165 - 1173.

Wei W, Zhou Y, Chen F, et al, 2018. Isolation, diversity, and antimicrobial and immunomodulatory activities of endophytic actinobacteria from tea cultivars Zijuan and Yunkang - 10 (*Camellia sinensis* var. assamica) [J]. Frontiers in Microbiology, 9: 1304.

Wen B, Mei Z, Zeng C, et al, 2017. MetaX: a flexible and comprehensive software for processing metabolomics data [J]. BMC Bioinformatics, 18 (1): 183.

Weng W, Hu Z, Pan Y, 2022. Macrophage extracellular traps: current opinions and the state of research regarding various diseases [J]. Journal of Immunology Research, 22: 7050807.

Wong V K, Li T, Law B Y, et al, 2013. Saikosaponin - d, a novel SERCA inhibitor, induces autophagic cell death in apoptosis - defective cells [J]. Cell Death & Disease, 4: e720.

Woo J H, Kamei Y, 2003. Antifungal mechanism of an anti - Pythium protein (SAP) from the marine bacterium *Streptomyces* sp. strain AP77 is specific for Pythium porphyrae, a causative agent of red rot disease in *Porphyra* spp. [J]. Applied Microbiology and Biotechnology, 62 (4): 407 - 413.

Wynn T A, Chawla A, Pollard J W, 2013. Macrophage biology in development, homeostasis and disease [J]. Nature, 496 (7446): 445 - 455.

Xia M L, Xie X H, Ding J H, et al, 2020. Astragaloside Ⅳ inhibits astrocytesenescence: implication in Parkinson' s disease [J]. Journal of Neuroinflammation, 17 (1): 105.

Xia X, Xia J, Yang H, et al, 2019. Baicalein blocked cervical carcinoma cell proliferation by targeting CCND1 via Wnt/β - catenin signaling pathway [J]. Artificial Cells, Nanomedicine, and Biotechnology, 47 (1): 2729 - 2736.

Xia Y, Shen S, Verma I M, 2014. NF - κB, an active player in human cancers [J]. Cancer Immunology Research, 2 (9): 823 - 830.

Xiao Y, Xiao L, Li M, et al, 2023. Perillartine protects against metabolic associated fatty liver in high - fat diet - induced obese mice [J]. Food & Function, 14 (2): 961 - 977.

Xiong J L, Wang Y M, Ma M R, et al, 2013. Seasonal variation of aflatoxin M1 in raw milk from Yangtze River Delta region of China [J]. Food Control, 34, 703 - 706.

Xu L, Zhang W, Zeng L, et al, 2017. Rehmannia glutinosa polysaccharide induced an anti - cancer effect by activating natural killer cells [J]. International Journal of Biological Macromolecules, 105 (Pt 1): 680 - 685.

Xu Y, Zhang L, Shao T, et al, 2013. Ferulic acid increases pain threshold and ameliorates depression - like behaviors in reserpinetreated mice: behavioral and neurobiological analyses [J]. Metabolic Brain Disease, 28 (4): 571.

Yamamoto Y, Gaynor R B, 2001. Therapeutic potential of inhibition of the NF - kappaB pathway in the treatment of inflammation and cancer [J]. Journal of Clinical Investigation, 107 (2): 135 - 142.

Yan F, Zhang Q Y, Jiao L, et al, 2009. Synergistic hepatoprotective effect of Schisandrae lignans with astragalus polysaccharides on chronic liver injury in rats [J]. Phytomedicine, 16 (9): 805 - 813.

Yan H L, Lu J M, Wang Y F, et al, 2017. Intake of total saponins and polysaccharides from Polygonatum kingianum affects the gut microbiota in diabetic rats [J]. Phytomedicine, 26: 45 - 54.

Yan P S, Shi C J, Hou C, et al, 2011. Inhibition of vomitoxin - producing Fusarium graminearum by marine actinomycetes and the extracellular metabolites [C]. Proceedings 2011 International Conference on Human Health and Biomedical Engineering (HHBE): 454 - 456.

Yan P S, Song Y, Sakuno E, et al, 2004. Cyclo (L - leucyl - L - prolyl) produced by Achromobacter xylosoxidans inhibits aflatoxin production by Aspergillus parasiticus [J]. Applied and Environmental Microbiology, 70: 7466 - 7473.

Yan X, Rui X, Zhang K, 2019. Baicalein inhibits the invasion of gastric cancer cells by suppressing the activity of the p38 signaling pathway [J]. Oncology Reports, 33 (2): 737 - 743.

Yang T, Yamada K, Zhou T, et al, 2019. Akazamicin, a cytotoxic aromatic polyketide from marine - derived *Nonomuraea* sp. [J]. Journal of Antibiotics, 72 (4): 202 - 209.

Yang Y, Zhao H, Barrero R A, et al, 2014. Genome sequencing and analysis of the paclitaxel - producing endophytic fungus Penicillium aurantiogriseum NRRL 62431 [J]. BMC Genomics, 15: 69.

Yang Z, Emmanuel A, Yang Y, et al, 2021. Dietary supplementation of betaine promotes lipolysis by regulating fatty acid metabolism in geese [J]. Poultry Science, 100 (4): 101 - 113.

Yang Z, Klionsky D J, 2010. Mammalian autophagy: core molecular machinery and signaling regulation [J]. Current Opinion in Cell Biology, 22 (2): 124 - 131.

Yao M, Yang J, Cao L, et al, 2014. Saikosaponin - d inhibits proliferation of DU145human prostate cancer cells by inducing apoptosis and arresting the cell cycle at G0/G1phase [J]. Molecular Medicine Reports, 10 (1): 365 - 372.

Yao X, Jiang W, Yu D, et al, 2019. Luteolin inhibits proliferation and induces apoptosis of human melanoma cells in vivo and in vitro by suppressing MMP - 2 and MMP - 9through the PI3K/AKT pathway [J]. Food & Function, 10 (2): 703 - 712.

Yen C H, Hsiao H H, 2018. Nrf2 Is one of the players involved in bone marrow mediated drug resistance in multiple myeloma [J]. International Journal of Molecular Sciences, 19 (11): 3503.

Yi N, Mi Y, Xu X, et al, 2022. Baicalein alleviates osteoarthritis progression in mice by protecting subchondral bone and suppressing chondrocyte apoptosis based on network pharmacology [J]. Frontiers in Pharmacology, 12: 788392.

Yoong J, Michael M, Leong T, 2011. Targeted therapies for gastric cancer: current status [J]. Drugs, 71 (11): 1367 - 1384.

Young E, 2008. The anti - inflammatory effects of heparin and related compounds [J]. Thrombosis Research, 122 (6): 743 - 752.

Yu C, Zeng J, Yan Z, et al, 2016. Baicalein antagonizes acute megakaryoblastic leukemia in vitro and in vivo by inducing cell cycle arrest [J]. Cell & Bioscience, 6: 20.

Yu M, Qi B, Xiaoxiang W, et al, 2017. Baicalein increases cisplatin sensitivity of A549 lung adenocarcinoma cells via PI3K/Akt/NF - κB pathway [J]. Biomedicine & Pharmacotherapy, 90: 677 - 685.

Yunt Z, Reinhardt K, Li A, et al, 2009. Cleavage of four carbon - carbon bonds during biosynthesis of the griseorhodin a spiroketal pharmacophore [J]. Journal of the American Chemical Society, 131 (6): 2297 - 2305.

Zeng F S, Yao Y F, Wang L F, et al, 2023. Polysaccharides as antioxidants and prooxidants in managing the double - edged sword of reactive oxygen species [J]. Biomedicine & Pharmacotherapy, 159: 114221.

Zeng S, Chen Y, Wei C, et al, 2022. Protective effects of polysaccharide from Artocarpus heterophyllus lam. (jackfruit) pulp on non - alcoholic fatty liver disease in high - fat diet rats via PPAR and AMPK signaling pathways [J]. Journal of Functional Foods, 95: 105195.

Zhang A, Chu W H, 2017. Anti - quorum sensing activity of Forsythia suspense on chromobacterium violaceum and pseudomonas aeruginosa [J]. Pharmacognosy Magazine, 13 (50): 321-325.

Zhang H W, Hu J J, Fu R Q, et al, 2018. Flavonoids inhibit cell proliferation and induce apoptosis and autophagy through downregulation of PI3Kγ mediated PI3K/AKT/mTOR/p70S6K/ULK signaling pathway in human breast cancer cells [J]. Science Reports, 8 (1): 11255.

Zhang H, Shan Y, Wu Y, et al, 2017. Berberine suppresses LPS - induced inflammation through modulating Sirt1/NF - κB signaling pathway in RAW264.7 cells [J]. International Immunopharmacology, 52: 93-100.

Zhang J X, Han Y P, Bai C, et al, 2015. Notch1/3 and p53/p21 are a potential therapeutic target for APS - induced apoptosis in non - small cell lung carcinoma cell lines [J]. International Journal of Clinical and Experimental Medicine, 8 (8): 12539-12547.

Zhang S, Shao S Y, Song X Y, et al, 2016. Protective effects of Forsythia suspense extract with antioxidant and anti - inflammatory properties in a model of rotenone induced neurotoxicity [J]. Neurotoxicology, 52: 72-83.

Zhang W, Che Q, Tan H, et al, 2017. Marine *Streptomyces* sp. derived antimycin analogues suppress HeLa cells via depletion HPV E6/E7mediated by ROS - dependent ubiquitin - proteasome system [J]. Scientific Reports, 7: 42180.

Zhang X, Chen L, Chai W, et al, 2017. A unique indolizinium alkaloid streptopertusacin A and bioactive bafilomycins from marine - derived *Streptomyces* sp. HZP - 2216E [J]. Phytochemistry, 144: 119-126.

Zhang X, Coker O O, Chu E S, et al, 2021. Dietary cholesterol drives fatty liver - associated liver cancer by modulating gut microbiota and metabolites [J]. Gut, 70 (4): 761-774.

Zhang X, Qin Y, Ruan W, et al, 2021. Targeting inflammation - associated AMPK//Mfn - 2/MAPKs signaling pathways by baicalein exerts anti - atherosclerotic action [J]. Phytotherapy Research, 35 (8): 4442-4455.

Zhang X, Zhang Y, Qiao W, et al, 2020. Baricitinib, a drug with potential effect to prevent SARS - COV- 2 from entering target cells and control cytokine storm induced by COVID - 19 [J]. International Immunopharmacology, 86: 106749.

Zhang Y, Feng F, Chen T, et al, 2016. Antidiabetic and antihyperlipidemic activities of *Forsythia suspensa* (Thunb.) Vahl (fruit) in streptozotocin - induced diabetes mice [J]. J Ethnopharmacol, 192: 256-263.

Zhang Z, Zhang H, Chen S, et al, 2017. Dihydromyricetin induces mitochondria - mediated apoptosis in HepG2 cells through down - regulation of the Akt/Bad pathway [J]. Nutrition Research, 38: 27-33.

Zheng Y H, Yin L H, Grahn T H, et al, 2014. Anticancer effects of baicalein on hepatocellular carcinoma cells [J]. Phytotherapy Research, 28 (9): 1342-1348.

Zhou B, Hu Z J, Zhang H J, et al, 2019. Bioactive staurosporine derivatives from the *Streptomyces* sp. NB－A13 [J]. Bioorganic Chemistry，82：33－40.

Zhou J，Gao Y，Dong Y，et al，2012. A novel xylanase with tolerance to ethanol，salt，protease，SDS，heat，and alkali from actinomycete *Lechevalieria* sp. HJ3 [J]. Journal of Industrial Microbiology and Biotechnology，39 (7)：965－975.

Zhu H Y，Gao Y H，Wang Z Y，et al，2013. Astragalus polysaccharide suppresses the expression of adhesion molecules through the regulation of the p38 MAPK signaling pathway in human cardiac microvascular endothelial cells after ischemia－reperfusion injury [J]. Evidence－based Complementary and Alternative Medicine，13：280493.

Zhu L，Gu P，Shen H，2019. Gallic acid improved inflammation via NF－κB pathway in TNBS－induced ulcerative colitis [J]. International Immunopharmacology，67：129－137.

Zhu X，Duan Y，Cui Z，et al，2017. Cytotoxic rearranged angucycline glycosides from deep sea－derived Streptomyces lusitanus SCSIO LR32 [J]. Journal of Antibiotics，70 (7)：819－822.

Zhu X，Yao P，Liu J，et al，2020. Baicalein attenuates impairment of hepatic lysosomal acidification induced by high fat diet via maintaining V－ATPase assembly [J]. Food and Chemical Toxicology，136：110990.

Zucchi A，Claps F，Pastore A L，et al，2023. Focus on the use of resveratrol in bladder cancer [J]. International Journal of Molecular Sciences，24 (5)：4562.

图书在版编目（CIP）数据

微生物与植物来源的天然产物活性研究 / 李平著
. —北京：中国农业出版社，2023.11
ISBN 978-7-109-31304-0

Ⅰ.①微… Ⅱ.①李… Ⅲ.①微生物—作用—药用植物—生物活性—研究 Ⅳ.①S567

中国国家版本馆 CIP 数据核字（2023）第 208134 号

微生物与植物来源的天然产物活性研究
WEISHENGWU YU ZHIWU LAIYUAN DE TIANRAN CHANWU HUOXING YANJIU

中国农业出版社出版
地址：北京市朝阳区麦子店街 18 号楼
邮编：100125
责任编辑：王森鹤　周晓艳
责任校对：吴丽婷
印刷：北京通州皇家印刷厂
版次：2023 年 11 月第 1 版
印次：2023 年 11 月北京第 1 次印刷
发行：新华书店北京发行所
开本：787mm×1092mm　1/16
印张：15　　插页：16
字数：332 千字
定价：98.00 元

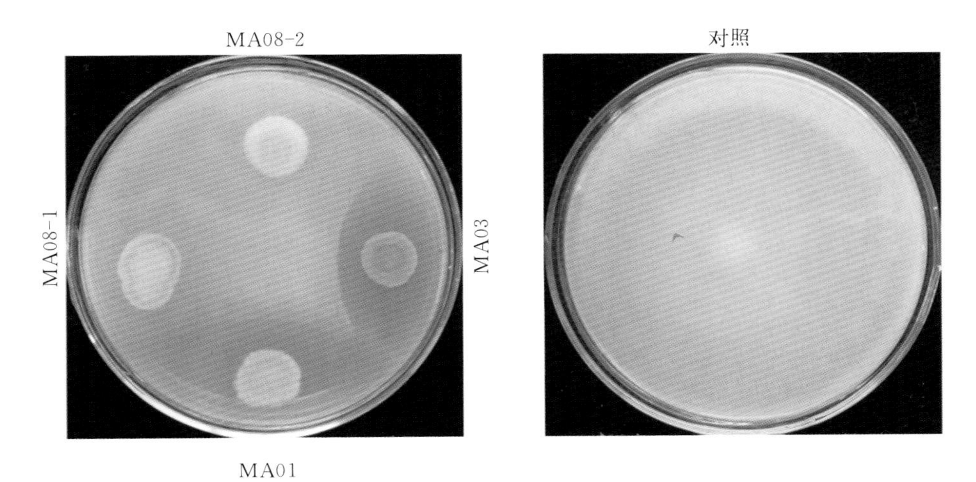

彩图1 平板对峙法检测海洋放线菌对寄生曲霉生长的影响

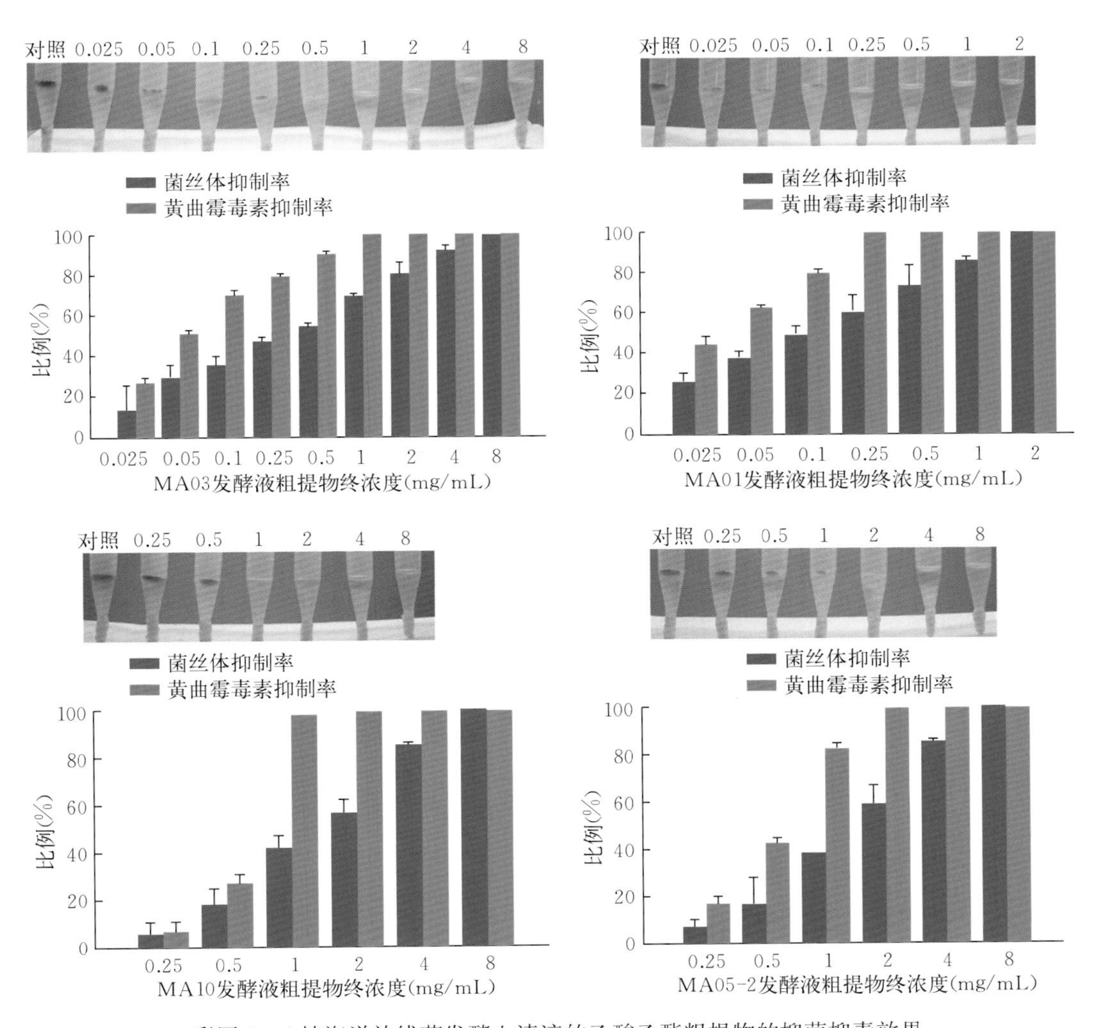

彩图2 4株海洋放线菌发酵上清液的乙酸乙酯粗提物的抑菌抑毒效果

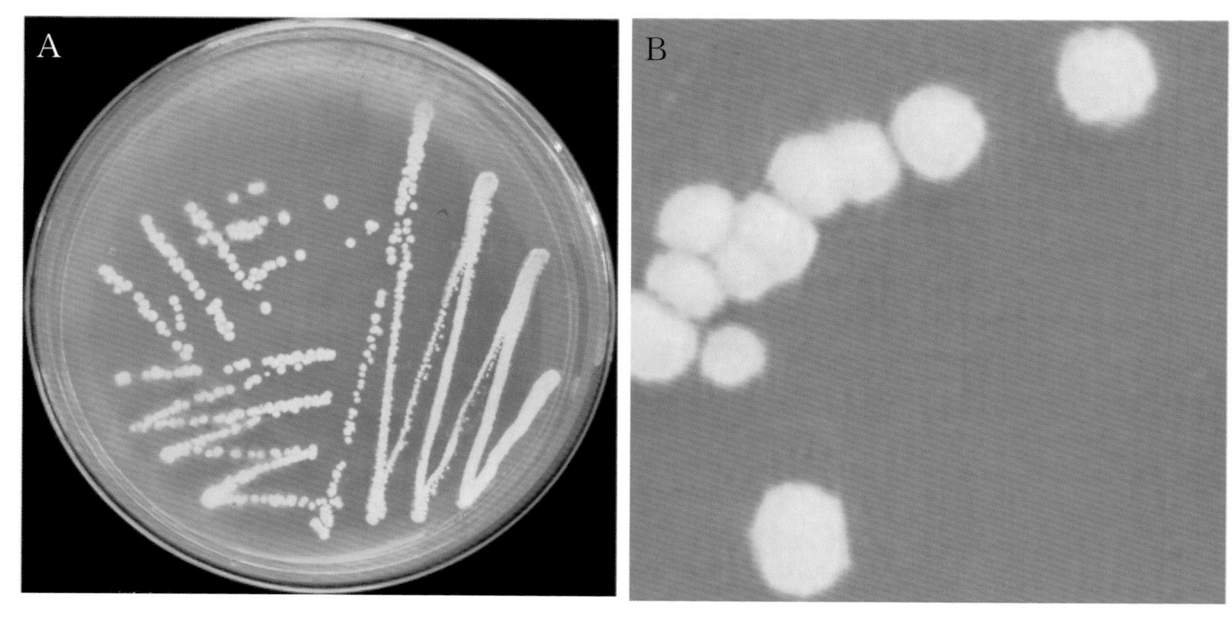

彩图 3　菌株 MA03 在高氏一号培养基上的菌落形态

A. 高氏一号平板的全景图　B. 菌落的局部放大图

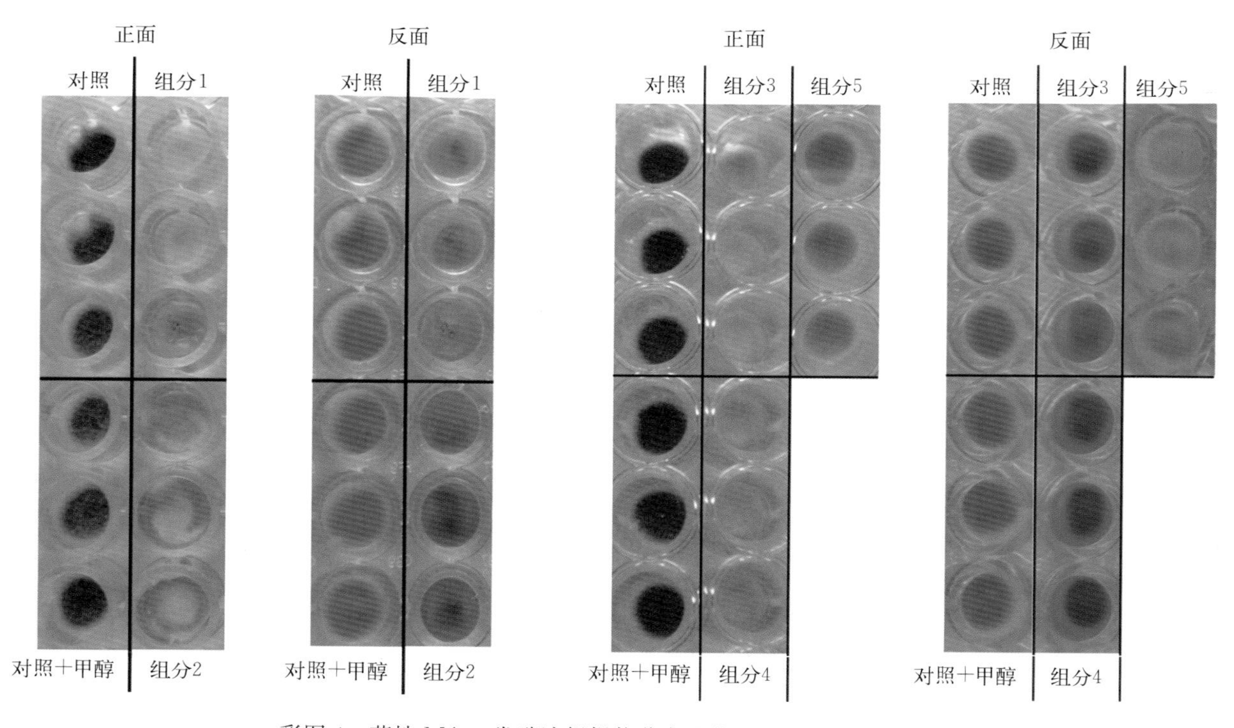

彩图 4　菌株 MA03 发酵液粗提物分离纯化所得组分的活性检测

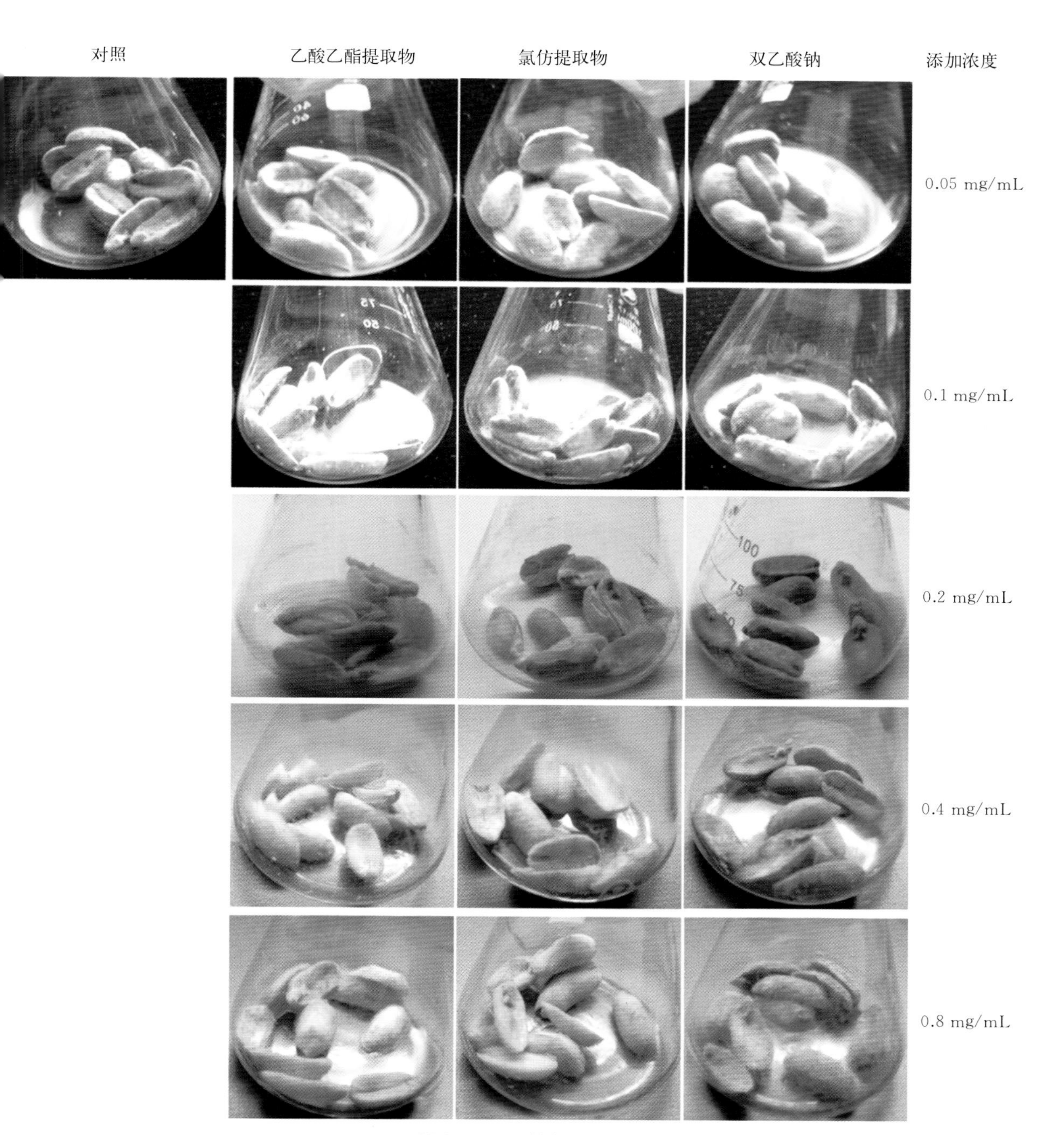
对照
乙酸乙酯提取物
氯仿提取物
双乙酸钠
添加浓度
0.05 mg/mL
0.1 mg/mL
0.2 mg/mL
0.4 mg/mL
0.8 mg/mL

彩图 5　花生储藏试验

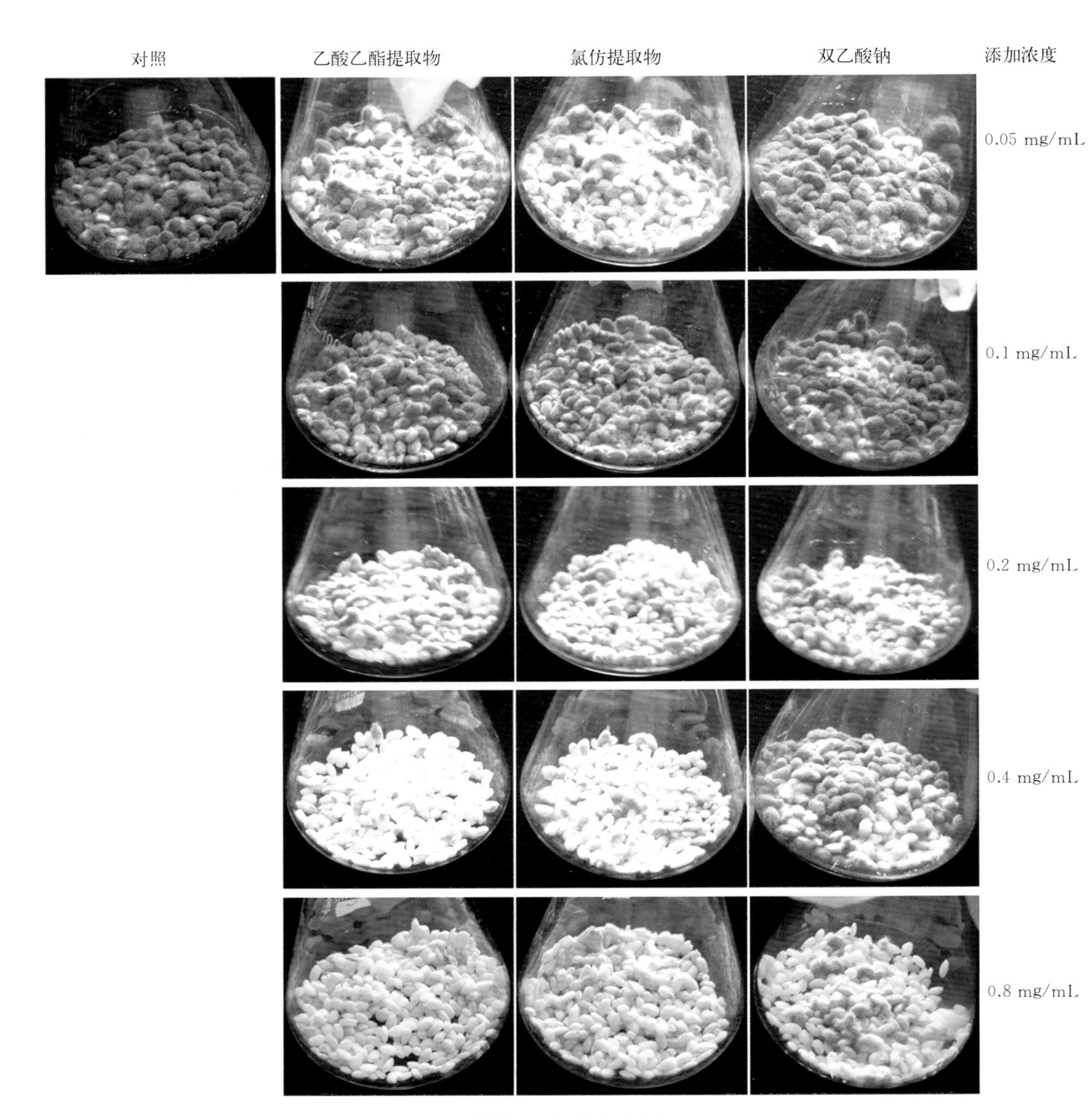
对照
乙酸乙酯提取物
氯仿提取物
双乙酸钠
添加浓度
0.05 mg/mL
0.1 mg/mL
0.2 mg/mL
0.4 mg/mL
0.8 mg/mL

彩图 6　大米储藏试验

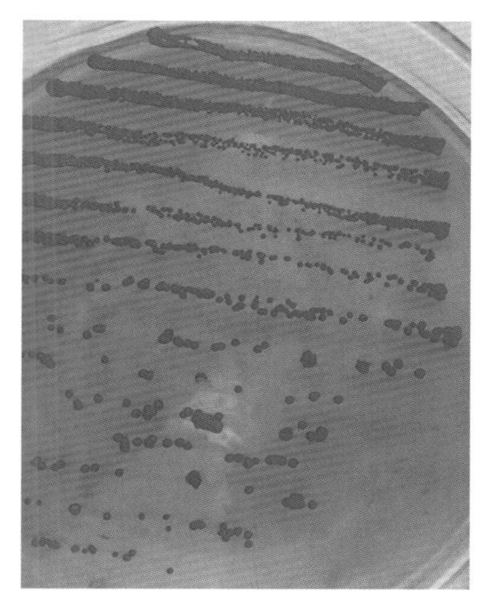

彩图 7　菌株 HDSR 的菌落形态

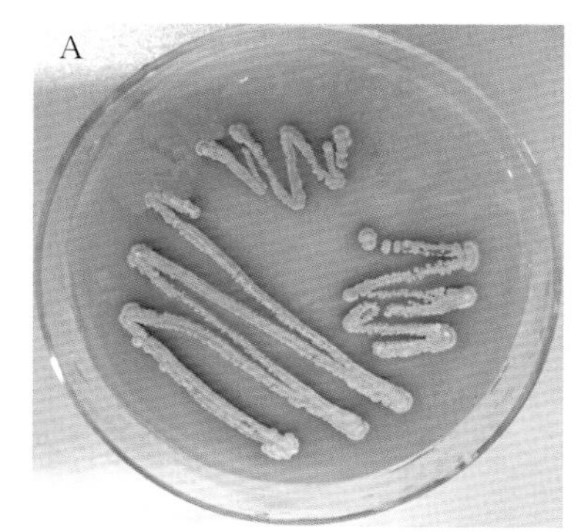

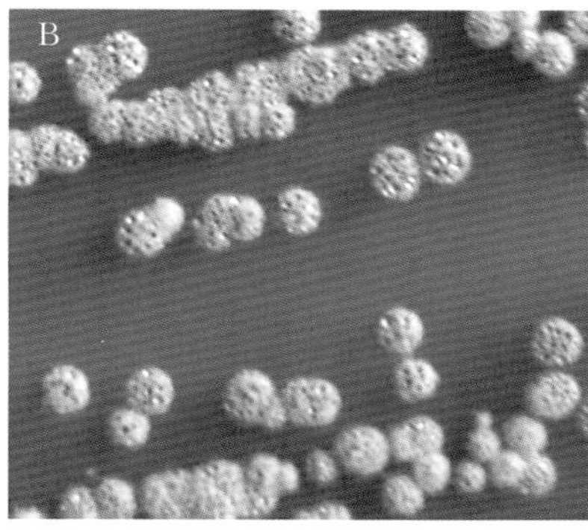

彩图 8　菌株 HDSG 菌落形态观察

A. 平板划线培养　B. 单菌落的形态

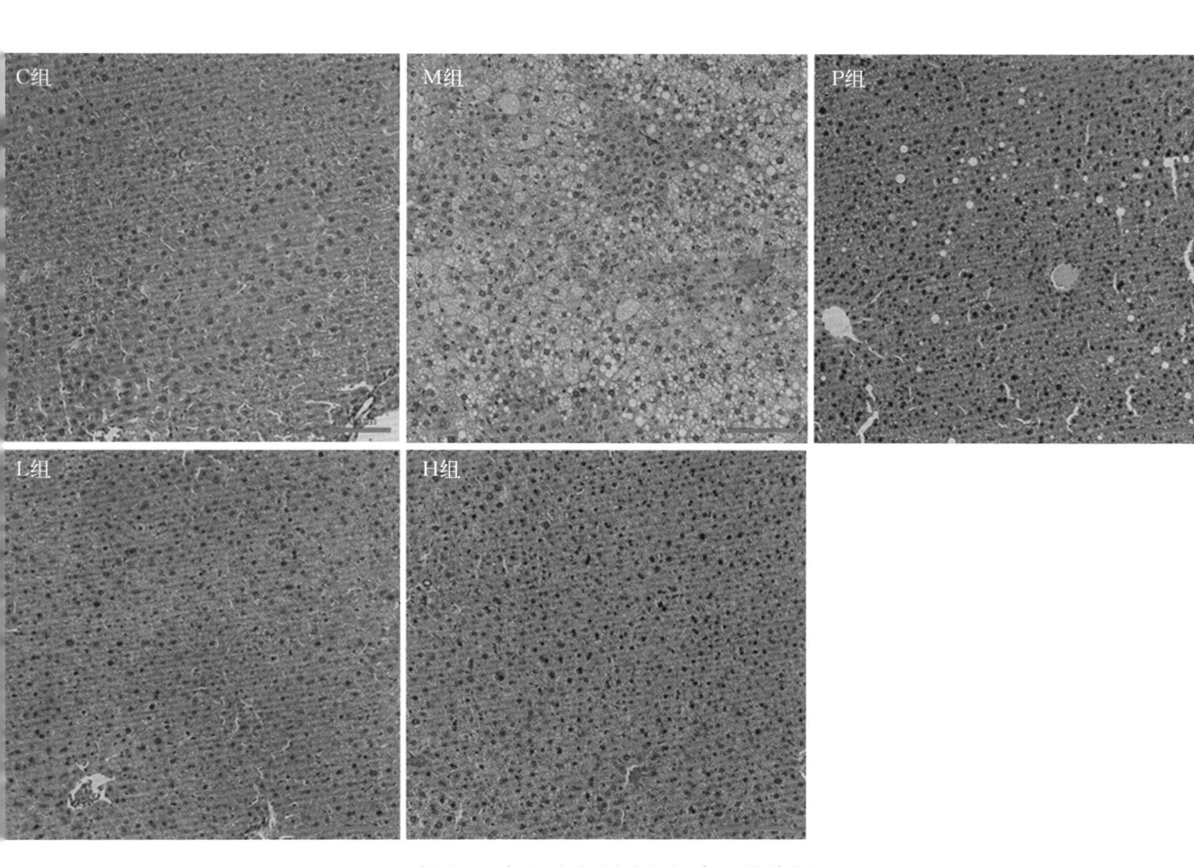

彩图 9　各组小鼠肝脏组织病理学分析

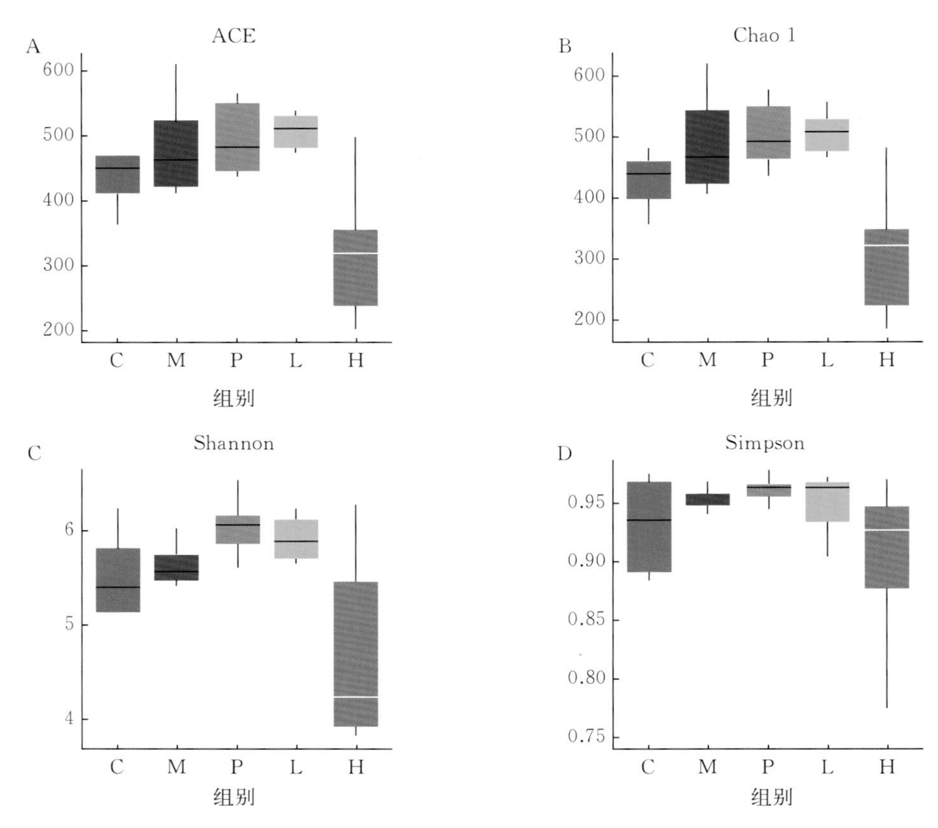

彩图 10 黄芩素对 NAFLD 小鼠肠道菌群 α 多样性的影响

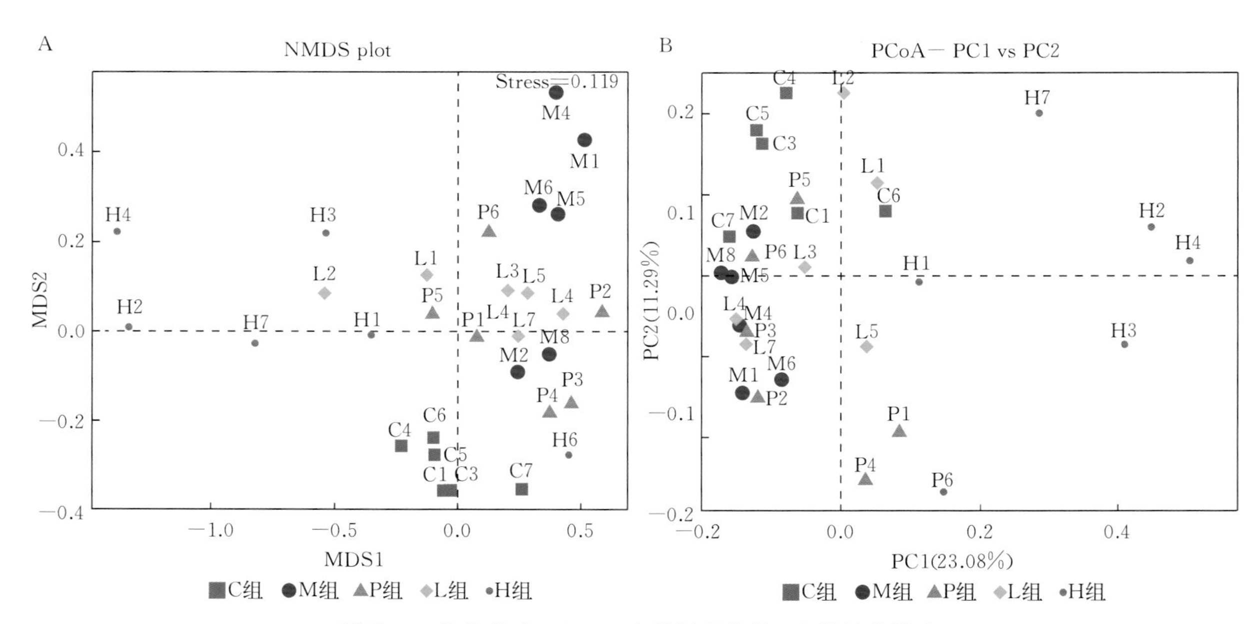

彩图 11 黄芩素对 NAFLD 小鼠肠道菌群 β 多样性的影响

A. NMDS 分析 B. PCoA 分析

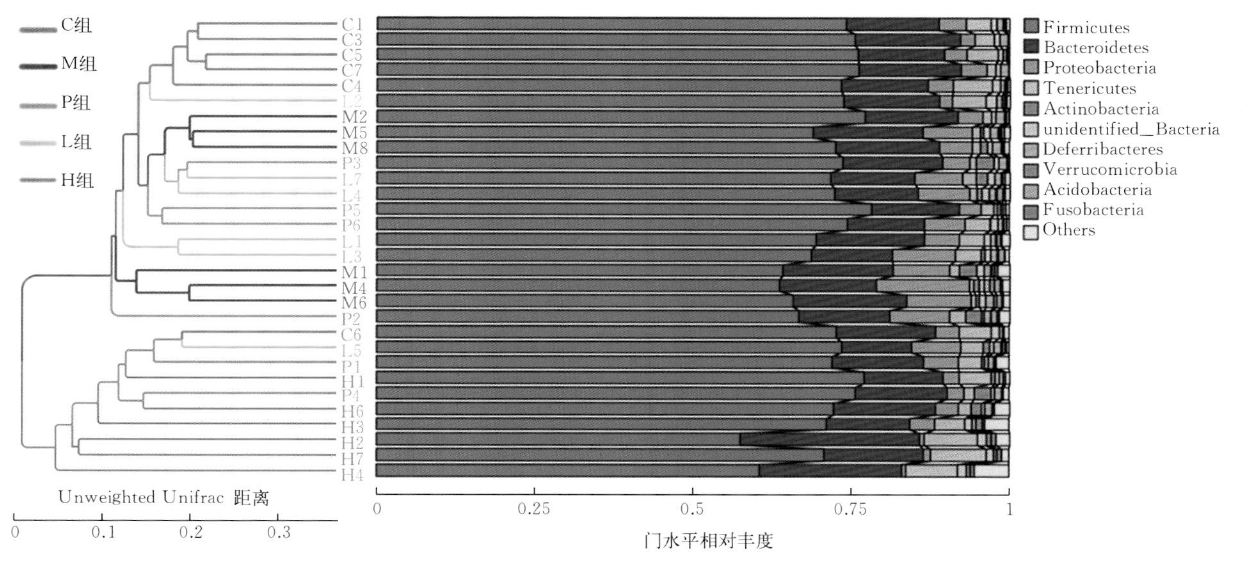

彩图 12　基于 Unweighted Unifrac 距离的 UPGMA 聚类树

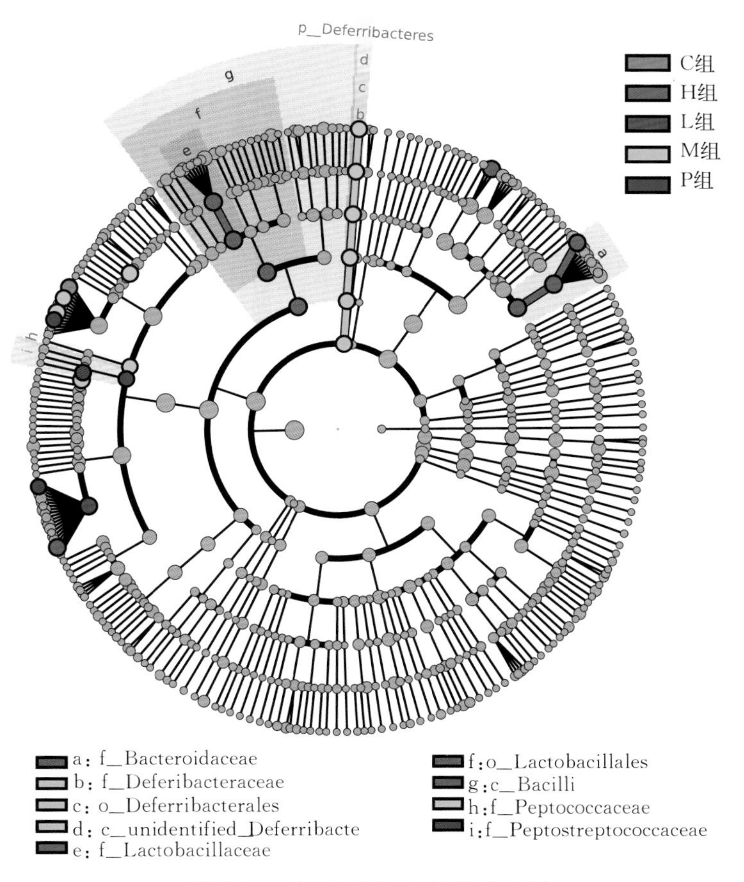

彩图 13　基于 LEfSe 的进化分支图

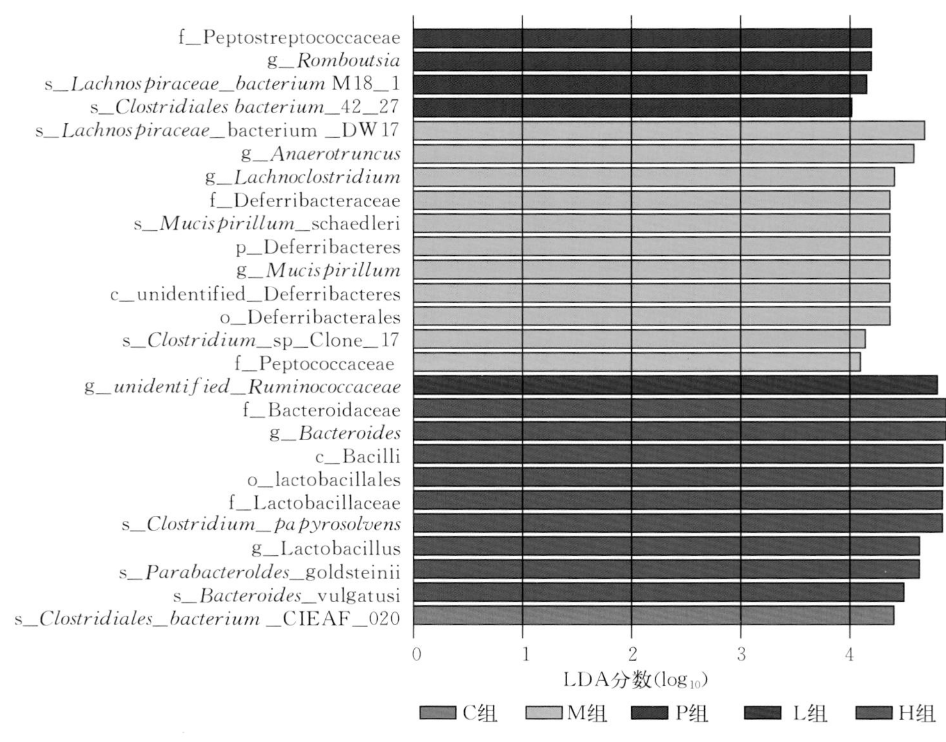

彩图 14　各组肠道菌属 LDA 分析

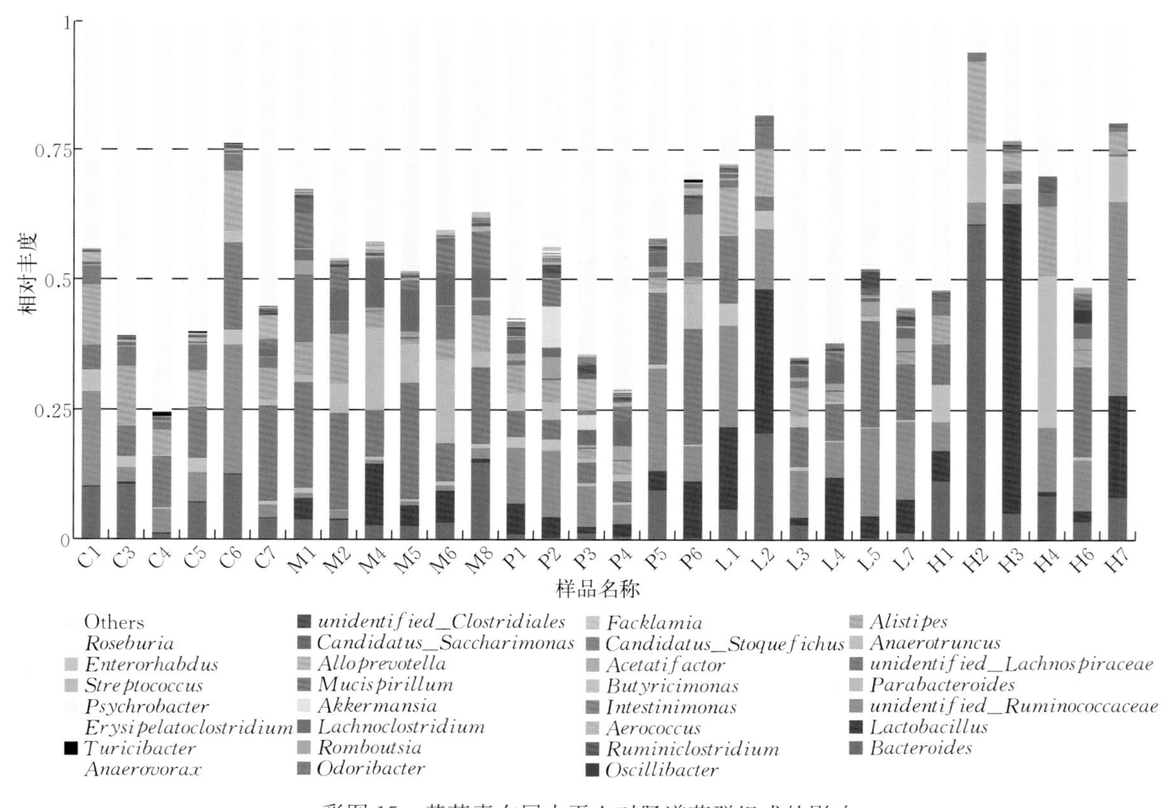

彩图 15　黄芩素在属水平上对肠道菌群组成的影响

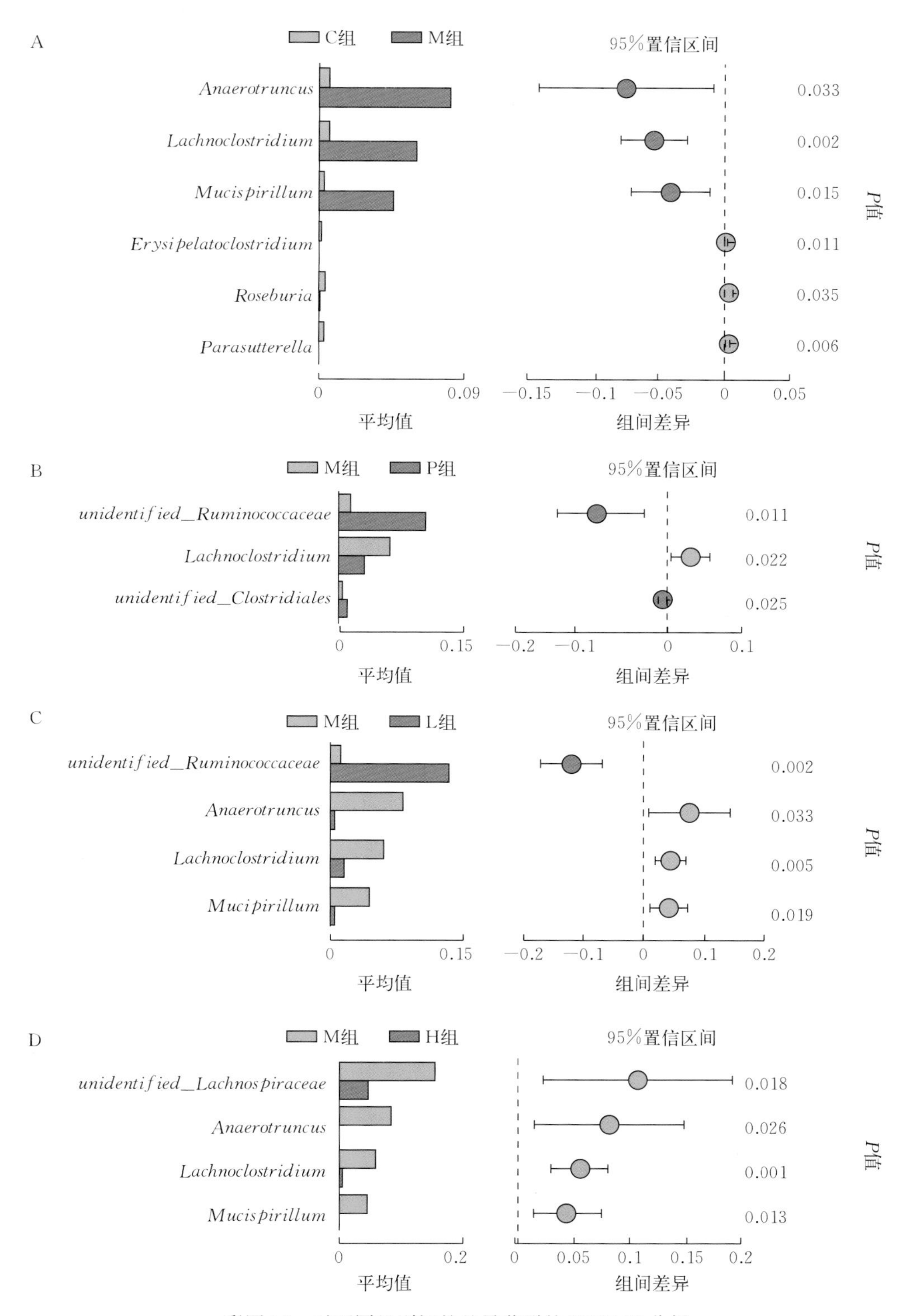

彩图 16　对不同组别间的差异菌群的 STAMP 分析

A. C 组和 M 组的比较　B. P 组和 M 组的比较　C. L 组和 M 组的比较　D. H 组和 M 组的比较

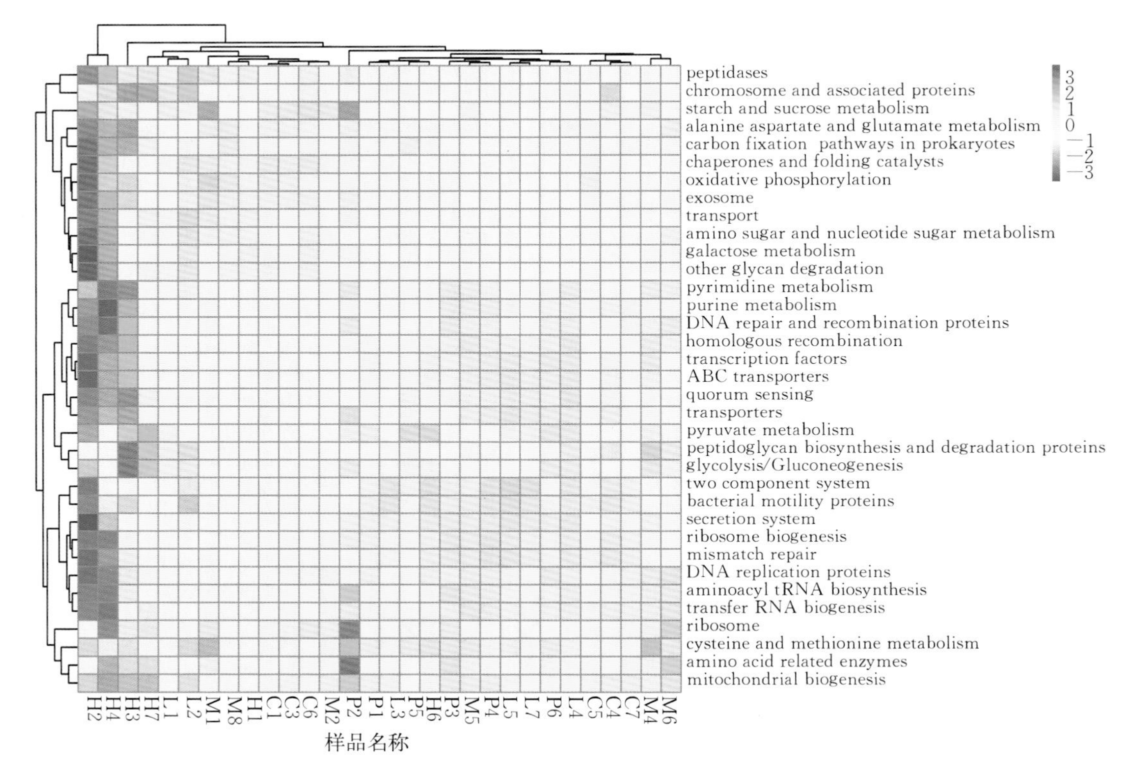

彩图 17 Tax4Fun 功能注释聚类热图

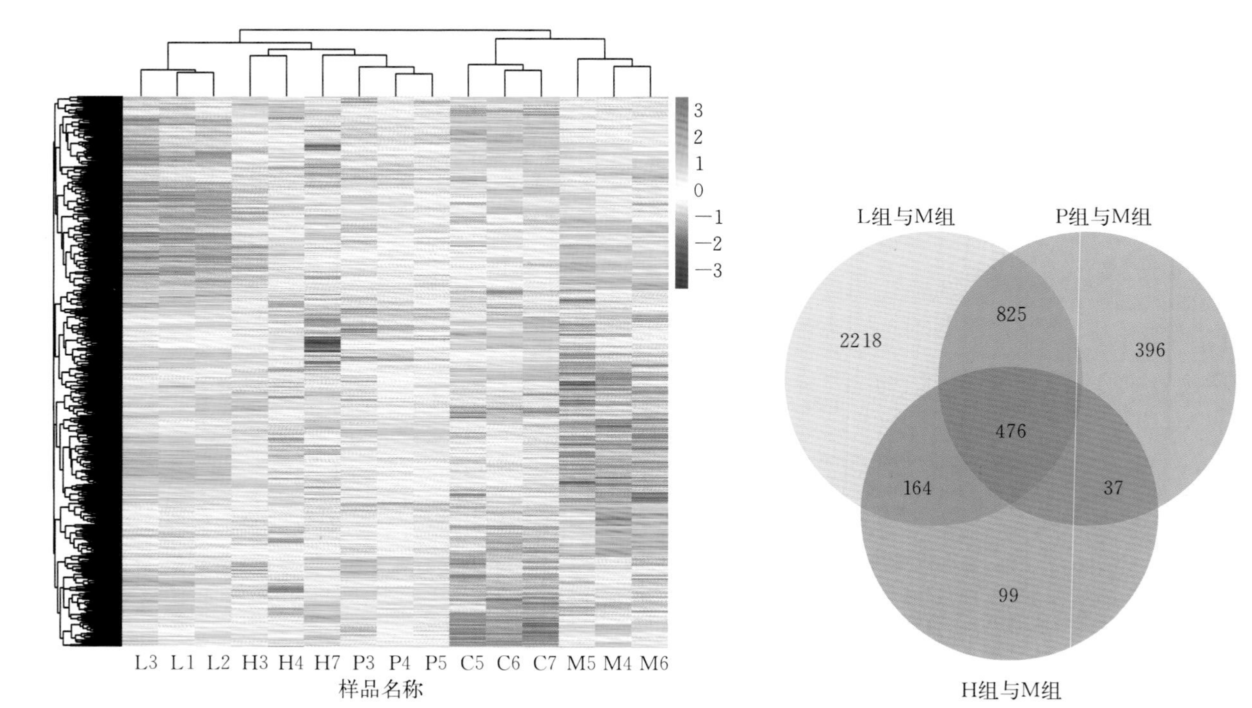

彩图 18 热图显示黄芩素对 NAFLD 小鼠肝脏转录组的影响

彩图 19 韦恩图显示三个比较组中重叠的 DEG

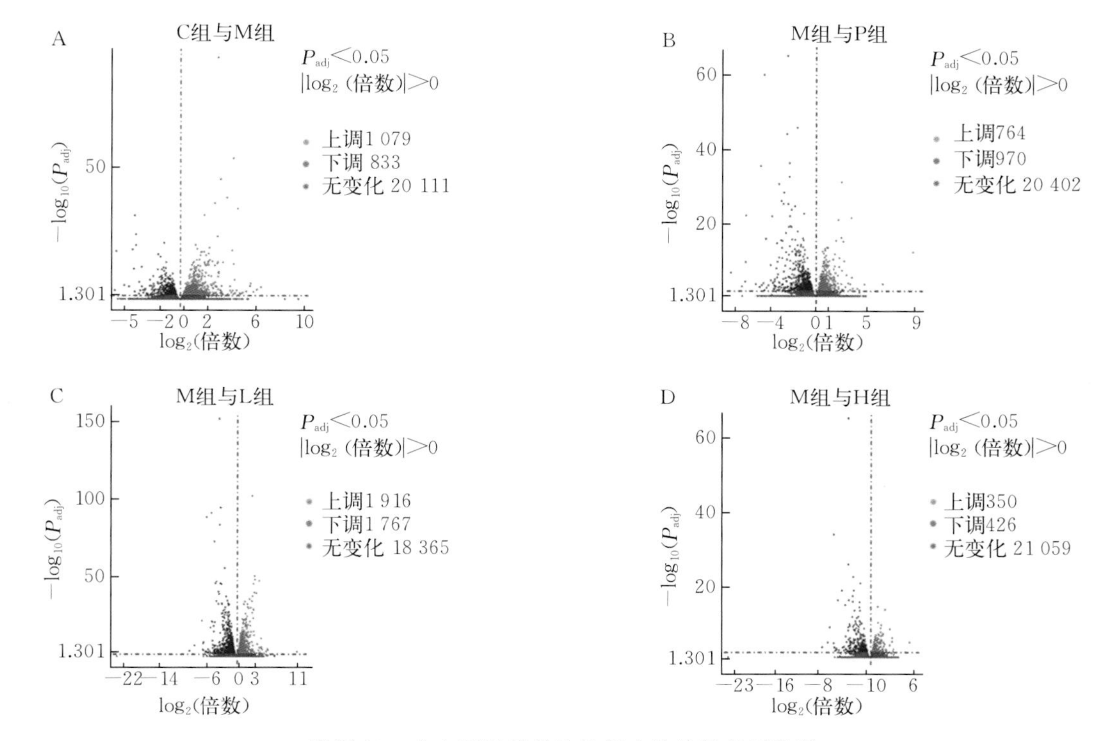

彩图 20　火山图显示各比较组内的差异基因数量

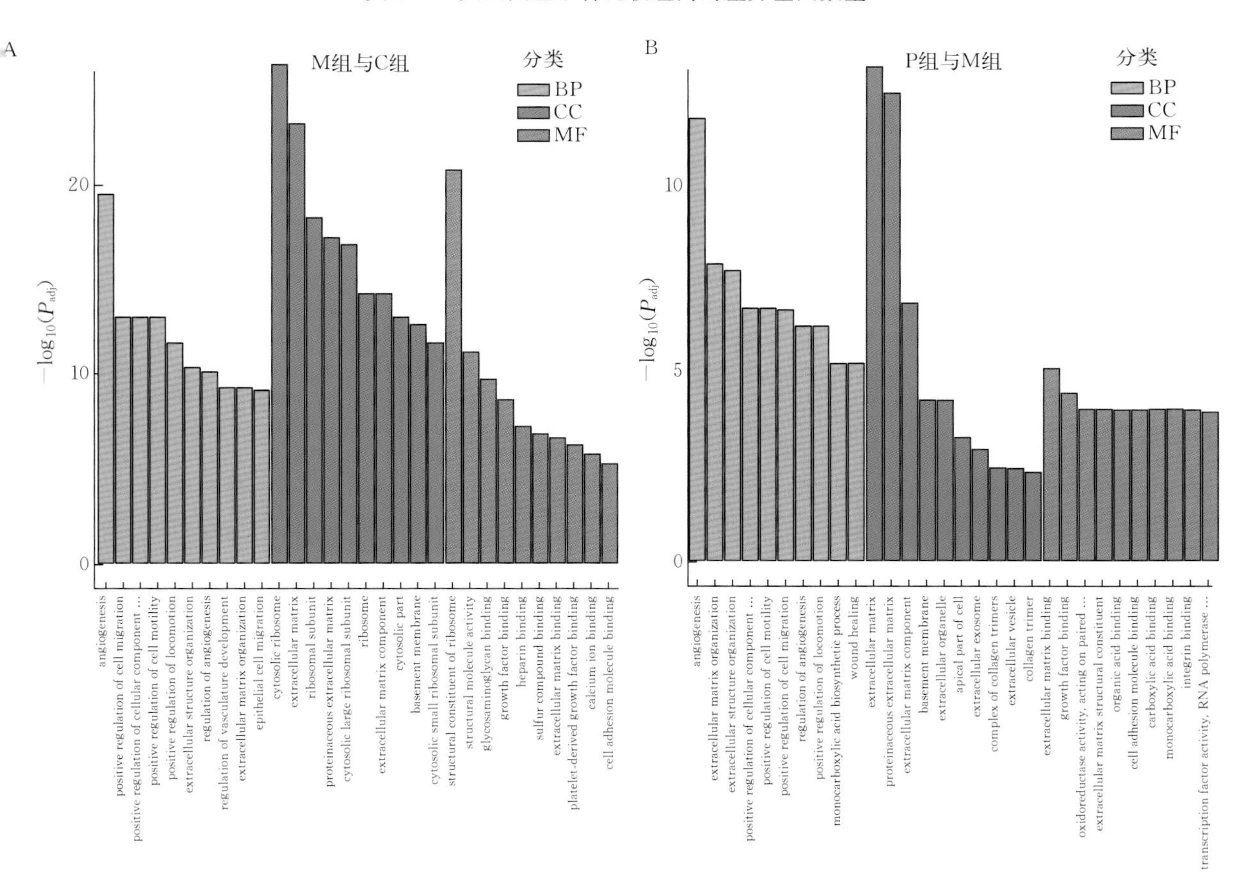

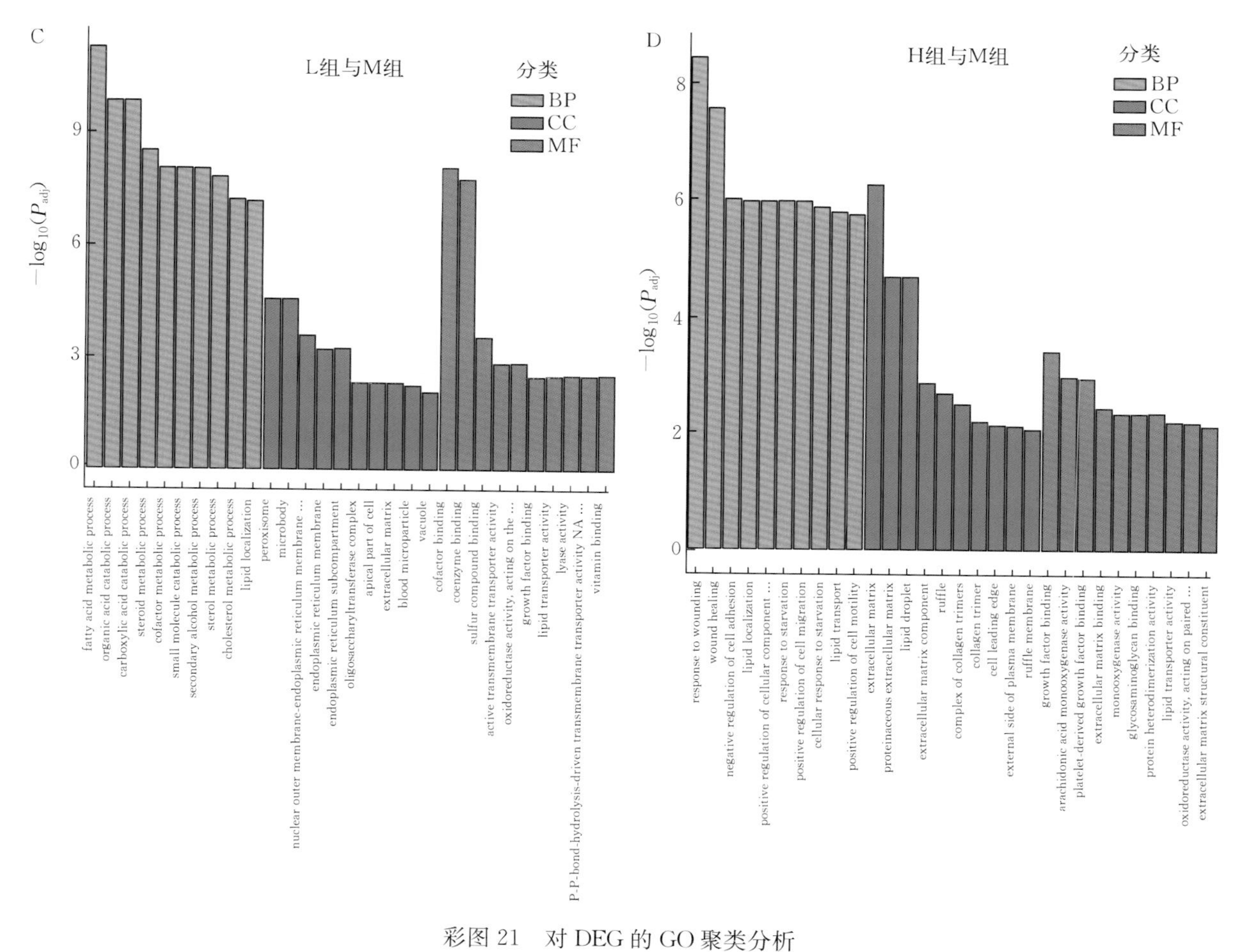

彩图 21　对 DEG 的 GO 聚类分析

A. C 组和 M 组的比较　B. P 组和 M 组的比较　C. L 组和 M 组的比较　D. H 组和 M 组的比较

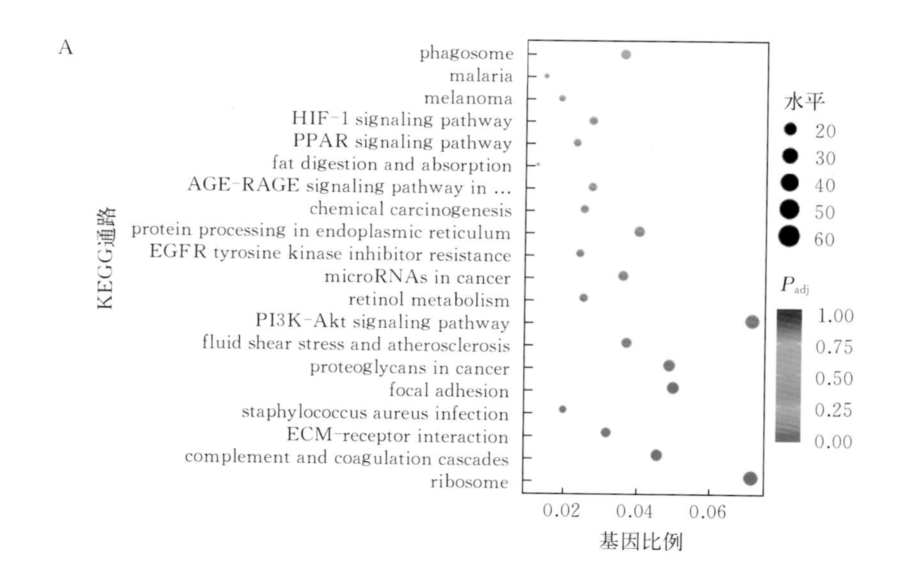

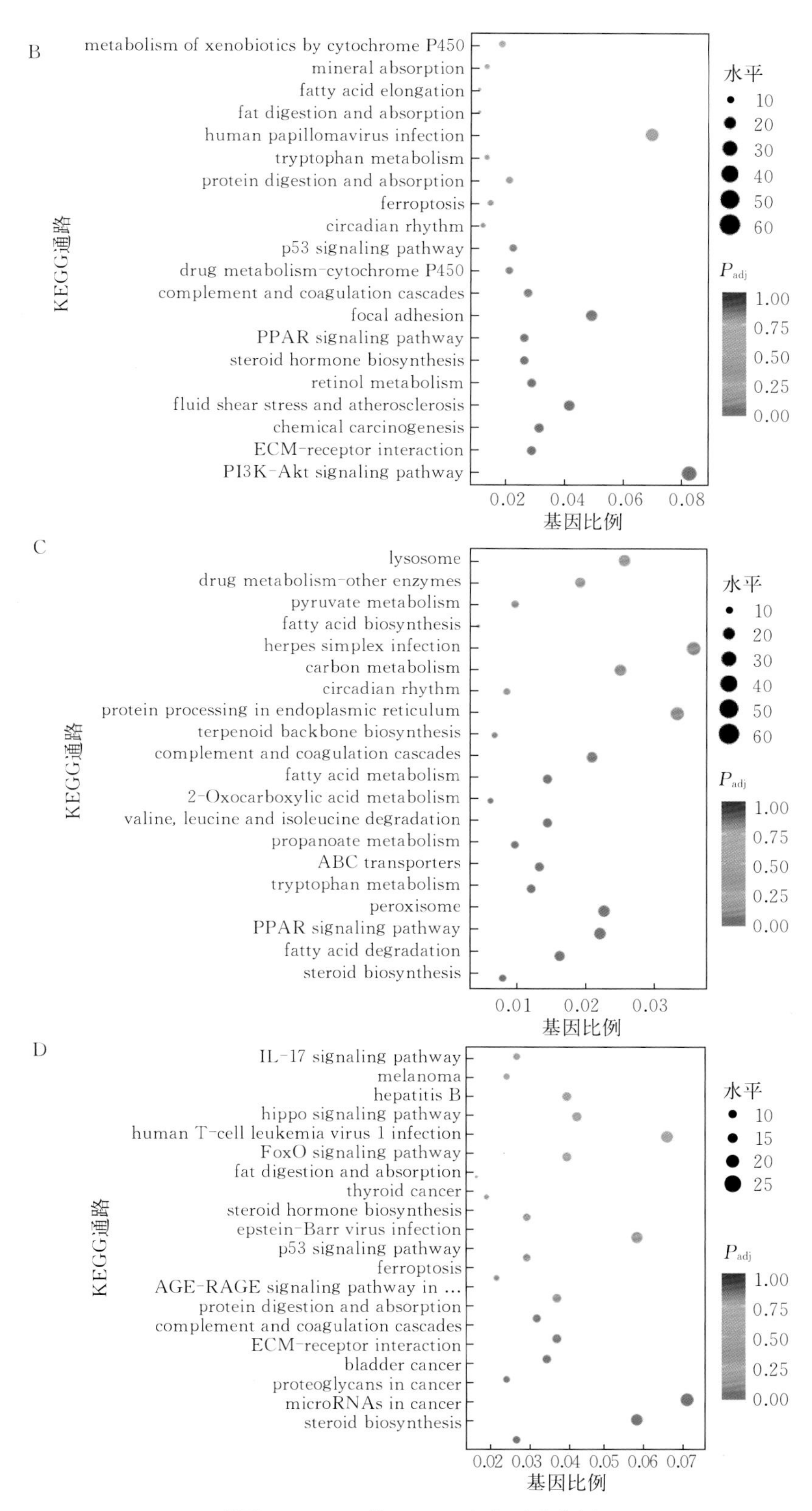

彩图 22　DEG 的 KEGG 富集通路分析

A. C 组和 M 组的比较　B. P 组和 M 组的比较　C. L 组和 M 组的比较　D. H 组和 M 组的比较

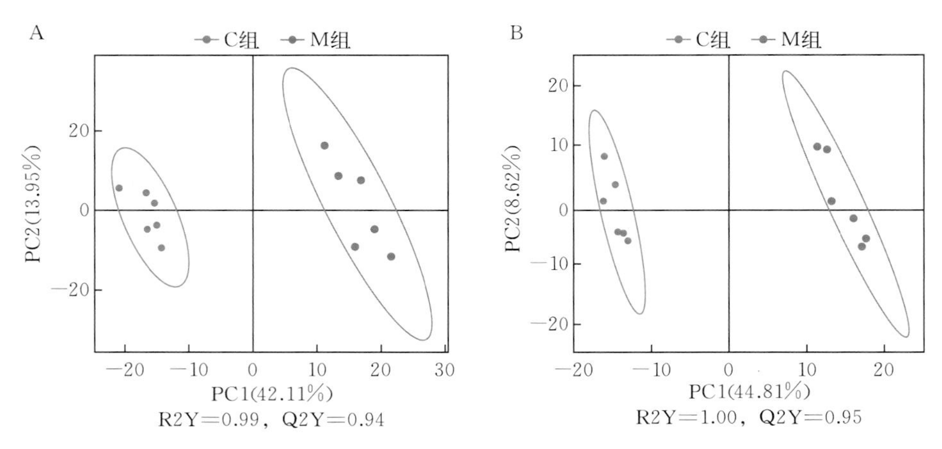

彩图 23　基于 PLS-DA 法分析 C 组和 M 组的分离情况

A. 正离子模式　B. 负离子模式

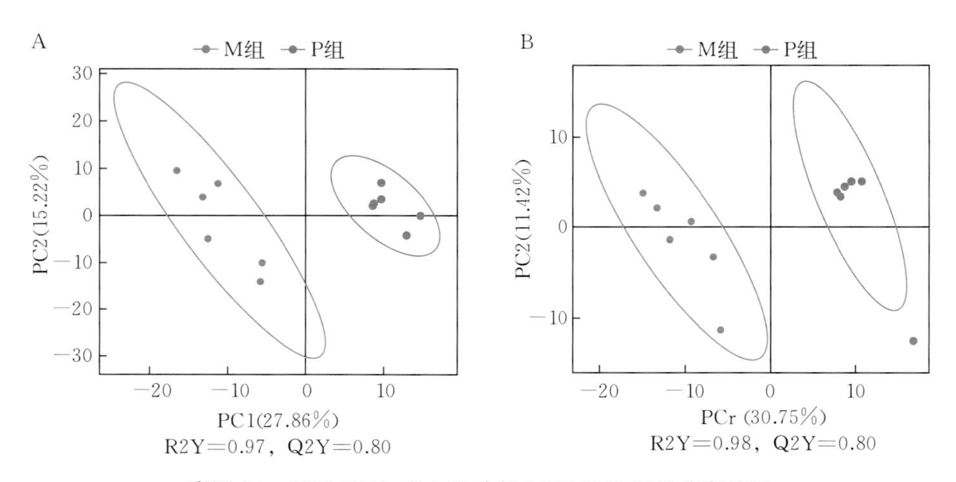

彩图 24　基于 PLS-DA 法分析 M 组和 P 组的分离情况

A. 正离子模式　B. 负离子模式

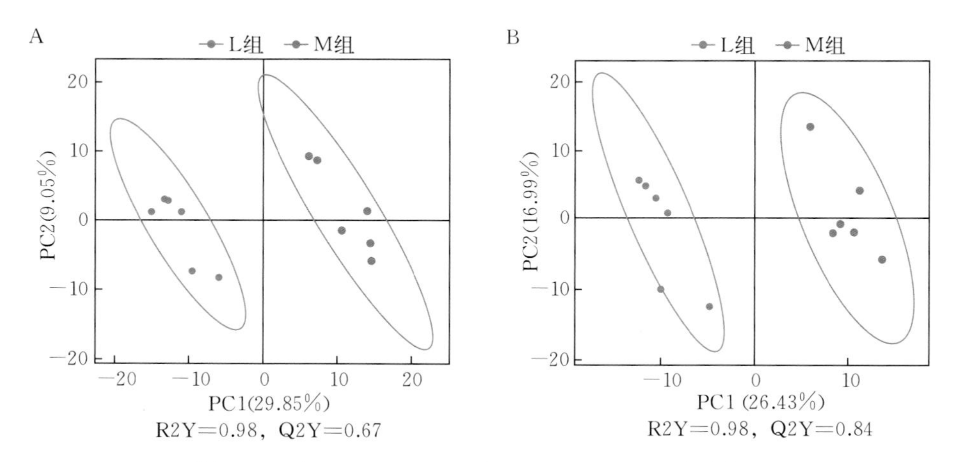

彩图 25　基于 PLS-DA 法分析 M 组和 L 组的分离情况

A. 正离子模式　B. 负离子模式

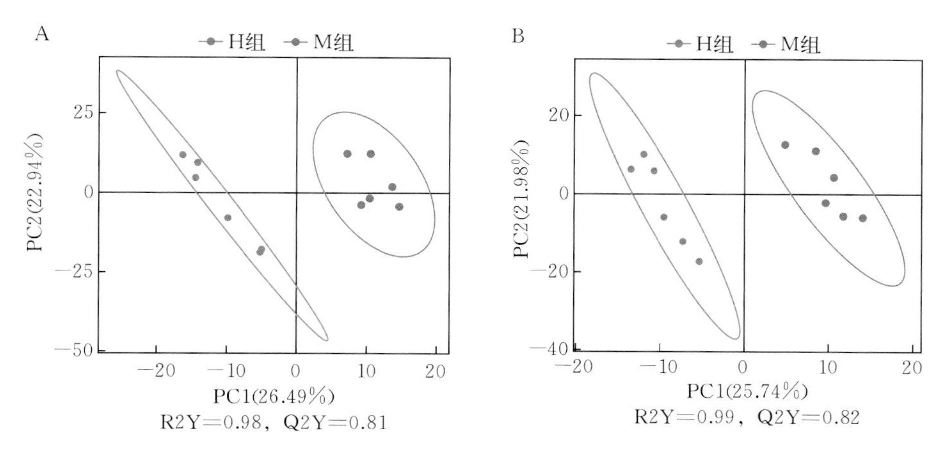

彩图 26　基于 PLS-DA 法分析 M 组和 H 组的分离情况

A. 正离子模式　B. 负离子模式

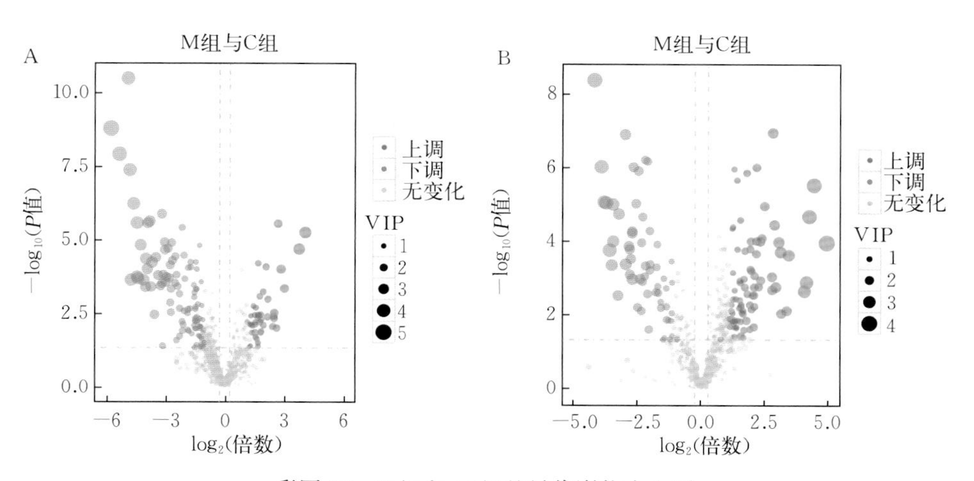

彩图 27　C 组和 M 组差异代谢物火山图

A. 正离子模式　B. 负离子模式

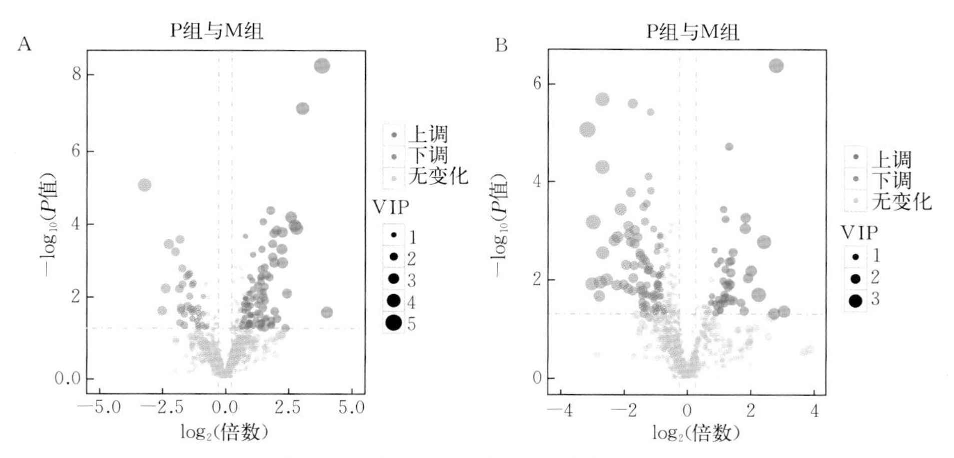

彩图 28　M 组和 P 组差异代谢物火山图

A. 正离子模式　B. 负离子模式

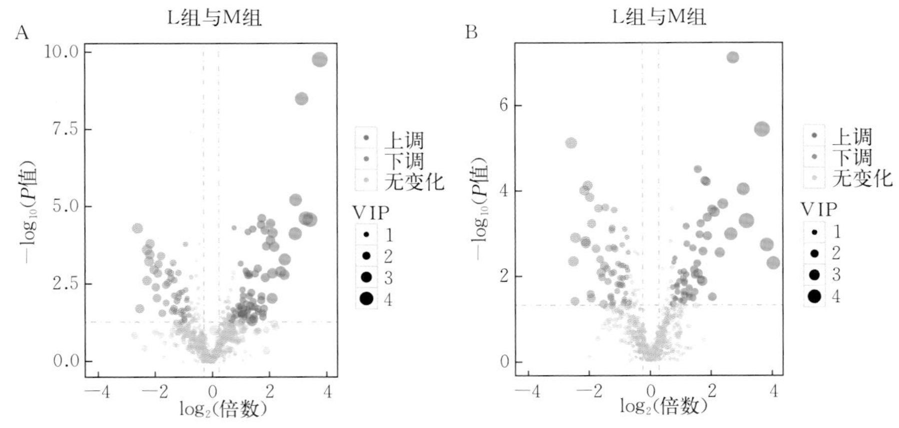

彩图 29　M 组和 L 组差异代谢物火山图

A. 正离子模式　B. 负离子模式

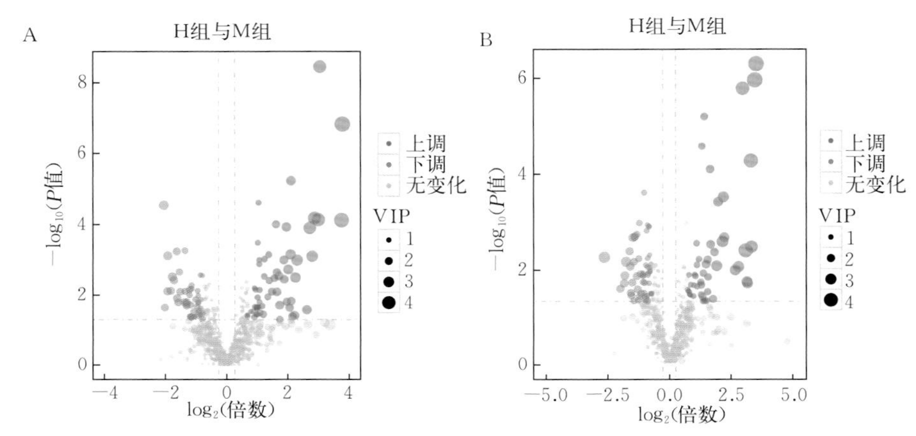

彩图 30　M 组和 H 组差异代谢物火山图

A. 正离子模式　B. 负离子模式

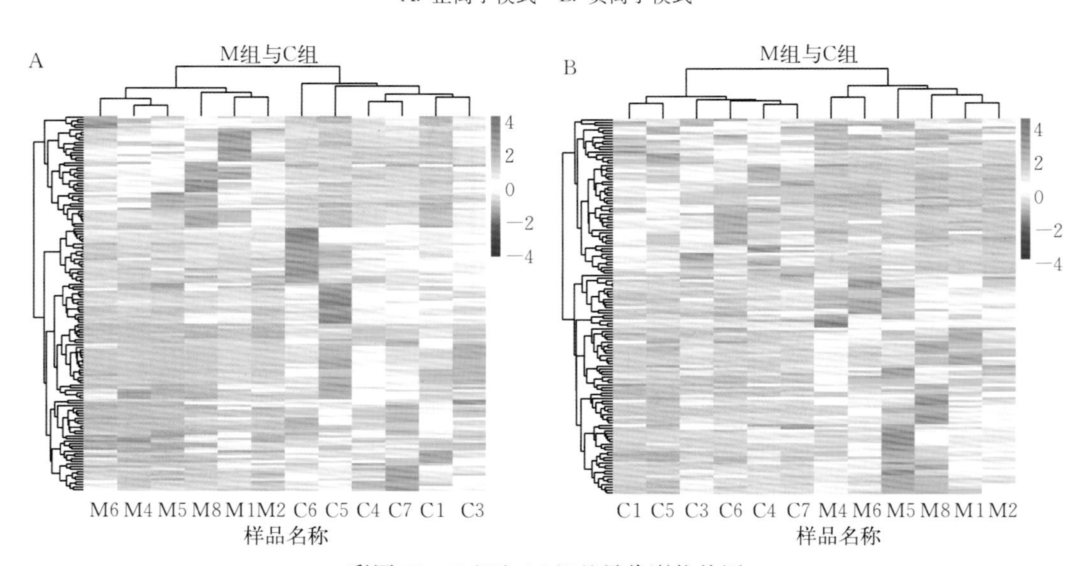

彩图 31　C 组和 M 组差异代谢物热图

A. 正离子模式　B. 负离子模式

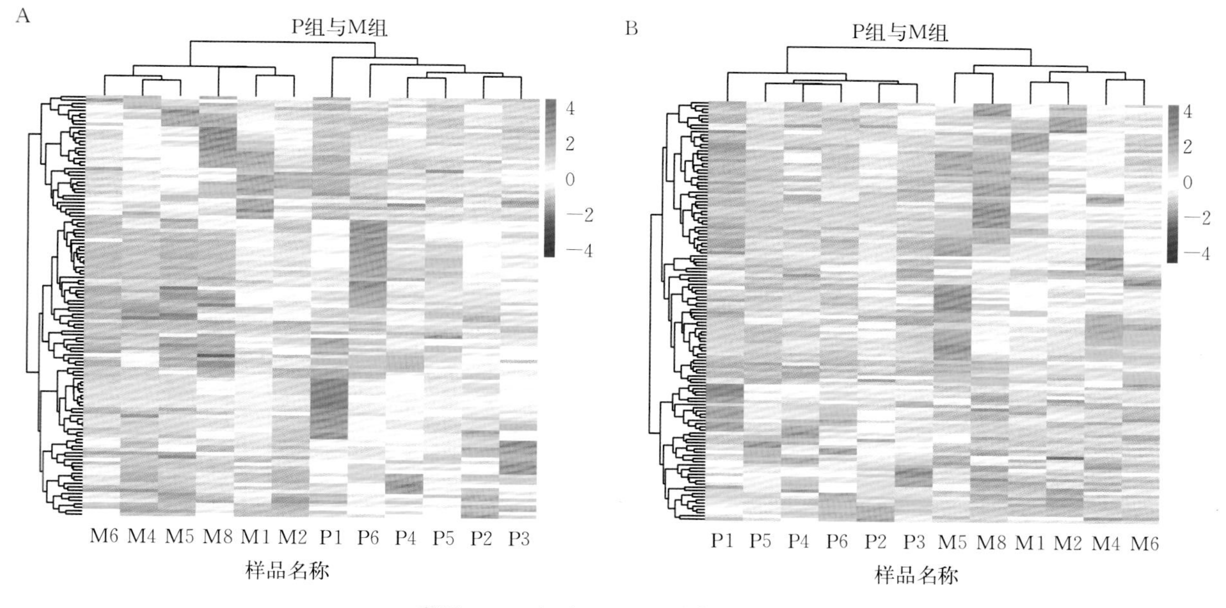

彩图 32 P 组和 M 组差异代谢物热图

A. 正离子模式 B. 负离子模式

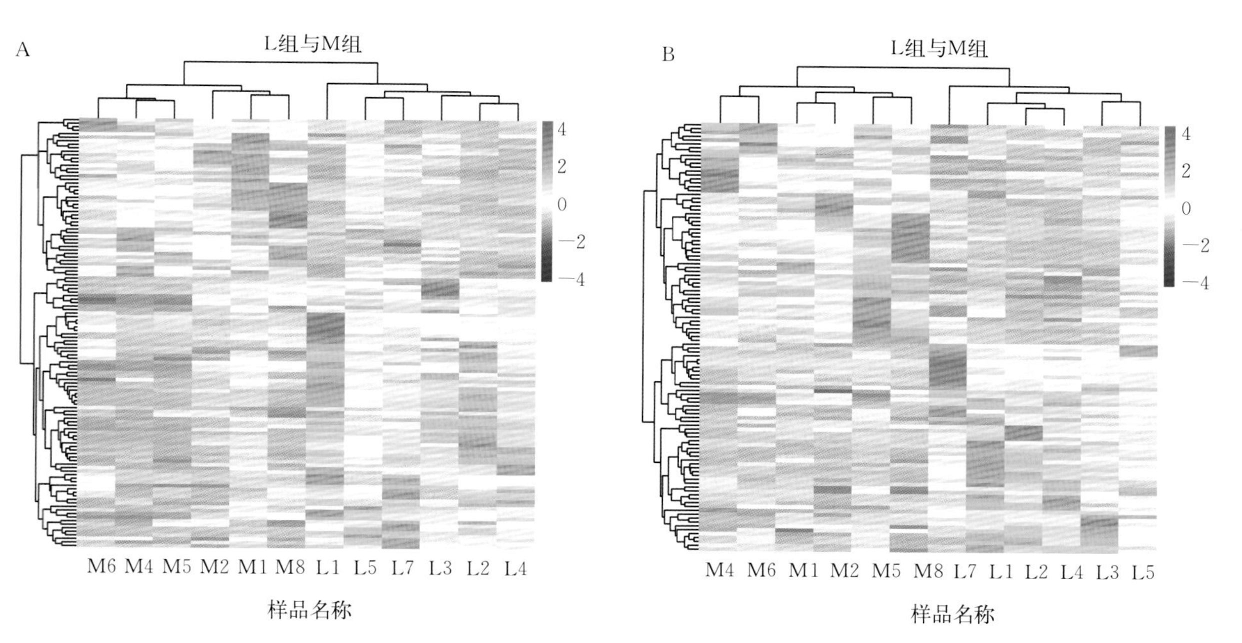

彩图 33 L 组和 M 组差异代谢物热图

A. 正离子模式 B. 负离子模式

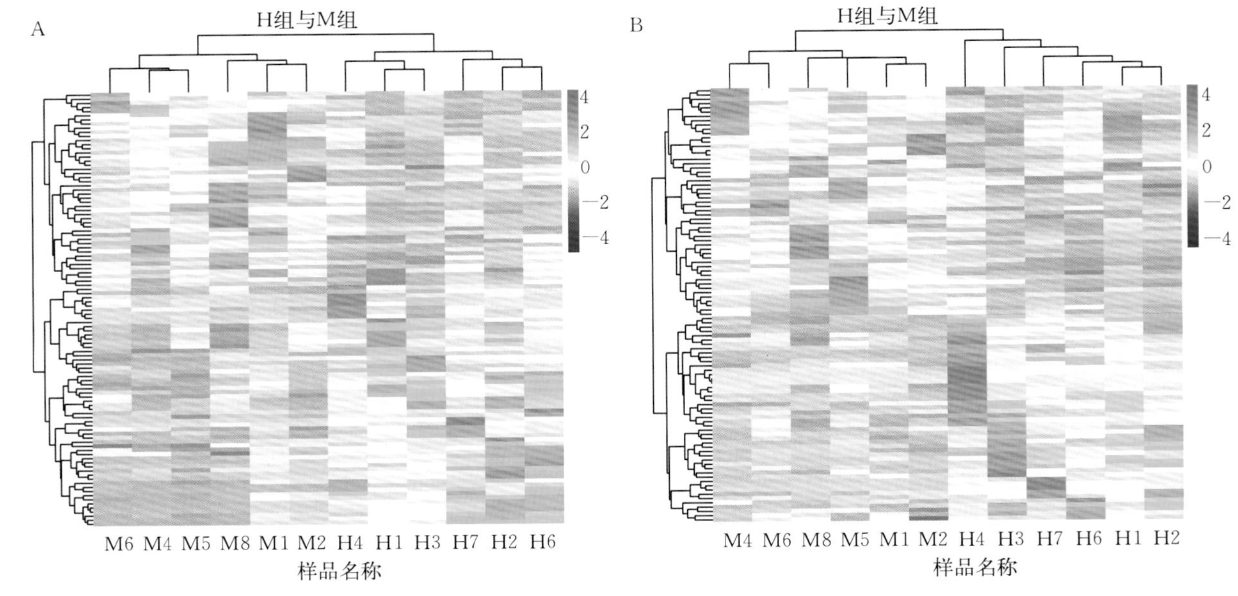

彩图 34 H 组和 M 组差异代谢物热图

A. 正离子模式 B. 负离子模式

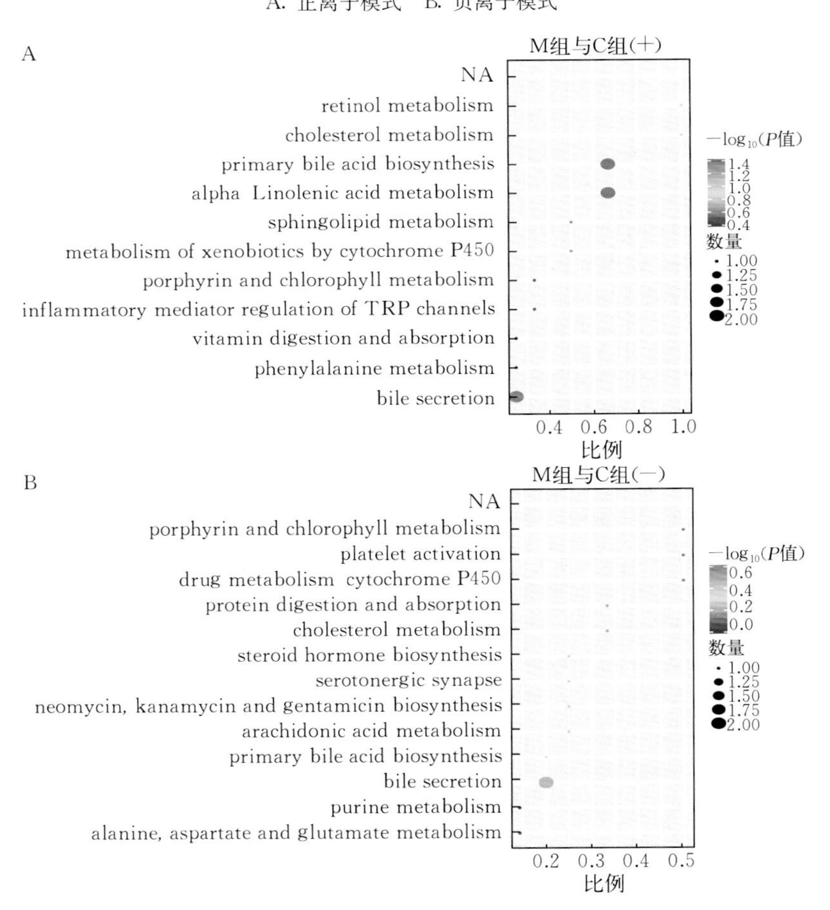

彩图 35 C 组和 M 组差异代谢物的 KEGG 通路聚类分析

A. 正离子模式 B. 负离子模式

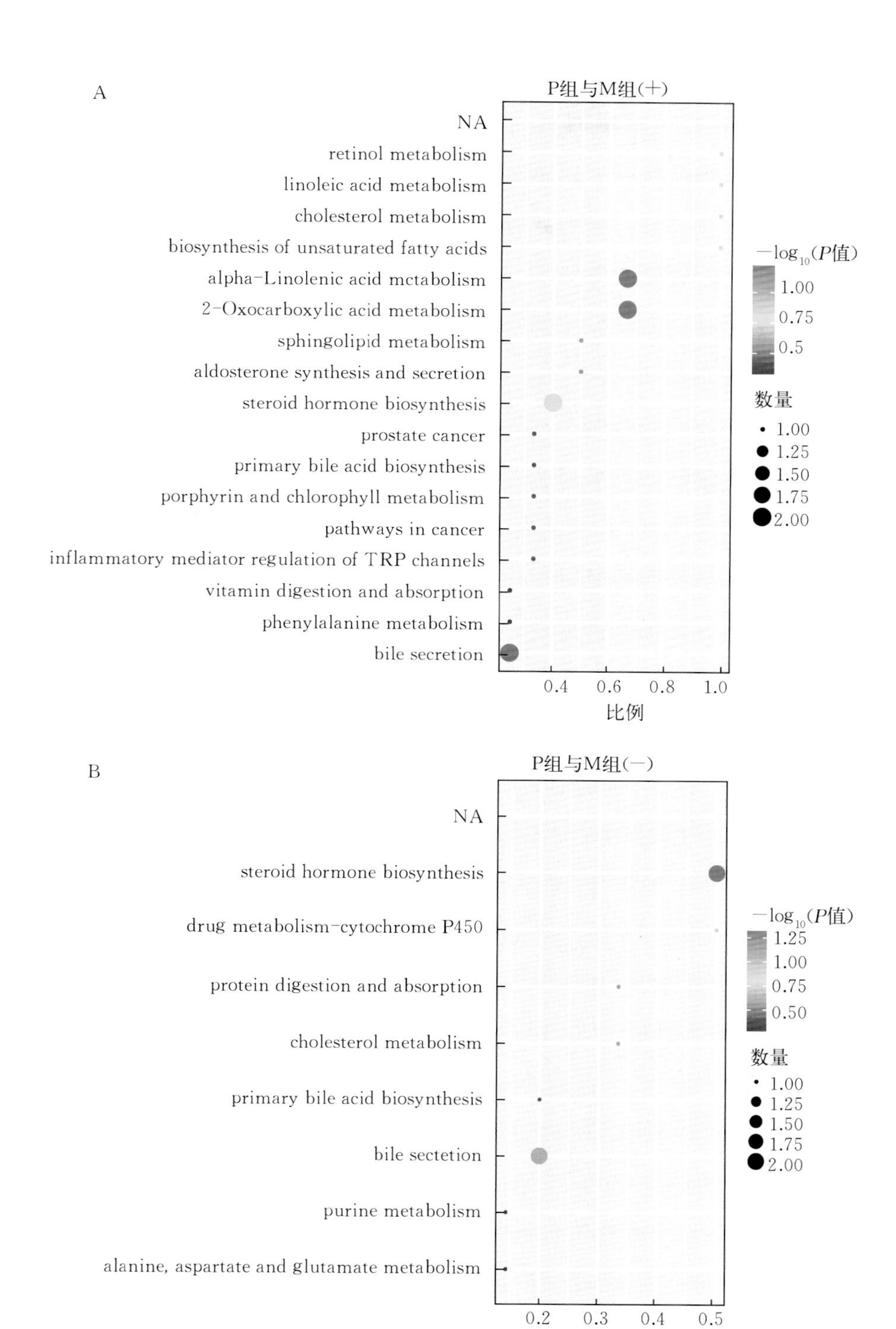

彩图 36　P 组和 M 组差异代谢物的 KEGG 通路聚类分析

A. 正离子模式　B. 负离子模式

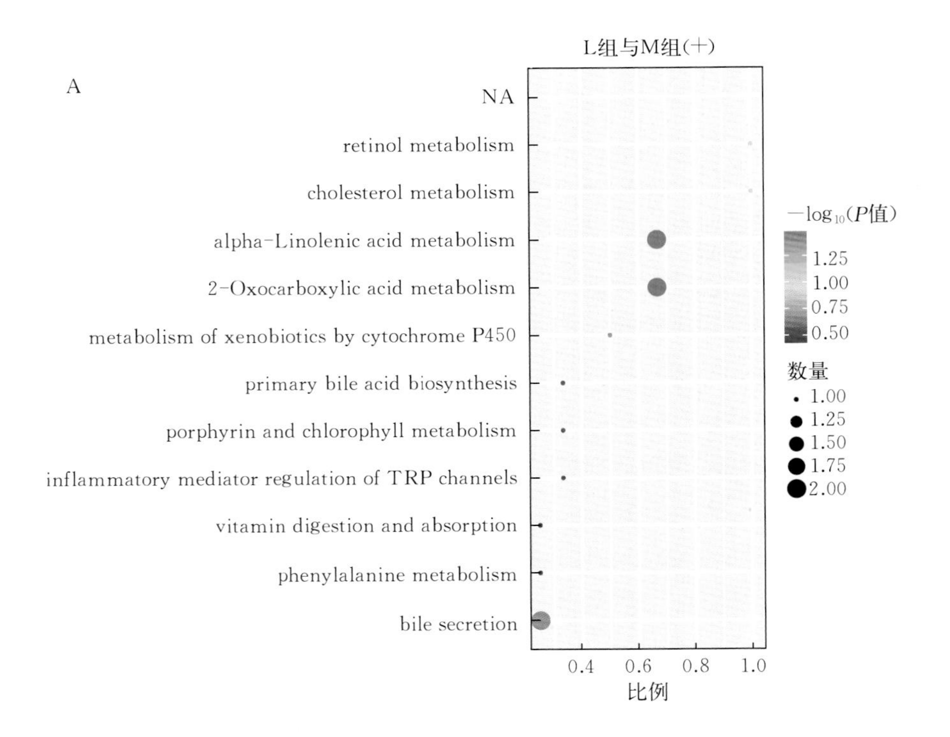

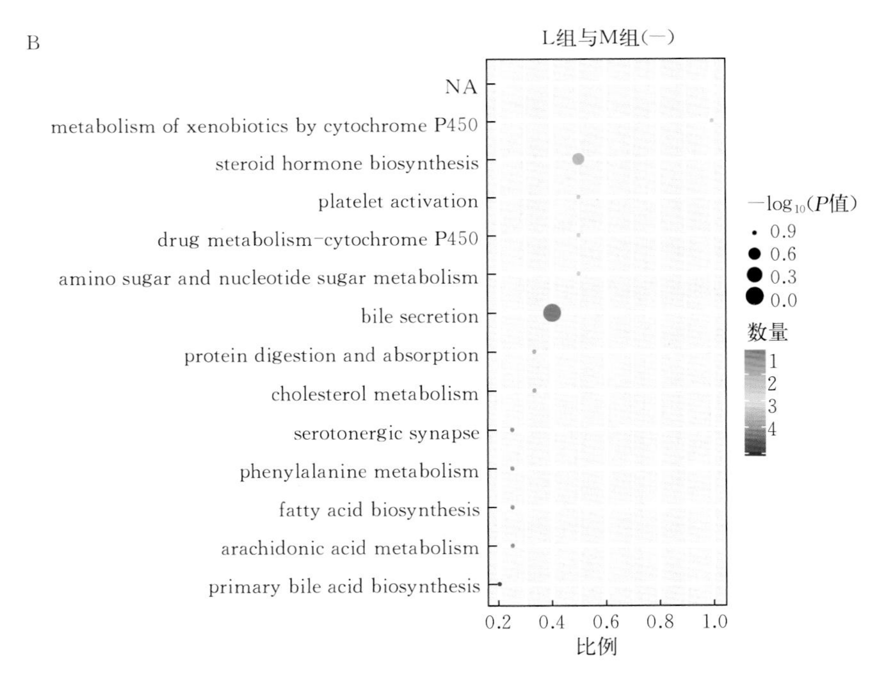

彩图 37　L 组和 M 组差异代谢物的 KEGG 通路聚类分析

A. 正离子模式　B. 负离子模式

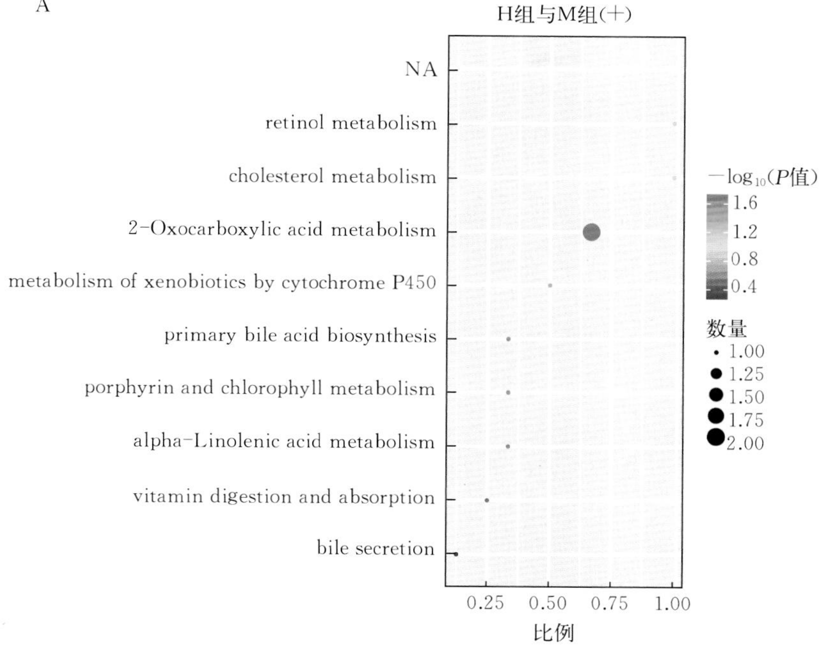

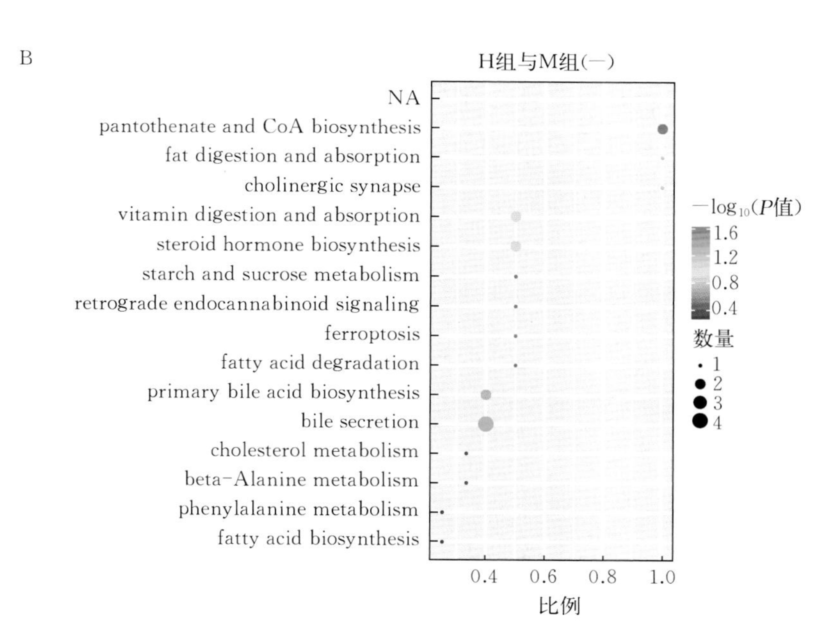

彩图 38　H 组和 M 组差异代谢物的 KEGG 通路聚类分析

A. 正离子模式　B. 负离子模式

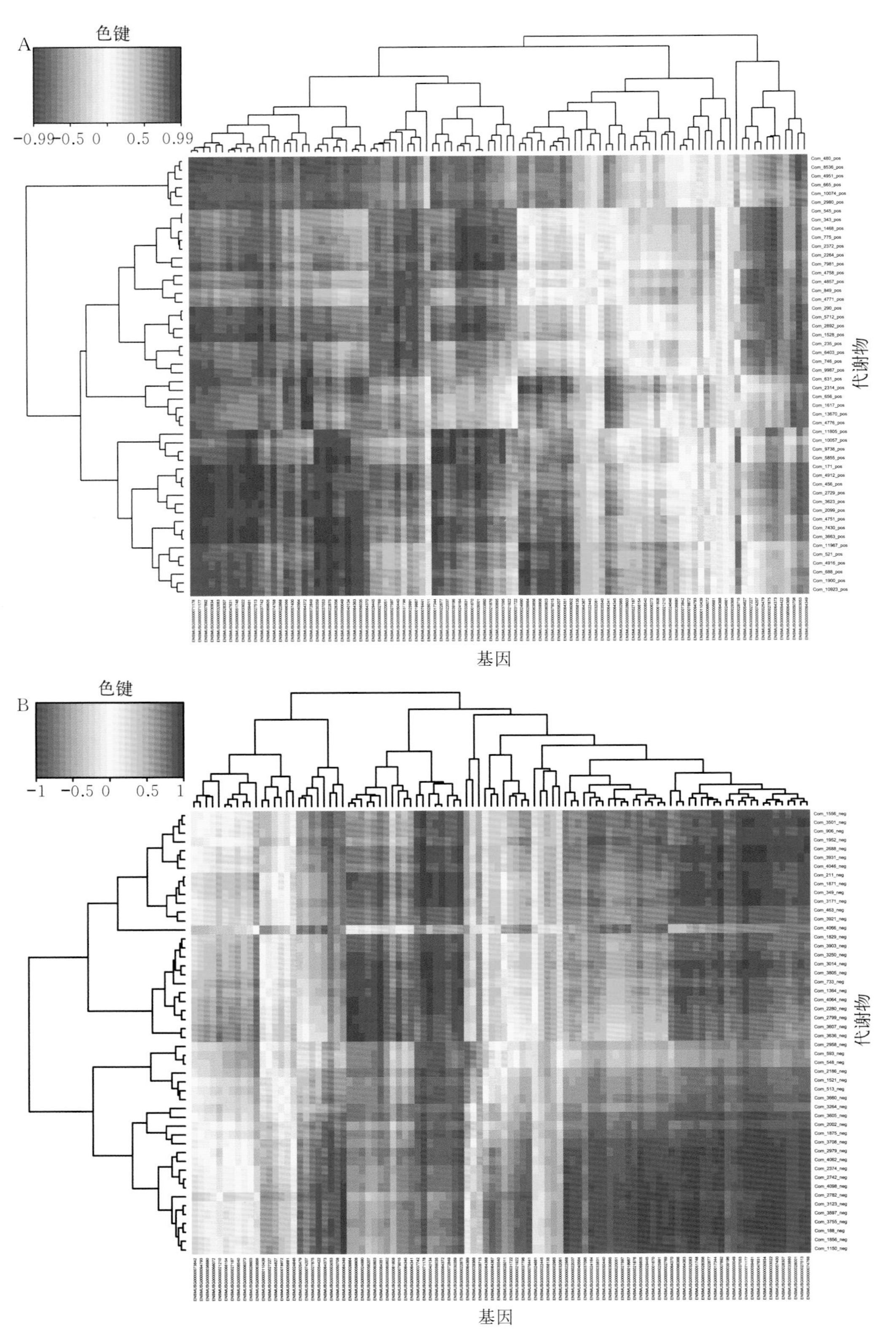

彩图 39　C 组和 M 组转录组和代谢组联合分析热图

A. 正离子模式　B. 负离子模式

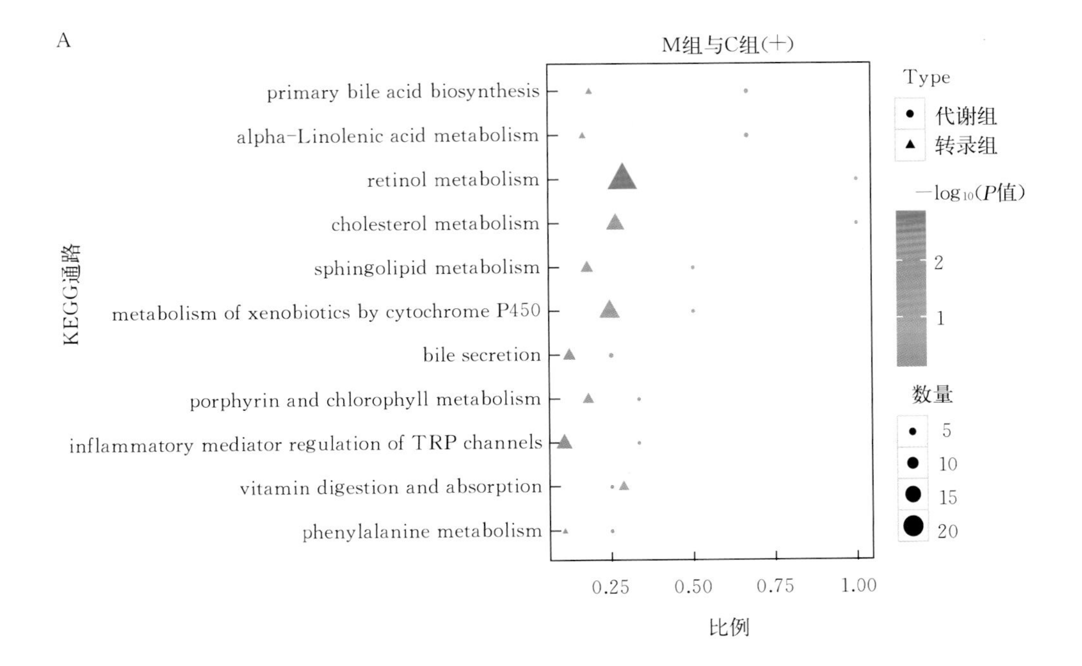

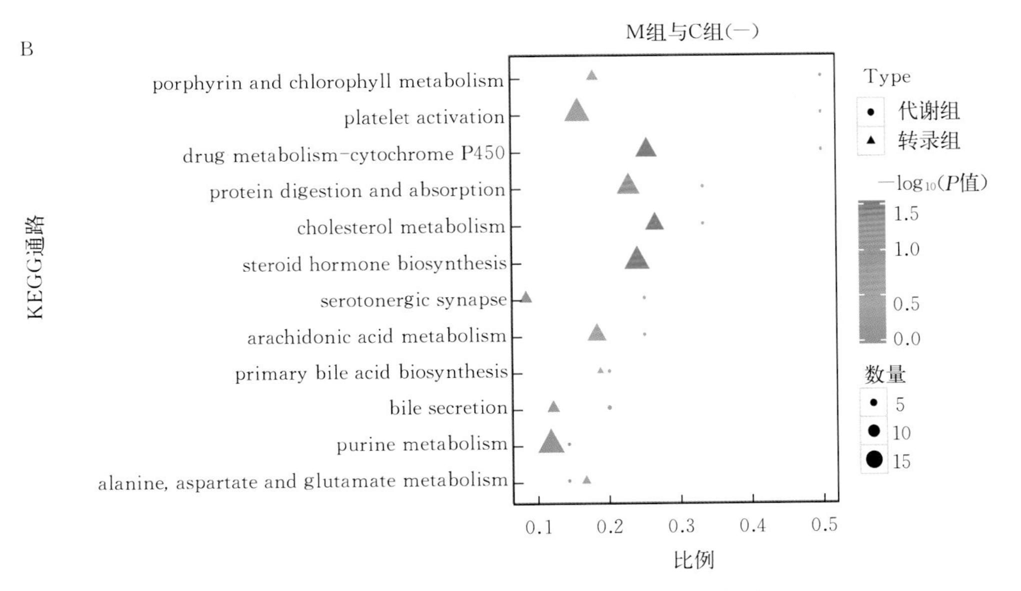

彩图 40　C 组和 M 组转录组和代谢组联合分析气泡图

A. 正离子模式　B. 负离子模式

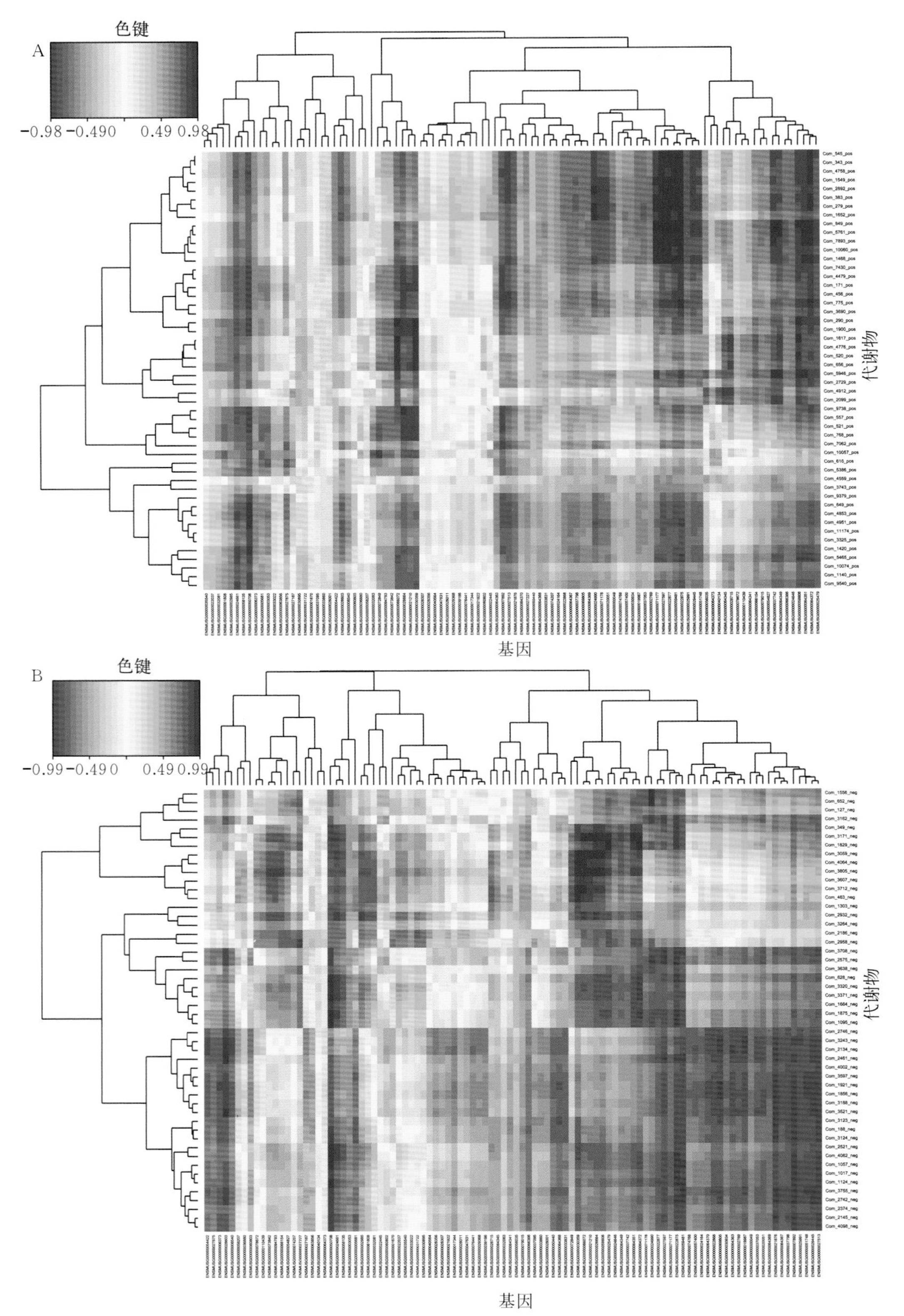

彩图 41　P组和M组转录组和代谢组联合分析热图

A. 正离子模式　B. 负离子模式

A

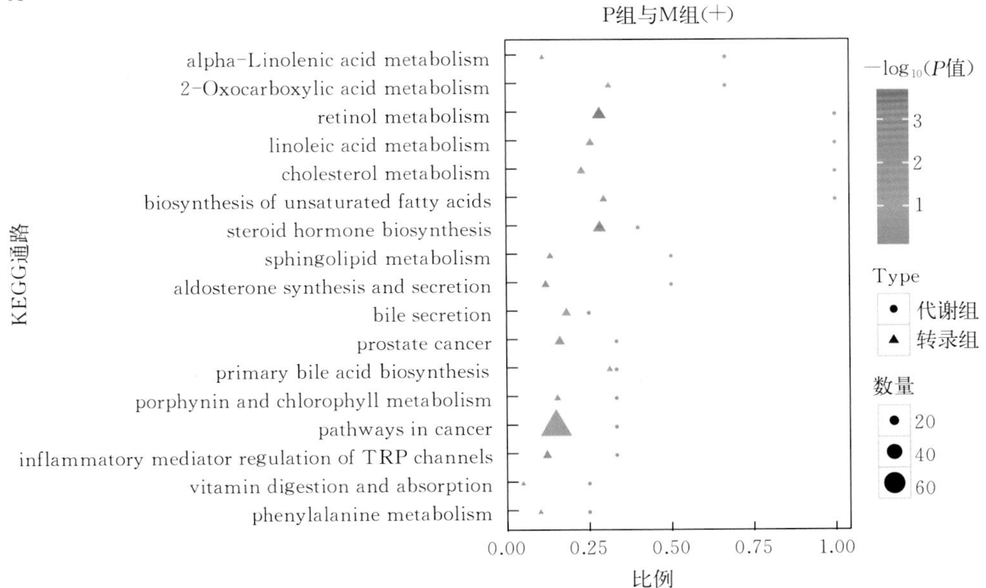

B

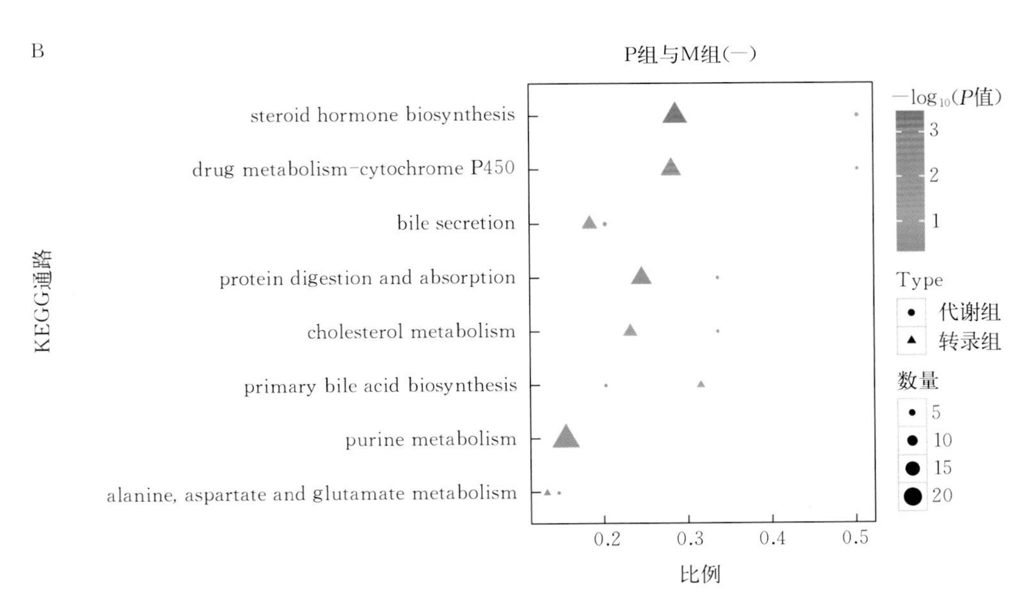

彩图 42 P 组和 M 组转录组和代谢组联合分析气泡图

A. 正离子模式 B. 负离子模式

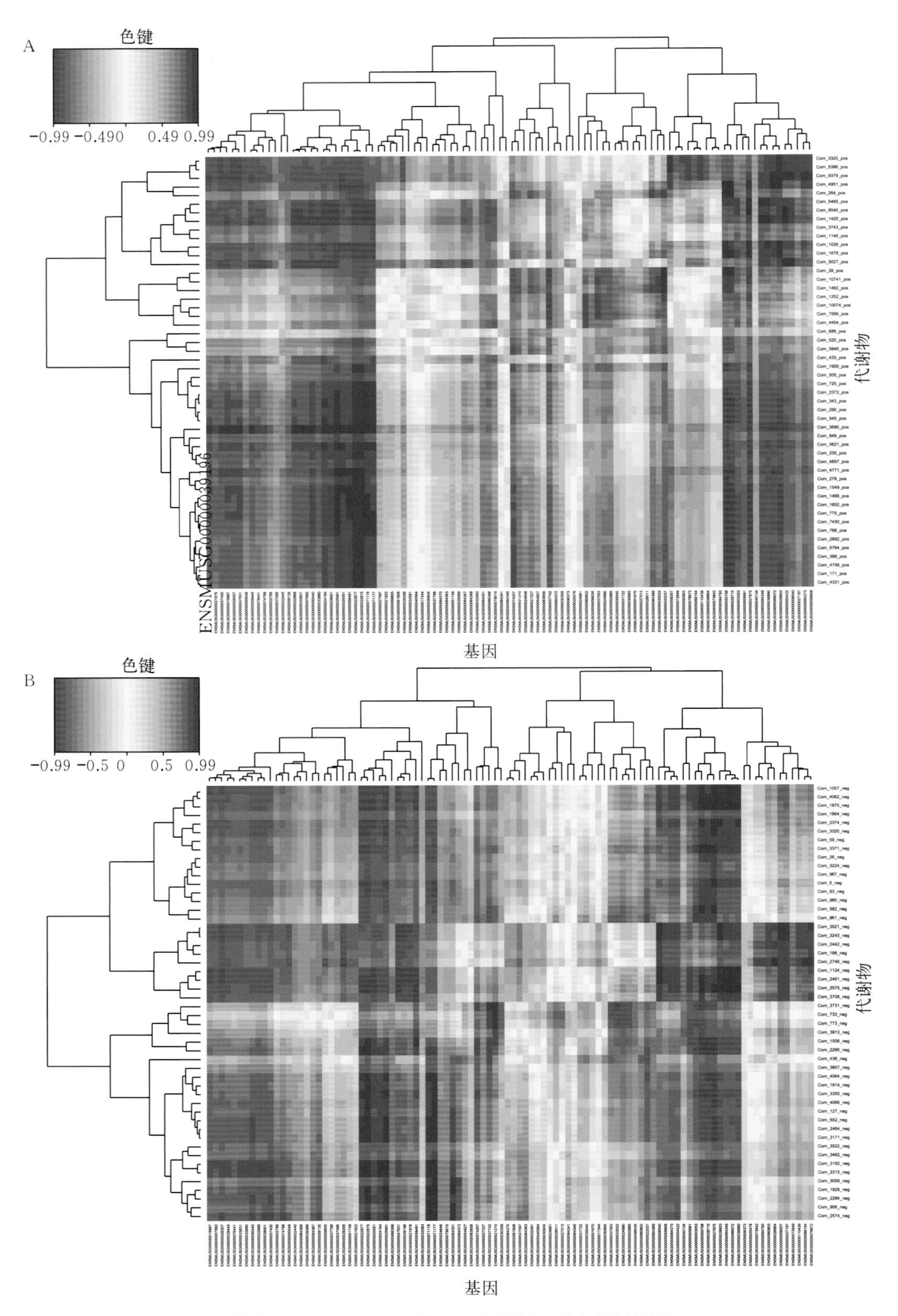

彩图 43　L 组和 M 组转录组和代谢组联合分析热图

A. 正离子模式　B. 负离子模式

A

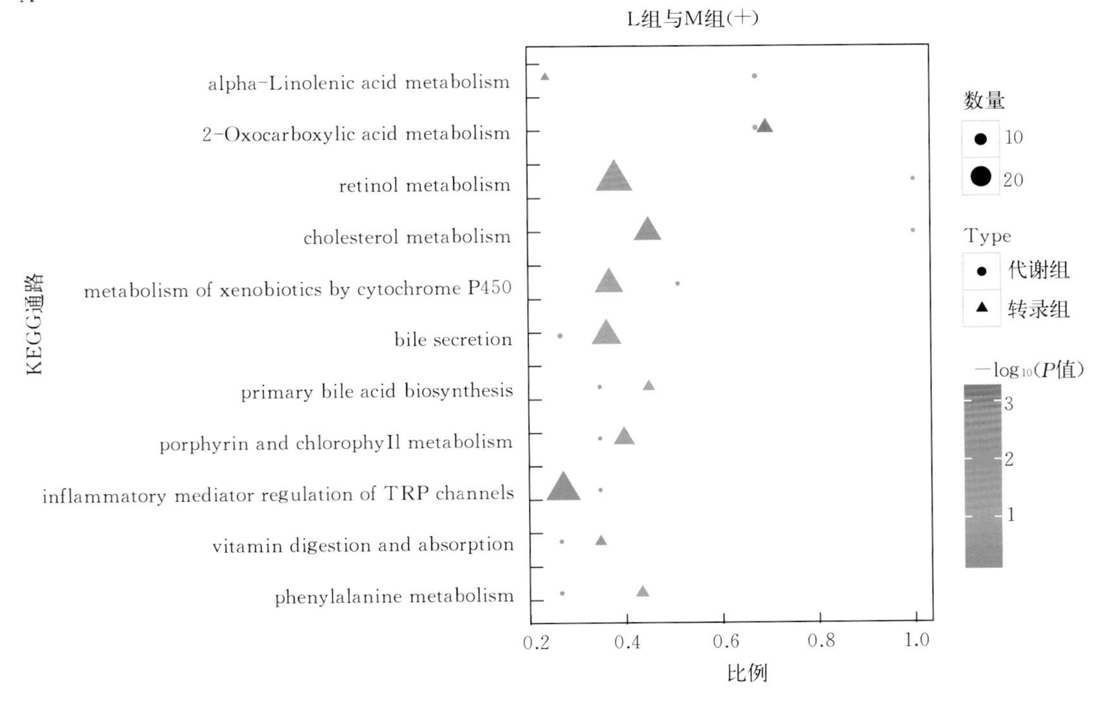

B

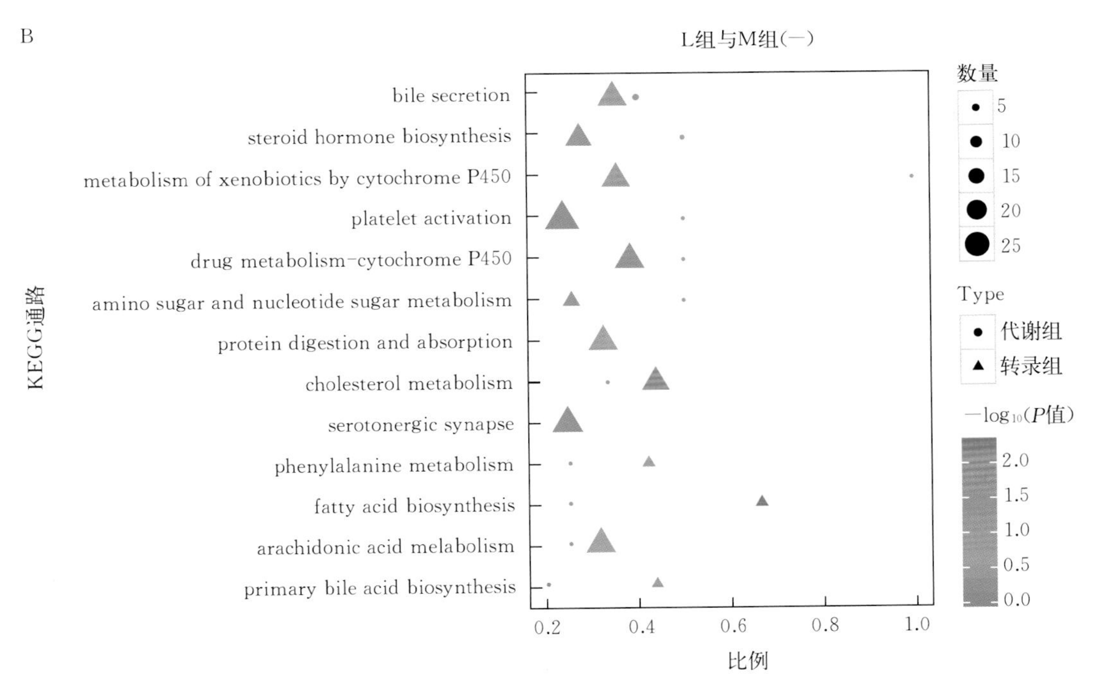

彩图 44　L 组和 M 组转录组和代谢组联合分析气泡图

A. 正离子模式　B. 负离子模式

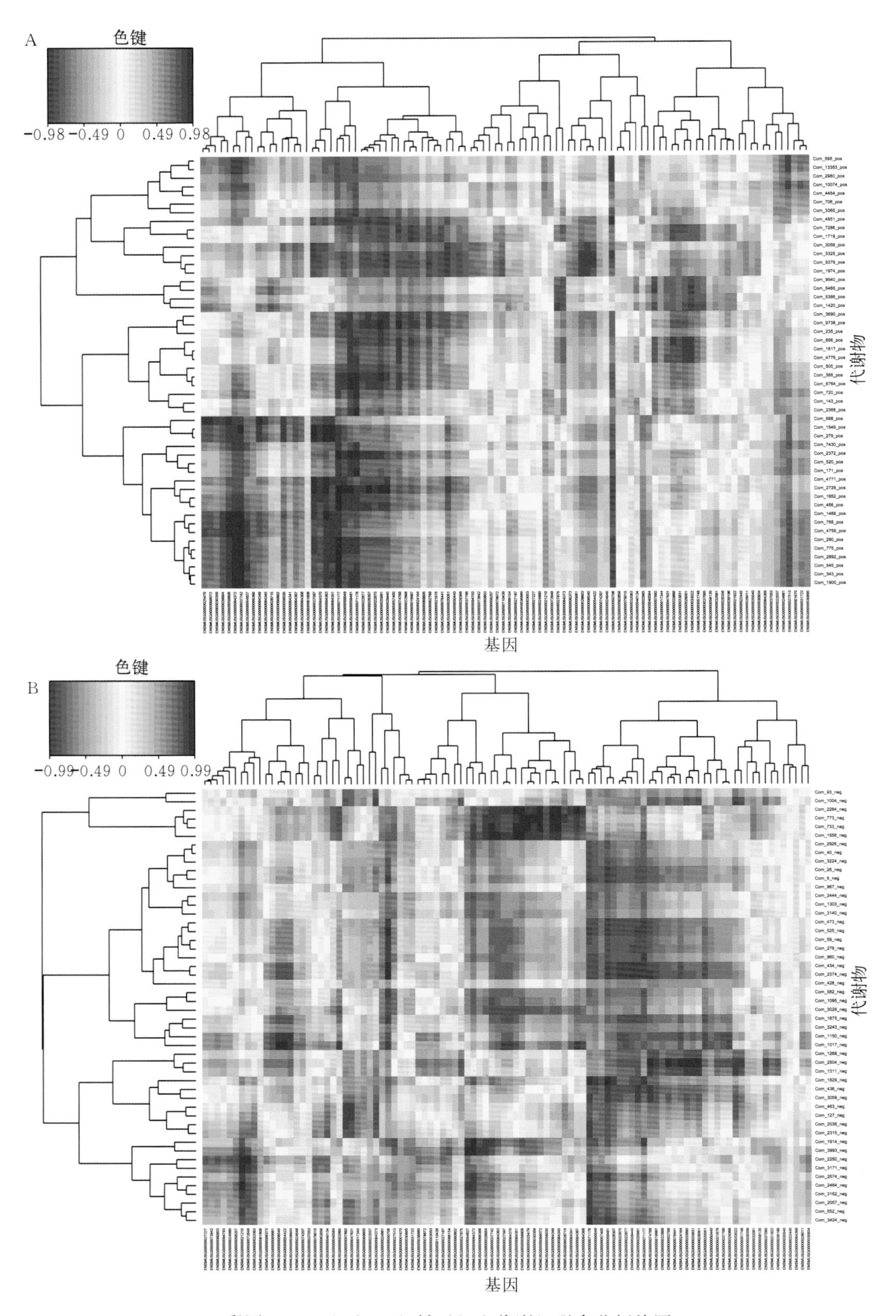

彩图 45　H 组和 M 组转录组和代谢组联合分析热图

A. 正离子模式　B. 负离子模式

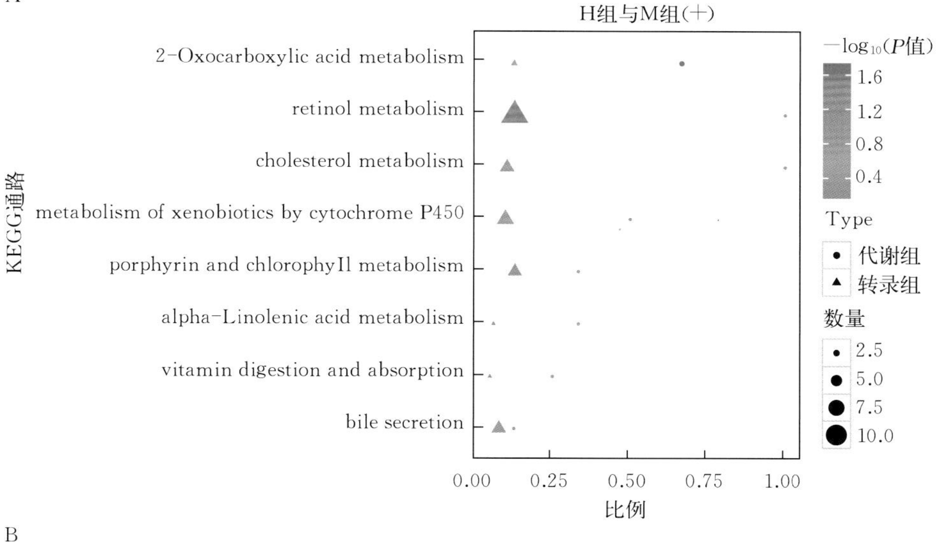

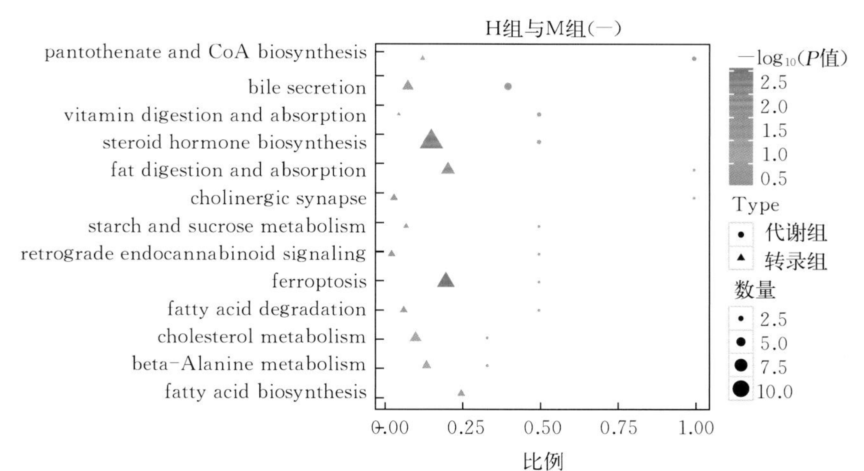

彩图 46　H 组和 M 组转录组和代谢组联合分析气泡图

A. 正离子模式　B. 负离子模式

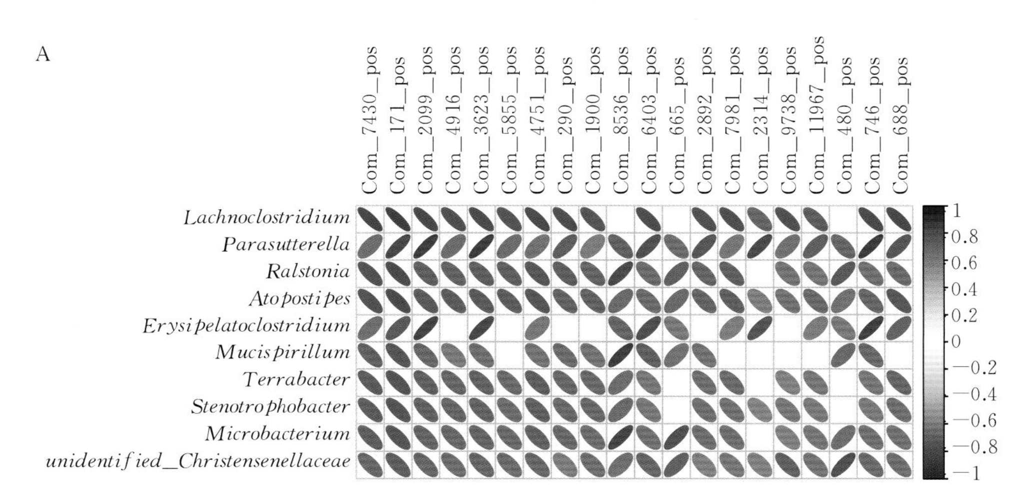

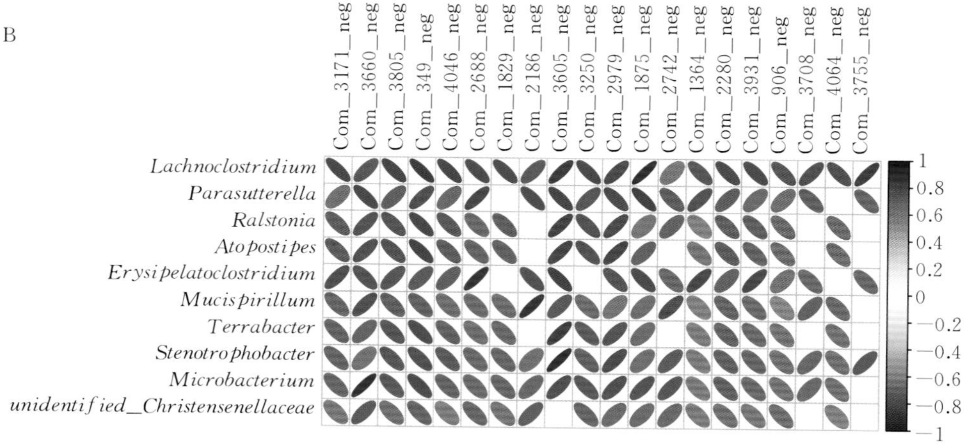

彩图 47　C组和M组肠道菌群和肝脏代谢组联合分析热图

A. 正离子模式　B. 负离子模式

注：蓝色代表正相关，红色代表负相关

彩图 48　P组和M组肠道菌群和肝脏代谢组联合分析热图

A. 正离子模式　B. 负离子模式

注：蓝色代表正相关，红色代表负相关

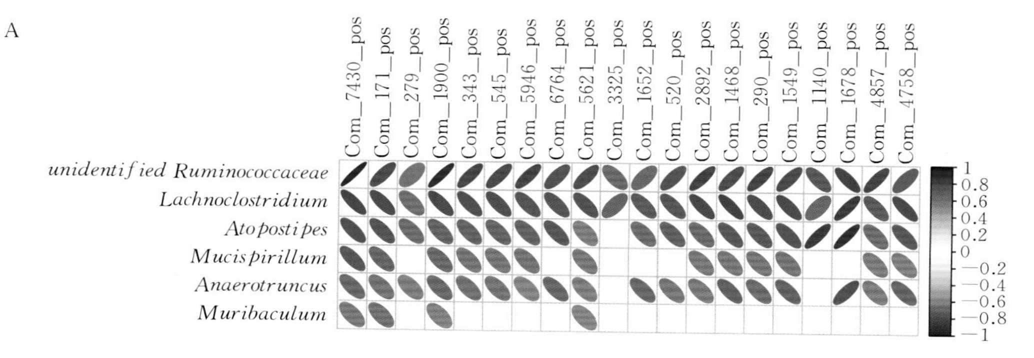

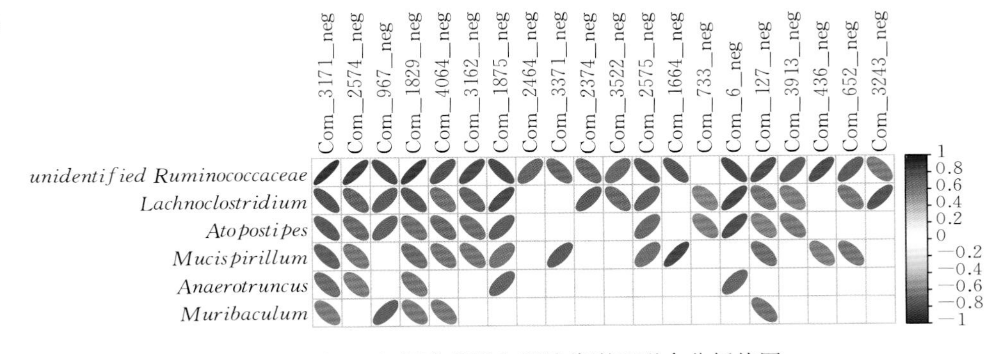

彩图 49　L 和 M 组肠道菌群和肝脏代谢组联合分析热图

A. 正离子模式　B. 负离子模式

注：蓝色代表正相关，红色代表负相关

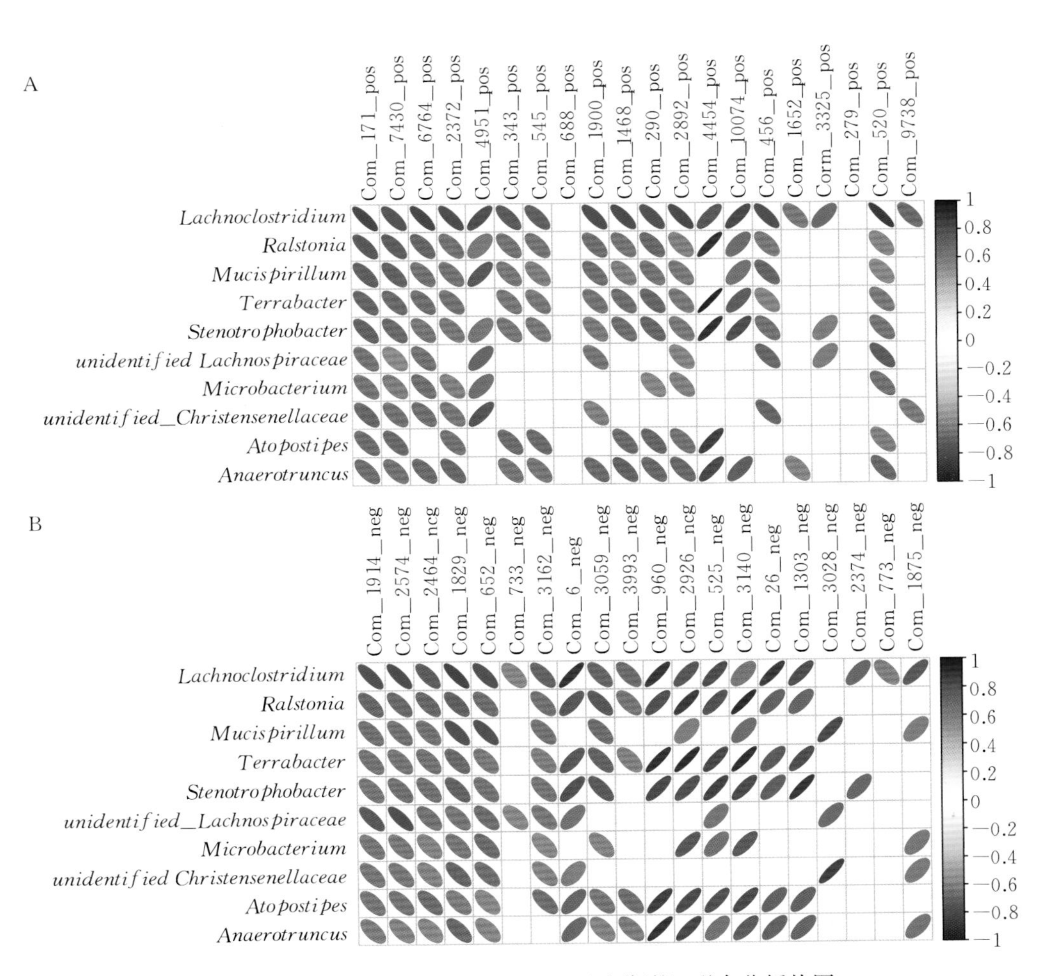

彩图 50　H 组和 M 组肠道菌群和肝脏代谢组联合分析热图

A. 正离子模式　B. 负离子模式

注：蓝色代表正相关，红色代表负相关

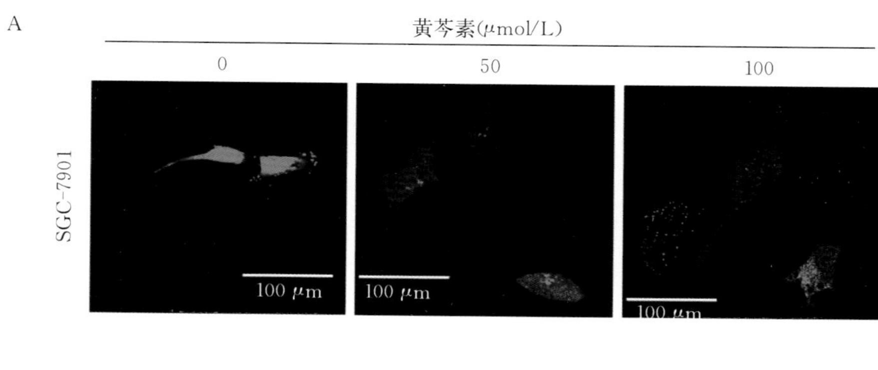

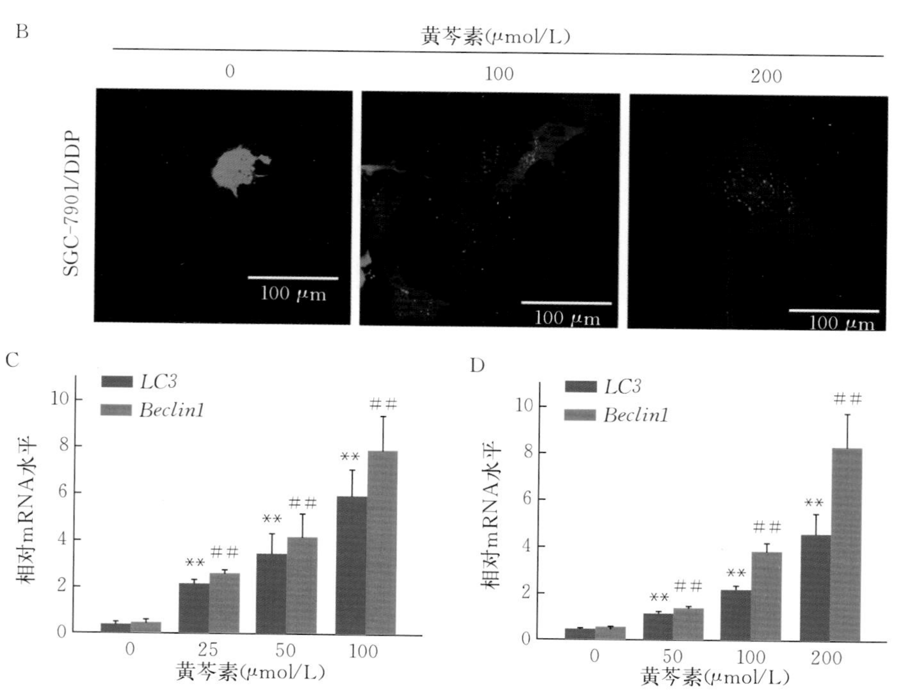

彩图 51　黄芩素诱导胃癌细胞自噬

A. 激光共聚焦显微镜观察 SGC-7901 中自噬斑　B. 激光共聚焦显微镜观察 SGC-7901/DDP 中自噬斑

C. 黄芩素提高 SGC-7901 中 *LC3* 和 *Beclin-1* 的表达　D. 黄芩素提高 SGC-7901/DDP 中 *LC3* 和 *Beclin-1* 的表达

注：*LC3* mRNA 水平，** 表示 $P<0.01$；*Beclin1* mRNA 水平，## 表示 $P<0.01$